"在实践中成长"丛书

Java Web
技术及应用

QST青软实训 编著

清华大学出版社
北京

内 容 简 介

本书深入地介绍了 Java Web 技术及其应用,内容涵盖 Java Web 入门、Servlet 基础、Servlet 核心接口、会话跟踪、JSP 语法、JSP 内置对象、JSP 与 JavaBean、表达式语言、标准标签库、Filter 与 Listener、MVC 模式和 Ajax 技术。全书以 Servlet 3.0 规范为主线,同时穿插 Servlet 2.5 规范的对比介绍,采用一个真实项目贯穿各章节内容。

本书由理论到实践对 Java Web 技术进行系统讲解,重点突出,强调实用性和动手操作能力;所采用的贯穿项目使读者能够快速理解并掌握各章节重要知识点,全面提高分析问题、解决问题以及实际项目的编码能力。

本书适用面广,可作为高校、培训机构的 Java 教材,既适合作为计算机科学与技术、软件外包、计算机软件、计算机网络和电子商务等专业的程序设计课程的教材,也适合各种层次的 Java 学习者和工作者阅读。

本书封面贴有清华大学出版社防伪标签,无标签者不得销售。

版权所有,侵权必究。举报: 010-62782989,beiqinquan@tup.tsinghua.edu.cn。

图书在版编目(CIP)数据

Java Web 技术及应用/QST 青软实训编著. —北京: 清华大学出版社,2015(2022.6重印)
("在实践中成长"丛书)
ISBN 978-7-302-40871-0

Ⅰ. ①J… Ⅱ. ①Q… Ⅲ. ①JAVA 语言—程序设计 Ⅳ. ①TP312

中国版本图书馆 CIP 数据核字(2015)第 159905 号

责任编辑: 刘　星　王冰飞
封面设计: 刘　键
责任校对: 白　蕾
责任印制: 刘海龙

出版发行: 清华大学出版社
　　网　　址: http://www.tup.com.cn, http://www.wqbook.com
　　地　　址: 北京清华大学学研大厦 A 座　　　　邮　编: 100084
　　社 总 机: 010-83470000　　　　　　　　　　　邮　购: 010-62786544
　　投稿与读者服务: 010-62776969, c-service@tup.tsinghua.edu.cn
　　质量反馈: 010-62772015, zhiliang@tup.tsinghua.edu.cn
　　课件下载: http://www.tup.com.cn,010-83470236
印 装 者: 三河市君旺印务有限公司
经　　销: 全国新华书店
开　　本: 185mm×260mm　　　印　张: 28.25　　　字　数: 717 千字
版　　次: 2015 年 8 月第 1 版　　　　　　　　　　印　次: 2022 年 6 月第11次印刷
印　　数: 16501~17500
定　　价: 59.50 元

产品编号: 065171-01

当今 IT 产业发展迅猛,各种技术日新月异,在发展变化如此之快的年代,学习者已经变得越来越被动。在这种大背景下,如何快速地学习一门技术并能够做到学以致用,是很多人关心的问题。一本书、一堂课只是学习的形式,而真正能够达到学以致用目的的则是融合在书及课堂上的学习方法,使学习者具备学习技术的能力。

QST 青软实训自 2006 年成立以来,培养了近 10 万 IT 人才,相继出版了"在实践中成长"丛书,该丛书销售量已达到 3 万册,内容涵盖 Java、.NET、嵌入式、物联网以及移动互联等多种技术方向。从 2009 年开始,QST 青软实训陆续与 30 多所本科院校共建专业,在软件工程专业、物联网工程专业、电子信息科学与技术专业、自动化专业、信息管理与信息系统专业、信息与计算科学专业、通信工程专业、日语专业中共建了软件外包方向、移动互联方向、嵌入式方向、集成电路方向以及物联网方向等。到 2016 年,QST 青软实训共建专业的在校生数量已达到 10 000 人,并成功地将与 IT 企业技术需求接轨的 QST 课程产品组件及项目驱动的教学方法融合到高校教学中,与高校共同培养理论基础扎实、实践能力强、符合 IT 企业要求的人才。

一、"在实践中成长"丛书介绍

2014 年,QST 青软实训对"在实践中成长"丛书进行全面升级,保留原系列图书的优势,并在技术上、教学和学习方法等方面进行优化升级。这次出版的"在实践中成长"丛书由 QST 青软实训联合高等教育的专家、IT 企业的行业及技术专家共同编写,既涵盖新技术及技术版本的升级,同时又融合了 QST 青软实训自 2009 年深入到高校教育中所总结的 IT 技术学习方法及教学方法。"在实践中成长"丛书包括:

- 《Java 8 基础应用与开发》
- 《Java 8 高级应用与开发》
- 《Java Web 技术及应用》
- 《Oracle 数据库应用与开发》
- 《Android 程序设计与开发》
- 《Java EE 轻量级框架应用与开发——S2SH》
- 《Web 前端设计与开发——HTML+CSS+JavaScript+HTML5+jQuery》
- 《Linux 操作系统》
- 《Linux 应用程序开发》
- 《嵌入式图形界面开发》
- 《Altium Designer 原理图设计与 PCB 制作》
- 《ZigBee 技术开发——CC2530 单片机原理及应用》
- 《ZigBee 技术开发——Z-Stack 协议栈原理及应用》
- 《ARM 体系结构与接口技术——基于 ARM11 S3C6410》

二、"在实践中成长"丛书的创新点及优势

1. 面向学习者

以一个完整的项目贯穿技术点,以点连线、多线成面,通过项目驱动学习方法使学习者轻松地将技术学习转化为技术能力。

2. 面向高校教师

为教学提供完整的课程产品组件及服务,满足高校教学各个环节的资源支持。

三、配套资源及服务

QST青软实训根据IT企业技术需求和高校人才的培养方案,设计并研发出一系列完整的教学服务产品——包括教材、PPT、教学指导手册、教学及考试大纲、试题库、实验手册、课程实训手册、企业级项目实战手册、视频以及实验设备等。这些产品服务于高校教学,通过循序渐进的方式,全方位培养学生的基础应用、综合应用、分析设计以及创新实践等各方面能力,以满足企业用人需求。

读者可以到锐聘学院教材丛书资源网(book.moocollege.cn)免费下载本书配套的相关资源,包括:

- ➢ 教学大纲
- ➢ 教学PPT
- ➢ 示例源代码
- ➢ 考试大纲

建议读者同时订阅本书配套实验手册,实验手册中的项目与教材相辅相成,通过重复操作复习巩固学生对知识点的应用。实验手册中的每个实验提供知识点回顾、功能描述、实验分析以及详细实现步骤,学生参照实验手册学会独立分析问题、解决问题的方法,多方面提高学生技能。

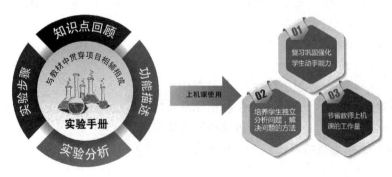

实验手册与教材配合使用,采用双项目贯穿模式,有效提高学习内容的平均存留率,强化动手实践能力。

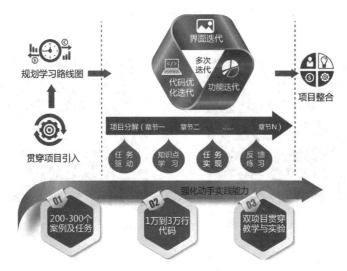

读者还可以直接联系 QST 青软实训,我们将为读者提供更多专业的教育资源和服务,包括:
- 教学指导手册;
- 实验项目源代码;
- 丰富的在线题库;
- 实验设备和微景观沙盘;
- 课程实训手册及实训项目源代码;
- 在线实验室提供全实战演练编程环境;
- 锐聘学院在线教育平台视频课程,线上线下互动学习体验;
- 基于大数据的多维度"IT 基础人才能力成熟度模型(ITBCMMI)"分析。

四、锐聘学院在线教育平台(www.moocollege.cn)

锐聘学院在线教育平台专注泛 IT 领域在线教育及企业定制人才培养,通过面向学习效果的平台功能设计,结合课堂讲解、同伴环境、教学答疑、作业批改、测试考核等教学要素进行设计,主要功能有学习管理、课程管理、学生管理、考核评价、数据分析、职业路径及企业招聘服务等。

平台内容包括了高校核心课程、平台核心课程、企业定制课程三个层次的内容体系，涵盖了移动互联网、云计算、大数据、游戏开发、互联网开发技术、企业级软件开发、嵌入式、物联网、对日软件开发、IT及编程基础等领域的课程内容。读者可以扫描以下二维码下载移动端应用或关注微信公众平台。

锐聘学院移动客户端

锐聘学院微信公众平台

五、致谢

"在实践中成长"丛书的编写和整理工作由 QST 青软实训 IT 教育技术研究中心研发完成，研究中心全体成员在这两年多的编写过程中付出了辛勤的汗水。在此丛书出版之际，特别感谢给予我们大力支持和帮助的合作伙伴，感谢共建专业院校的师生给予我们的支持和鼓励，更要感谢参与本书编写的专家和老师们付出的辛勤努力。除此之外，还有 QST 青软实训 10 000 多名学员也参与了教材的试读工作，并从初学者角度对教材提供了许多宝贵意见，在此一并表示衷心感谢。

在本书写作过程中，由于时间及水平上的原因，可能存在不全面或疏漏的地方，敬请读者提出宝贵的批评与建议。我们以最真诚的心希望能与读者共同交流、共同成长，待再版时能日臻完善，是所至盼。

联系方式：
E-mail：QST_book@itshixun.com
400 电话：400-658-0166
QST 青软实训：www.itshixun.com
锐聘学院在线教育平台：www.moocollege.cn
锐聘学院教材丛书资源网：book.moocollege.cn

QST 青软实训 IT 教育技术研究中心

2016 年 1 月

前 言

Java Web 技术是 Java 技术对 Web 互联网领域应用的一种技术实现。从 20 世纪 90 年代末 Sun 公司首次建立 Java Servlet API 编码标准,经过多年发展,目前已经发展到基于 Java EE 7 技术标准的 Web 开发技术,Java Web 技术也已成为目前主流的 Web 应用开发技术之一,相应的 Java Web 技术课程也已成为一门综合性强、实践性强、应用领域广的技术学科。

本书从技术的原理出发,同时以示例、实例的形式对各知识点进行详细讲解,并致力于将知识点融入实际项目的开发中。本书的特色是采用一个"Q-ITOffer"锐聘网站项目,将所有章节重点技术进行贯穿,每章项目代码层层迭代不断完善,最终形成一个完整的系统。通过贯穿项目以点连线、多线成面,使得读者能够快速理解并掌握各项重点知识,全面提高分析问题、解决问题以及动手编码的能力。

1. 项目简介

"Q-ITOffer"锐聘网站是一个专为 IT 人才和 IT 企业提供线上求职和招聘代理的服务性平台系统。系统基于 B/S(Brower/Server,浏览器/服务器)架构,使用 Java Web 技术开发。系统由前台和后台两个模块组成,前台功能主要包括招聘企业职位展示、求职者简历管理、在线职位申请;后台功能主要包括招聘企业职位管理、求职者信息审核、职位申请管理。其中,前台功能将以本书贯穿项目形式实现;后台功能将在本书配套实验教材中实现。

2. 贯穿项目模块

"Q-ITOffer"锐聘网站的前台模块和后台模块的实现分别穿插在本书和实验教材的各章节中,每个章节在前一章节的基础上进行任务实现,对项目逐步进行迭代、升级,最终形成一个完整的项目,并将 Java Web 课程重点技能点进行强化应用。

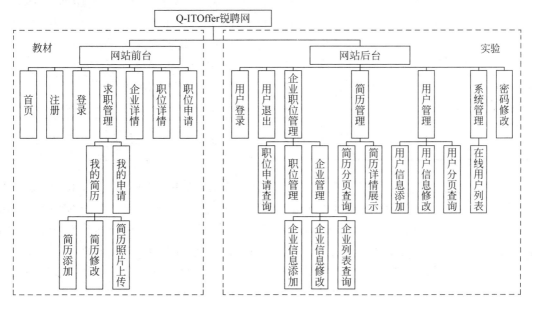

3. 章节任务实现

章	目标	贯穿任务实现
第 1 章 Java Web 入门	项目总体分析、设计和环境搭建	【任务 1-1】项目需求分析 【任务 1-2】项目数据库设计 【任务 1-3】项目开发环境搭建 【任务 1-4】项目所需工具类设计
第 2 章 Servlet 基础	注册、登录	【任务 2-1】使用 Servlet 技术实现求职者注册功能 【任务 2-2】使用 Servlet 技术实现求职者登录功能
第 3 章 Servlet 核心接口	简历添加、简历照片上传	【任务 3-1】使用 HttpServletRequest 接口方法实现简历信息添加功能 【任务 3-2】使用 @MultipartConfig 注解实现简历照片上传功能 【任务 3-3】使用 HttpServletResponse 接口方法实现注册验证码生成功能
第 4 章 会话跟踪	使用会话跟踪技术重构之前功能	【任务 4-1】使用 Session 技术完善注册验证码功能 【任务 4-2】使用 Session 技术完善登录功能 【任务 4-3】使用 Session 技术改进简历添加和照片上传功能 【任务 4-4】使用 Cookie 技术记住登录信息
第 5 章 JSP 语法	首页、公共头文件	【任务 5-1】使用 JSP 脚本和表达式技术完成首页招聘企业展示功能 【任务 5-2】使用 include 动作元素实现对网站公共头文件的包含
第 6 章 JSP 内置对象	企业详情、页面异常处理	【任务 6-1】使用 request 内置对象实现企业详情展示功能 【任务 6-2】使用 session 内置对象实现用户登录状态判断和退出功能 【任务 6-3】使用 exception 内置对象实现网站页面程序异常处理功能
第 7 章 JSP 与 JavaBean	简历查看和修改、首页信息分页	【任务 7-1】使用 JavaBean 技术实现简历信息展示功能 【任务 7-2】使用 JavaBean 技术实现简历信息修改功能 【任务 7-3】使用 JavaBean 技术实现网站首页信息分页展示功能
第 8 章 表达式语言	职位详情	【任务 8-1】使用 EL 技术实现职位详情展示功能 【任务 8-2】使用 EL 技术实现网站头文件代码重构功能
第 9 章 标准标签库	首页重构、申请职位展示	【任务 9-1】使用 JSTL 核心标签库和 EL 实现首页代码重构功能 【任务 9-2】使用 JSTL 核心标签库和 EL 实现申请职位展示功能
第 10 章 Filter 与 Listener	访问权限过滤、浏览次数监听	【任务 10-1】使用 Filter 技术实现求职者访问权限过滤功能 【任务 10-2】使用 Listener 技术实现企业信息浏览次数监听功能
第 11 章 MVC 模式	重构简历修改和首页	【任务 11-1】使用 MVC 模式重构简历修改功能 【任务 11-2】使用 MVC 模式重构首页
第 12 章 Ajax 技术	注册邮箱验证	【任务 12-1】使用 Ajax 技术实现注册邮箱的唯一性验证功能

本书由 QST 青软实训的刘全担任主编,李战军、金澄、郭晓丹担任副主编,冯娟娟老师编写主要章节并进行全书统稿,另外还有丁璟、韩涛、张侠、赵克玲、郭全友参与本书部分章节编写和审核工作。作者均已从事计算机教学和项目开发多年,拥有丰富的教学和实践经验。由于作者水平有限,书中疏漏和不足之处在所难免,恳请广大读者及专家不吝赐教。

本书的相关资源,包括项目中所用到的所有静态网页素材以及数据库和基础数据的创建脚本,请读者到锐聘学院教材丛书资源网 book.moocollege.cn 下载。

本书配套免费提供 MOOC 视频，请访问 www.moocollege.cn/javaweb 或扫瞄下方二维码进行观看。

编　者

2016 年 1 月

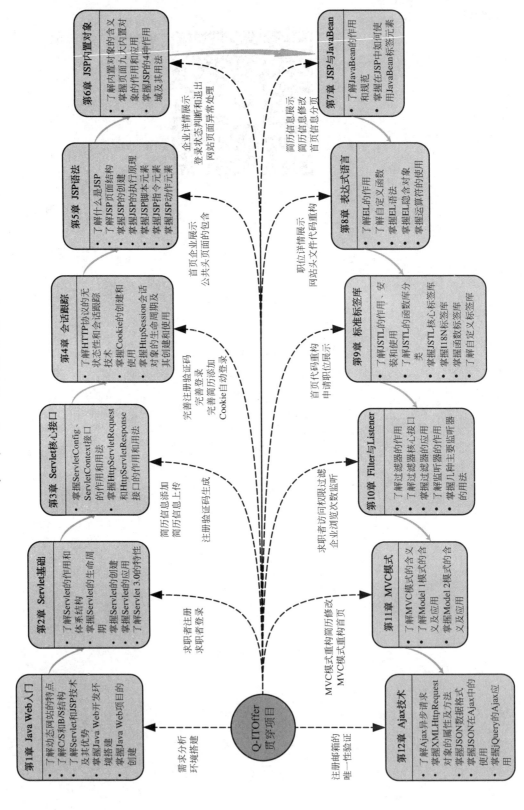

目 录

第 1 章 Java Web 入门 ... 1

- 任务驱动 ... 1
- 学习路线 ... 1
- 本章目标 ... 1
- 1.1 Web 应用概述 ... 2
  - 1.1.1 Web 应用简介 ... 2
  - 1.1.2 Web 应用架构 ... 4
  - 1.1.3 Web 应用运行过程 ... 5
  - 1.1.4 Java Web 应用优势 ... 5
- 1.2 Java Web 应用开发 ... 6
  - 1.2.1 JDK 的安装与配置 ... 6
  - 1.2.2 Eclipse 的安装 ... 7
  - 1.2.3 Tomcat 的安装 ... 8
  - 1.2.4 Eclipse 中的 Tomcat 配置 ... 12
  - 1.2.5 第一个 Java Web 项目 ... 15
- 1.3 课程贯穿项目 ... 24
  - 1.3.1 【任务 1-1】项目需求分析 ... 24
  - 1.3.2 【任务 1-2】项目数据库设计 ... 26
  - 1.3.3 【任务 1-3】项目开发环境搭建 ... 28
  - 1.3.4 【任务 1-4】项目所需工具类设计 ... 29
- 本章小结 ... 30
  - 小结 ... 30
  - Q&A ... 30
- 本章练习 ... 31
  - 习题 ... 31
  - 上机 ... 32

第 2 章 Servlet 基础 ... 33

- 任务驱动 ... 33
- 学习路线 ... 33
- 本章目标 ... 33
- 2.1 Servlet 概述 ... 34
  - 2.1.1 Servlet 简介 ... 34

	2.1.2 Servlet 体系结构	35
	2.1.3 Servlet 生命周期	41
2.2	Servlet 创建	43
	2.2.1 创建 Java Web 项目	43
	2.2.2 创建 Servlet	45
	2.2.3 Servlet 的声明配置	48
	2.2.4 Servlet 的部署运行	50
	2.2.5 Servlet 2.5 项目创建	53
2.3	Servlet 应用	55
	2.3.1 数据处理	55
	2.3.2 重定向与请求转发	60
2.4	Servlet 3.0 特性	66
	2.4.1 注解支持	66
	2.4.2 可插性支持	66
	2.4.3 动态配置	68
	2.4.4 异步处理	69
2.5	贯穿任务实现	72
	2.5.1 【任务 2-1】求职者注册	72
	2.5.2 【任务 2-2】求职者登录	77
本章总结		82
	小结	82
	Q&A	83
本章练习		84
	习题	84
	上机	85

第 3 章 Servlet 核心接口 86

任务驱动		86
学习路线		86
本章目标		86
3.1	Servlet 核心接口	87
3.2	ServletConfig 接口	87
3.3	ServletContext 接口	89
	3.3.1 获取应用初始化参数	89
	3.3.2 存取应用域属性	91
	3.3.3 获取应用信息	92
	3.3.4 获取容器信息	94
	3.3.5 获取服务器文件资源	95
3.4	HttpServletRequest 接口	97
	3.4.1 获取请求行信息	97

3.4.2　获取请求头信息 …………………………………………… 99
　　3.4.3　获取请求正文 ……………………………………………… 102
　　3.4.4　请求参数的中文问题 ……………………………………… 104
　　3.4.5　获取网络连接信息 ………………………………………… 107
　　3.4.6　存取请求域属性 …………………………………………… 109
3.5　HttpServletResponse 接口 …………………………………………… 110
　　3.5.1　设置响应状态 ……………………………………………… 110
　　3.5.2　构建响应消息头 …………………………………………… 112
　　3.5.3　创建响应正文 ……………………………………………… 114
　　3.5.4　响应输出中文问题 ………………………………………… 116
3.6　贯穿任务实现 ………………………………………………………… 116
　　3.6.1　【任务 3-1】简历信息添加 ………………………………… 116
　　3.6.2　【任务 3-2】简历照片上传 ………………………………… 124
　　3.6.3　【任务 3-3】注册验证码生成 ……………………………… 129
本章总结 ……………………………………………………………………… 132
　　小结 ………………………………………………………………… 132
　　Q&A ………………………………………………………………… 133
本章练习 ……………………………………………………………………… 134
　　习题 ………………………………………………………………… 134
　　上机 ………………………………………………………………… 136

第4章　会话跟踪 …………………………………………………………… 137

任务驱动 ……………………………………………………………………… 137
学习路线 ……………………………………………………………………… 137
本章目标 ……………………………………………………………………… 137
4.1　无状态的 HTTP 协议 ………………………………………………… 137
4.2　会话跟踪技术 ………………………………………………………… 138
　　4.2.1　Cookie 技术 ………………………………………………… 138
　　4.2.2　Session 技术 ………………………………………………… 142
　　4.2.3　URL 重写技术 ……………………………………………… 146
　　4.2.4　隐藏表单域 ………………………………………………… 149
4.3　贯穿任务实现 ………………………………………………………… 150
　　4.3.1　【任务 4-1】完善注册验证码功能 ………………………… 150
　　4.3.2　【任务 4-2】完善登录功能 ………………………………… 153
　　4.3.3　【任务 4-3】完善简历添加功能 …………………………… 154
　　4.3.4　【任务 4-4】使用 Cookie 记住登录信息 ………………… 157
本章总结 ……………………………………………………………………… 161
　　小结 ………………………………………………………………… 161
　　Q&A ………………………………………………………………… 162
本章练习 ……………………………………………………………………… 163

习题 ………………………………………………………………………………………… 163
　　上机 ………………………………………………………………………………………… 164

第 5 章　JSP 语法 ………………………………………………………………………… 165

　任务驱动 ……………………………………………………………………………………… 165
　学习路线 ……………………………………………………………………………………… 165
　本章目标 ……………………………………………………………………………………… 165
　5.1　JSP 概述 ………………………………………………………………………………… 166
　　　5.1.1　JSP 简介 ………………………………………………………………………… 166
　　　5.1.2　第一个 JSP 程序 ………………………………………………………………… 166
　　　5.1.3　JSP 执行原理 …………………………………………………………………… 168
　　　5.1.4　JSP 基本结构 …………………………………………………………………… 170
　5.2　脚本元素 ……………………………………………………………………………… 171
　　　5.2.1　JSP 脚本 ………………………………………………………………………… 171
　　　5.2.2　JSP 表达式 ……………………………………………………………………… 173
　　　5.2.3　JSP 声明 ………………………………………………………………………… 174
　　　5.2.4　JSP 注释 ………………………………………………………………………… 176
　5.3　指令元素 ……………………………………………………………………………… 177
　　　5.3.1　page 指令 ……………………………………………………………………… 178
　　　5.3.2　include 指令 …………………………………………………………………… 180
　　　5.3.3　taglib 指令 ……………………………………………………………………… 184
　5.4　动作元素 ……………………………………………………………………………… 184
　　　5.4.1　<jsp:include> …………………………………………………………………… 185
　　　5.4.2　<jsp:forward> …………………………………………………………………… 187
　　　5.4.3　<jsp:useBean> …………………………………………………………………… 188
　　　5.4.4　<jsp:setProperty> ……………………………………………………………… 189
　　　5.4.5　<jsp:getProperty> ……………………………………………………………… 189
　5.5　贯穿任务实现 ………………………………………………………………………… 190
　　　5.5.1　【任务 5-1】首页招聘企业展示 ………………………………………………… 190
　　　5.5.2　【任务 5-2】公共头页面的包含 ………………………………………………… 195
　本章总结 ……………………………………………………………………………………… 195
　　小结 ………………………………………………………………………………………… 195
　　Q&A ………………………………………………………………………………………… 196
　本章练习 ……………………………………………………………………………………… 197
　　习题 ………………………………………………………………………………………… 197
　　上机 ………………………………………………………………………………………… 198

第 6 章　JSP 内置对象 …………………………………………………………………… 199

　任务驱动 ……………………………………………………………………………………… 199
　学习路线 ……………………………………………………………………………………… 199

本章目标 ·· 199
　　6.1　内置对象简介 ·· 200
　　6.2　与 Input/Output 有关的内置对象 ································· 200
　　　　6.2.1　request ·· 200
　　　　6.2.2　response ·· 204
　　　　6.2.3　out ··· 206
　　6.3　与 Context 有关的内置对象 ·· 209
　　　　6.3.1　session ·· 209
　　　　6.3.2　application ·· 212
　　　　6.3.3　pageContext ·· 214
　　6.4　与 Servlet 有关的内置对象 ··· 214
　　　　6.4.1　page ··· 215
　　　　6.4.2　config ··· 215
　　6.5　与 Error 有关的内置对象 ·· 216
　　6.6　JSP 的 4 种作用域 ·· 218
　　6.7　贯穿任务实现 ··· 220
　　　　6.7.1　【任务 6-1】企业详情展示 ······························ 220
　　　　6.7.2　【任务 6-2】用户登录状态判断和退出 ················ 227
　　　　6.7.3　【任务 6-3】网站页面异常处理 ························ 229
　　本章总结 ·· 230
　　　　小结 ··· 230
　　　　Q&A ·· 231
　　本章练习 ·· 232
　　　　习题 ··· 232
　　　　上机 ··· 232

第 7 章　JSP 与 JavaBean ·· 234

　　任务驱动 ·· 234
　　学习路线 ·· 234
　　本章目标 ·· 234
　　7.1　JavaBean 概述 ·· 235
　　　　7.1.1　JavaBean 简介 ·· 235
　　　　7.1.2　JavaBean 规范 ·· 235
　　7.2　在 JSP 中使用 JavaBean ·· 237
　　　　7.2.1　<jsp:useBean>元素 ···································· 238
　　　　7.2.2　<jsp:setProperty>元素 ································ 239
　　　　7.2.3　<jsp:getProperty>元素 ······························· 241
　　7.3　JavaBean 应用 ··· 241
　　7.4　贯穿任务实现 ··· 247
　　　　7.4.1　【任务 7-1】简历信息展示 ······························ 247

  7.4.2 【任务7-2】简历信息修改 ································ 252
  7.4.3 【任务7-3】首页企业信息分页展示 ···················· 259
本章总结 ·· 263
 小结 ·· 263
 Q&A ·· 264
本章练习 ·· 264
 习题 ·· 264
 上机 ·· 265

第8章 表达式语言 ·· 266

任务驱动 ·· 266
学习路线 ·· 266
本章目标 ·· 266
8.1 EL 简介 ··· 267
8.2 EL 语法 ··· 267
 8.2.1 EL 中的常量 ··· 268
 8.2.2 EL 中的变量 ··· 268
 8.2.3 EL 中的.和[]操作符 ·································· 268
 8.2.4 EL 的错误处理机制 ··································· 269
8.3 EL 隐含对象 ··· 269
 8.3.1 与范围有关的隐含对象 ································ 270
 8.3.2 与请求参数有关的隐含对象 ···························· 272
 8.3.3 其他隐含对象 ······································· 272
8.4 EL 运算符 ··· 274
 8.4.1 算术运算符 ··· 274
 8.4.2 关系运算符 ··· 275
 8.4.3 逻辑运算符 ··· 275
 8.4.4 条件运算符 ··· 275
 8.4.5 empty 运算符 ······································· 276
 8.4.6 运算符优先级 ······································· 276
8.5 EL 自定义函数 ··· 276
8.6 贯穿任务实现 ··· 280
 8.6.1 【任务8-1】职位详情展示 ····························· 280
 8.6.2 【任务8-2】网站头文件代码重构 ······················· 284
本章总结 ·· 285
 小结 ·· 285
 Q&A ·· 285
本章练习 ·· 286
 习题 ·· 286
 上机 ·· 286

第 9 章　标准标签库 288

- 任务驱动 288
- 学习路线 288
- 本章目标 288
- 9.1 JSTL 简介 289
  - 9.1.1 JSTL 函数库分类 289
  - 9.1.2 JSTL 的安装使用 290
- 9.2 核心标签库 291
  - 9.2.1 通用标签 292
  - 9.2.2 条件标签 294
  - 9.2.3 迭代标签 296
  - 9.2.4 URL 相关标签 298
- 9.3 I18N 标签库 300
  - 9.3.1 国际化标签 301
  - 9.3.2 格式化标签 304
- 9.4 函数标签库 306
- 9.5 自定义标签库 308
- 9.6 贯穿任务实现 310
  - 9.6.1 【任务 9-1】首页代码重构 310
  - 9.6.2 【任务 9-2】申请职位展示 312
- 本章总结 318
  - 小结 318
  - Q&A 318
- 本章练习 319
  - 习题 319
  - 上机 320

第 10 章　Filter 与 Listener 321

- 任务驱动 321
- 学习路线 321
- 本章目标 321
- 10.1 过滤器 322
  - 10.1.1 过滤器简介 322
  - 10.1.2 过滤器核心接口 323
  - 10.1.3 过滤器开发 324
  - 10.1.4 过滤器声明配置 328
  - 10.1.5 过滤器应用 330
- 10.2 监听器 336
  - 10.2.1 监听器简介 336

    10.2.2 与 Servlet 上下文相关的监听器 ·················· 337

    10.2.3 与会话相关的监听器 ························ 343

    10.2.4 与请求相关的监听器 ························ 350

  10.3 贯穿任务实现 ······························· 354

    10.3.1 【任务 10-1】求职者访问权限过滤 ················ 354

    10.3.2 【任务 10-2】企业信息浏览次数监听 ··············· 357

  本章总结 ···································· 359

    小结 ··································· 359

    Q&A ··································· 360

  本章练习 ···································· 361

    习题 ··································· 361

    上机 ··································· 361

第 11 章 MVC 模式 ···························· 363

  任务驱动 ···································· 363

  学习路线 ···································· 363

  本章目标 ···································· 363

  11.1 MVC 模式 ································ 363

  11.2 Java Web 开发模式 ··························· 365

    11.2.1 Model 1 模式 ·························· 365

    11.2.2 Model 1 模式应用示例 ····················· 366

    11.2.3 Model 2 模式 ·························· 371

    11.2.4 Model 2 模式应用示例 ····················· 372

  11.3 贯穿任务实现 ······························· 377

    11.3.1 【任务 11-1】使用 MVC 模式重构简历修改 ············ 377

    11.3.2 【任务 11-2】使用 MVC 模式重构首页 ·············· 381

  本章总结 ···································· 384

    小结 ··································· 384

    Q&A ··································· 384

  本章练习 ···································· 384

    习题 ··································· 384

    上机 ··································· 385

第 12 章 Ajax 技术 ···························· 386

  任务驱动 ···································· 386

  学习路线 ···································· 386

  本章目标 ···································· 386

  12.1 Ajax 技术 ································ 387

    12.1.1 Ajax 简介 ···························· 387

    12.1.2 XMLHttpRequest 介绍 ····················· 389

12.1.3　XMLHttpRequest 的属性 ································ 389
12.1.4　XMLHttpRequest 的方法 ································ 391
12.1.5　Ajax 示例 ··· 392
12.2　JSON 技术 ··· 395
12.2.1　JSON 简介 ·· 395
12.2.2　JSON 在 JavaScript 中的使用 ···························· 397
12.2.3　JSON 在 Ajax 中的使用 ································· 398
12.3　jQuery 技术 ·· 403
12.3.1　jQuery 简介 ·· 403
12.3.2　jQuery 对 Ajax 的实现 ·································· 404
12.3.3　基于 jQuery 的 Ajax 应用 ······························· 408
12.4　贯穿任务实现 ··· 409
【任务 12-1】注册邮箱的唯一性验证 ······························· 409
本章总结 ·· 411
小结 ··· 411
Q&A ·· 412
本章练习 ·· 412
习题 ··· 412
上机 ··· 413

附录 A　JDK 的安装配置 ·· 414

A.1　下载 JDK ··· 414
A.2　安装 JDK ··· 415
A.3　配置环境变量 ··· 416

附录 B　Eclipse 的安装配置 ·· 419

B.1　下载 Eclipse ·· 419
B.2　安装 Eclipse ·· 419
B.3　选择 Eclipse 工作区 ·· 420
B.4　Eclipse 启动 ·· 420

附录 C　HTTP 响应状态码及其含义 ··································· 423

第1章 Java Web入门

 任务驱动

本章完成 Q-ITOffer 锐聘网站的需求分析、数据库设计、开发环境搭建以及项目工具类的设计任务,具体任务分解如下。

- 【任务 1-1】 项目需求分析。
- 【任务 1-2】 项目数据库设计。
- 【任务 1-3】 项目开发环境搭建。
- 【任务 1-4】 项目所需工具类设计。

 学习路线

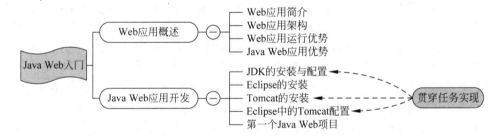

 本章目标

知 识 点	Listen(听)	Know(懂)	Do(做)	Revise(复习)	Master(精通)
动态网站特点	★	★			
Servlet 与 JSP 技术	★	★			
C/S 结构与 B/S 结构	★	★			
B/S 结构应用运行过程	★	★			
Servlet 和 JSP 技术优势	★	★			
JavaWeb 开发环境搭建	★	★	★	★	★
第一个 Java Web 项目	★	★	★	★	★

1.1　Web 应用概述

在计算机发展的历史上，网络的出现是一个重要的里程碑。近十几年来，网络更是取得了令人难以置信的发展速度；人们在世界各地都可以共享信息、进行电子商务交易、利用网络在线办公和在线业务办理等，这些都不断促进了 Web 应用的发展。

1.1.1　Web 应用简介

Web 应用是一种通过互联网访问的应用程序，使用网页语言编写，通过浏览器运行。在互联网发展的最初阶段，Web 应用仅仅是一个静态的网站，所有的网页都是由内容固定的静态 HTML 页面组成的，页面可以直接被浏览器解释执行，无须进行复杂的编译以及存取数据等操作，因此运行速度非常快。但是，静态网站具有一个无法弥补的缺点：当网站的内容变化时只能通过修改整个 HTML 网页来实现。在这种情况下，静态网站所能实现的任务仅仅是一些静态信息的展示，而不能实现与用户的交互以及内容的实时更新。静态网站的这种局限性决定了它必然不能适应大中型企业应用系统以及商业需求，为了满足这些需求，动态网站应用随之而生。

动态网站不是指具有动画功能的网站，而是指能与用户进行交互并根据用户输入的信息产生相应响应的网站。动态网站一般由大量的动态网页、后台处理程序以及用于存储内容的数据库组成。动态网站具有以下几个特征。

- 交互性：根据用户的操作以及请求，网页会动态改变并响应。例如用户注册、购买商品和信息搜索等功能。
- 自动更新：无须手动更新页面，系统会自动生成新的页面，从而大幅度减少网站维护成本。例如，网站管理员通过后台发布最新的新闻资讯，用户便能看到前台页面更新后的内容。
- 多样性：在不同时间、不同用户访问同一网页时会显示不同的内容。例如用户的个人管理中心、网络天气预报和网站的广告推广等。

动态网站虽在以上几个特征上比静态网站有不可比拟的优势，但由于其必须通过服务器处理且大多数还需要进行数据库方面的操作，因此会对网站的访问速度有一定影响。另外，动态网页由于存在动态网页语言代码，所以相比较使用纯 HTML 代码的静态网页，其对搜索引擎的友好程度要相对弱一些。

注意

> 在实际应用中，大多数网站一般采用动静结合的原则：网站中内容需要频繁更新的，可采用动态网页技术；而内容不需要更新的，则采用静态网页进行显示。如此，一个网站既可包含动态网页，也可包含静态网页。

动态网站是采用动态网站技术实现的。在浏览网页时，经常会看到一些以 asp、aspx、php 和 jsp 结尾的网页，这些网页扩展名，在一般情况下反映了该网站采用的动态网站技术。动态网站技术种类多样、发展迅速，在其发展历程中，先后出现了 CGI、ASP、ASP.NET、PHP、Servlet 和 JSP 等几个重要的动态网站技术，依次介绍如下。

1. CGI

在早期互联网发展过程中，动态网站技术主要采用 CGI（Common Gateway Interface，通用网关接口)来实现。CGI 程序在服务器端运行,能够根据不同客户端请求输出相应的 HTML 页面,同时可以访问存储在数据库中的数据以及其他系统中的文件,从而实现动态生成的效果。当时最流行的 CGI 语言有 Perl 和 Shell 脚本,也可以使用 C、C++或 Java 等其他语言进行编写。但是,由于编写 CGI 程序比较困难,效率低下,而且修改、维护很复杂,在用户交互性以及安全性上都无法与当时的桌面应用软件相比,因此,CGI 技术逐渐被其他新的动态网页技术所替代。

2. ASP 和 ASP.NET

ASP(Active Server Page,动态服务器页面)是微软公司推出的一种动态网页语言。ASP 也运行在服务器端,可以包含 HTML 标记、普通文本、脚本命令以及对一些特定微软应用程序(例如 COM 组件)的调用。ASP 语法比较简单,而且微软提供的开发环境功能十分强大,极大地降低了程序员的开发难度。但是,ASP 自身也有局限性,本质上 ASP 依然是一种脚本语言,除了使用大量的组件外没有其他方法提高开发效率,而且 ASP 只能运行在 Windows 环境中,平台兼容性比较差,这些限制制约了 ASP 的继续发展。因此,ASP 也渐渐地退出了历史舞台。到 2002 年 1 月,在微软的.NET 策略推动下,第 1 个版本的 ASP.NET 正式发布。ASP.NET 主要使用 C♯及 VB.NET 语言开发,同时作为编译性框架,无论是从执行效率和安全性上都远远超过 ASP,是目前主流动态网站技术之一。

3. PHP

PHP(Hypertext Preprocessor,超文本预处理语言)是基于开源代码的脚本式语言。与 ASP 技术一样,PHP 也是采用脚本技术嵌入到 HTML 网页中;但是,PHP 不同之处在于其语法比较独特,在 PHP 中混合了 C、Java 和 Perl 等语言语法中的优秀部分,并且 PHP 网页的执行速度远远超过 CGI 和 ASP。PHP 对数据库操作也相对简单,并且能够对多种操作系统平台提供支持。因此,PHP 得到广大开源社区的支持,也是当今最为火热的脚本语言之一。

4. Servlet

为了弥补 CGI 的不足,Sun 公司在 20 世纪 90 年代末就发布了基于 Servlet 的 Web 服务器,并建立了 Java Servlet API(Java Servlet 应用程序编程接口)的编码标准,直到现在,基本所有的服务器仍遵循这种编码标准。Servlet 具有很好的可移植性,并且执行效率很高,对于开发者来说,Sun 公司还针对 Servlet 标准提供了对整个 Java 应用编程接口(API)的完全访问,并且提供了一个完备的类库去处理 HTTP 协议的请求,在增强其功能的同时也降低了 Web 开发的难度。虽然 Servlet 改变了传统 CGI 程序的缺点,但 Servlet 自身也有不足,Servlet 在界面设计方面比较困难,需要在 Java 代码中嵌入大量的 HTML 才能实现,并且每次小的改动都需要重新编译,十分不利于网站的设计与维护,于是 JSP(Java Server Pages)技术又应用而生。

5. JSP

JSP 是基于 Java 语言的服务器端脚本语言,是一种实现 HTML 代码和 Java 代码的混合编码技术。JSP 是 Servlet API 的一个扩展,能够支持多个操作系统平台。从某种程度上,JSP 是 Sun 公司对 Microsoft 公司的 ASP 做出的回应,JSP 和 ASP 在设计目的上都是将业务处理与页面显示相分离,从这个意义上讲,二者是相似的。虽然 JSP 与 ASP 在技术上存在一些差异,但这两种技术具有一个最大的共同点,那就是 Web 设计人员能够专心设计页面外观,而软件开发人员则可以专心开发业务逻辑。由于 JSP 中使用的是 Java 语法,所以 Java 语言所具有的优势都可以在JSP中体现出来，尤其是Java EE的强大功能，更使JSP语言的发展拥有了强大的后盾。

注意

> JSP虽能完成所有Servlet所能完成的工作，但并不是为了替代Servlet。Servlet设计页面困难但易于书写Java代码；JSP易于设计页面但书写Java代码困难。在实际项目中，可以利用JSP实现页面显示、Servlet实现业务逻辑，二者互为补充、配合使用。

1.1.2 Web应用架构

Web应用的广泛使用和发展，使得应用软件的架构模式也在不断地发生变化。在目前流行的应用软件架构模式中，C/S(Client/Server，客户端/服务器)结构和B/S(Browser/Server，浏览器/服务器)结构占据了主导。

C/S结构充分利用客户机和服务器这两端硬件环境的优势，将任务合理分配到客户端和服务器端来实现。C/S架构模式采用"功能分布"的原则：客户端负责数据处理、数据表示以及用户接口等功能；服务器端负责数据管理等核心功能，两端共同配合来完成复杂的业务应用。C/S结构能够充分发挥客户端PC的处理能力，很多业务可以在客户端处理后再提交给服务器，提高了响应速度。C/S结构经常应用于各大银行内网系统、铁路航空售票系统、游戏软件等。C/S结构如图1-1所示。

B/S结构是基于特定HTTP通信协议的C/S结构，是随着Internet技术的兴起，对C/S架构的一种变化或者改进后的结构，Web应用架构即是指这种结构。在B/S结构下，客户端只需要安装一款浏览器，而不需要开发、安装任何客户端软件，所有业务的实现全部交由服务器端负责。用户只需通过浏览器就可以向服务器发送请求，服务器接收请求处理后，将结果响应给浏览器。B/S结构经常应用于各大门户网站、各种管理信息系统和大型电子商务网站等，例如新浪网、企业ERP系统和淘宝网等都是这种模式。B/S结构如图1-2所示。

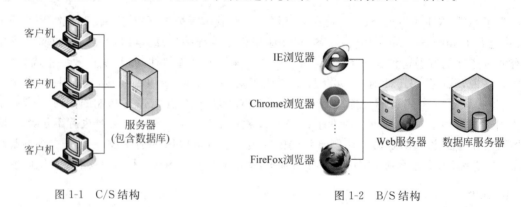

图1-1 C/S结构　　　　　　　　　　图1-2 B/S结构

注意

> B/S结构是对C/S结构的一种改进，而非C/S的替代品。与C/S结构相比，B/S结构的优势是维护和升级方式简单。但是，这种结构也存在一定的劣势，如服务器负担比较重、客户端界面不够丰富和快速响应不如C/S等。

1.1.3 Web 应用运行过程

基于 B/S 结构的 Web 应用,通常由客户端浏览器、Web 服务器和数据库服务器几部分组成,其中:
- Web 服务器负责运行使用动态网站技术编写的 Web 应用程序;
- 数据库服务器负责管理应用程序使用到的数据;
- 浏览器负责帮助用户访问运行在 Web 服务器上的应用程序。

基于 B/S 结构的 Web 应用程序的运行过程如图 1-3 所示。首先,用户通过客户端浏览器向服务器端发送请求;服务器接收到请求后,需要对用户发送过来的数据进行业务逻辑处理,多数还伴随对数据库的存取操作;最后,服务器将处理结果返回给客户端浏览器。

图 1-3　B/S 结构 Web 应用运行过程

按照 Web 应用程序"请求-处理-响应"的基本运行流程,其详细处理过程介绍如下。

(1) Web 浏览器发送请求:Web 浏览器是一种应用程序,其基本功能就是将客户通过 URL 地址(即网址)发送的请求转换为标准的 HTTP 请求,并将服务器响应返回的 HTML 代码转换为客户能够看到的图形界面。在典型的 Web 应用程序中,一般通过运行在浏览器端的 HTML 和脚本代码来提供用户输入数据的入口以及对数据进行初始验证,然后浏览器将数据通过 HTTP 协议的 GET 或 POST 方法发送到服务器端。

(2) 服务器端处理用户请求:Web 服务器的一个重要功能就是向特定的脚本、程序传递需要处理的请求。Web 服务器首先需要检查请求的文件地址是否正确;若错误,则返回相应错误信息;若正确,服务器将根据请求的 GET 方法或 POST 方法以及文件的类型进行相应的处理,处理完成后,将结果以 HTML、XML 或者二进制等数据形式表示,并按照 HTTP 协议的响应消息格式反馈给浏览器,浏览器会根据消息附带的信息查看并显示该信息。

(3) 将结果返回给浏览器:一般情况下,服务器将处理结果返回给客户端浏览器时,要指明响应的内容类型、内容长度,然后把响应内容写入输出流中;客户端浏览器收到响应后,首先查看响应头的内容类型,确定输入流中响应信息的 MIME 类型,再来确定如何处理数据。返回的内容可以是 HTML、文本、XML、图像或音频/视频流等。

1.1.4 Java Web 应用优势

Java Web 应用,是用 Java 技术来解决相关 Web 互联网应用领域的技术总和。Web 应用包括 Web 服务器端应用和 Web 客户端应用两部分,Java 在客户端的应用有 Java Applet,但目前使用的很少,Java 在服务器端的应用非常丰富,例如 Servlet、JSP 和第三方框架等。这些应用虽不相同,但都遵循统一的 Java EE(Java Platform Enterprise Edition,Java 平台企业版)技术标准。以 Java EE 7 为例,其平台组件如图 1-4 所示。

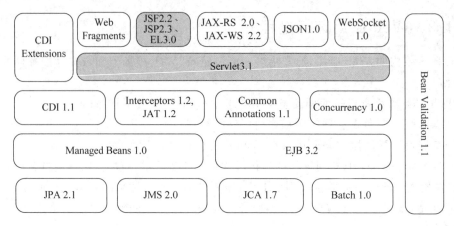

图 1-4　Java EE 7 组件图

目前，很多的 Web 开发技术都可以用来实现 Web 应用程序，但任何一种技术都不可能十全十美，例如：Java Servlet 不能利用 COM 组件；ASP 不能使用 Java Bean 和 EJB；但 Java Web 开发技术是目前最先进和最完善的 Web 开发技术之一，其具有以下几个方面的优势。

- **平台无关性**：Servlet 和 JSP 都是使用 Java 编写的，与 Java 语言一样具有平台无关性。Servlet 和 JSP 代码被编译成字节码，再由服务器上的与平台相关的 Java 虚拟机解释执行。由于被编译成的字节码是平台无关的，所以可以被移植到支持 Java 的任何其他平台上。
- **效率高**：当 Servlet 和 JSP 接收请求后，在相同的进程中将创建另一个线程来处理该请求，从而使得成百上千的用户能够同时访问 Servlet 和 JSP，而不影响服务器的性能。另外，Servlet 会在第一次请求时进行编译并装入内存，第 2 次及以后的请求都是直接在内存中调用该 Servlet，而无须再次编译。如此，大大加快了服务器的处理速度。
- **可访问 Java API**：Servlet 和 JSP 是 Java 的整体解决方案的一部分，能够访问所有的 Java API，并且可以利用 Java 语言所提供的所有强大功能。例如，利用 Java Mail API 收发邮件，利用 RMI 实现远程方法调用等。

1.2　Java Web 应用开发

任何应用程序的开发和运行都需要相应的开发环境，不同技术实现的应用需要不同的开发环境。Java Web 应用程序的开发，核心的需求是能运行 Java Web 程序的服务器和 Java 运行环境，除此之外，一款功能强大的 IDE（Integrated Development Environment）也是提高开发效率的必备工具。本书将以 JDK8、Tomcat 8.0 服务器和 Eclipse Luna 工具为例，按照它们之间的依赖关系进行安装配置，然后在此环境下完成第一个 Java Web 项目。

1.2.1　JDK 的安装与配置

JDK 是 Java 程序运行的基础环境，同时也是 Tomcat 服务器和 Eclipse 工具能正常安装及运行的基础环境。到本书出版时，JDK 的最新版本为 JDK 8.0，本书所有案例代码都基于

JDK 8.0 版本进行调试运行。

> **注意**
>
> 有关 JDK 的详细安装配置过程参见附录 A，此处不再赘述。

JDK 安装配置完成后，单击 Window 操作系统开始→cmd，进入 DOS 窗口，在光标处输入 java-version(java 和-之间有空格)，若出现图 1-5 所示提示信息，则表示 JDK 安装配置成功。

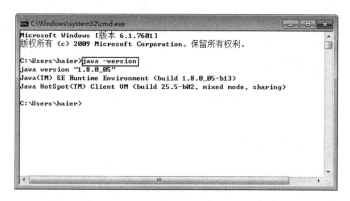

图 1-5 JDK 安装成功测试

1.2.2 Eclipse 的安装

Eclipse 是著名的跨平台集成开发环境(IDE)。最初主要用来做 Java 语言开发，目前也可以通过插件使其作为其他语言(例如 C++和 PHP)的开发工具。Eclipse 本身是一个框架平台，众多插件的支持使得 Eclipse 拥有其他功能相对固定的 IDE 工具很难具有的灵活性。Eclipse 是一个开放源代码的、可扩展的开发平台，许多软件开发商以 Eclipse 为框架开发自己的 IDE。本教材中所有代码都在 Eclipse 环境下开发。

到本书出版时，Eclipse 发行版本如表 1-1 所示。

表 1-1 Eclipse 版本

版 本 代 号	发 行 日 期	平台版本
Callisto(卡利斯托)	2006 年 6 月 30 日	3.2
Europa(欧罗巴)	2007 年 6 月 29 日	3.3
Ganymede(盖尼米得)	2008 年 6 月 25 日	3.4
Galileo(伽利略)	2009 年 6 月 26 日	3.5
Helios(太阳神)	2010 年 6 月 23 日	3.6
Indigo(靛蓝)	2011 年 6 月 24 日	3.7
Juno(朱诺)	2012 年 6 月 27 日	4.2
Kepler(开普勒)	2013 年 6 月 26 日	4.3
Luna(月神)	2014 年 6 月 25 日	4.4

本书采用最新版 Luna，界面如图 1-6 所示。Eclipse Luna 的详细下载和安装过程参见本教材附录 B。

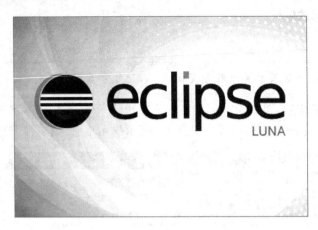

图1-6　Eclipse 启动界面

1.2.3　Tomcat 的安装

在 Web 应用的服务器端,与通信相关的处理都由服务器软件负责,这些服务器软件一般都由第三方软件厂商提供,开发人员只需将应用程序部署到 Web 服务器中,客户端便可通过浏览器对其进行访问。

常用的 Web 服务器有以下几种。

(1) IIS:是微软提供的一种 Web 服务器,提供对 ASP 语言的良好支持,通过插件的安装,也可以提供对 PHP 语言的支持。

(2) Apache:是由 Apache 基金会组织提供的一种 Web 服务器,其特长是处理静态页面,对于静态页面的处理效率非常高。

(3) Tomcat:是 Apache 软件基金会的 Jakarta 项目中的一个核心项目,由 Apache、Sun 和其他一些公司及个人共同开发而成。由于有了 Sun 的参与和支持,最新的 Servlet 和 JSP 规范总是能在 Tomcat 中得到体现。因为 Tomcat 技术先进、性能稳定,而且免费,因而深受 Java 爱好者的喜爱并得到了部分软件开发商的认可,成为目前比较流行的 Web 应用服务器。

(4) JBoss:是一个基于 JavaEE 的开放源代码的应用服务器。JBoss 代码遵循 LGPL 许可,可以在任何商业应用中免费使用。2006 年,JBoss 公司被 RedHat 公司收购。JBoss 是一个管理 EJB 的容器和服务器,支持 EJB 1.1、EJB 2.0 和 EJB 3.0 的规范。同时 JBoss 支持 Tomcat 内核作为其 Servlet 容器引擎,并加以审核和调优。

Tomcat 是一个轻量级的纯 Java Web 应用服务器,普遍在中小型系统和并发访问用户较少的场合下使用,也是开发和调试 JSP 程序的首选。Tomcat 8.0 是目前最新的版本,它提供了对 Servlet 3.1 和 JSP 2.3 规范的支持,本书将使用它作为所有实例的 Web 服务器。

> **注意**
>
> 在 Tomcat 版本选择时需要注意它与 JDK 版本的对应,Tomcat 8.0 需要至少 JDK 7.0 及其以上版本的支持,在安装前需要先安装配置好正确版本的 JDK。

Tomcat 8.0 的具体安装过程如下。

【步骤 1】 Tomcat 8.0 下载

在浏览器上输入 Tomcat 官方网址：http://tomcat.apache.org，进入 Tomcat 下载首页，如图 1-7 所示。

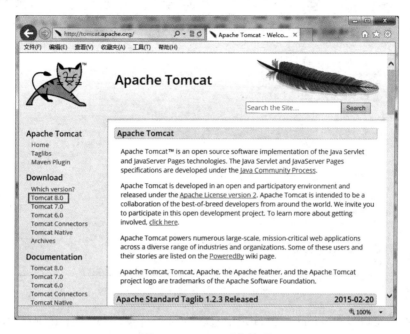

图 1-7　Tomcat 下载首页

选择 Tomcat 8.0 版本，单击链接进入 Tomcat 8.0 下载专区，如图 1-8 所示。

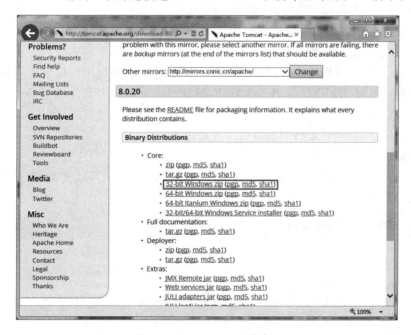

图 1-8　Tomcat 8.0 下载专区

对于 Window 平台，根据操作系统是 32 位或 64 位选择对应的文件。本书使用 32 位操作系统，按图 1-8 标记下载后的文件为 apache-tomcat-8.0.12-windows-x86.zip，将其保存到硬盘上并解压。例如,解压到 D:\apache-tomcat-8.0.12 目录中,则该目录则被称为 Tomcat 的根目录,解压缩后效果如图 1-9 所示。

图 1-9　Tomcat 解压目录

从图 1-9 中可以看出 Tomcat 根目录中包含许多子目录,这些目录在 RUNNING.txt 文件中都有描述,其中最重要的几个子目录介绍如下。

- bin:包含启动和终止 Tomcat 服务器的脚本,如 startup.bat、shutdown.bat。
- conf:包含服务器的配置文件,如 server.xml。
- lib:包含服务器和 Web 应用程序使用的类库,如 servlet-api.jar、jsp-api.jar。
- logs:存放服务器的日志文件。
- webapps:Web 应用的发布目录,服务器可对此目录下的应用程序自动加载。
- work:Web 应用程序的临时工作目录,默认情况下编译 JSP 生成的 Servlet 类文件放在此目录下。
- temp:存放 Tomcat 运行时的临时文件目录。

【步骤 2】　Tomcat 测试

在 Tomcat 启动测试之前,需要先配置 CATALINA_HOME 环境变量,变量值为 Tomcat 的根目录,如下所示。

    CATALINA_HOME = D:\apache-tomcat-8.0.12

注意

　　配置 CATALINA_HOME 环境变量与配置 JDK 的 JAVA_HOME 环境变量相同。Tomcat 在启动前,必须先保证环境变量 JAVA_HOME、CLASSPATH 和 CATALINA_HOME 已正确配置,否则将不能成功启动。

　　配置完成后,进入 Tomcat 根目录下的 bin 目录,以本书为例,双击 D:\apache-tomcat-8.0.12\bin 目录下的 批处理文件,成功启动 Tomcat 后,会出现图 1-10 所示的界面。

第 1 章 Java Web入门

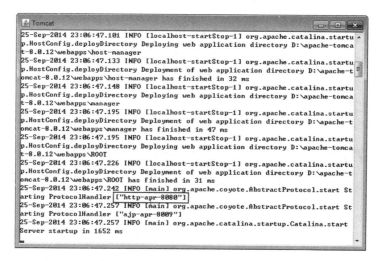

图 1-10　Tomcat 启动界面

Tomcat 服务器启动成功后会在 8080 端口处一直监听请求信息。此时，在浏览器地址栏中输入 http://localhost:8080，则会出现图 1-11 所示的 Tomcat 安装成功提示页面。

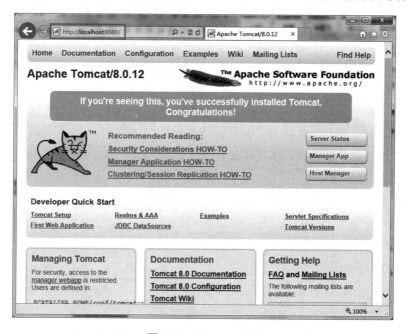

图 1-11　Tomcat 主页

完成 Tomcat 的测试后，双击 shutdown.bat 批处理文件便可以终止 Tomcat 服务器。

注意

在实际项目开发中，应用程序需要在服务器下进行频繁的部署和测试，这将非常耗时。通常为了节省开发时间，会让 Eclipse 来管理 Tomcat，例如实现对 Tomcat 的启动、停止和部署等工作。

1.2.4　Eclipse 中的 Tomcat 配置

在真实项目开发中，为了简化操作、提高开发效率，通常会使用 Eclipse 工具来管理 Tomcat 服务器，具体配置步骤如下所示。

【步骤 1】　配置 Tomcat 服务

打开 Eclipse，在右下方选择 Server 选项，然后单击图 1-12 所提示的链接。

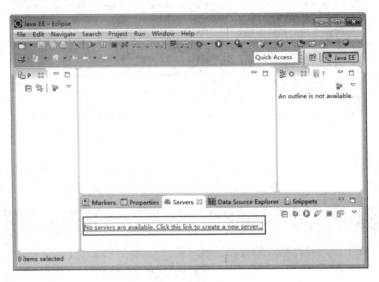

图 1-12　配置 Tomcat

在弹出的图 1-13 所示的界面后，在 Apache 目录下选择合适的 Tomcat 服务器版本。

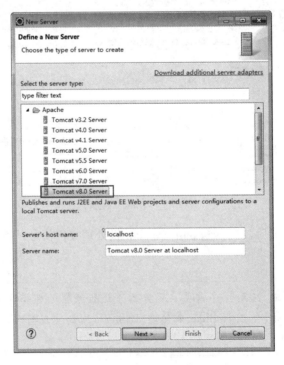

图 1-13　选择 Tomcat 服务器

单击 Next 按钮，进入图 1-14 所示的左侧选择窗口，单击窗口中的 Browse 按钮，将弹出右侧的"浏览文件夹"窗口，在该窗口中选择 Tomcat 的安装根目录，然后单击"确定"按钮。

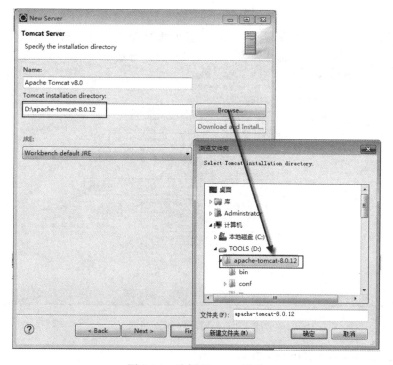

图 1-14　选择 Tomcat 目录

操作完成后的效果如图 1-15 所示。

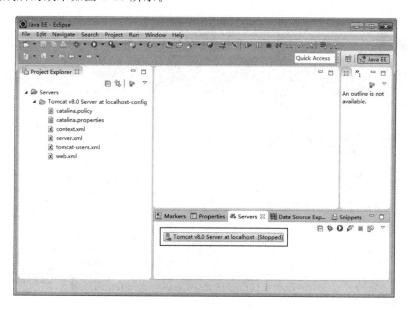

图 1-15　Eclipse 下的 Tomcat 配置

双击图 1-15 中 Tomcat v8.0 Server at localhost 图标，设置在 Eclipse 中所使用的服务器路径以及 Eclipse 工具所创建的项目在服务器下的发布路径，操作如图 1-16 所示。在图 1-16

中,在选择 Use Tomcat installation 选项后,将会在 Server Path 输入框中自动显示上述操作配置的 Tomcat 服务器的安装目录,Deploy path 选项则可选择此 Tomcat 服务器的发布目录作为 Eclipse 工具所创建项目的发布路径。

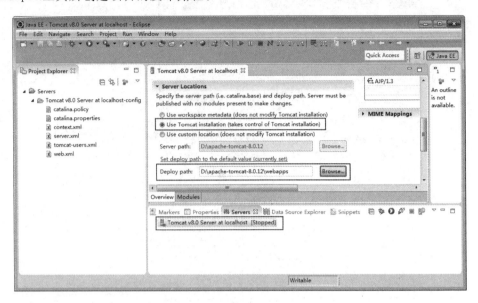

图 1-16　选择 Tomcat 目录

【步骤 2】　启动、停止 Tomcat 服务

在 Eclipse 工具面板右下方选择 Servers 标签(或通过选择菜单项 Window→show view→Servers),标签中 ▶ 按钮用来启动 Tomcat 服务器,■ 按钮用来停止 Tomcat 服务器,如图 1-17 所示。

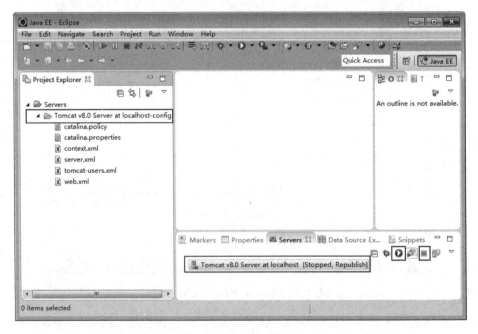

图 1-17　配置完成界面

1.2.5 第一个 Java Web 项目

环境搭建完成后,接下来就可以进行具体的项目开发。项目的开发过程一般会分为新建项目、创建文件、编写代码、运行项目和查看结果几个步骤。对于第一个 Java Web 项目,其创建过程可分为如下 5 个步骤:

- 新建 Java Web 项目;
- 创建 JSP 文件;
- 编写 JSP 代码;
- 部署运行项目;
- 查看运行结果。

1. 新建 Java Web 项目

选择 File→New→Dynamic Web Project 菜单项,如图 1-18 所示。或直接在项目资源管理器空白处右击,在弹出的菜单中选择 New→Dynamic Web Project 菜单项。

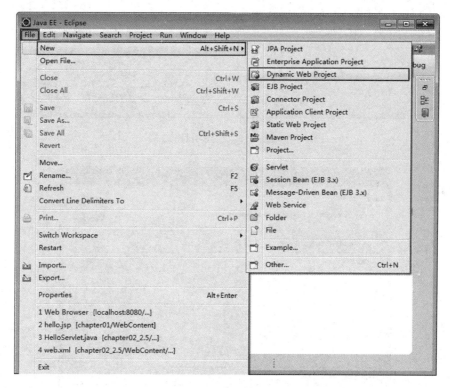

图 1-18 新建项目菜单

在弹出的创建项目对话框中,输入项目名称 chapter01,在 Dynamic web module version 选项中选择 3.0 版,如图 1-19 所示。

单击 Next 按钮,出现图 1-20 所示的界面,此界面无须修改,使用默认设置。

继续单击 Next 按钮,出现图 1-21 所示的界面,在此界面中选中 Generate web.xml deployment descriptor 选项。

单击 Finish 按钮,完成项目的创建。图 1-22 为项目创建成功后的界面。

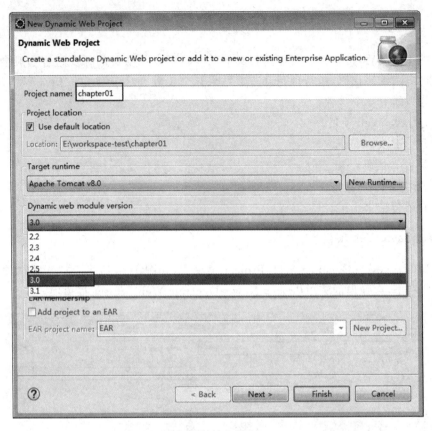

图 1-19　新建项目

图 1-20　配置项目编译路径

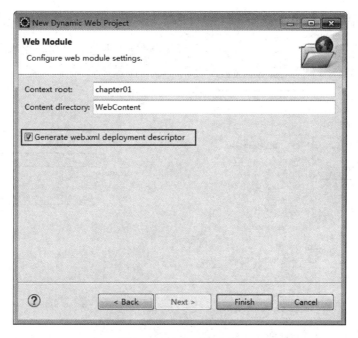

图 1-21　配置项目参数

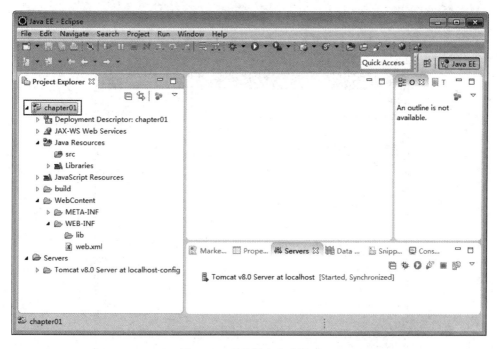

图 1-22　项目创建完成界面

2．创建 JSP 页面文件

接下来,在创建完成的 Web 项目中新建一个 JSP 文件。在 chapter01 项目目录中选择 WebContent 目录并右击,选择 New→JSP File 菜单项,如图 1-23 所示。

在图 1-24 所示的 New JSP File 窗口中,输入文件名称 hello.jsp。

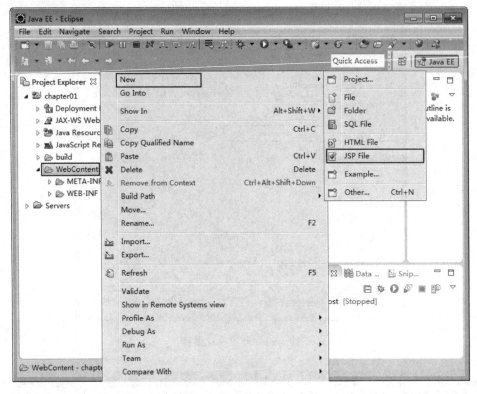

图 1-23　新建 JSP 文件菜单

图 1-24　新建 JSP 文件命名

单击 Finish 按钮，JSP 文件创建完成。Eclipse 会自动打开新建文件的代码编辑窗口，如图 1-25 所示。

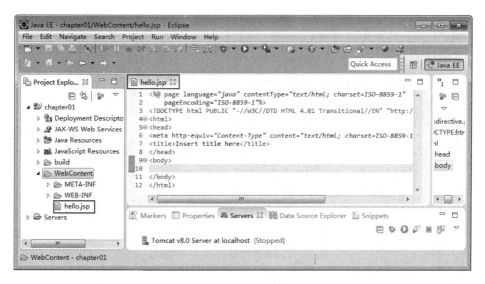

图 1-25　JSP 文件代码编辑窗口

3．编写 JSP 代码

新建完 JSP 文件后，便可以开始在打开的代码编辑窗口中编写代码，如图 1-26 所示，在 HTML 代码的<body>和</body>标签中间输入如下代码。

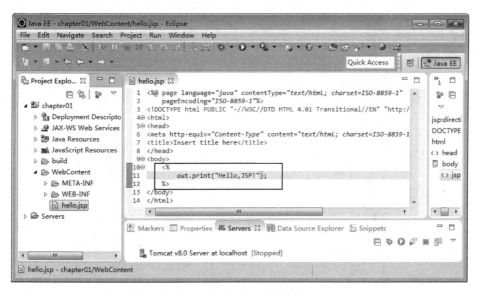

图 1-26　hello.jsp 文件代码

```
<%
out.print("Hello,JSP!");
%>
```

4. 运行程序

程序代码编写完成后,接下来便需要对项目进行部署和运行。Java Web 项目的部署和运行在 Eclipse 工具下的操作过程如下。

在代码编辑窗口右击 Run As→Run on Server 菜单,如图 1-27 所示。

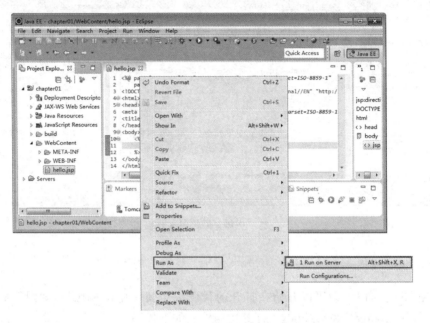

图 1-27　项目运行菜单

在弹出的窗口中选择 Tomcat 8.0 服务器,如图 1-28 所示。

图 1-28　选择服务器

单击 Next 按钮,进入图 1-29 所示的界面,选择需要部署在服务器下的项目。

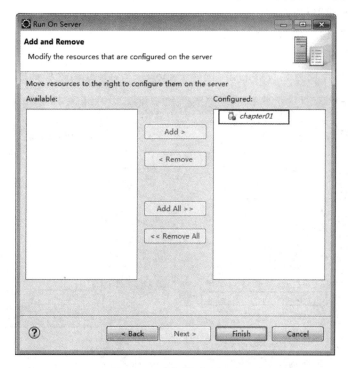

图 1-29　服务器项目部署

单击 Finish 按钮完成项目的部署,项目开始运行。部署完成后的 chapter01 项目和项目中的 JSP 文件在 Tomcat 服务器下的发布目录结构如图 1-30 所示。

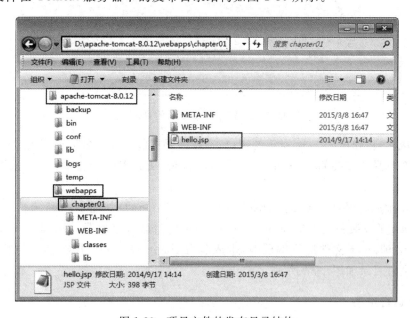

图 1-30　项目文件的发布目录结构

除此之外,Java Web 项目的部署和运行还可通过手动方式完成。手动方式的项目部署和运行分为以下 3 个步骤:

- 打包所需 Web 项目；
- 在服务器下部署打包文件；
- 启动服务器，运行项目。

具体步骤实现如下。

在 Eclipse 下选择项目名称并右击，选择 Export→WAR file，过程如图 1-31 所示。

图 1-31　Java Web 项目的打包

操作完成后，将弹出图 1-32 所示的窗口，选择需要打包的项目名称和打包文件输出地址，这里可以直接选择所安装的 Tomcat 的 webapps 目录，从而省略后续将打包文件复制到此目录的步骤。

上述操作生成的项目打包文件 chapter01.war 的存放地址如图 1-33 所示。

在 Tomcat 的安装目录下选择 bin/startup.bat 启动运行服务器，服务器在启动过程中将自动对 chapter01.war 文件进行解压缩，生成名为 chapter01 的文件夹，然后加载运行，此时 webapps 下文件目录如图 1-34 所示。

5. 查看运行结果

在项目运行配置完成后，Eclipse 工具会自动启动 Tomcat，同时自动打开内置的浏览器显示运行结果，如图 1-35 所示。

也可以按照图 1-36 进行修改配置，选择外部的浏览器进行页面的浏览。

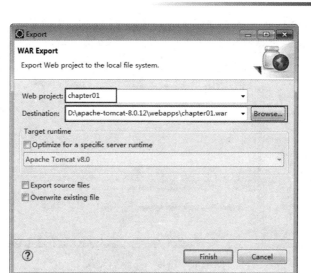

图 1-32　设置打包文件和输出地址

图 1-33　打包文件存放地址

图 1-34　服务器启动时 webapps 下的目录结构

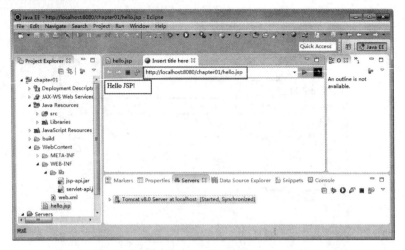

图 1-35　hello.jsp 运行结果

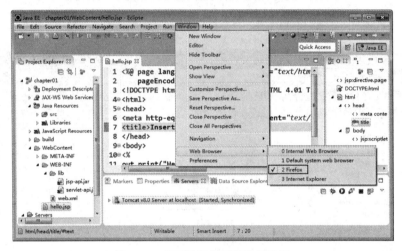

图 1-36　项目运行使用浏览器选择

1.3　课程贯穿项目

　　Q-ITOffer 锐聘网站是一个专为 IT 人才和 IT 企业提供线上求职和招聘代理的服务性平台系统。该系统由前台和后台两个模块组成，前台功能主要包括招聘企业职位展示、求职者简历管理和在线职位申请；后台功能主要包括招聘企业职位管理、求职者信息审核和职位申请管理。其中，前台功能将以本书贯穿项目形式实现完成；系统后台功能将在本书配套实验教材实现完成。项目中所用到的所有静态网页素材以及数据库和基础数据的创建脚本可在锐聘学院教材丛书资源网（book.moocollege.cn）上免费下载。

1.3.1　【任务 1-1】项目需求分析

　　Q-ITOffer 锐聘网站前台系统主要由图 1-37 所示各部分模块组成。
　　Q-ITOffer 锐聘网站前台系统拥有两个用户角色：已注册求职者和游客，各角色功能用例如图 1-38 和图 1-39 所示。

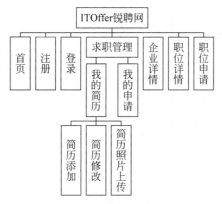

图 1-37　前台功能模块图

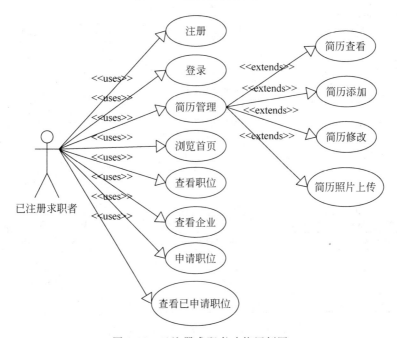

图 1-38　已注册求职者功能用例图

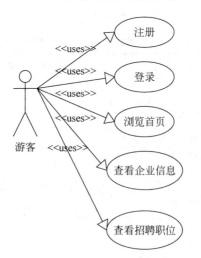

图 1-39　游客功能用例图

1.3.2 【任务1-2】项目数据库设计

本项目数据库采用 Oracle 11g 数据库,数据库的安装和使用请参考本教材课程体系中的 Oracle 数据库应用相关课程。

本项目的数据库实体关系如图 1-40 所示。

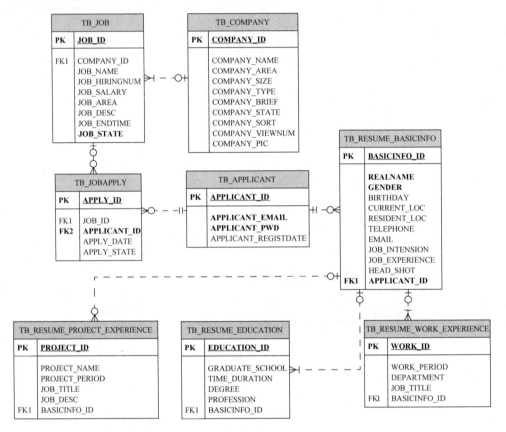

图 1-40 数据库实体关系图

项目的数据库表结构如表 1-2 至表 1-8 所示。

表 1-2 公司信息表(TB_COMPANY)

列 名	类 型	约 束	描 述
COMPANY_ID	NUMBER	主键	公司标识
COMPANY_NAME	VARCHAR2(50)		公司名称
COMPANY_AREA	VARCHAR2(50)		公司所在地
COMPANY_SIZE	VARCHAR2(50)		公司规模
COMPANY_TYPE	VARCHAR2(50)		公司性质
COMPANY_BRIEF	VARCHAR2(500)		公司简介
COMPANY_STATE	NUMBER	取值为 1(招聘中)、2(已暂停) 或 3(已结束)	公司招聘状态
COMPANY_SORT	NUMBER		显示排序
COMPANY_VIEWNUM	NUMBER		浏览数
COMPANY_PIC	VARCHAR2(255)		宣传图片

表 1-3 职位信息表（TB_JOB）

列　　名	类　　型	约　　束	描　　述
JOB_ID	NUMBER	主键	职位标识
COMPANY_ID	NUMBER	TB_COMPANY 的外键	所属企业
JOB_NAME	VARCHAR2(50)		职位名称
JOB_HIRINGNUM	NUMBER		招聘人数
JOB_SALARY	VARCHAR2(20)		职位薪资区间
JOB_AREA	VARCHAR2(255)		所在地
JOB_DESC	VARCHAR2(255)		职位描述
JOB_ENDTIME	TIMESTAMP		结束日期
JOB_SATATE	NUMBER	值为 1(招聘中)、2(已暂停)或 3(已结束)	招聘状态

表 1-4 职位申请表（TB_JOBAPPLY）

列　　名	类　　型	约　　束	描　　述
APPLY_ID	NUMBER	主键	职位申请标识
JOB_ID	NUMBER	TB_JOB 的外键	职位标识
APPLICANT_ID	NUMBER(50)	TB_APPLICANT 的外键	求职者标识
APPLY_DATE	TIMESTAMP		职位申请日期
APPLY_STATE	NUMBER	取值：1(申请)、2(审核)、3(通知)	职位申请处理状态

表 1-5 求职者信息表（TB_APPLICANT）

列　　名	类　　型	约　　束	描　　述
APPLICANT_ID	NUMBER	主键	求职者的标识
APPLICANT_EMAIL	VARCHAR2(50)	非空	求职者的注册邮箱
APPLICANT_PWD	VARCHAR2(50)	非空	求职者的登录密码
APPLICANT_REGISTDATE	TIMESTAMP		求职者的注册时间

表 1-6 简历信息表（TB_RESUME_BASICINFO）

列　　名	类　　型	约　　束	描　　述
BASICINFO_ID	NUMBER	主键	简历标识
APPLICANT_ID	NUMBER	TB_APPLICANT 的外键	依赖求职者标识
REALNAME	VARCHAR2(50)	非空	真实姓名
GENDER	VARCHAR2(50)		性别
BIRTHDAY	TIMESTAMP		出生日期
CURRENT_LOC	VARCHAR2(255)		当前所在地
RESIDENT_LOC	VARCHAR2(255)		户口所在地
TELEPHONE	VARCHAR2(50)		手机号
EMAIL	VARCHAR2(50)		邮箱地址
JOB_INTENSION	VARCHAR2(50)		求职意向
JOB_EXPERIENCE	VARCHAR2(255)		工作经验
HEAD_SHOT	VARCHAR2(255)		简历照片

表 1-7 教育经历信息表（TB_RESUME_EDUCATION）

列 名	类 型	约 束	描 述
EDUCATION_ID	NUMBER	主键	教育标识
BASICINFO_ID	NUMBER	TB_BASICINFO 的外键	简历标识
GRADUATE_SCHOOL	VARCHAR2(50)		毕业学校
TIME_DURATION	TIMESTAMP		就读时间
EDUCATION_DEGREE	VARCHAR2(50)		学历
PROFESSION	VARCHAR2(50)		专业

表 1-8 项目经验信息表（TB_RESUME_PROJECT_EXPERIENCE）

列 名	类 型	约 束	描 述
PROJECT_ID	NUMBER	主键	项目经验标识
BASICINFO_ID	NUMBER	TB_BASICINFO 的外键	简历标识
PROJECT_NAME	VARCHAR2(50)		项目名称
PROJECT_PERIOD	VARCHAR2(50)		项目参与时间段
JOB_TITLE	VARCHAR2(50)		担任职务
JOB_DESC	VARCHAR2(255)		工作简述

1.3.3 【任务1-3】项目开发环境搭建

本项目开发环境要求如下：
- Java 开发环境：JDK 8.0
- Web 服务器：Tomcat 8.0
- 数据库：Oracle 11g
- 开发工具：Eclipse Luna
- 浏览器：IE 9 以上版本
- 操作系统：Windows 7

以上软件的安装配置请参考本教材或其他相关教材自行配置完成，此处不再赘述。

本项目在 Eclipse 工具下的基础目录结构如图 1-41 所示。

图 1-41 项目基础目录结构

1.3.4 【任务1-4】项目所需工具类设计

对于项目中常用的数据库连接获取和释放操作,本项目将通过DBUtil工具类进行统一实现,具体实现代码如下。

【任务1-4】 DBUtil.java

```java
package com.qst.itoffer.util;

import java.sql.Connection;
import java.sql.DriverManager;
import java.sql.ResultSet;
import java.sql.SQLException;
import java.sql.Statement;

/**
 * 数据库连接获取和释放工具类
 *
 * @author QST 青软实训
 *
 */
public class DBUtil {
    // 数据库实例用户名,可根据自己的设置进行更改
    static String user = "qstitoffer";
    // 数据库实例密码,可根据自己的设置进行更改
    static String password = "qstitoffer123";
    // 数据库实例连接地址,可根据自己的设置进行更改
    static String url = "jdbc:oracle:thin:@127.0.0.1:1521:orcl";

    static {
        try {
            Class.forName("oracle.jdbc.driver.OracleDriver");
        } catch (ClassNotFoundException e) {
            e.printStackTrace();
        }
    }

    public static Connection getConnection() {
        Connection conn = null;
        try {
            conn = DriverManager.getConnection(url, user, password);
        } catch (SQLException e) {
            e.printStackTrace();
        }
        return conn;
    }

    public static void closeJDBC(ResultSet rs, Statement stmt, Connection conn) {
        if (rs != null) {
            try {
                rs.close();
            } catch (SQLException e) {
                e.printStackTrace();
            }
        }
        if (stmt != null) {
```

```
            try {
                stmt.close();
            } catch (SQLException e) {
                e.printStackTrace();
            }
        }
        if (conn != null) {
            try {
                conn.close();
            } catch (SQLException e) {
                e.printStackTrace();
            }
        }
    }
}
```

本章小结

小结

- 静态网站所能实现的任务仅仅是静态的信息展示,而不能与服务器进行数据交互。动态网站是指可以和用户产生交互,并能够根据用户输入的信息产生对应响应的网站。在实际应用中,动态网站一般采用动静结合的原则。动态网站是靠动态网站技术实现的。
- 在流行的 Web 应用软件开发模式中,C/S 架构和 B/S 架构占据了主导。B/S 结构是对 C/S 结构的一种改进,而非 C/S 的替代品。
- Web 应用程序的处理过程分为 3 个阶段:用户通过浏览器向服务器发送请求;服务器端处理用户的请求;服务器将处理结果返回给浏览器。
- 对于使用 Servlet 和 JSP 技术的 Web 应用程序,有平台移植性、效率高、功能强大和可重用性强等优势。
- Java Web 开发环境的搭建分为三大步骤:JDK 的安装配置、IDE 的安装和服务器的安装。

Q&A

1. 问题:出现下图所示异常,是何原因,如何解决。

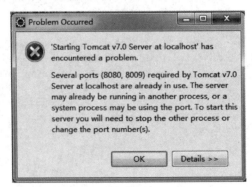

回答：此异常表示 8080 端口被占用。解决方法为：启动任务管理器查看是否已存在 tomcat7.exe 进程，若有停止此进程。若停止进程仍不起作用，可通过 server.xml 修改端口号解决。

2. 问题：若出现下图所示异常，是何原因，如何解决。

回答：此异常 404 表示请求文件未找到。解决方法为：检查 URL 地址是否正确。正确地址为 http://localhost:8080/project01/welcome.jsp。

3. 问题：若出现下图所示异常，是何原因，如何解决。

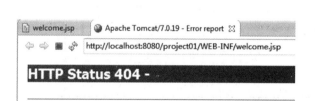

回答：此异常仍表示请求文件未找到。解决方法为：检查页面文件是否放置位置错误。META-INF、WEB-INF 文件夹下的内容，外部无法通过 URL 的方式访问。

本章练习

习题

1. 画出 B/S 结构工作原理图，并能够口头叙述出来。
2. Tomcat 安装目录中 bin 目录、lib 目录和 webapps 目录分别存放在什么文件？
3. 客户发出请求、服务器端响应请求过程中，说法正确的是_____。
   A. 在客户发起请求后，DNS 域名解析地址前，浏览器与服务器建立连接
   B. 客户在浏览器上看到结果后，释放浏览器与服务器连接
   C. 客户端直接调用数据库数据
   D. Web 服务器把结果页面发送给浏览器后，浏览器与服务器断开连接
4. Tomcat 安装目录为 d:\Tomcat5.5，使用默认端口号。启动 Tomcat 后，为显示默认主页，在浏览器地址栏目中输入_____。
   A. http://localhost:80　　　　　　　B. http://127.0.0.1:80

C. http://127.0.0.1:8080　　　　　　D. d:\Tomcat5.5\index.jsp

5. JDK 安装配置完成后。在 MS DOS 命令提示符下执行_____命令,测试安装是否正确。

  A. java　　　　　　　　　　　　B. JAVA

  C. java-version　　　　　　　　D. JAVA-version

6. 下列几项中,不属于基于 B/S 结构的 Web 应用的组成部分的是_____。

  A. 客户端浏览器　　　　　　　　B. Web 服务器

  C. 客户端软件　　　　　　　　　D. 数据库服务器

上机

1. 训练目标：开发工具的安装配置。

培养能力	开发工具的安装和配置		
掌握程度	★★★★★	难度	容易
代码行数	0	实施方式	工具安装
结束条件	开发环境安装配置成功		

参考训练内容

(1) 安装配置 JDK8。

(2) 安装、熟悉 Eclipse Luna。

(3) 安装、熟悉 Tomcat8.0。

(4) 在 Eclipse 中完成 Tomcat 的管理

2. 训练目标：程序的编写、运行和访问。

培养能力	JSP 文件代码结构；程序的编写、运行和访问		
掌握程度	★★★★★	难度	容易
代码行数	10	实施方式	编码强化
结束条件	独立编写,不出错		

参考训练内容

编写 JSP 页面显示红色 JSP and Servlet

第 2 章 Servlet基础

本章完成 Q-ITOffer 锐聘网站的求职者注册、登录任务,具体任务分解如下。
- 【任务 2-1】 使用 Servlet 技术实现求职者注册功能。
- 【任务 2-2】 使用 Servlet 技术实现求职者登录功能。

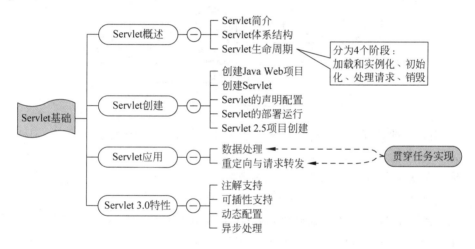

知 识 点	Listen(听)	Know(懂)	Do(做)	Revise(复习)	Master(精通)
Servlet 作用	★	★			
Servlet 体系结构	★	★			
HttpServlet 接口的作用	★	★			
Servlet 生命周期	★	★	★	★	★
Servlet 的创建	★	★	★	★	★
Servlet 的应用	★	★	★	★	★
Servlet 3.0 特性	★	★			

2.1 Servlet 概述

在动态网站技术发展初期,为替代笨拙的 CGI(通用网关接口)技术,Sun 公司在制定 Java EE 规范时引入 Servlet,实现了基于 Java 语言的动态 Web 技术,奠定了 Java EE 的基础,使动态 Web 开发技术达到了一个新的境界。如今,Servlet 在普遍使用的 MVC 模式的 Web 开发中仍占据了重要地位,目前流行的 Web 框架基本上都基于 Servlet 技术,如 Struts、WebWork 和 Spring MVC 等。只有掌握了 Servlet,才能真正掌握 Java Web 编程的核心和精髓。

2.1.1 Servlet 简介

Servlet 是基于 Java 语言的 Web 服务器端编程技术,是 Sun 公司提供的一种实现动态网页的解决方案。按照 Java EE 规范定义,Servlet 是运行在 Servlet 容器中的 Java 类,它能处理 Web 客户的 HTTP 请求,并产生 HTTP 响应。例如:当浏览器发送一个请求到服务器后,服务器会把请求交给一个特定的 Servlet,该 Servlet 对请求进行处理后会构造一个合适的响应(通常以 HTML 网页形式)返回给客户,过程如图 2-1 所示。

图 2-1 Servlet 作用

Servlet 对请求的处理和响应过程可进一步细分为如下几个步骤:
(1) 接收 HTTP 请求;
(2) 取得请求信息,包括请求头和请求参数数据;
(3) 调用其他 Java 类方法,完成具体的业务功能;
(4) 实现到其他 Web 组件的跳转(包括重定向或请求转发);
(5) 生成 HTTP 响应(包括 HTML 或非 HTML 响应)。

Servlet 是目前最流行的动态网站开发技术之一,与传统的 CGI 和许多其他类似 CGI 的技术相比,Servlet 技术具有如下特点。

(1) 高效。在传统的 CGI 中,每个请求都要启动一个新的进程,如果 CGI 程序本身的执行时间较短,启动进程所需要的开销很可能超过实际的执行时间。而在 Servlet 中,每个请求由一个轻量级的 Java 线程处理(而不是重量级的操作系统进程)。另外,在传统 CGI 中,如果有 N 个并发的对同一 CGI 程序的请求,则该 CGI 程序的代码在内存中重复装载了 N 次;而对于 Servlet,处理请求的是 N 个线程,只需要装载一份 Servlet 类代码。在性能优化方面,Servlet 也比 CGI 有着更多的选择。

(2) 方便。Servlet 提供了大量的实用工具例程,例如自动地解析和解码 HTML 表单数据、读取和设置 HTTP 头、处理 Cookie、跟踪会话状态等。

(3) 功能强大。在 Servlet 中,许多使用传统 CGI 程序很难完成的任务都可以轻松地完成。例如，Servlet 能够直接和 Web 服务器交互，而普通的 CGI 程序不能。Servlet 还能够在各个程序之间共享数据，使得数据库连接池之类的功能很容易实现。

（4）可移植性好。Servlet 是用 Java 语言编写的，因此具备 Java 的可移植性特点。另外，Servlet API 具有完善的标准，支持 Servlet 规范的容器都可以运行 Servlet 程序，例如 Tomcat、Resin 等。

Servlet 是 Java EE 的基础，随 Java EE 规范一起发布。到本教材出版为止，Servlet 已发展到 3.1 版本，每个版本与 Java EE 版本的对应关系如表 2-1 所示。

表 2-1　Servlet 与 Java EE 的版本发展

发布日期	Java EE 版本号	Servlet 和 JSP 版本号
1999 年 12 月 17 日	J2EE 1.2	Servlet 2.2、JSP 1.1
2001 年 8 月 22 日	J2EE 1.3	Servlet 2.3、JSP 1.2
2003 年 11 月 24 日	J2EE 1.4	Servlet 2.4、JSP 2.0
2006 年 5 月 8 日	Java EE 5	Servlet 2.5、JSP 2.1
2009 年 12 月 10 日	Java EE 6	Servlet 3.0、JSP 2.2
2013 年 6 月 12 日	Java EE 7	Servlet 3.1、JSP 2.3

Servlet 运行在服务器端，由 Servlet 容器所管理。Servlet 容器也叫 Servlet 引擎，是 Web 服务器或应用服务器的一部分，用于在发送的请求和响应之上提供网络服务、解码基于 MIME 的请求、格式化基于 MIME 的响应。以目前主流的 Web 服务器 Tomcat（包含 Servlet 容器）为例，其对 Servlet 版本的支持关系如表 2-2 所示。

表 2-2　Servlet 与 Tomcat 版本支持

Servlet 版本号	Tomcat 版本号	Servlet 版本号	Tomcat 版本号
Servlet 2.4	Tomcat 5.x	Servlet 3.0	Tomcat 7.x
Servlet 2.5	Tomcat 6.x	Servlet 3.1	Tomcat 8.x

注意

本书所介绍的 Servlet 技术将基于 Servlet 3.0 规范，在开发时需注意使用支持 Java EE 6 规范的应用服务器或支持 Servlet 3.0 的 Web 服务器，如 Tomcat 7.0 以上版本的 Web 服务器。

2.1.2　Servlet 体系结构

Servlet 是使用 Servlet API（应用程序设计接口）及相关类和方法的 Java 程序。Servlet API 包含两个软件包。

- javax.servlet 包：包含支持所有协议的通用的 Web 组件接口和类，主要有 javax.servlet.Servlet 接口、javax.servlet.GenericServlet 类、javax.servlet.ServletRequest 接口、javax.servlet.ServletResponse 接口。
- javax.servlet.http 包：包含支持 HTTP 协议的接口和类，主要有 javax.servlet.http.HttpServlet 类、javax.servlet.http.HttpServletRequest 接口、javax.servlet.http.

HttpServletResponse 接口。

Servlet API 的主要接口和类之间关系如图 2-2 所示。

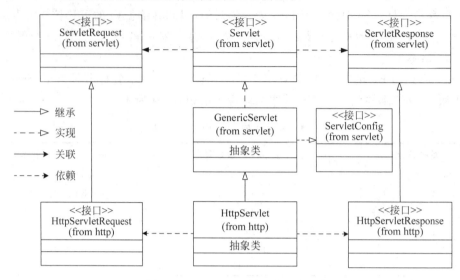

图 2-2　Servlet API 核心类间关系

1. Servlet 接口

javax.servlet.Servlet 的定义如下：

```
public interface Servlet
```

所有的 Servlet 都必须直接或间接地实现 javax.servlet.Servlet 接口。Servlet 接口规定了必须由 Servlet 类实现并且由 Servlet 引擎识别和管理的方法集。Servlet 接口的基本目标是提供与 Servlet 生命周期相关的方法，如 init()、service() 和 destroy() 等。下述示例为 Servlet 接口的源代码。

【示例】　javax.servlet.Servlet 接口源码

```
package javax.servlet;
import java.io.IOException;

public interface Servlet {

    public void init(ServletConfig config) throws ServletException;

    public ServletConfig getServletConfig();

    public void service(ServletRequest req, ServletResponse res)
    throws ServletException, IOException;

    public String getServletInfo();

    public void destroy();
}
```

Servlet 接口中的主要方法及描述如表 2-3 所示。

表 2-3　Servlet 接口的主要方法

方　　法	方　法　描　述
init(ServletConfig config)	Servlet 的初始化方法。在 Servlet 实例化后,容器调用该方法进行 Servlet 的初始化;ServletAPI 规定对任何 Servlet 实例 init()方法只能被调用一次,如果此方法没有正常结束,就会抛出一个 ServletException 异常,一旦抛出该异常,Servlet 将不再执行,而随后对其进行再次调用会导致容器重新载入并再次运行 init()方法
service(ServletRequest req,ServletResponse resp)	Servlet 的服务方法。当用户对 Servlet 发出请求时容器会调用该方法处理用户的请求;ServletRequest 参数提供访问请求数据的方法,ServletResponse 参数提供 Servlet 构造响应的方法
destroy()	Servlet 的销毁方法。容器在终止 Servlet 服务前调用此方法,容器调用此方法前必须给 service()线程足够时间来结束执行,因此接口规定当 service()正在执行时,destroy()不被执行
getServletConfig()	此方法可以让 Servlet 在任何时候获得 ServletConfig 对象
getServletInfo()	此方法返回一个 String 对象,该对象包含 Servlet 的信息,例如开发者、创建日期和描述信息等

> **注意**
>
> 在创建 Servlet 时必须直接或间接的实现这个接口。一般趋向于间接实现:通过从 javax.servlet.GenericServlet 或 javax.servlet.http.HttpServlet 派生。在实现 Servlet 接口时必须实现它这 5 个方法。

2. GenericServlet 类

javax.servlet.GenericServlet 的定义如下:

```
public abstract class GenericServlet
extends Object
implements Servlet, ServletConfig, Serializable
```

GenericServlet 类是一个抽象类,是 Servlet 接口的直接实现,除 service()方法之外还提供了其他有关 Servlet 生命周期的方法。这意味着只需通过简单地扩展 GenericServlet 和实现 service()方法就可以编写一个基本的 Servlet。GenericServlet 类的主要方法如表 2-4 所示。

表 2-4　GenericServlet 类的主要方法

方　　法	方　法　描　述
init(ServletConfig config)	该方法来源于 Servlet 接口,若重写该方法,必须调用 super.init(config),这样 GenericServlet 类的其他方法才能正常工作
init(ServletConfig config)	该方法重载 Servlet 接口的上一个 init()方法而无须调用 super.init(config),而 ServletConfig 对象依然可以通过调用 getServletConfig()方法获得
service(ServletRequest req,ServletResponse resp)	这是一个抽象的方法,当为执行网络请求继承 GenericServlet 类时必须实现它
destroy()	与 Servlet 接口中的 destroy()方法相同
getServletConfig()	返回一个 Servlet 的 ServletConfig 对象
getServletContext()	返回一个 Servlet 的 ServletContext 对象,通过 ServletConfig.getServletContext()获得
getServletInfo()	该方法来源于 Servlet 接口,可以重写该方法以产生有意义的信息(如版本号、版权和作者等)

GenericServlet 类同时实现了 ServletConfig 接口,这使得开发者可以在不用获得 ServletConfig 对象情况下直接调用 ServletConfig 的方法,例如:getInitParameter()、getInitParameterNames()和 getServletContext()。

GenericServlet 类还包含两个写日志的方法:log(String msg)方法用于将 Servlet 的名称和 msg 参数写到容器的日志中;log(String msg,Throwable cause)方法除了记录 Servlet 的相关信息外还包含一个异常。这两个方法实际上调用的是 ServletContext 接口的对应方法。

注意

有关 ServletConfig、ServletContext 接口的详细介绍及使用参见本书第 3 章。

3. HttpServlet 类

虽然通过扩展 GenericServlet 就可以编写一个基本的 Servlet,但是若要实现一个在 Web 中处理 HTTP 请求的 Servlet,则需要使用 HttpServlet。javax.servlet.http.HttpServlet 的定义如下:

```
public abstract class HttpServlet
    extends GenericServlet
    implements Serializable
```

HttpServlet 类扩展了 GenericServlet 类并且对 Servlet 接口提供了与 HTTP 相关的实现,是在 Web 开发中定义 Servlet 最常使用的类。HttpServlet 类中的主要方法的源代码如下所示。

【示例】 HttpServlet.java

```
package javax.servlet.http;

public abstract class HttpServlet extends GenericServlet
    implements java.io.Serializable
{
    private static final String METHOD_DELETE = "DELETE";
    private static final String METHOD_HEAD = "HEAD";
    private static final String METHOD_GET = "GET";
    private static final String METHOD_OPTIONS = "OPTIONS";
    private static final String METHOD_POST = "POST";
    private static final String METHOD_PUT = "PUT";
    private static final String METHOD_TRACE = "TRACE";
    public HttpServlet() { }

    protected void doGet(HttpServletRequest req, HttpServletResponse resp)
    throws ServletException, IOException
    {
        String protocol = req.getProtocol();
        String msg = lStrings.getString("http.method_get_not_supported");
        if (protocol.endsWith("1.1")) {
            resp.sendError(HttpServletResponse.SC_METHOD_NOT_ALLOWED, msg);
        } else {
            resp.sendError(HttpServletResponse.SC_BAD_REQUEST, msg);
```

```java
    }
}

protected void doPost(HttpServletRequest req, HttpServletResponse resp)
throws ServletException, IOException
{
String protocol = req.getProtocol();
String msg = lStrings.getString("http.method_post_not_supported");
if (protocol.endsWith("1.1")) {
    resp.sendError(HttpServletResponse.SC_METHOD_NOT_ALLOWED, msg);
} else {
    resp.sendError(HttpServletResponse.SC_BAD_REQUEST, msg);
}
}

protected void service(HttpServletRequest req, HttpServletResponse resp)
throws ServletException, IOException
{
String method = req.getMethod();

if (method.equals(METHOD_GET)) {
    long lastModified = getLastModified(req);
    if (lastModified == -1) {
    doGet(req, resp);
    } else {
    long ifModifiedSince = req.getDateHeader(HEADER_IFMODSINCE);
    if (ifModifiedSince < lastModified) {
        maybeSetLastModified(resp, lastModified);
        doGet(req, resp);
    } else {
        resp.setStatus(HttpServletResponse.SC_NOT_MODIFIED);
    }
    }
} else if (method.equals(METHOD_HEAD)) {
    long lastModified = getLastModified(req);
    maybeSetLastModified(resp, lastModified);
    doHead(req, resp);

} else if (method.equals(METHOD_POST)) {
    doPost(req, resp);

} else if (method.equals(METHOD_PUT)) {
    doPut(req, resp);

} else if (method.equals(METHOD_DELETE)) {
    doDelete(req, resp);

} else if (method.equals(METHOD_OPTIONS)) {
    doOptions(req,resp);

} else if (method.equals(METHOD_TRACE)) {
    doTrace(req,resp);

} else {
    String errMsg = lStrings.getString("http.method_not_implemented");
```

```
            Object[] errArgs = new Object[1];
            errArgs[0] = method;
            errMsg = MessageFormat.format(errMsg, errArgs);

            resp.sendError(HttpServletResponse.SC_NOT_IMPLEMENTED, errMsg);
        }
    }

    public void service(ServletRequest req, ServletResponse res)
    throws ServletException, IOException
    {
        HttpServletRequest    request;
        HttpServletResponse   response;

        try {
            request = (HttpServletRequest) req;
            response = (HttpServletResponse) res;
        } catch (ClassCastException e) {
            throw new ServletException("non-HTTP request or response");
        }
        service(request, response);
    }
}
```

HttpServlet 类中的主要方法及其描述如表 2-5 所示。

表 2-5　HttpServlet 主要方法

方　　法	方　法　描　述
service（HttpServletRequest req，HttpServletResponse resp）	HttpServlet 在实现 Servlet 接口时，重写了 service()方法，该方法会自动判断用户的请求方式；若为 GET 请求，则调用 HttpServlet 的 doGet()方法；若为 POST 请求，则调用 doPost()方法。因此，开发人员在编写 Servlet 时，通常只需要重写 doGet()或 doPost()方法，而不要去重写 service()方法。如果 Servlet 收到一个 HTTP 请求而没有重载相应的 do 方法，它就返回一个说明此方法对本资源不可用的标准 HTTP 错误
doGet(HttpServletRequest req，HttpServletResponse resp)	此方法被本类的 service()方法调用，用来处理一个 HTTP GET 请求
doPost(HttpServletRequest req，HttpServletResponse resp)	此方法被本类的 service()方法调用，用来处理一个 HTTP POST 请求

HttpServlet 作为 HTTP 请求的分发器，除了提供对 GET 和 POST 请求的处理方法 doGet()和 doPost()外，对于其他请求类型，如 HEAD、OPTIONS、DELETE、PUT 和 TRACE 也提供了相应的处理方法，如 doHead()、doOptions()、doDelete()、doPut()和 doTrace()。

注意

> HttpServlet 指能够处理 HTTP 请求的 Servlet，它在原有 Servlet 接口上添加了对 HTTP 协议的处理，它比 Servlet 接口的功能更为强大。因此开发人员在编写 Servlet 时，通常应继承这个类，而避免直接去实现 Servlet 接口。

下述代码是采用继承 HttpServlet 类的方式创建的一个 Servlet 示例，此 Servlet 重写了父类的 init()方法、destroy()方法、处理 HTTP 协议 GET 请求的 doGet()方法和 POST 请求的 doPost()方法，体现了一个自定义 Servlet 的基本结构。

【示例】 SampleServlet.java

```java
import javax.servlet.ServletConfig;
import javax.servlet.ServletException;
import javax.servlet.http.HttpServlet;
import javax.servlet.http.HttpServletRequest;
import javax.servlet.http.HttpServletResponse;

public class SampleServlet extends HttpServlet {
    public HelloServlet() {
        super();
    }
    public void init(ServletConfig config) throws ServletException {

    }
    public void destroy() {

    }
    protected void doGet(HttpServletRequest request, HttpServletResponse response) throws ServletException, IOException {

    }
    protected void doPost(HttpServletRequest request, HttpServletResponse response) throws ServletException, IOException {

    }
}
```

2.1.3 Servlet 生命周期

Servlet 程序本身不直接在 Java 虚拟机上运行，而是由 Servlet 容器负责管理其整个生命周期。Servlet 生命周期是指 Servlet 实例从创建到响应客户请求，直至销毁的过程。在 Servlet 生命周期中，会经过创建、初始化、服务可用、服务不可用、处理请求、终止服务和销毁 7 种状态，各状态之间转换如图 2-3 所示。

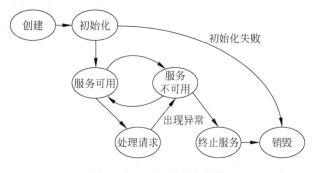

图 2-3 Servlet 的状态转换

Servlet 的生命周期按照 7 种状态间的转换，可分为以下 4 个阶段。

1． 加载和实例化

Servlet 的创建是指加载和实例化两个过程。Servlet 容器在如下时刻加载和实例化一个 Servlet：

（1）在服务器运行中，客户机首次向 Servlet 发出请求时；

（2）重新装入 Servlet 时（如服务器重新启动、Servlet 被修改）；

（3）在为 Servlet 配置了自动装入选项（load-on-startup）时，服务器在启动时会自动装入此 Servlet。

2． 初始化

Servlet 实例化后，Servlet 容器将调用 Servlet 的 init（ServletConfig config）方法来对 Servlet 实例进行初始化。在这一过程中，可以读取一些固定的数据、初始化 JDBC 的连接以及建立与其他资源的连接等操作。init（）方法的参数 ServletConfig 对象由 Servlet 容器创建并传递给 Servlet，并在初始化完成后一直在内存中存在，直到 Servlet 被销毁。

如果初始化没有问题，Servlet 在 Web 容器中会处于服务可用状态；如果初始化失败，Servlet 容器会从运行环境中清除掉该实例。当 Servlet 运行出现异常时，Servlet 容器会使该实例变为服务不可用状态。Web 程序维护人员可以设置 Servlet，使其成为服务不可用状态，或者从服务不可用状态恢复成服务可用状态。

3． 处理请求

服务器接收到客户端请求，会为该请求创建一个"请求"对象和一个"响应"对象并调用 service（）方法，service（）方法再调用其他方法来处理请求。在 Servlet 生命周期中，service（）方法可能被多次调用。当多个客户端同时访问某个 Servlet 的 service（）方法时，服务器会为每个请求创建一个线程，这样可以并行处理多个请求，减少请求处理的等待时间，提高服务器的响应速度。但同时也要注意对同一对象的并发访问问题。

4． 销毁

当 Servlet 容器需要终止 Servlet（例如 Web 服务器即将被关掉或需要出让资源），它会先调用 Servlet 的 destroy（）方法使其释放正在使用的资源。在 Servlet 容器调用 destroy（）方法之前，必须让当前正在执行 service（）方法的任何线程完成执行，或者超过了服务器定义的时间限制。在 destroy（）方法完成后，Servlet 容器必须释放 Servlet 实例以便被垃圾回收。

注意

在 Servlet 的生命周期中，Servlet 的初始化和销毁只会发生一次，因此 init（）和 destroy（）方法只能被 Servlet 容器调用一次，而 service（）方法的调用次数则取决于 Servlet 被客户端访问的次数。

在一个请求到来时，Servlet 生命周期的时序图如图 2-4 所示。

图 2-4 时序图的处理过程如下：

（1）客户端发送请求至 Servlet 容器；

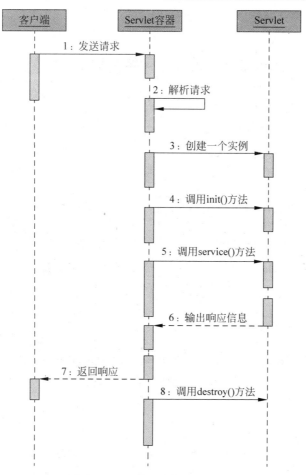

图 2-4　Servlet 生命周期时序图

(2) Servlet 容器对请求信息进行解析；

(3) Servlet 容器根据请求目标创建 Servlet 实例；

(4) Servlet 容器调用 Servlet 实例的 init() 方法对其进行初始化；

(5) Servlet 容器为该请求创建"请求"和"响应"对象作为参数传递给 service() 方法；

(6) service() 方法在对请求信息进行处理后，将结果转给 Servlet 容器；

(7) Servlet 容器将结果信息响应给客户端；

(8) 当 Servlet 容器需要终止 Servlet 时，将调用其 destroy() 方法使其终止服务并将其销毁。

2.2　Servlet 创建

Servlet 本质上是平台独立的 Java 类，编写一个 Servlet，实际上就是按照 Servlet 规范编写一个 Java 类。下述内容以一个简单向客户端浏览器返回"Hello Servlet!"字符串的 Servlet 为例，介绍一下如何使用 Eclipse 开发第一个 Servlet。

2.2.1　创建 Java Web 项目

在 Eclipse 中新建 Dynamic Web Project，在弹出窗口的 Project name 选项中输入项目名、

Target runtime 选项中选择使用的服务器和 Dynamic web module version 选项中选择使用的 Servlet 版本,如图 2-5 所示。

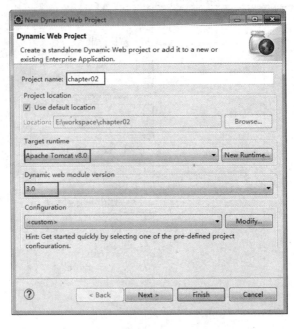

图 2-5　创建 Java Web 项目

注意

因本教材实例都依照 Java EE 6 规范进行开发,所以上图窗口中的 Target runtime 要选择 Tomcat 7.0 以上版本,Dynamic web module version 表示所使用的 Servlet 版本,要选择 3.0。

按照提示逐步单击 Next 按钮,完成 chapter02 项目的创建,如图 2-6 所示。

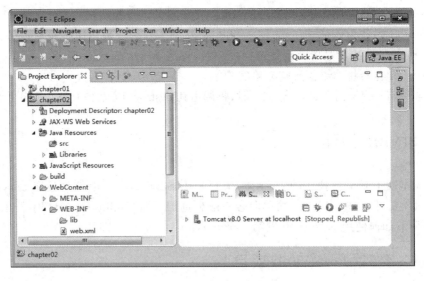

图 2-6　项目创建后的界面

2.2.2 创建 Servlet

选择 chapter02 项目，右键单击选择 New→Servlet 菜单，如图 2-7 所示。

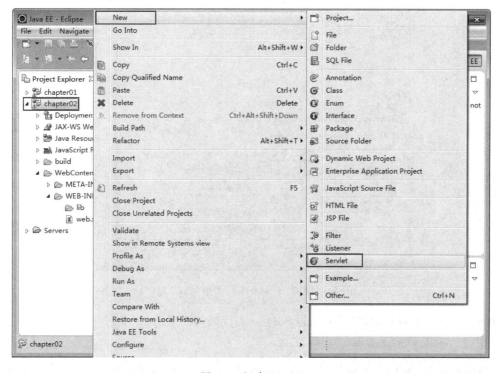

图 2-7 新建 Servlet

在弹出的 Servlet 创建窗口中，输入新建的 Servlet 的包名和类名，如图 2-8 所示。

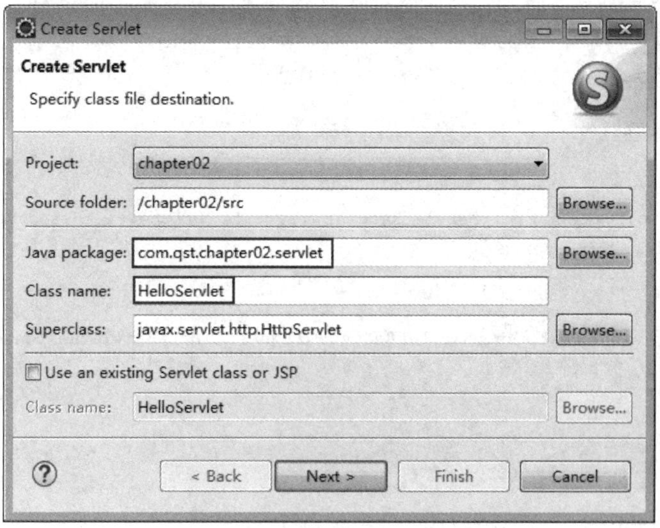

图 2-8 Servlet 信息配置

按照提示逐步单击 Next 按钮，在进行到图 2-9 所示的窗口界面时，选中 init 和 destroy 方法前的复选框，然后单击 Finish 按钮完成 Servlet 的创建。

图 2-9 选择 Servlet 中需要重写的方法

通过 Eclipse 工具自动创建的 HelloServlet 类代码如下所示。

【代码 2-1】 HelloServlet.java

```
@WebServlet("/HelloServlet")
public class HelloServlet extends HttpServlet {
    public HelloServlet() {
        super();
    }
    public void init(ServletConfig config) throws ServletException {

    }
    public void destroy() {

    }
    protected void doGet(HttpServletRequest request, HttpServletResponse response) throws ServletException, IOException {

    }
    protected void doPost(HttpServletRequest request, HttpServletResponse response) throws ServletException, IOException {

    }
}
```

通过上述代码可以看出，使用 Eclipse 工具创建的 Servlet 默认继承 HttpServlet，同时默认重写 Servlet 的初始化方法 init()、销毁前的处理方法 destroy() 以及处理 HTTP 协议 GET 请求的 doGet() 方法和处理 POST 请求的 doPost() 方法等。

为了验证 Servlet 的生命周期以及在网页中输出第一个 Hello Servlet!，在 HelloServlet

的 init()、destroy() 和 doGet() 方法中输入如下代码。

【代码 2-2】 HelloServlet.java

```java
package com.qst.chapter02.servlet;

import java.io.IOException;
import java.io.PrintWriter;

import javax.servlet.ServletConfig;
import javax.servlet.ServletException;
import javax.servlet.annotation.WebServlet;
import javax.servlet.http.HttpServlet;
import javax.servlet.http.HttpServletRequest;
import javax.servlet.http.HttpServletResponse;

@WebServlet("/HelloServlet")
public class HelloServlet extends HttpServlet {
    private static final long serialVersionUID = 1L;

    public HelloServlet() {
        super();
    }

    public void init(ServletConfig config) throws ServletException {
        System.out.println(this.getClass().getName() + "的init()方法被调用。");
    }

    public void destroy() {
        System.out.println(this.getClass().getName() + "的destroy()方法被调用。");
    }

    protected void doGet(HttpServletRequest request,
        HttpServletResponse response) throws ServletException, IOException {

        response.setContentType("text/html;charset=UTF-8");
        PrintWriter out = response.getWriter();
        out.println("<HTML>");
        out.println("<HEAD><TITLE>The first Servlet</TITLE></HEAD>");
        out.println("<BODY>");
        out.println("Hello Servlet!");
        out.println("</BODY>");
        out.println("</HTML>");
        out.flush();
        out.close();

    }

    protected void doPost(HttpServletRequest request,
        HttpServletResponse response) throws ServletException, IOException {

    }

}
```

2.2.3 Servlet 的声明配置

Servlet 代码编写完成后,若要进行运行访问,还需要对其进行声明配置。Servlet 的声明配置信息主要包括 Servlet 的描述、名称、初始参数、类路径以及访问地址等。

在 Servlet 3.x 规范中,Servlet 的声明配置可以通过注解方式实现。注解 @WebServlet 用于将一个类声明为 Servlet,该注解会在程序部署时被 Servlet 容器处理,容器将根据具体的属性配置把相应的类部署为 Servlet。该注解常用属性如表 2-6 所示。

表 2-6 注解 @WebServlet 的属性及描述

属性名	类 型	描 述
name	String	指定 Servlet 的名字,可以为任何字符串,一般与 Servlet 的类名相同,如果没有显式指定,则该 Servlet 的取值即为类的全限定名
urlPatterns	String[]	指定一组 Servlet 的 URL 匹配模式,可以是匹配地址映射(如/SimpleServlet)、匹配目录映射(如/servlet/*)和匹配扩展名映射(如*.action)
value	String[]	该属性等价于 urlPatterns 属性。两个属性不能同时使用
loadOnStartup	int	指定 Servlet 的加载顺序。当此选项没有指定时,表示容器在该 Servlet 第 1 次被请求时才加载;当值为 0 或者大于 0 时,表示容器在应用启动时就加载这个 Servlet。值越小,启动该 servlet 的优先级越高。原则上不同的 Servlet 应该使用不同的启动顺序数字
initParams	WebInitParam[]	指定一组 Servlet 初始化参数,为可选项
asyncSupported	boolean	声明 Servlet 是否支持异步操作模式,默认为 false
description	String	指定该 Servlet 的描述信息
displayName	String	指定该 Servlet 的显示名,通常配合工具使用

一个使用 @WebServlet 进行较为详细的 Servlet 声明配置代码如下所示。

【示例 1】 使用 @WebServlet 声明 Servlet

```
@WebServlet(
    name = "XXServlet", urlPatterns = { "/XX" },
    initParams = { @WebInitParam(name = "username", value = "qst") },
    loadOnStartup = 0, asyncSupported = true,
    displayName = "XXServlet",description = "Servlet 样例"
    )
public class XXServlet extends HttpServlet{
    ...
}
```

在代码 2-2HelloServlet.java 中,Eclipse 工具在创建 HelloServlet 时,自动为其生成了声明代码 @WebServlet("/HelloServlet"),表示当请求的 URL 地址匹配/HelloServlet 映射地址时,加载执行此 Servlet。这种配置为 Servlet 的最简声明配置。

Servlet 3.0 及以上版本除了通过注解的方式进行声明外,还可以通过项目的配置文件 web.xml 完成;而在 Servlet 2.5 及以下版本的规范中,Servlet 的声明只能通过在 web.xml 中配置完成。web.xml 文件位于 Web 项目的 WEB-INF 目录下,其内容遵循 XML 语法格式。上述示例 1 在 web.xml 中的声明配置方式如下所示。

【示例 2】 在 web.xml 中声明 Servlet

```xml
<servlet>
    <description>Servlet 样例</description>
    <display-name>XXServlet</display-name>
    <servlet-name>XXServlet</servlet-name>
    <servlet-class>com.qst.chapter02.servlet.XXServlet</servlet-class>
    <init-param>
        <param-name>username</param-name>
        <param-value>qst</param-value>
    </init-param>
    <load-on-startup>0</load-on-startup>
    <async-supported>true</async-supported>
</servlet>
<servlet-mapping>
    <servlet-name>XXServlet</servlet-name>
    <url-pattern>/XX</url-pattern>
</servlet-mapping>
```

在 web.xml 中，<servlet></servlet>元素用于 Servlet 声明，其子元素及其描述如表 2-7 所示。

表 2-7 web.xml 中<servlet>子元素的配置属性

属 性 名	类型	描 述
<description>	String	指定该 Servlet 的描述信息，等价于@WebServlet 的 description 属性
<display-name>	String	指定该 Servlet 的显示名，通常配合工具使用，等价于@WebServlet 的 displayName 属性
<servlet-name>	String	指定 Servlet 的名称，一般与 Servlet 的类名相同，要求在一个 web.xml 文件内名字唯一，等价于@WebServlet 的 name 属性
<servlet-class>	String	指定 Servlet 类的全限定名，即包名.类名
<init-param>		指定 Servlet 初始化参数，等价于@WebServlet 的 initParams 属性，若有多个参数可重复定义此元素。此元素为可选配置
<param-name>	String	指定初始参数名
<param-value>	String	指定初始参数名对应的值
<load-on-startup>	int	指定 Servlet 的加载顺序，等价于@WebServlet 的 loadOnStartup 属性
<async-supported>	boolean	指定 Servlet 是否支持异步操作模式，默认为 false，等价于@WebServlet 的 asyncSupported 属性

与<servlet></servlet>元素相对应的<servlet-mapping></servlet-mapping>元素用于指定 Servlet 的 URL 映射。其子元素及其描述如表 2-8 所示。

表 2-8 web.xml 中<servlet-mapping>子元素的配置属性

属 性 名	类型	描 述
<servlet-name>	String	用来指定要映射的 Servlet 名称，要与<servlet>声明中的<servlet-name>值一致
<url-pattern>	String	指定 Servlet 的 URL 匹配模式，等价于@WebServlet 的 urlPatterns 属性或 value 属性

注意

在 Servlet 3.0 之前版本中 Servlet 还未增加异步处理支持,在 web.xml 中的 Servlet 配置不能使用<async-supported>属性。

2.2.4 Servlet 的部署运行

Servlet 的部署和第 1 章中介绍的 JSP 稍有不同,Servlet 需要将编译好的 class 字节码文件部署到项目发布路径的 classes 目录下进行运行访问。例如,按照第 1 章中 Eclipse 下 Tomcat 发布路径的配置,本实例项目 chapter02 下的 HelloServlet 的发布目录如图 2-10 所示。

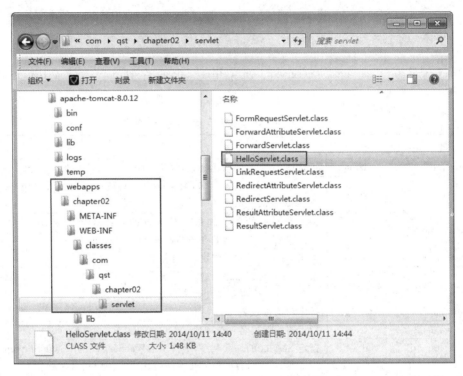

图 2-10 HelloServlet 的发布目录

同 JSP 的访问一样,Servlet 的访问也需要有一个 URL 地址,其访问地址由 @WebServlet 的 urlPatterns 或 value 属性值决定。在本项目中根据 Edipse 工具自动生成的声明代码 @WebServlet("/HelloServlet"),对 HelloServlet 的访问地址为:

http://localhost:8080/chapter02/HelloServlet

对于使用 Eclipse 工具进行的 Servlet 开发,可按照如下步骤进行部署运行。

选中 HelloServlet 类,右键单击,在弹出的菜单中选择 Run As→Run on Server 菜单,如图 2-11 所示。

在弹出的菜单中,选择要运行 Servlet 的 Web 服务器,如图 2-12 所示。

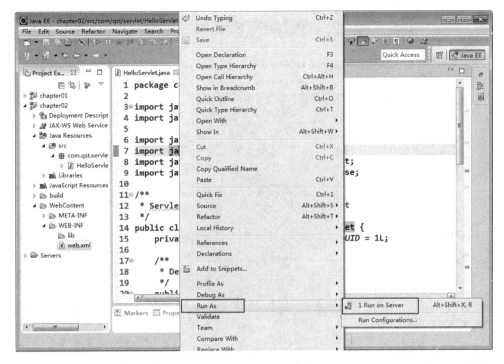

图 2-11　部署 HelloServlet

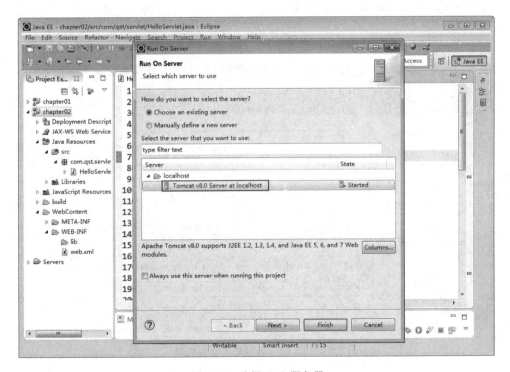

图 2-12　选择 Web 服务器

选择 Next 按钮，进入图 2-13 所示界面，选择要发布的 Web 项目。

选择 Finish 按钮，可以看到由 Eclipse 工具自动打开的内部浏览器上的运行结果，如图 2-14 所示。

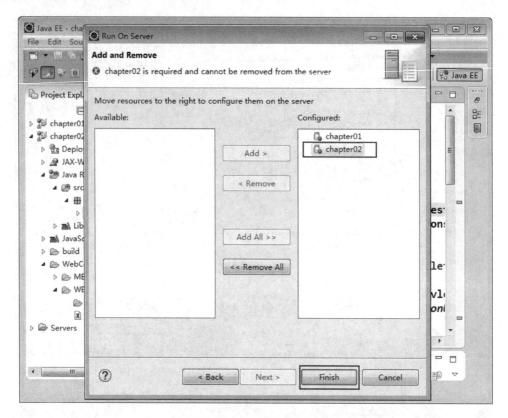

图 2-13 选择要发布的 Web 项目

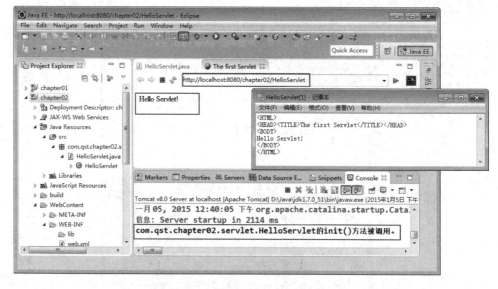

图 2-14 查看运行结果和源代码

上图中，HelloServlet 的访问地址为 http://localhost:8080/chapter02/HelloServlet，运行结果为在网页中显示 Hello Servlet!，在该页面中右键单击查看源文件，可以看到其生成的页面源代码正为在 doGet()方法中所输出的内容，同时在 Console 控制台可以看到在页面被访问时 init()方法被调用执行的信息。

2.2.5 Servlet 2.5 项目创建

2009 年底,以注解支持为主要特色的 Servlet 3.0 的推出,使 Java Web 项目中各组件的功能实现和相应的声明配置在一个程序文件中即可开发完成,这项特性的推出,不仅实现了声明配置代码在编译期间的验证,而且极大地提高了程序编写者的开发效率。但很多时候,一个特性的优缺点都是相对的。在 Java Web 项目的开发历史中,基于 web.xml 配置文件的组件配置方式仍占据了相当重要的地位;web.xml 文件本身成熟的格式验证机制、清晰而独立于程序代码的配置方式,使得目前多数企业项目仍会采用这种方式,在 Servlet 3.0 规范中也允许基于注解和 web.xml 这两种配置方式共存。鉴于此种原因,本节将对使用 Servlet 2.5 规范的 Java Web 项目的创建和 Servlet 的创建做一下介绍。

Servlet 2.5 规范下 Servlet 的创建过程和 Servlet 3.0 规范中 Servlet 的创建过程仅有两处不同:一是 Java Web 项目的创建过程;二是 Eclipse 自动生成的 Servlet 的配置代码。分别介绍如下。

在 Eclipse 工具菜单中选择 File→New→Dynamic Web Project,弹出动态 Web 项目创建窗口,输入图 2-15 所示的项目创建信息。此步骤的主要区别在于:Dynamic web module version 选项要选择 Servlet 版本 2.5;Target runtime 选项对于 Tomcat 服务器的选择要保证在 Tomcat 6.0 以上版本。

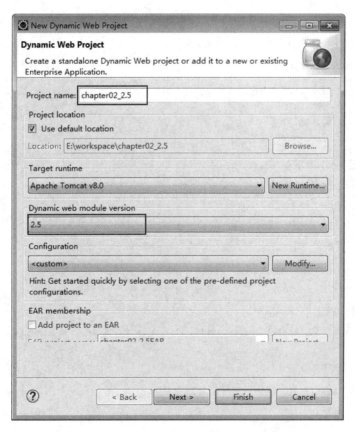

图 2-15 Servlet 2.5 版本 Java Web 项目创建

按默认配置依次单击 Next,进入如图 2-16 所示的 Web Module 选项卡,可以发现此步骤中对于是否自动创建 web.xml 选项是默认处于选中状态的,这一点说明 Servlet 2.5 与 Servlet 3.0 对组件默认配置方式的不同。

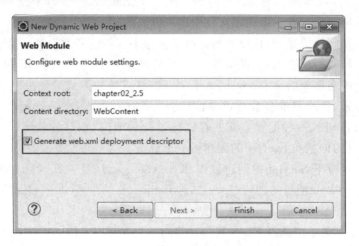

图 2-16　Web 组件配置选项的设置

按照上述步骤完成项目的创建后,接下来 Servlet 的创建过程同 Servlet 3.0 中 Servlet 的创建过程完全一致,不再赘述。

Servlet 创建完成后,Eclipse 工具会自动为其生成相应的 Servlet 代码以及在 web.xml 中加入该 Servlet 的声明配置代码。具体代码如下。

【代码 2-3】　HelloServlet.java

```java
package com.qst.chapter02_5.servlet;

import java.io.IOException;
import javax.servlet.ServletConfig;
import javax.servlet.ServletException;
import javax.servlet.http.HttpServlet;
import javax.servlet.http.HttpServletRequest;
import javax.servlet.http.HttpServletResponse;

public class HelloServlet extends HttpServlet {
    private static final long serialVersionUID = 1L;

    public HelloServlet() {
        super();
    }

    public void init(ServletConfig config) throws ServletException {

    }

    public void destroy() {
    }

     protected void doGet(HttpServletRequest request, HttpServletResponse response) throws ServletException, IOException {
```

```
        }
        protected void doPost(HttpServletRequest request, HttpServletResponse response) throws ServletException, IOException {

        }
}
```

【代码 2-4】 web.xml

```xml
<?xml version="1.0" encoding="UTF-8"?>
<web-app xmlns:xsi="http://www.w3.org/2001/XMLSchema-instance" xmlns="http://java.sun.com/xml/ns/javaee" xsi:schemaLocation="http://java.sun.com/xml/ns/javaee http://java.sun.com/xml/ns/javaee/web-app_2_5.xsd" id="WebApp_ID" version="2.5">
  <display-name>chapter02_2.5</display-name>
  <welcome-file-list>
    <welcome-file>index.html</welcome-file>
    <welcome-file>index.htm</welcome-file>
    <welcome-file>index.jsp</welcome-file>
    <welcome-file>default.html</welcome-file>
    <welcome-file>default.htm</welcome-file>
    <welcome-file>default.jsp</welcome-file>
  </welcome-file-list>
  <servlet>
    <description></description>
    <display-name>HelloServlet</display-name>
    <servlet-name>HelloServlet</servlet-name>
    <servlet-class>com.qst.chapter02_5.servlet.HelloServlet</servlet-class>
  </servlet>
  <servlet-mapping>
    <servlet-name>HelloServlet</servlet-name>
    <url-pattern>/HelloServlet</url-pattern>
  </servlet-mapping>
</web-app>
```

上述代码中,【代码 2-3】HelloServlet.java 不再支持注解,该 Servlet 的访问地址、显示名和类路径等信息都通过 web.xml 文件进行声明配置。

2.3 Servlet 应用

Servlet 是运行于 Web 服务器端的 Java 程序。在 Web 开发中,Servlet 常用于在服务器端处理一些与界面无关的任务。例如客户端请求数据的处理、HTTP 请求报头和响应报头的处理、请求链的传递和转向控制等。

2.3.1 数据处理

在 Web 应用中,客户端向服务器请求数据的方式通常有两种:一种是通过超链接形式查询数据;另一种是通过 Form 表单形式更新数据。对于这两种不同的数据请求方式,Servlet 使用 HttpServletRequest 接口负责对其请求的数据进行处理。具体的数据请求方式和处理方式介绍如下。

1. 处理超链接请求数据

超链接形式的数据请求语法格式如下所示。

【语法】

```
<a href="URL 地址?参数=参数值[&参数=参数值… ]">链接文本</a>
```

【代码 2-5】 link.jsp

```
<%@ page language="java" contentType="text/html; charset=UTF-8"
    pageEncoding="UTF-8"%>
<!DOCTYPE html PUBLIC "-//W3C//DTD HTML 4.01 Transitional//EN" "http://www.w3.org/TR/html4/loose.dtd">
<html>
<head>
<meta http-equiv="Content-Type" content="text/html; charset=UTF-8">
<title>Insert title here</title>
</head>
<body>
<a href="LinkRequestServlet?pageNo=2&queryString=QST">下一页</a>
</body>
</html>
```

在代码 2-5 中，链接地址中的 LinkRequestServlet 为请求地址；pageNo 表示请求参数；2 为 pageNo 请求参数的值；& 为多个参数间的关联符；queryString 表示另一个请求参数；QST 为 queryString 请求参数的值。

启动服务器，在 IE 中访问 http://localhost:8080/chapter02/link.jsp，将鼠标移到超链接上可看到其链接地址和参数，link.jsp 运行显示结果的效果如图 2-17 所示。

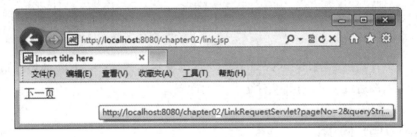

图 2-17   link.jsp 运行效果

> **注意**
>
> 发送请求的 URL 地址可以是绝对地址，如 http://localhost:8080/chapter02/LinkRequestServlet。也可以是相对地址，如 LinkRequestServlet、../LinkRequestServlet 等形式。在开发中大多数使用相对地址，以便于项目的移植。

当用户通过超链接发送的请求到达 Servlet 容器时，包含数据的请求将被容器转换为 ServletRequest 对象，如果用户请求使用的是 HTTP 协议，请求还将被进一步包装成 HttpServletRequest 对象。对请求数据的处理工作就是由 HttpServletRequest 对象完成的。

HttpServletRequest 对象常用的数据处理方法如下。

(1) public String getParameter(String name)。

返回由 name 指定的用户请求参数的值。

(2) public String[] getParameterValues(String name)。

返回由 name 指定的一组用户请求参数的值。

(3) public Enumeration getParameterNames()。

返回所有客户请求的参数名。

容器在将请求转换为 HttpServletRequest 对象之后,还会根据请求的类型调用不同的请求方法。对用超链接的 GET 请求则会调用 doGet()方法;对于 Form 表单的 POST 请求则会调用 doPost()方法。HttpServletRequest 对象对代码 2-5 的超链接数据请求处理代码如下。

【代码 2-6】 LinkRequestServlet.java

```java
package com.qst.chapter02.servlet;

import java.io.IOException;
import java.io.PrintWriter;
import javax.servlet.ServletException;
import javax.servlet.http.HttpServlet;
import javax.servlet.http.HttpServletRequest;
import javax.servlet.http.HttpServletResponse;

public class LinkRequestServlet extends HttpServlet {

    public LinkRequestServlet() {
        super();
    }

    protected void doGet(HttpServletRequest request, HttpServletResponse response) throws ServletException, IOException {
        //设置请求的字符编码为UTF-8
        request.setCharacterEncoding("UTF-8");
        //设置响应的文本类型为HTML,字符编码为UTF-8
        response.setContentType("text/html;charset=UTF-8");
        //获取输出流
        PrintWriter out = response.getWriter();
        //获取请求数据
        String pageNo = request.getParameter("pageNo");
        String queryString = request.getParameter("queryString");
        int pageNum = 0;
        if(pageNo!= null)
            pageNum = Integer.parseInt(pageNo);
        //响应输出数据
        out.println("<p>请求的页数是: " + pageNum + "</p>");
        out.println("<p>请求的查询字符是: " + queryString + "</p>");
        out.flush();
        out.close();
    }

    protected void doPost(HttpServletRequest request, HttpServletResponse response) throws ServletException, IOException {

    }

}
```

【代码 2-6】LinkRequestServlet.java 运行结果如图 2-18 所示。

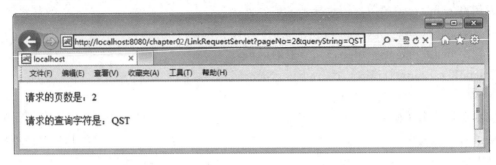

图 2-18　LinkRequestServlet.java 运行结果

从图 2-18 的运行结果可以看出，GET 请求参数会以明文形式显示在地址栏上，这样一方面不利于数据的保密；另一方面，由于不同的浏览器对请求地址的长度也有相应的限制，因此不能进行大数据的传递。

2. 处理 Form 表单请求数据

通过 Form 表单形式发送数据请求的语法格式如下所示。

【语法】

```
< form action = "URL" method = "GET/POST">
    ⋮
< input type = "submit"/>
</form >
```

【代码 2-7】　regist.jsp

```
<%@ page language = "java" contentType = "text/html; charset = UTF - 8"
    pageEncoding = "UTF - 8"%>
<!DOCTYPE html PUBLIC " - //W3C//DTD HTML 4.01 Transitional//EN" "http://www.w3.org/TR/html4/
loose.dtd">
< html >
< head >
< meta http - equiv = "Content - Type" content = "text/html; charset = UTF - 8">
< title >用户注册</title >
</head >
< body >
< form action = "FormRequestServlet" method = "POST">
< p >用户名：< input name = "username" type = "text"></p >
< p >密   码：< input name = "password" type = "password"></p >
< p >信息来源：< input name = "channel" type = "checkbox" value = "Web">网络
< input name = "channel" type = "checkbox" value = "Newspaper">报纸
< input name = "channel" type = "checkbox" value = "Friend">亲友</p >
< p >< input type = "submit" value = "提交"/>< input type = "reset" value = "重置"/></p >
</form >
</body >
</html >
```

在代码 2-7 中，Form 表单中的 FormRequestServlet 为请求的服务器端 Servlet 地址；POST 为请求类型；user 表示用户名请求参数；password 表示密码请求参数；type =

"submit"表示表单提交按钮。

启动服务器,在 IE 中访问 http://localhost:8080/chapter02/regist.jsp,运行结果如图 2-19 所示。

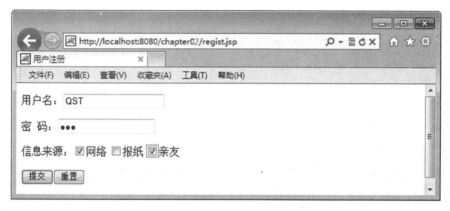

图 2-19 regist.jsp 运行效果

> **注意**
>
> Form 表单的 method 属性表示请求类型,取值包括 GET 和 POST 两种。GET 一般用于获取/查询资源信息;POST 一般用于更新资源信息。在安全性和传递数据大小限制上,POST 都好于 GET,因此 Form 表单请求多用 POST。

代码 2-7 中,Form 表单请求的 FormRequestServlet 对请求参数的处理如下。

【代码 2-8】 FormRequestServlet.java

```java
@WebServlet("/FormRequestServlet")
public class FormRequestServlet extends HttpServlet {
    private static final long serialVersionUID = 1L;

    public FormRequestServlet() {
        super();
    }

    protected void doPost(HttpServletRequest request, HttpServletResponse response) throws ServletException, IOException {
        //设置响应的文本类型为 HTML,字符编码为 UTF-8
        response.setContentType("text/html;charset=UTF-8");
        //获取请求数据
        String username = request.getParameter("username");
        String password = request.getParameter("password");
        String[] channel = request.getParameterValues("channel");
        Enumeration<String> elem = request.getParameterNames();
        //获取输出流
        PrintWriter out = response.getWriter();
        //响应输出数据
        out.print("<p>注册的用户名是:" + username + "</p>");
        out.print("<p>注册的密码是:" + password + "</p>");
        out.print("<p>注册的信息来源是:");
        for(String c:channel)
```

```
            out.print(c + " ");
        out.print("</p><p>所有客户请求的参数名是：");
        while(elem.hasMoreElements())
            out.print(elem.nextElement() + " ");
        out.print("</p>");
        out.flush();
        out.close();
    }
}
```

启动服务器，在 IE 中访问 http://localhost:8080/chapter02/regist.jsp，在 Form 表单中填入图 2-18 所示的信息，提交表单请求 FormRequestServlet 后的响应结果如图 2-20 所示。

图 2-20　FormRequestServlet.java 运行结果

综上所述，客户端向服务器请求数据方式常用有两种：超链接和 Form 表单。超链接一般用于获取/查询资源信息，属于 GET 请求类型，请求的数据会附在 URL 之后，以 ? 分割 URL 和传输数据，参数之间以 & 相连。由于其安全性（如请求数据会以明文显示在地址栏上）以及请求地址的长度限制，一般仅用于传送一些简单的数据；Form 表单一般用于更新资源信息，默认使用 GET 请求类型，多使用 POST 请求类型。由于 POST 请求类型理论上没有数据大小限制，可用表单来传较大量的数据。HttpServletRequest 接口使用 getParameter() 或 getParameterValues() 方法来获取 GET 请求或 POST 请求方式传送过来的请求数据。

2.3.2　重定向与请求转发

Servlet 在对客户端请求的数据处理完成后，会向客户端返回相应的响应结果。响应结果可以是由当前 Servlet 对象的 PrintWriter 输出流直接输出到页面上的信息，也可以是一个新的 URL 地址对应的信息。这个地址可以是 HTML、JSP、Servlet 或是其他形式的 HTTP 地址。在 Servlet 中可以通过两种主要方式完成对新 URL 地址的转向：重定向和请求转发。

1. 重定向

重定向是指由原请求地址重新定位到某个新地址，原有的请求失效，客户端看到的是新请求返回的响应结果，客户端浏览器地址栏变为新请求地址。一个由请求 ServletA 到 ServletB 的重定向过程如图 2-21 所示。

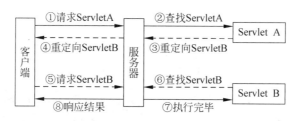

图 2-21 重定向运行过程

从图 2-21 的重定向运行过程可以看出,整个重定向过程客户端和服务器会经过两次请求和两次响应,其中第 2 次请求由客户端自动发起。

重定向是通过 HttpServletResponse 对象的 sendRedirect()方法实现的,该方法会通知客户端去重新访问新指定的 URL 地址,其语法格式如下:

【语法】

```
public void sendRedirect(String location)throws java.io.IOException
```

其中,location 参数用以指定重定向的 URL,它可以是相对路径或绝对路径。

【示例】 页面重定向

```
response.sendRedirect("/chapter02/index.jsp");
```

上面语句表示重定向到当前应用程序(chapter02)的根目录下的 index.jsp 页面。

> **注意**
>
> sendRedirect()方法不仅可以重定向到当前应用程序中的其他资源,还可以重定向到同一个站点上的其他应用程序中的资源,甚至是使用绝对 URL 重定向到其他站点的资源。

下述代码演示从一个 Servlet 请求重定向到另一个 Servlet 的过程。

【代码 2-9】 RedirectServlet.java

```java
@WebServlet("/RedirectServlet")
public class RedirectServlet extends HttpServlet {

    protected void doGet(HttpServletRequest request, HttpServletResponse response)
        throws ServletException, IOException {
        System.out.println("重定向前");
        //进行重定向
        response.sendRedirect(request.getContextPath() + "/ResultServlet");
        System.out.println("重定向后");
    }

}
```

上述代码中,request.getContextPath()方法用来获取当前站点地址/chapter02;/ResultServlet 是 ResultServlet 通过@WebServlet 注解声明的访问地址。ResultServlet 的代

码如下所示。

【代码 2-10】 ResultServlet.java

```java
@WebServlet("/ResultServlet")
public class ResultServlet extends HttpServlet {

    protected void doGet(HttpServletRequest request, HttpServletResponse response)
            throws ServletException, IOException {
        //设置响应到客户端的文本类型为 HTML
        response.setContentType("text/html;charset=UTF-8");
        //获取输出流
        PrintWriter out = response.getWriter();
        //输出响应结果
        out.println("<p>重定向和请求转发的结果页面</p>");
    }

}
```

启动服务器，在客户端浏览器中访问 http://localhost:8080/chapter02/RedirectServlet，运行结果如图 2-22 所示。

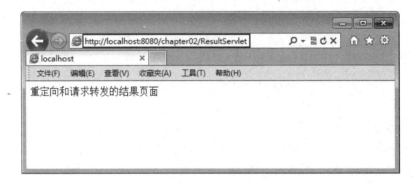

图 2-22　重定向运行结果页面

从图 2-22 运行结果可以看出，浏览器地址栏中的地址变成了重定向后的地址 http://localhost:8080/chapter02/ResultServlet，响应结果为重定向后 ResultServlet 输出的页面信息。

2. 请求转发

请求转发是指将请求再转发到其他地址，转发过程中使用的是同一个请求，转发后浏览器地址栏内容不变。一个由请求 ServletA 到 ServletB 的转发过程如图 2-23 所示。

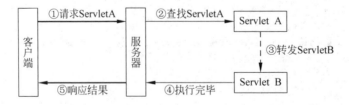

图 2-23　请求转发运行原理

从图 2-23 的请求转发过程可以看出，转发的过程发生在服务器内部，对客户端是透明的。服务器只能从当前应用内部查找相应的转发资源，而不能转发到其他应用的资源。

请求转发使用 RequestDispatcher 接口中的 forward()方法来实现,该方法可以把请求转发给另外一个资源,并让该资源对此请求进行响应。RequestDispatcher 接口有以下两个方法。
- forward()方法:将请求转发给其他资源。
- include()方法:将其他资源并入到当前请求中。

RequestDispatcher 是一个接口,需要通过使用 HttpRequest 对象的 getRequestDispatcher()方法获得该接口的实例对象。其语法格式如下:

【语法】
```
RequestDispatcher dispatcher = request.getRequestDispatcher(String path);
dispatcher.forward(ServletRequest request,ServletResponse response);
```

其中:
- path 参数用以指定转发的 URL,只能是相对路径;
- request 和 response 参数取值为当前请求所对应的 HttpServletRequest 和 HttpServletResponse 对象。

【示例】 页面请求转发
```
RequestDispatcher dispatcher =
    request.getRequestDispatcher("/index.jsp").forward(request, response);
```

上面语句表示请求转发到当前站点(chapter02)的根目录下的 index.jsp 页面。

注意

请求转发方法 getRequestDispatcher("/index.jsp")中相对路径的"/"表示当前应用程序的根目录,而重定向方法 sendRedirect("/chapter02/index.jsp")中相对路径的"/"表示整个 Web 站点的根目录。

下述代码演示从一个 Servlet 请求转发到另一个 Servlet 的过程。

【代码 2-11】 ForwardServlet.java

```java
@WebServlet("/ForwardServlet")
public class ForwardServlet extends HttpServlet {

  protected void doGet(HttpServletRequest request, HttpServletResponse response)
    throws ServletException, IOException {
      System.out.println("请求转发前");
      RequestDispatcher dispatcher =
          request.getRequestDispatcher("/ResultServlet");
      dispatcher.forward(request, response);
      System.out.println("请求转发后");
  }

}
```

启动服务器,在客户端浏览器中访问 http://localhost:8080/chapter02/ForwardServlet,运行结果如图 2-24 所示。

Java Web技术及应用

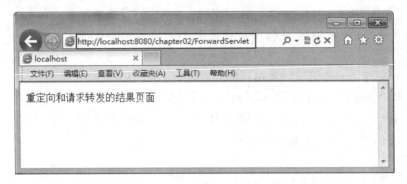

图 2-24　请求转发结果页面

从上图运行结果可以看出,浏览器地址栏中的地址仍为初始请求地址,但响应结果为转发后的 ResultServlet 输出的页面信息。

通过上述 RedirectServlet 和 ForwardServlet 的运行结果可以看出,重定向和请求转发两种方式在调用后地址栏中的 URL 地址是不同的,前者地址栏会变成目标 URL,后者地址栏保持不变。此外,请求转发和重定向最主要的区别是:请求转发前后共享同一个请求对象,而重定向前后会创建不同的请求对象。下述代码将通过向 HttpServletRequest 对象中存取属性值来验证两者的不同。

【代码 2-12】 RedirectAttributeServlet.java

```java
@WebServlet("/RedirectAttributeServlet")
public class RedirectAttributeServlet extends HttpServlet {

    protected void doGet(HttpServletRequest request, HttpServletResponse response)
        throws ServletException, IOException {
        //把 attrobj 属性值 test 存储到 request 对象中
        request.setAttribute("attrobj", "test");
        System.out.println("重定向前");
        //进行重定向
        response.sendRedirect(request.getContextPath() + "/ResultAttributeServlet");
        System.out.println("重定向后");
    }

}
```

【代码 2-13】 ResultAttributeServlet.java

```java
@WebServlet("/ResultAttributeServlet")
public class ResultAttributeServlet extends HttpServlet {

    protected void doGet(HttpServletRequest request, HttpServletResponse response)
        throws ServletException, IOException {
        //设置响应到客户端的文本类型为 HTML
        response.setContentType("text/html;charset=UTF-8");
        //从 request 对象中获取 attrobj 属性值
        String attrobj = (String)request.getAttribute("attrobj");
        //获取输出流
        PrintWriter out = response.getWriter();
        //输出响应结果
```

```
            out.println("<p>重定向和请求转发的结果页面</p>");
            out.println("读取的 request 对象的 attrobj 属性值为: " + attrobj);
        }
    }
```

启动服务器,在客户端浏览器中访问 http://localhost:8080/chapter02/RedirectAttribute Servlet,运行结果如图 2-25 所示。

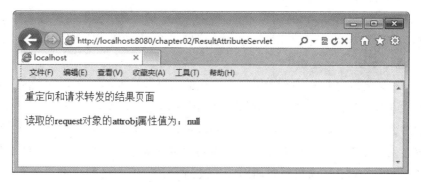

图 2-25 重定向方式获取请求对象属性值

根据运行结果可以看出,通过重定向方式无法获得重定向前请求对象中的属性值。

【代码 2-14】 ForwardAttributeServlet.java

```
public class ForwardAttributeServlet extends HttpServlet {

    protected void doGet(HttpServletRequest request, HttpServletResponse response)
        throws ServletException, IOException {
        //将 attrobj 属性值 test 存储到 request 对象中
        request.setAttribute("attrobj", "test");
        System.out.println("请求转发前");
        RequestDispatcher dispatcher =
                request.getRequestDispatcher("/ResultAttributeServlet");
        dispatcher.forward(request, response);
        System.out.println("请求转发后");
    }
}
```

启动服务器,在客户端浏览器中访问 http://localhost:8080/chapter02/ForwardAttribute Servlet,运行结果如图 2-26 所示。

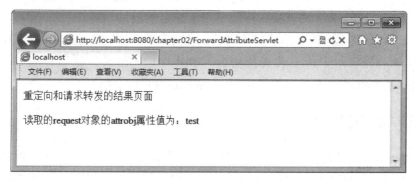

图 2-26 请求转发方式获取 request 对象属性值

由此可知,通过请求转发方式可以获得转发前请求对象中的属性值。

通过上述实例可以看出,重定向和请求转发都可以让浏览器获得另外一个 URL 所指向的资源,但两者的内部运行机制有很大的区别。针对这两种方式的区别总结如下:

- 转发只能将请求转发给同一个 Web 应用中的组件;而重定向不仅可以重定向到当前应用程序中的其他资源,还可以重定向到同一个站点上的其他应用程序中的资源,或者重定向到其他站点的资源。
- 重定向的访问过程结束后,浏览器地址栏中显示的 URL 会发生改变,由初始的 URL 地址变成重定向的目标 URL;而请求转发过程结束后,浏览器地址栏保持初始的 URL 地址不变。
- 重定向对浏览器的请求直接做出响应,响应的结果就是告诉浏览器去重新发出对另外一个 URL 的访问请求;请求转发在服务器端内部将请求转发给另外一个资源,浏览器只知道发出了请求并得到了响应结果,并不知道在服务器程序内部发生了转发行为。
- 请求转发调用者与被调用者之间共享相同的请求对象和响应对象,它们属于同一个访问请求和响应过程;而重定向调用者与被调用者使用各自的请求对象和响应对象,它们属于两个独立的访问请求和响应过程。

2.4 Servlet 3.0 特性

Servlet 3.0 作为 Java EE 6 规范体系中一员,随着 Java EE 6 规范一起发布。该版本在前一版本(Servlet 2.5)的基础上提供了若干新特性用于简化 Web 应用的开发和部署。其中有几项特性的引入让开发者感到非常兴奋,同时也获得了 Java 社区的一片赞誉之声:

- 注解支持;
- 可插性支持;
- 动态配置;
- 异步处理。

本书将从以上几项分别对 Servlet 3.0 的特性进行介绍。

2.4.1 注解支持

Servlet 3.0 新增的注解功能极大地简化了项目的开发和配置过程,例如 2.2.3 节中 Servlet 的配置。Servlet 3.0 的新增注解除了用于指定 Servlet 的@WebServlet,还有指定过滤器的@WebFilter、指定监听器的@WebListener、为 Servlet 或者过滤器指定初始化参数的@WebInitParam、提供对上传文件支持的@MultiPartConfig 等。这些注解的使用方式和@WebServlet 基本相同,在后续的学习中,将会依次进行详细介绍。

2.4.2 可插性支持

如果说 Servlet 3.0 版本新增的注解支持是为了简化 Servlet、过滤器和监听器的声明,从而使得 web.xml 变为可选配置,那么它新增的可插性(pluggability)支持则将 Servlet 配置的灵活性提升到了新的高度。

熟悉框架开发的开发者都知道，很多框架都可以通过插件的形式互相支持配合使用，开发者甚至可以在原有框架的基础上开发自己的插件，而 Servlet 的可插性支持正是基于这样的理念而产生的。使用该特性，在不修改已有 Web 应用的前提下，只需将按照一定格式打成的 JAR 包的模块放到 WEB-INF/lib 目录下，即可实现新功能的扩充，而不需要进行额外的配置。Servlet 3.0 通过引入了称之为 "Web 模块部署描述符片段"的 web-fragment.xml 部署描述文件来实现此功能。该文件必须存放在引入 JAR 包的 META-INF 目录下，文件可以包含一切可以在 web.xml 中定义的内容。包含该文件的 JAR 包放在当前应用程序的 WEB-INF/lib 目录下，在应用程序启动期间对其进行合并使用。除此之外，所有该模块使用的资源，如 class 文件、配置文件等，只需要放在能够被容器的类加载器链加载的路径上（如 classes 目录）。

下述示例演示在一个名为 mywebapp 的项目中部署 JSF 框架的 web-fragment.xml 文件的配置。

【示例】 使用 web-fragment.xml 部署 JSF 框架

```xml
<?xml version = "1.0" encoding = "UTF-8"?>
<web-fragment
xmlns = http://java.sun.com/xml/ns/javaee
xmlns:xsi = "http://www.w3.org/2001/XMLSchema-instance" version = "3.0"
xsi:schemaLocation = "http://java.sun.com/xml/ns/javaee
http://java.sun.com/xml/ns/javaee/web-fragment_3_0.xsd"
metadata-complete = "true">
<context-param>
<param-name>javax.faces.STATE_SAVING_METHOD</param-name>
<param-value>client</param-value>
</context-param>
...
<servlet>
<servlet-name>Faces Servlet</servlet-name>
<servlet-class>javax.faces.webapp.FacesServlet</servlet-class>
<load-on-startup>1</load-on-startup>
</servlet>
<servlet-mapping>
<servlet-name>Faces Servlet</servlet-name>
<url-pattern>*.jsf</url-pattern>
</servlet-mapping>
...
</web-fragment>
```

从上面的示例可以看出，web-fragment.xml 与 web.xml 除了在头部声明的 XSD 引用不同之外，其主体配置与 web.xml 是完全一致的。

加入 web-fragment.xml 部署文件的 JSF 框架 JAR 包和引入 JSF 框架的 mywebapp 项目的目录结构如下所示：

```
jsf_framework.jar
    -- META-INF/web-fragment.xml
mywebapp.war
    -- WEB-INF/lib/jsf_framework.jar
```

2.4.3 动态配置

在 Servlet 3.0 版本中，ServletContext 对象的功能也得到了增强，使得该对象可以支持在运行时动态部署 Servlet、过滤器、监听器以及为 Servlet 和过滤器增加 URL 映射等。以 Servlet 为例（过滤器与监听器与之类似），ServletContext 为动态配置 Servlet 增加了如下方法。

- addServlet()方法

ServletRegistration.Dynamic addServlet(String servletName,Class<? extends Servlet> servletClass)

- addServlet()方法

ServletRegistration.Dynamic addServlet(String servletName, Servlet servlet)

- addServlet()方法

ServletRegistration.Dynamic addServlet(String servletName, String className)

- createServlet()方法

<T extends Servlet> T createServlet(Class<T> clazz)

- getServletRegistration()方法

ServletRegistration getServletRegistration(String servletName)

- getServletRegistrations()方法

Map<String,? extends ServletRegistration> getServletRegistrations()

通过 ServletContext 对象的 createServlet()方法创建的 Servlet，通常需要做一些自定义的配置，然后使用 addServlet()方法来将其动态注册为一个可以用于服务的 Servlet。两个 getServletRegistration()方法主要用于动态为 Servlet 增加映射信息，这等价于在 web.xml（或 web-fragment.xml）中使用<servlet-mapping>标签为 Servlet 增加映射信息。

ServletContext 对象新增的这些方法可以在 ServletContextListener 监听器接口的 contexInitialized()方法和 ServletContainerInitializer 接口的 onStartup()方法中使用。

ServletContextListener 的 contexInitialized()方法可以由应用程序自己实现，会在应用程序启动时被调用。ServletContainerInitializer 是 Servlet 3.0 新增的一个接口，容器在启动时使用 JAR 服务 API(JAR Service API)来发现 ServletContainerInitializer 的实现类，并且容器将 WEB-INF/lib 目录下 JAR 包中的类都交给该类的 onStartup()方法处理，通常需要在该实现类上使用@HandlesTypes 注解来指定希望被处理的类，过滤掉不希望给 onStartup()处理的类。

下述示例演示使用 web.xml 手动配置以及使用 ServletContextListener 的 contexInitialized()方法动态配置两种方式加载 Struts1.x 框架。

【示例】 方式一：在 web.xml 中配置 Struts 框架

```xml
<servlet>
    <servlet-name>action</servlet-name>
    <servlet-class>
        org.apache.struts.action.ActionServlet
    </servlet-class>
    <init-param>
        <param-name>config</param-name>
        <param-value>/WEB-INF/struts-config.xml</param-value>
    </init-param>
    <load-on-startup>2</load-on-startup>
</servlet>
<servlet-mapping>
    <servlet-name>action</servlet-name>
    <url-pattern>*.do</url-pattern>
</servlet-mapping>
```

【示例】 方式二：在 ServletContextListener 的 contexInitialized() 方法中动态配置 Struts 框架

```java
@WebListener("自动配置Struts")
public class MyListener implements ServletContextListener {
    public void contextInitialized(ServletContextEvent evt) {
        ServletContext ctx = evt.getServletContext();
        //动态注册 Servlet
        ServletRegistration.Dynamic servReg = ctx.addServlet(
                "action","org.apache.struts.action.ActionServlet");
        //设置 Servlet 的初始化参数
        servReg.setInitParameter("config","/WEB-INF/struts-config.xml");
        servReg.setLoadOnStartup(2);
        //设置 Servlet 的映射地址
        servReg.addMapping("*.do");
    }
}
```

2.4.4 异步处理

Servlet 3.0 之前，一个普通 Servlet 的主要工作流程大致如下：首先，Servlet 接收到请求之后，可能需要对请求携带的数据进行一些预处理；其次，调用业务接口的某些方法，以完成业务处理；最后，根据处理的结果提交响应，Servlet 线程结束。其中第二步的业务处理通常是最耗时的，其中可能涉及数据库操作以及其他的 Web 服务调用等。在此过程中，Servlet 资源会一直被占用而得不到释放，Servlet 线程会一直处于阻塞状态，直到业务方法执行完毕。对于并发较大的应用，这有可能造成性能的瓶颈。对此，在以前通常是采用私有解决方案来提前结束 Servlet 线程以使资源得到及时释放。一个阻塞的 Servlet 请求执行流程如图 2-27 所示。

Servlet 3.0 针对这个问题做了开创性的改进，提供了异步处理支持，用户请求处理流程可以调整为以下过程：首先，Servlet 接收到请求之后，可能首先需要对请求携带的数据进行一些预处理；其次，Servlet 线程将请求转交给一个异步线程来执行业务处理，线程本身返回至容器，此时 Servlet 还没有生成响应数据；异步线程处理完业务后，可以直接生成响应数据

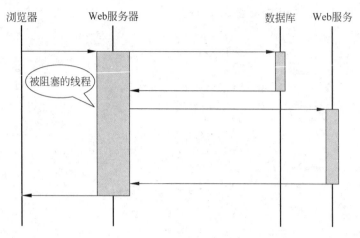

图 2-27 被阻塞的 Servlet 请求

（异步线程拥有 ServletRequest 和 ServletResponse 对象的引用），或者将请求继续转发给其他 Servlet。如此一来，Servlet 线程不再是一直处于阻塞状态以等待业务逻辑的处理，而是启动异步线程之后可以立即返回。Servlet 异步处理流程如图 2-28 所示。

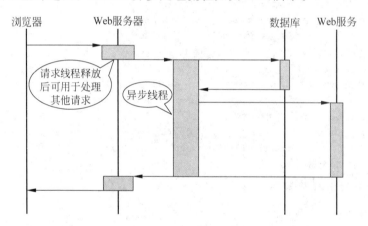

图 2-28 Servlet 异步处理

异步处理特性可以应用于 Servlet 和过滤器两种组件，由于异步处理的工作模式和普通工作模式在实现上有着本质的区别，因此默认情况下，Servlet 和过滤器并没有开启异步处理特性，如果希望使用该特性，则必须按照如下的方式启用。

对于使用传统的部署描述文件（web.xml）配置 Servlet 和过滤器的情况，Servlet 3.0 为 ＜servlet＞和＜filter＞标签增加了＜async-supported＞子标签，该标签的默认取值为 false，要启用异步处理支持，则将其设为 true 即可。以 Servlet 为例，其配置方式如下所示：

```
<servlet>
 <servlet-name>DemoServlet</servlet-name>
 <servlet-class>footmark.servlet.DemoServlet</servlet-class>
 <async-supported>true</async-supported>
</servlet>
```

对于使用 Servlet 3.0 提供的@WebServlet 和@WebFilter 进行 Servlet 或过滤器配置的情况，这两个注解都提供了 asyncSupported 属性，默认该属性的取值为 false，要启用异步处理

支持,只需将该属性设置为 true 即可。以@WebFilter 为例,其配置方式如下所示:

```java
@WebFilter(urlPatterns = "/demo",asyncSupported = true)
public class DemoFilter implements Filter{
    ...
}
```

一个简单的模拟异步处理的 Servlet 代码如下所示。

【代码 2-15】 AsyncDemoServlet.java

```java
@WebServlet(urlPatterns = "/AsyncDemoServlet", asyncSupported = true)
public class AsyncDemoServlet extends HttpServlet {

    @Override
    public void doGet(HttpServletRequest req, HttpServletResponse resp)
            throws IOException, ServletException {
        resp.setContentType("text/html;charset = UTF - 8");
        PrintWriter out = resp.getWriter();
        out.println("<p>进入 Servlet 的时间: "
                + new Date().toLocaleString() + "</p>");
        out.flush();

        // 开启子线程执行业务调用,并由其负责输出响应.主线程退出
        AsyncContext ctx = req.startAsync();
        new Thread(new Executor(ctx)).start();

        out.println("<p>结束 Servlet 的时间: "
                + new Date().toLocaleString() + "</p>");
        out.flush();
    }
}

class Executor implements Runnable {
    private AsyncContext ctx = null;

    public Executor(AsyncContext ctx) {
        this.ctx = ctx;
    }

    public void run() {
        try {
            // 等待 10 秒钟,以模拟业务方法的执行
            Thread.sleep(10000);
            PrintWriter out = ctx.getResponse().getWriter();
            out.println("<p>子线程业务处理完毕的时间: "
                    + new Date().toLocaleString() + "</p>");
            out.flush();
            //真正送出回应
            ctx.complete();
        } catch (Exception e) {
            e.printStackTrace();
        }
    }
}
```

代码执行结果如图 2-29 所示。

图 2-29 异步 Servlet 处理结果

Servlet 3.0 是 Servlet 2.4 之后的重大修订,其编程模型与其他 Java EE 规范更趋向一致。其众多新特性使得 Servlet 开发变得更加简单,尤其是异步处理特性和可插性支持的出现,必将对现有的 MVC 框架开发产生深远影响。

2.5 贯穿任务实现

2.5.1 【任务 2-1】求职者注册

下面使用 Servlet 技术实现 Q-ITOffer 锐聘网站贯穿项目中的任务 2-1 求职者注册功能。该功能的实现包括以下组件。

- register.html:求职者注册页面。
- login.html:求职者登录页面,注册成功后的导向页面。
- ApplicantRegisterServlet.java:注册请求的 Servlet,负责获取注册请求参数、调用 ApplicantDAO 进行数据处理、业务流程控制以及响应处理结果。
- ApplicantDAO.java:DAO(Data Access Object)表示数据访问对象,负责对求职者注册邮件进行唯一性验证和对注册信息进行数据库保存。
- DBUtil.java:数据库操作工具类,负责数据库连接的获取和释放。

各组件间关系图如图 2-30 所示。

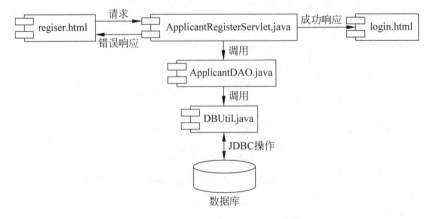

图 2-30 注册功能组件关系图

第 2 章　Servlet基础

其中 register.html 页面通过 Form 表单接收用户输入的注册信息,并通过 JavaScript 对信息格式进行客户端校验,代码实现如下。

【任务 2-1】 register.html

```html
<!DOCTYPE html PUBLIC "-//W3C//DTD HTML 4.01 Transitional//EN" "http://www.w3.org/TR/html4/loose.dtd">
<html>
<head>
<meta http-equiv="Content-Type" content="text/html; charset=UTF-8">
<title>注册 - 锐聘网</title>
<link href="css/base.css" type="text/css" rel="stylesheet" />
<link href="css/register.css" type="text/css" rel="stylesheet" />
<script type="text/javascript">
    function validate() {
        var email = document.getElementById("email");
        var password = document.getElementById("password");
        var agree = document.getElementById("agree");
        var pattern = /^([a-zA-Z0-9_-])+@([a-zA-Z0-9_-])+(.[a-zA-Z0-9_-])+/;

        if (email.value == "") {
            alert("邮箱不能为空!");
            email.focus();
            return false;
        } else if (!pattern.test(email.value)) {
            alert("请输入正确的邮箱格式!");
            email.focus();
            return false;
        }
        if (password.value == "") {
            alert("密码不能为空!");
            password.focus();
            return false;
        } else if (password.length < 6 || password.length > 12) {
            alert("密码长度不符合要求,请输入 6~12 位密码!");
            password.focus();
            return false;
        }
        if (!agree.checked) {
            alert("请先同意本站服务条款!");
            return false;
        }
        return true;
    }
    //服务条款的显示和隐藏
    function showdiv() {
        document.getElementById("bg").style.display = "block";
        document.getElementById("show").style.display = "block";
    }
    function hidediv() {
        document.getElementById("bg").style.display = "none";
        document.getElementById("show").style.display = "none";
    }
</script>
</head>
```

```html
<body>
    <!-- 网站公共头部 -->
    <iframe src="top.html" width="100%" height="100" scrolling="no"
        frameborder="0"></iframe>

    <!-- 注册部分开始 -->
    <div class="content">
        <div class="page_name">注册</div>
        <div class="login_content">
            <form action="ApplicantRegisterServlet"
                method="post" onsubmit="return validate();">
                <div class="login_l">
                    <div class="span1">
                        <label class="tn-form-label">邮箱:</label>
                        <input class="tn-textbox" type="text"
                            name="email" id="email">
                    </div>
                    <div class="span1">
                        <label class="tn-form-label">密码:</label>
                        <input class="tn-textbox" type="password"
                            name="password" id="password">
                    </div>
                    <div class="tn-form-row-button">
                        <div class="span1">
                        <input name="submit" type="submit"
                            class="tn-button-text" value="立即注册">
                        <p class="it-register-text">
                        <input name="agree" id="agree" class="tn-checkbox"
                            checked="checked" type="checkbox">
                        <label>同意本站服务条款</label>
                        <a href="javascript:showdiv();">查看</a>
                        </p></div><div class="clear"></div></div>
            </form>
            <div class="register_r">
                <p align="center"><br><br>
                    <b>已有账号?</b><a href="login.html">登录</a></p><div>
                    <img height="230" src="images/reg_pic.jpg"></div>
            </div></div>
        </div>
        <!-- 注册部分结束 -->
        <!-- 服务条款部分开始 -->
        … //此部分省略
        <!-- 服务条款部分结束 -->
        <!-- 网站公共尾部 -->
        <iframe src="foot.html" width="100%" height="150" scrolling="no"
            frameborder="0"></iframe>
</body>
</html>
```

注册页面 register.html 的运行效果如图 2-31 所示。

通过 register.html 页面的注册表单提交请求到 ApplicantRegisterServlet.java 进行注册处理,代码实现如下。

第 2 章 Servlet 基础

图 2-31 register.html 注册页面运行效果

【任务 2-1】 ApplicantRegisterServlet.java

```java
package com.qst.itoffer.servlet;

import java.io.IOException;
import java.io.PrintWriter;

import javax.servlet.ServletException;
import javax.servlet.annotation.WebServlet;
import javax.servlet.http.HttpServlet;
import javax.servlet.http.HttpServletRequest;
import javax.servlet.http.HttpServletResponse;

import com.qst.itoffer.dao.ApplicantDAO;

/**
 * 求职者注册功能实现
 * @author QST 青软实训
 */
@WebServlet("/ApplicantRegisterServlet")
public class ApplicantRegisterServlet extends HttpServlet {
    private static final long serialVersionUID = 1L;

    public ApplicantRegisterServlet() {
        super();
    }

    protected void doGet(HttpServletRequest request,
            HttpServletResponse response) throws ServletException, IOException {
        this.doPost(request, response);
```

```java
    }
    protected void doPost(HttpServletRequest request,
            HttpServletResponse response) throws ServletException, IOException {
        // 设置请求和响应编码
        request.setCharacterEncoding("UTF-8");
        response.setContentType("text/html;charset=UTF-8");
        PrintWriter out = response.getWriter();
        // 获取请求参数
        String email = request.getParameter("email");
        String password = request.getParameter("password");
        // 判断邮箱是否已被注册
        ApplicantDAO dao = new ApplicantDAO();
        boolean flag = dao.isExistEmail(email);
        if(flag){
            // 邮箱已注册,进行错误提示
            out.print("<script type='text/javascript'>");
            out.print("alert('邮箱已被注册,请重新输入!');");
            out.print("window.location='register.html';");
            out.print("</script>");
        }else{
            // 邮箱未被注册,保存注册用户信息
            dao.save(email,password);
            // 注册成功,重定向到登录页面
            response.sendRedirect("login.html");
        }
    }
}
```

ApplicantRegisterServlet.java 中调用 ApplicantDAO.java 对邮箱进行唯一性验证和对用户信息进行保存的功能,实现代码如下。

【任务 2-1】 ApplicantDAO.java

```java
package com.qst.itoffer.dao;
import java.sql.Connection;
import java.sql.PreparedStatement;
import java.sql.ResultSet;
import java.sql.SQLException;
import java.sql.Timestamp;
import java.util.Date;
import com.qst.itoffer.util.DBUtil;

public class ApplicantDAO {
    /**
     * 验证 E-mail 是否已被注册
     *
     * @return
     */
    public boolean isExistEmail(String email) {
        Connection conn = DBUtil.getConnection();
        PreparedStatement pstmt = null;
        ResultSet rs = null;
        String sql = "SELECT * FROM tb_applicant WHERE applicant_email=?";
        try {
```

```java
            pstmt = conn.prepareStatement(sql);
            pstmt.setString(1, email);
            rs = pstmt.executeQuery();
            if (rs.next())
                return true;
        } catch (SQLException e) {
            e.printStackTrace();
        } finally {
            DBUtil.closeJDBC(rs, pstmt, conn);
        }
        return false;
    }
    /**
     * 求职者信息注册保存
     *
     * @param email
     * @param password
     */
    public void save(String email, String password) {
        Connection conn = DBUtil.getConnection();
        PreparedStatement pstmt = null;
        String sql = "INSERT INTO tb_applicant(applicant_id,applicant_email,applicant_pwd,applicant_registdate) VALUES(seq_itoffer_applicant.nextval,?,?,?)";
        try {
            pstmt = conn.prepareStatement(sql);
            pstmt.setString(1, email);
            pstmt.setString(2, password);
            pstmt.setTimestamp(3, new Timestamp(new Date().getTime()));
            pstmt.executeUpdate();
        } catch (SQLException e) {
            e.printStackTrace();
        } finally {
            DBUtil.closeJDBC(null, pstmt, conn);
        }
    }
}
```

2.5.2 【任务2-2】求职者登录

本任务使用 Servlet 技术实现 "Q-ITOffer" 锐聘网站贯穿项目中的任务 2-2 求职者登录功能。该功能的实现包括以下组件。

- login.html：求职者登录页面。
- resumeGuide.html：简历填写向导页面，登录成功后，若用户还未填写简历则响应到此页面。
- index.jsp：网站首页，登录成功后，若用户已经拥有简历则响应到此页面，本任务中暂不实现。
- ApplicantLoginServlet.java：处理登录请求的 Servlet，负责获取登录请求数据、调用 ApplicantDAO 进行数据处理、业务流程控制以及响应处理结果。
- ApplicantDAO.java：求职者数据访问对象，负责对求职者登录成功与否进行验证，同时在登录成功条件下对用户是否拥有简历进行验证。
- DBUtil.java：数据库操作工具类，负责数据库连接的获取和释放。

各组件间关系图如图 2-32 所示。

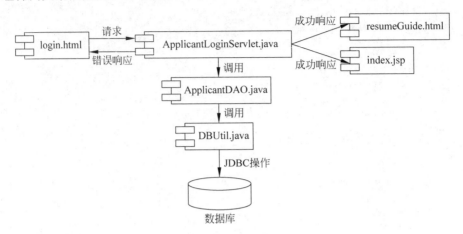

图 2-32 登录功能组件关系图

其中 login.html 页面通过 Form 表单接收用户输入的登录信息,并通过 JavaScript 对信息进行客户端校验。具体实现代码如下所示。

【任务 2-2】 login.html

```html
<!DOCTYPE html PUBLIC "-//W3C//DTD HTML 4.01 Transitional//EN" "http://www.w3.org/TR/html4/loose.dtd">
<html>
<head>
<meta http-equiv="Content-Type" content="text/html; charset=UTF-8">
<title>登录 - 锐聘网</title>
<link href="css/base.css" type="text/css" rel="stylesheet" />
<link href="css/login.css" type="text/css" rel="stylesheet" />
<script type="text/javascript">
    function validate() {
        var email = document.getElementById("email");
        var password = document.getElementById("password");
        if (email.value == "") {
            alert("邮箱不能为空!");
            email.focus();
            return false;
        }
        if (password.value == "") {
            alert("密码不能为空!");
            password.focus();
            return false;
        }
        return true;
    }
</script>
</head>
<body>
    <!-- 网站公共头部 -->
    <iframe src="top.html" width="100%" height="100" scrolling="no"
        frameborder="0"></iframe>
    <!-- 登录部分开始 -->
    <div class="content">
        <div class="page_name">登录</div>
```

```html
            <div class = "login_content">
                <!-- 登录表单开始 -->
                <form action = "ApplicantLoginServlet" method = "post"
                    onsubmit = "return validate();">
                    <div class = "login_1">
                        <p class = "font14" style = "color: gray">使用注册邮箱登录</p>
                        <div class = "span1">
                            <label class = "tn-form-label">邮箱:</label>
                            <input class = "tn-textbox" type = "text"
                                name = "email" id = "email">
                        </div>
                        <div class = "span1">
                            <label class = "tn-form-label">密码:</label>
                            <input class = "tn-textbox" type = "password"
                                name = "password" id = "password">
                        </div>
                        <div class = "tn-form-row-button">
                            <div class = "span1">
                                <input name = "submit" type = "submit"
                                    class = "tn-button-text" value = "登    录">
                            </div>
                        </div>
                    </div>
                </form>
                <!-- 登录表单结束 -->
            </div>
            <!-- 网站公共尾部 -->
            <iframe src = "foot.html" width = "100%" height = "150" scrolling = "no"
                frameborder = "0"></iframe>
    </body>
</html>
```

上述代码运行效果如图 2-33 所示。

图 2-33 login.html 登录页面运行效果

通过 login.html 页面的登录表单提交请求到 ApplicantLoginServlet.java 进行登录验证，代码实现如下。

【任务 2-2】 ApplicantLoginServlet.java

```java
package com.qst.itoffer.servlet;
import com.qst.itoffer.dao.ApplicantDAO;
/**
 * 求职者登录功能实现
 * @author QST青软实训
 */
@WebServlet("/ApplicantLoginServlet")
public class ApplicantLoginServlet extends HttpServlet {
    private static final long serialVersionUID = 1L;

    public ApplicantLoginServlet() {
        super();
    }

    protected void doGet(HttpServletRequest request,
            HttpServletResponse response) throws ServletException, IOException {
        this.doPost(request, response);
    }

    protected void doPost(HttpServletRequest request,
            HttpServletResponse response) throws ServletException, IOException {
        // 设置请求和响应编码
        request.setCharacterEncoding("UTF-8");
        response.setContentType("text/html;charset=UTF-8");
        PrintWriter out = response.getWriter();
        // 获取请求参数
        String email = request.getParameter("email");
        String password = request.getParameter("password");
        // 登录验证
        ApplicantDAO dao = new ApplicantDAO();
        int applicantID = dao.login(email,password);
        if(applicantID != 0 ){
            // 用户登录成功,判断是否已有简历
            int resumeID = dao.isExistResume(applicantID);
            if(resumeID != 0){
                // 若简历已存在,则跳到首页
                response.sendRedirect("index.jsp");
            }else{
                // 若简历不存在,则跳到简历填写向导页面
                response.sendRedirect("applicant/resumeGuide.html");
            }
        }else{
            // 用户登录信息错误,进行错误提示
            out.print("<script type='text/javascript'>");
            out.print("alert('用户名或密码错误,请重新输入!');");
            out.print("window.location = 'login.html';");
            out.print("</script>");
        }
    }
}
```

在ApplicantLoginServlet.java中调用ApplicantDAO.java对用户登录信息进行验证和对用户是否已填写简历进行验证的功能实现代码如下。

【任务 2-2】 **ApplicantDAO.java**

```java
package com.qst.itoffer.dao;
public class ApplicantDAO {
    ...
    /**
     * 注册用户登录
     *
     * @param email
     * @param password
     * @return
     */
    public int login(String email, String password) {
        int applicantID = 0;
        Connection conn = DBUtil.getConnection();
        PreparedStatement pstmt = null;
        ResultSet rs = null;
        String sql = "SELECT applicant_id FROM tb_applicant WHERE applicant_email = ? and applicant_pwd = ?";
        try {
            pstmt = conn.prepareStatement(sql);
            pstmt.setString(1, email);
            pstmt.setString(2, password);
            rs = pstmt.executeQuery();
            if (rs.next())
                applicantID = rs.getInt("applicant_id");
        } catch (SQLException e) {
            e.printStackTrace();
        } finally {
            DBUtil.closeJDBC(rs, pstmt, conn);
        }
        return applicantID;
    }
    /**
     * 判断是否已有简历
     *
     * @param email
     * @return
     */
    public int isExistResume(int applicantID) {
        int resumeID = 0;
        Connection conn = DBUtil.getConnection();
        PreparedStatement pstmt = null;
        ResultSet rs = null;
        String sql = "SELECT basicinfo_id FROM tb_resume_basicinfo WHERE applicant_id = ?";
        try {
            pstmt = conn.prepareStatement(sql);
            pstmt.setInt(1, applicantID);
            rs = pstmt.executeQuery();
            if (rs.next())
                resumeID = rs.getInt(1);
        } catch (SQLException e) {
```

```
            e.printStackTrace();
        } finally {
            DBUtil.closeJDBC(rs, pstmt, conn);
        }
        return resumeID;
    }
}
```

求职者在登录成功后,跳转到 applicant 目录下的 resumeGuide.html 页面效果如图 2-34 所示。

图 2-34   resumeGuide.html 页面效果

【任务 2-2】   resumeGuide.html 部分代码

```
<div class="success_right">
    <p class="green16">需要先填写简历,才能申请职位哟!</p>
    <p>快快选择以下任意一种方式完善简历,去申请心仪职位吧!</p>
    <p>
        <a href="#"><span class="tn-button">填写简历</span></a>
        <a href="../index.html"><span class="tn-button">站点首页</span></a>
    </p>
</div>
```

本章总结

小结

- Servlet 是运行在 Servlet 容器中的 Java 类,它能处理 Web 客户的 HTTP 请求,并产生 HTTP 响应。

- Servlet 技术具有高效、方便、功能强大和可移植性好等特点。
- Servlet API 包含两个软件包：javax.servlet 包和 javax.servlet.http 包。
- Servlet 接口规定了必须由 Servlet 类实现并且由 Servlet 引擎识别和管理的方法集。
- 简单地扩展 GenericServlet 并实现其 service() 方法就可以编写一个基本的 Servlet，但若要实现一个在 Web 中处理 HTTP 的 Servlet，则需要继承 HttpServlet 类。
- Servlet 生命周期是指 Servlet 实例从创建到响应客户请求直至销毁的过程。
- 在 Servlet 生命周期中，会经过创建、初始化、服务可用、服务不可用、处理请求、终止服务和销毁 7 种状态。
- Servlet 的生命周期按照 7 种状态间的转换，可分为 4 个阶段：加载和实例化、初始化、处理请求和终止服务。
- Servlet 既可使用注解 @WebServlet 进行配置，也可在 web.xml 文件中配置。
- 在 Servlet 中可以通过两种主要方式完成对新 URL 地址的转向：重定向和请求转发。
- Servlet 3.0 较之前版本，新增了注解支持、可插性支持、动态配置和异步处理等新特性。

Q&A

1. 问题：创建 Servlet 有几种方式？处理 HTTP 请求最好使用哪种方式？

回答：有 3 种。第 1 种：直接实现 Servlet 接口和它的所有方法；第 2 种：继承 GenericServlet 类，实现 service() 方法；第 3 种：继承 HttpServlet 类，重写所需请求类型的方法（如 doGet()、doPost() 等）。由于 HttpServlet 类扩展了 GenericServlet 类并且对 Servlet 接口提供了与 HTTP 相关的实现，因此对于 HTTP 请求的处理，使用第 3 种方式更加方便。

2. 问题：Servlet 的生命周期经过哪几个阶段？

回答：共经过 4 个阶段。第 1 阶段：加载和实例化；第 2 阶段：初始化，Servlet 容器将调用每个 Servlet 的 init(ServletConfig cfg) 方法来对 Servlet 实例进行初始化；第 3 阶段：处理请求，容器会为该请求创建一个"请求"对象和一个"响应"对象并调用 service() 方法处理请求；第四阶段：销毁，当容器需要终止 Servlet，将调用 Servlet 的 destroy() 方法使其释放正在使用的资源，以便被垃圾回收器回收。

3. 问题：Servlet 的创建需要哪几个步骤？

回答：需要 4 个步骤。第 1 步，创建 Java Web 项目；第 2 步，创建并编写 Servlet 代码；第 3 步，对 Servlet 进行声明配置；第 4 步，对 Servlet 进行部署运行。

4. 问题：重定向和请求转发有何区别？

回答：重定向和请求转发都可以让浏览器获得另外一个 URL 所指向的资源，但两者的内部运行机制有很大的区别，总结如下：

（1）转发只能将请求转发给同一个 Web 应用中的组件；而重定向不仅可以重定向到当前应用程序中的其他资源，还可以重定向到同一个站点上的其他应用程序中的资源，或者重定向到其他站点的资源。

（2）重定向的访问过程结束后，浏览器地址栏中显示的 URL 会发生改变，由初始的 URL 地址变成重定向的目标 URL；而请求转发过程结束后，浏览器地址栏保持初始的 URL 地址不变。

（3）重定向对浏览器的请求直接作出响应，响应的结果就是告诉浏览器去重新发出对另外一个 URL 的访问请求；请求转发在服务器端内部将请求转发给另外一个资源，浏览器只知道发出了请求并得到了响应结果，并不知道在服务器程序内部发生了转发行为。

（4）请求转发调用者与被调用者之间共享相同的请求对象和响应对象，它们属于同一个访问请求和响应过程；而重定向调用者与被调用者使用各自的请求对象和响应对象，它们属于两个独立的访问请求和响应过程。

5. 问题：Servlet 3.0 有哪些新特性？

回答：Servlet 3.0 有 4 个主要新特性，分别为注解支持、可插性支持、动态配置和异步处理。其中，注解支持极大地简化了项目的开发和配置过程；可插性支持将 Servlet 配置的灵活性提升到了新的高度；动态配置使 ServletContext 对象的功能得到了增强，使得该对象可以支持在运行时动态部署 Servlet、过滤器和监听器；异步处理使 Servlet 线程不再一直处于阻塞状态以等待业务逻辑的处理，而是开启新的异步线程进行处理。

本章练习

习题

1. 下述 Servlet 的处理流程中表述不正确的步骤是_____。
   A. 客户端发送一个请求至服务器端，服务器将请求信息发给 Servlet
   B. Servlet 引擎，也就是 EJB 容器负责调用 Servlet 的 service 方法
   C. Servlet 构建一个响应，并将其传给服务器。这个响应是动态构建的，相应的内容通常取决于客户端的请求，这个过程中也可以使用外部资源
   D. 服务器将响应返回给客户端

2. 以下关于 Java Servlet API 说法错误的是_____。
   A. JavaServletAPI 是一组 Java 类，它定义了 Web 客户端和 Servlet 之间的标准接口
   B. JavaServletAP 由两个包组成：javax.servlet 和 javax.servlet.http
   C. javax.servlet.http 包对 http 协议提供了特别的支持
   D. javax.servlet 包提供了对除 http 协议外其他协议的支持

3. 基于 HTTP 协议的 Servlet 通常继承_____，也可以继承_____。这些类型都实现了接口_____。
   A. javax.servlet.Servlet
   B. javax.servlet.GenericServlet
   C. javax.servlet.http.HttpServlet

4. 在 Java Web 中，对于 HttpServlet 类的描述，正确的是_____。
   A. 如果自己编写的 Servlet 继承了 HttpServlet 类，则必须重写 doPost()、doGet() 和 service() 方法
   B. HttpServlet 类扩展了 GenericServlet 类，实现了 GenericServlet 类的抽象方法 service()
   C. HttpServlet 类有两个 service() 方法，都是对 Servlet 接口的实现
   D. 自己编写的 Servlet 继承了 HttpServlet 类，一般只需要覆盖 doPost(或者 doGet)方法，不必覆盖 service()方法。因为 service()方法会调用 doPost(或者 doGet)方法

5. 以下_____方法不是 Servlet 的生命周期接口定义的。
   A. init()   B. service()   C. destroy()   D. create()

6. Servlet 程序的入口点是_____。

　　A. init()　　　　　B. main()　　　　　C. service()　　　　D. doGet()

7. Servlet 编写完毕之后，如果要作为 Web 应用的组成部分，需要在 Web 应用的配置文件_____（位于_____子目录下）中进行配置。

　　A. server.xml　　　B. web.xml　　　　C. conf.xml

　　D. classes　　　　 E. WEB-INF　　　　F. WebContent

8. 以下是 web.xml 文档的一部分：

```
<servlet>
<servlet-name>Display</servlet-name>
<servlet-class>myPackage.DisplayServlet</servlet-class>
<load-on-startup>2</load-on-startup>
</servlet>

<servlet>
<servlet-name>Search</servlet-name>
<jsp-file>/search/search.jsp</jsp-file>
<load-on-startup>1</load-on-startup>
</servlet>
```

请问以上 web.xml 文档中的设置是指示服务器首先装载和初始化的 Servlet 是_____。

　　A. Display　　　　　　　　　　　　　B. DisplayServlet

　　C. search.jsp　　　　　　　　　　　　D. 由 search.jsp 生成的 Servlet

上机

1. 训练目标：熟练创建及配置 Servlet。

培养能力	对 Servlet 的理解、开发工具的使用能力		
掌握程度	★★★★★	难度	中
代码行数	20	实施方式	重复编码
结束条件	独立编写，运行出结果		

参考训练内容

(1) 创建一个 Servlet，在对其进行 GET 请求时输出系统当前时间。

(2) 使用@WebServlet 对 Servlet 进行声明配置

2. 训练目标：熟练创建及配置 Servlet。

培养能力	对 Servlet 的理解、开发工具的使用能力		
掌握程度	★★★★★	难度	中
代码行数	30	实施方式	重复编码
结束条件	独立编写，运行出结果		

参考训练内容

(1) 创建一个 Servlet，在对其进行 GET 请求时使用 JavaScript 的 alert() 代码输出系统当前时间。

(2) 在 web.xml 中对 Servlet 进行声明配置

第 3 章

Servlet核心接口

任务驱动

本章任务完成 Q-ITOffer 锐聘网站的简历信息添加、简历照片上传和注册页面的验证码生成功能。具体任务分解如下。

- 【任务 3-1】 使用 HttpServletRequest 接口方法实现简历信息添加功能。
- 【任务 3-2】 使用@MultipartConfig 注解实现简历照片上传功能。
- 【任务 3-3】 使用 HttpServletResponse 接口方法实现注册验证码生成功能。

学习路线

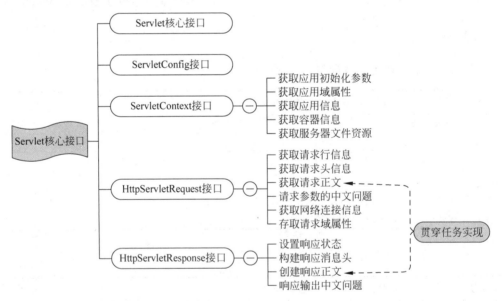

本章目标

知 识 点	Listen(听)	Know(懂)	Do(做)	Revise(复习)	Master(精通)
ServletConfig 接口用法	★	★	★		
ServletContext 接口获取应用初始化参数	★	★	★	★	★

第 3 章　Servlet核心接口

续表

知　识　点	Listen(听)	Know(懂)	Do(做)	Revise(复习)	Master(精通)
ServletContext 接口存取应用域属性	★	★	★	★	★
HttpServletRequest 接口获取请求参数	★	★	★	★	★
HttpServletRequest 接口存取请求域属性	★	★	★	★	★
HttpServletResponse 接口构建响应消息头	★	★	★	★	★
HttpServletResponse 接口创建响应正文	★	★	★	★	★

3.1　Servlet 核心接口

在 Servlet 体系结构中，除了用于实现 Servlet 的 Servlet 接口、GenericServlet 类和 HttpServlet 类外，还有一些辅助 Servlet 获取相关资源信息的重要接口，了解这些接口的作用并熟练掌握这些接口的常用方法是使用 Servlet 进行 Web 应用开发的基础。

本章将重点介绍以下 4 个 Servlet 接口。
- ServletConfig 接口：用于获取 Servlet 初始化参数和 ServletContext 对象；
- ServletContext 接口：代表当前 Servlet 运行环境，Servlet 可以通过 ServletContext 对象来访问 Servlet 容器中的各种资源；
- HttpServletRequest 接口：用于封装 HTTP 请求信息；
- HttpServletResponse 接口：用于封装 HTTP 响应消息。

3.2　ServletConfig 接口

javax.servlet.ServletConfig 接口的定义为：

```
public abstract interface javax.servlet.ServletConfig
```

容器在初始化一个 Servlet 时，将为该 Servlet 创建一个唯一的 ServletConfig 对象，并将这个 ServletConfig 对象通过 init(ServletConfig config)方法传递并保存在此 Servlet 对象中。ServletConfig 接口的主要方法如表 3-1 所示。

表 3-1　ServletConfig 接口的主要方法

方　法	方　法　描　述
getInitParameter(String param)	根据给定的初始化参数名称，返回参数值，若参数不存在，返回 null
getInitParameterNames()	返回一个 Enumeration 对象，里面包含了所有的初始化参数名称
getServletContext()	返回当前 ServletContext()对象
getServletName()	返回当前 Servlet 的名字，即 @WebServlet 的 name 属性值。如果没有配置这个属性，则返回 Servlet 类的全限定名

使用 ServletConfig 接口中的方法主要可以访问两项内容：Servlet 初始化参数和 ServletContext 对象。前者通常由容器从 Servlet 的配置属性中读取（如 initParams 或＜init-param＞所指定的参数）；后者为 Servlet 提供有关容器的信息。

在实际应用中，经常会遇到一些随需求不断变更的信息，例如数据库的连接地址、账号和密码等，若将这些信息编码到 Servlet 类中，则信息的每次修改都将使 Servlet 重新编译，这将大大降低系统的可维护性。这种情况可以采用 Servlet 的初始参数配置来解决这类问题。

下述示例演示通过 web.xml 文件配置初始化参数和使用 ServletConfig 对象获取初始化参数。

【示例】 **Servlet 初始化参数在 web.xml 文件中的配置**

```xml
<servlet>
    <servlet-name>HelloServlet</servlet-name>
    <servlet-class>com.qst.chapter03.servlet.HelloServlet</servlet-class>
    <init-param>
        <param-name>url</param-name>
        <param-value>jdbc:oracle:thin:@localhost:1521:orcl</param-value>
    </init-param>
    <init-param>
        <param-name>user</param-name>
        <param-value>qst</param-value>
    </init-param>
    <init-param>
        <param-name>password</param-name>
        <param-value>qst123</param-value>
    </init-param>
</servlet>
```

在上述代码中，配置 Servlet 时使用＜init-param＞元素设定初始化参数信息，该元素有两个子元素：＜param-name＞子元素设置初始化参数名，＜param-value＞子元素设置初始化参数值。

【示例】 **Servlet 初始化参数的获取**

```java
public class HelloServlet extends HttpServlet {

    public void init(ServletConfig config) throws ServletException {
        String url = config.getInitParameter("url");
        String user = config.getInitParameter("user");
        String password = config.getInitParameter("password");
        try {
            Connection conn = DriverManager.getConnection(url, user, password);
        } catch (SQLException e) {
            e.printStackTrace();
        }
    }
    ...
```

通过上述示例可以看出，在项目开发和应用过程中若要对数据库连接信息进行变更，只需修改 web.xml 中的 Servlet 配置属性即可，而不需要代码的修改和重新编译。

3.3 ServletContext 接口

javax.servlet.ServletContext 接口的定义为：

```
public abstract interface javax.servlet.ServletContext
```

ServletContext 也称为 Servlet 上下文，代表当前 Servlet 运行环境，是 Servlet 与 Servlet 容器之间直接通信的接口。Servlet 容器在启动一个 Web 应用时，会为该应用创建一个唯一的 ServletContext 对象供该应用中的所有 Servlet 对象共享，Servlet 对象可以通过 ServletContext 对象来访问容器中的各种资源。

获得 ServletContext 对象可以通过以下两种方式：
- 通过 ServletConfig 接口的 getServletContext() 方法获得 ServletContext 对象；
- 通过 GenericServlet 抽象类的 getServletContext() 方法获得 ServletContext 对象，实质上该方法也调用了 ServletConfig 的 getServletContext() 方法。

ServletContext 接口中提供了以下几种类型的方法：
- 获取应用范围的初始化参数的方法；
- 存取应用范围域属性的方法；
- 获取当前 Web 应用信息的方法；
- 获取当前容器信息和输出日志的方法；
- 获取服务器端文件资源的方法。

下述各小节将依次对其进行详细介绍。

3.3.1 获取应用初始化参数

在 Web 应用开发中，可以通过 web.xml 配置应用范围的初始化参数，容器在应用程序加载时会读取这些配置参数，并存入 ServletContext 对象中。ServletContext 接口提供了这些初始化参数的获取方法，如表 3-2 所示。

表 3-2 ServletContext 接口获取应用范围的初始化参数的方法

方 法	方 法 描 述
getInitParameter(String name)	返回 Web 应用范围内指定的初始化参数值。在 web.xml 中使用＜context-param＞元素表示应用范围内的初始化参数
getInitParameterNames()	返回一个包含所有初始化参数名称的 Enumeration 对象

下述内容演示 Web 应用范围的初始化参数的配置及获取。

首先，在 web.xml 配置文件中配置 Web 应用范围的初始化参数，该参数通过＜content-param＞元素来指定，代码如下所示。

【代码 3-1】 web.xml

```
<?xml version = "1.0" encoding = "UTF - 8"?>
< web - app xmlns:xsi = "http://www.w3.org/2001/XMLSchema - instance"
xmlns = "http://xmlns.jcp.org/xml/ns/javaee"
xsi:schemaLocation = "http://xmlns.jcp.org/xml/ns/javaee
http://xmlns.jcp.org/xml/ns/javaee/web - app_3_1.xsd"
```

```xml
id = "WebApp_ID" version = "3.1">
  <display-name>chapter03</display-name>
  <context-param>
      <param-name>webSite</param-name>
      <param-value>www.itshixun.com</param-value>
  </context-param>
  <context-param>
      <param-name>adminEmail</param-name>
      <param-value>fengjj@itshixun.com</param-value>
  </context-param>
  <welcome-file-list>
    <welcome-file>index.html</welcome-file>
    <welcome-file>index.htm</welcome-file>
    <welcome-file>index.jsp</welcome-file>
    <welcome-file>default.html</welcome-file>
    <welcome-file>default.htm</welcome-file>
    <welcome-file>default.jsp</welcome-file>
  </welcome-file-list>
</web-app>
```

然后,通过使用ServletContext对象获取初始化参数的值,其代码如下所示。

【代码 3-2】 ContextInitParamServlet.java

```java
@WebServlet("/ContextInitParamServlet")
public class ContextInitParamServlet extends HttpServlet {
    private static final long serialVersionUID = 1L;

    public ContextInitParamServlet() {
        super();
    }

    protected void doGet(HttpServletRequest request,
            HttpServletResponse response) throws ServletException, IOException {
        // 设置响应到客户端的MIME类型及编码方式
        response.setContentType("text/html;charset=UTF-8");
        // 使用ServletContext对象获取所有初始化参数
        Enumeration<String> paramNames = super.getServletContext()
                .getInitParameterNames();
        // 使用ServletContext对象获取某个初始化参数
        String webSite = super.getServletContext().getInitParameter("webSite");
        String adminEmail = super.getServletContext().getInitParameter(
                "adminEmail");
        // 获取输出流
        PrintWriter out = response.getWriter();
        // 输出响应结果
        out.print("<p>当前Web应用的所有初始化参数:");
        while (paramNames.hasMoreElements()) {
            String name = paramNames.nextElement();
            out.print(name + " ");
        }
        out.println("</p><p>webSite参数的值:" + webSite);
        out.println("</p><p>adminEmail参数的值:" + adminEmail + "</p>");
    }
}
```

启动服务器,在 IE 中访问 http://localhost:8080/chapter03/ContextInitParamServlet,运行结果如图 3-1 所示。

图 3-1　ContextInitParamServlet 运行结果

3.3.2　存取应用域属性

ServletContext 对象可以理解为容器内的一个共享空间,可以存储具有应用级别作用域的数据,Web 应用中的各个组件都可以共享这些数据。这些共享数据以 key/value 的形式存储在 ServletContext 对象中,并以 key 作为其属性名被访问。具体的应用域属性的存取方法如表 3-3 所示。

表 3-3　ServletContext 接口存取应用域属性的方法

方　　法	方　法　描　述
setAttribute(String name,Object object)	把一个对象和一个属性名绑定并存放到 ServletContext 中,参数 name 指定属性名,参数 Object 表示共享数据
getAttribute(String name)	根据参数给定的属性名,返回一个 Object 类型的对象
getAttributeNames()	返回一个 Enumeration 对象,该对象包含了所有存放在 ServletContext 中的属性名
removeAttribute(String name)	根据参数指定的属性名,从 ServletContext 对象中删除匹配的属性

注意

　　应用域具有以下两层含义:一是表示由 Web 应用的生命周期构成的时间段;二是表示在 Web 应用范围内的可访问性。

下述代码通过一个网站访问计数的例子演示应用域属性的存取方法。

【代码 3-3】　ContextAttributeServlet.java

```
@WebServlet("/ContextAttributeServlet")
public class ContextAttributeServlet extends HttpServlet {
    private static final long serialVersionUID = 1L;

    public ContextAttributeServlet() {
```

```java
        super();
    }

    protected void doGet(HttpServletRequest request,
            HttpServletResponse response) throws ServletException, IOException {
        //设置响应到客户端的文本类型
        response.setContentType("text/html;charset=UTF-8");
        //获取 ServletContext 对象
        ServletContext context = super.getServletContext();
        //从 ServletContext 对象获取 count 属性存放的计数值
        Integer count = (Integer) context.getAttribute("count");
        if (count == null) {
            count = 1;
        } else {
            count = count + 1;
        }
        //将更新后的数值存储到 ServletContext 对象的 count 属性中
        context.setAttribute("count", count);
        //获取输出流
        PrintWriter out = response.getWriter();
        //输出计数信息
        out.println("<p>本网站目前访问人数是: " + count + "</p>");
    }
}
```

再新建一个 Servlet 并命名为 ContextAttributeOtherServlet，代码内容与 ContextAttributeServlet 完全相同，启动服务器，在 IE 中先后访问 http://localhost:8080/chapter03/ContextAttributeServlet 与 http://localhost:8080/chapter03/ContextAttributeOtherServlet，前后运行结果如图 3-2 所示。

图 3-2 ContextAttributeServlet 与 ContextAttributeOtherServlet 运行结果

由上述代码可以看出，对于存储在 ServletContext 对象中的属性 count，不同的 Servlet 都可以通过 ServletContext 对象对其进行访问和修改，并且一方的修改会影响另一方获取的数据值；因此在多线程访问情况下，需要注意数据的同步问题。

3.3.3 获取应用信息

ServletContext 对象还包含有关 Web 应用的信息，例如，当前 Web 应用的根路径、应用的名称、应用组件间的转发以及容器下其他 Web 应用的 ServletContext 对象等。具体信息的获取如表 3-4 所示。

表 3-4 ServletContext 接口访问当前应用信息的方法

方　　法	方　法　描　述
getContextPath()	返回当前 Web 应用的根路径
getServletContextName()	返回 Web 应用的名字。即＜web-app＞元素中＜display-name＞元素的值
getRequestDispatcher(String path)	返回一个用于向其他 Web 组件转发请求的 RequestDispatcher 对象
getContext(String uripath)	根据参数指定的 URL 返回当前 Servlet 容器中其他 Web 应用的 ServletContext() 对象，URL 必须是以"/"开头的绝对路径

下述代码演示获取应用信息方法的使用。

【代码 3-4】 ContextAppInfoServlet.java

```java
@WebServlet("/ContextAppInfoServlet")
public class ContextAppInfoServlet extends HttpServlet {
    private static final long serialVersionUID = 1L;

    protected void doGet(HttpServletRequest request,
            HttpServletResponse response) throws ServletException, IOException {
        // 设置响应到客户端的文本类型为 HTML
        response.setContentType("text/html;charset=UTF-8");
        // 获取当前 ServletContext 对象
        ServletContext context = super.getServletContext();
        // 获取容器中 URL 路径为/chapter01 的应用的 ServletContext 对象
        ServletContext contextByUrl = context.getContext("/chapter01");
        // 获取当前 Web 应用的上下文根路径
        String contextPath = context.getContextPath();
        // 获取当前 Web 应用的名称
        String contextName = context.getServletContextName();
        // 获取容器中 URL 路径为/chapter01 的应用名称
        String contextByUrlName = contextByUrl.getServletContextName();
        // 获取转发请求的 RequestDispatcher 对象
        RequestDispatcher rd = context.getRequestDispatcher("/HelloServlet");
        // 获取输出流
        PrintWriter out = response.getWriter();
        out.println("<P>当前 Web 应用的上下文根路径是：" + contextPath + "</p>");
        out.println("<p>当前 Web 应用的名称是：" + contextName + "</p>");
        out.println("<p>容器中 URL 路径为/chapter01 的应用名称是：" +
            contextByUrlName);
    }
}
```

启动服务器，在 IE 中访问 http://localhost:8080/chapter03/ContextAppInfoServlet，运行结果如图 3-3 所示。

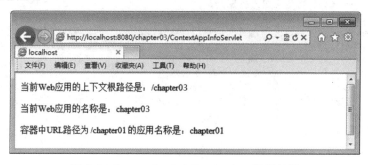

图 3-3 ContextAppInfoServlet.java 运行结果

> **注意**
>
> Tomcat 服务器默认不能跨应用访问，因此若要使用当前应用的 ServletContext 对象的 getContext(String uripath) 方法访问同一容器下的其他应用，需要将％TOMCAT_HOME％/conf/context.xml 文件中的＜Context＞的属性 crossContext 设为"true"，例如：＜Context crossContext="true"＞。

3.3.4 获取容器信息

ServletContext 接口还提供了获取有关容器信息和向容器输出日志的方法，如表 3-5 所示。

表 3-5 ServletContext 接口获取容器信息和输出日志的方法

方 法	方 法 描 述
getServerInfo()	返回 Web 容器的名字和版本
getMajorVersion()	返回 Web 容器支持的 Servlet API 的主版本号
getMinorVersion()	返回 Web 容器支持的 Servlet API 的次版本号
log(String msg)	用于记录一般的日志
log(String message, Throwable throw)	用于记录异常的堆栈日志

ServletContext 接口中常用方法的具体使用如下述代码所示。

【代码 3-5】 ContextLogInfoServlet.java

```java
@WebServlet("/ContextLogInfoServlet")
public class ContextLogInfoServlet extends HttpServlet {
    private static final long serialVersionUID = 1L;

    protected void doGet(HttpServletRequest request, HttpServletResponse response) throws ServletException, IOException {
        // 设置响应到客户端MIME类型和字符编码方式
        response.setContentType("text/html;charset=UTF-8");
        // 获取ServletContext对象
        ServletContext context = super.getServletContext();
        // 获取Web容器的名字和版本
        String serverInfo = context.getServerInfo();
        // 获取Web容器支持的Servlet API的主版本号
        int majorVersion = context.getMajorVersion();
        // 获取Web容器支持的Servlet API的次版本号
        int minoVersion = context.getMinorVersion();
        // 记录一般的日志
        context.log("自定义日志信息");
        // 记录异常的堆栈日志
        context.log("自定义错误日志信息", new Exception("异常堆栈信息"));
        // 获取输出流
        PrintWriter out = response.getWriter();
        out.println("<p>Web容器的名字和版本为：" + serverInfo + "</p>");
        out.println("<p>Web容器支持的Servlet API的主版本号为：" + majorVersion + "</p>");
        out.println("<p>Web容器支持的Servlet API的次版本号为：" + minoVersion + "</p>");
    }

}
```

启动服务器,在 IE 中访问 http://localhost:8080/chapter03/ContextLogInfoServlet,运行结果如图 3-4 所示。

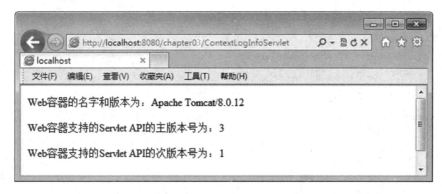

图 3-4　ContextLogInfoServlet.java 运行结果

ContextLogInfoServlet 中记录的日志信息在 Tomcat 服务器控制台显示效果如图 3-5 所示。

图 3-5　日志信息在 Tomcat 服务器控制台显示效果

3.3.5　获取服务器文件资源

使用 ServletContext 接口可以直接访问 Web 应用中的静态内容文件,例如 HTML、GIF 和 Properties 文件等,同时还可以获取文件资源的 MIME 类型以及其在服务器中的真实存放路径,具体方法如表 3-6 所示。

表 3-6　ServletContext 接口访问服务器端文件系统资源的方法

方　　法	方 法 描 述
getResourceAsStream(String path)	返回一个读取参数指定的文件的输入流,参数路径必须以"/"开头
getResource(String path)	返回由 path 指定的资源路径对应的一个 URL 对象,参数路径必须以"/"开头
getRealPath(String path)	根据参数指定的虚拟路径,返回文件系统中的一个真实的路径
getMimeType(String file)	返回参数指定的文件的 MIME 类型

下述代码演示使用 ServletContext 接口访问当前 chapter03 应用中 images 目录下的 mypic.jpg 文件。

【代码 3-6】 ContextFileResourceServlet.java

```java
@WebServlet("/ContextFileResourceServlet")
public class ContextFileResourceServlet extends HttpServlet {
    private static final long serialVersionUID = 1L;

    public ContextFileResourceServlet() {
        super();
    }

    protected void doGet(HttpServletRequest request,
            HttpServletResponse response) throws ServletException, IOException {
        // 设置响应到客户端 MIME 类型和字符编码方式
        response.setContentType("text/html;charset=UTF-8");
        // 获取 ServletContext 对象
        ServletContext context = super.getServletContext();

        // 获取用于读取指定静态文件的输入流
        InputStream is = context.getResourceAsStream("/images/mypic.jpg");
        // 获取一个映射到指定静态文件路径的 URL
        URL url = context.getResource("/images/mypic.jpg");
        // 从 URL 对象中获取文件的输入流
        InputStream in = url.openStream();
        // 比较使用上述两种方法获取同一文件输入流的大小
        boolean isEqual = is.available() == in.available();

        // 根据指定的文件虚拟路径获取真实路径
        String fileRealPath = context.getRealPath("/images/mypic.jpg");
        // 获取指定文件的 MIME 类型
        String mimeType = context.getMimeType("/images/mypic.jpg");

        // 获取输出流
        PrintWriter out = response.getWriter();
        out.println("<p>两种方式获取同一文件输入流的大小是否相等:" + isEqual + "</p>");
        out.println("<p>虚拟路径/images/mypic.jpg 的真实路径为:" + fileRealPath + "</p>");
        out.println("<p>mypic.jpg 的 MIME 类型为:" + mimeType + "</p>");
        out.close();
    }
}
```

启动服务器,在 IE 中访问 http://localhost:8080/chapter03/ContextFileResourceServlet,运行结果如图 3-6 所示。

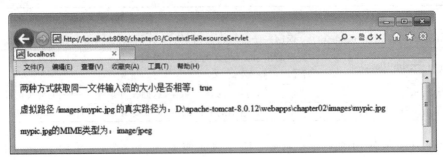

图 3-6 ContextFileResourceServlet 运行结果

3.4 HttpServletRequest 接口

javax.servlet.http.HttpServletRequest 接口的定义为:

```
public interface HttpServletRequest extends ServletRequest
```

在 Servlet API 中,ServletRequest 接口被定义为用于封装请求的信息,ServletRequest 对象由 Servlet 容器在用户每次请求 Servlet 时创建并传入 Servlet 的 service() 方法中。HttpServletRequest 接口继承了 ServletRequest 接口,是专用于 HTTP 协议的子接口,用于封装 HTTP 请求信息。在 HttpServlet 类的 service() 方法中,传入的 ServletRequest 对象被强制转换为 HttpServletRequest 对象来进行 HTTP 请求信息的处理。

HttpServletRequest 接口提供了具有如下功能类型的方法:
- 获取请求报文信息(包括请求行、请求头和请求正文)的方法;
- 获取网络连接信息的方法;
- 存取请求域属性的方法。

下述各小节将依次对其进行详细介绍。

3.4.1 获取请求行信息

客户端浏览器和服务器端 Servlet 通过 HTTP 协议进行通信,HTTP 协议采用了请求/响应模型,协议的请求报文由请求行、请求头和可选的请求正文组成,如图 3-7 所示。

图 3-7 请求报文格式

图 3-8 为一个 POST 请求报文信息格式样例。

HTTP 协议请求报文的请求行由请求方法、请求 URL 和请求协议及版本组成,例如,一个 GET 请求 http://localhost:8080/chapter03/RequestLineServlet?pageNo=2&queryString=QST,其对应请求报文的请求行是:

```
GET /chapter03/RequestLineServlet?pageNo=2&queryString=QST HTTP/1.1
```

其中:
- GET 为请求方法;
- /chapter03/RequestLineServlet?pageNo=2&queryString=QST 为请求 URL(GET 请求的查询字符串包含在 URL 中);
- HTTP/1.1 为请求协议及版本。

```
                    ①请求方法   ②请求URL   ③HTTP协议及版本

            Post/chapter03/FormRequestServlet HTTP/1.1
            Host:localhost:8080
④           Connection:keep-alive
报           Content-Length:79
文           Cache-Control:max-age=0
头           Accept:text/html,application/xhtml+xml,application/xml;q=0.9,*/*;q=0.8
            Origin:http://localhost:8080
⑤           User-Agent:Mozilla/5.0(Windows NT 6.1)Chrome/35.0.1916.114 safari/537.36
报           Content-Type:application/x-www-form-urlencoded
文           Referer:http://localhost:8080/chapter02/regist.jsp
体           Accept-Encoding:gzip,deflate,sdch
            Accept-Language:zh-CN,zh;q=0.8
            Cookie:JSESSIONID=B550250B86B1FD70587C9ADEE4187D7D

            Username=QST&password=123&channel=%E7%BD%91%E7%BB%9C&channel=%E4%BA%B2%E5%8F%8B
```

图 3-8 POST 请求报文信息样例

HttpServletRequest 接口对请求行各部分信息的获取方法如表 3-7 所示。

表 3-7 获取请求行信息的方法及描述

方法	描述
getMethod()	获取请求使用的 HTTP 方法,例如,GET、POST 和 PUT
getRequestURI()	获取请求行中的资源名部分
getProtocol()	获取使用的协议及版本号。例如,HTTP/1.1、HTTP/1.0
getQueryString()	获取请求 URL 后面的查询字符串,只对 GET 有效
getServletPath()	获取 Servlet 所映射的路径
getContextPath()	获取请求资源所属于的 Web 应用的路径

下述代码演示 HttpServletRequest 接口获取请求行信息的方法的使用。

【代码 3-7】 RequestLineServlet.java

```java
@WebServlet("/RequestLineServlet")
public class RequestLineServlet extends HttpServlet {
    private static final long serialVersionUID = 1L;

    public RequestLineServlet() {
        super();
    }

    protected void doGet(HttpServletRequest request, HttpServletResponse response) throws ServletException, IOException {
        // 设置响应到客户端的 MIME 类型和字符编码方式
        response.setContentType("text/html;charset=UTF-8");
        // 获取请求使用的 HTTP 方法
        String method = request.getMethod();
        // 获取请求行中的资源名部分
        String uri = request.getRequestURI();
        // 获取使用的协议及版本号
        String protocol = request.getProtocol();
        // 获取请求 URL 后面的查询字符串
        String queryString = request.getQueryString();
        // 获取 Servlet 所映射的路径
```

```java
        String servletPath = request.getServletPath();
        //获取请求资源所属于的 Web 应用的路径
        String contextPath = request.getContextPath();

        // 获取输出流
        PrintWriter out = response.getWriter();
        out.println("<p>请求使用的HTTP方法:" + method + "</p>");
        out.println("<p>请求行中的资源名部分:" + uri + "</p>");
        out.println("<p>请求使用的协议及版本号:" + protocol + "</p>");
        out.println("<p>请求URL后面的查询字符串:" + queryString + "</p>");
        out.println("<p>Servlet 所映射的路径:" + servletPath + "</p>");
        out.println("<p>请求资源所属于的Web应用的路径:" + contextPath + "</p>");
        out.close();
    }
}
```

启动服务器，在 IE 中输入网址 http://localhost:8080/chapter03/RequestLineServlet?pageNo=2&queryString=QST，使用 GET 请求方法对 RequestLineServlet 的请求结果如图 3-9 所示。

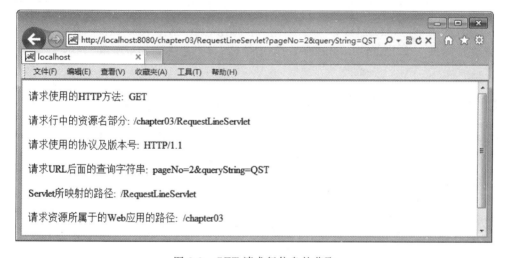

图 3-9　GET 请求行信息的获取

3.4.2 获取请求头信息

HTTP 协议常见的请求头如表 3-8 所示。

表 3-8　常见 HTTP 请求头

请求头名称	说　　明
Host	初始 URL 中的主机和端口，可以通过这个信息获得提出请求的主机名称和端口号
Connection	表示是否需要持久连接。如果值为 Keep-Alive 或者该请求使用的是 HTTP 1.1（HTTP 1.1 默认进行持久连接），它就可以利用持久连接的优点，当页面包含多个元素时(例如 Applet、图片)，可以显著地减少下载所需要的时间
Content-Length	表示消息正文的长度
Cache-Control	指定请求和响应遵循的缓存机制。常见值 no-cache，指示请求和响应消息不能缓存

续表

请求头名称	说 明
Accept	浏览器可接受的 MIME 类型
Origin	用来说明最初请求是从哪里发起,只用于 POST 请求
User-Agent	浏览器相关信息,例如浏览器类型及版本、浏览器语言、客户所使用的操作系统及版本等
Accept-Charset	浏览可接受的字符集
Content-Type	表示请求内容的 MIME 类型。Servlet 默认为 text/plain,但通常需要显式地指定为 text/html。由于经常要设置 Content-Type,因此 HttpServletResponse 提供了一个专用的方法 setContentType
Referer	包含一个 URL,表示从哪个地址出发访问到当前请求地址的
Accept-Encoding	浏览器能够进行解码的数据编码方式,例如 gzip,服务器能够向支持 gzip 的浏览器返回经 gzip 编码的 HTML 页面,许多情形下可以减少 5 到 10 倍的下载时间
Accept-Language	浏览器所希望的语言种类。当服务器能够提供一种以上的语言版本时要用到,开发人员可以通过这个信息确定可以向客户端显示何种语言的界面
Cookie	表示客户端的 Cookie 信息

在 Servlet 中,可以通过 HttpServletRequest 的 getHeaderNames()方法获得所有请求头名称,此方法返回一个 Enumeration(枚举)类型的值,其语法格式如下所示:

【语法】

```
public abstract Enumeration getHeaderNames();
```

此外,HttpServletRequest 还提供 getHeader()方法来根据指定的请求头名称读取对应的请求头信息,如果当前的请求中提供了对应的请求头,则返回对应的值,否则返回 null,其语法代码如下:

【语法】

```
public abstract String getHeader(StringheaderName);
```

尽管 getHeader()方法提供读取请求头信息的通用方式,但由于一些请求头的应用很普遍,HttpServletRequest 还提供了专门对这些请求头的访问方法,如表 3-9 所示。

表 3-9 HttpServletRequest 获取请求头的方法及描述

方 法	描 述
getIntHeader(String name)	获取整数类型参数名为 name 的 http 头部
getDateHeader(String name)	获取 long 类型参数名为 name 的 http 头部
getContentLength()	获取请求内容的长度,以字节为单位
getContentType()	获取请求的文档类型和编码
getLocale()	获取用户浏览器设置的 Locale 信息
getCookies()	获取一个 Cookie[]数组,该数组包含这个请求中当前的所有 cookie,如果这个请求中没有 cookie,返回一个空数组

下述代码演示 HttpServletRequest 获取请求头信息方法的使用。

【代码 3-8】 RequestHeadInfoServlet.jsp

```java
public class RequestHeadInfoServlet extends HttpServlet {
@WebServlet("/RequestHeadInfoServlet")
public class RequestHeadInfoServlet extends HttpServlet {

    private static final long serialVersionUID = 1L;

    protected void doGet(HttpServletRequest request,
            HttpServletResponse response) throws ServletException, IOException {
        this.doPost(request, response);
    }

    protected void doPost(HttpServletRequest request,
            HttpServletResponse response) throws ServletException, IOException {
        // 设置响应到客户端 MIME 类型和字符编码方式
        response.setContentType("text/html;charset=UTF-8");

        StringBuffer sb = new StringBuffer();
        sb.append("<html>");
        sb.append("<head><title>请求头信息</title></head>");
        sb.append("<body>");
        sb.append("<h1>请求头信息</h1>");
        sb.append("<p>获取请求头\"Host\"的信息:")
                .append(request.getHeader("Host")).append("</p>");
        sb.append("<p>获取请求头\"Content-Length\"的信息:")
                .append(request.getIntHeader("Content-Length")).append("</p>");
        sb.append("<p>获取请求头\"If-Modified-Since\"的信息:")
                .append(request.getDateHeader("If-Modified-Since"))
                .append("</p>");
        sb.append("<p>请求内容的长度:").append(request.getContentLength())
                .append("</p>");
        sb.append("<p>请求的文档类型定义:").append(request.getContentType())
                .append("</p>");
        sb.append("<p>用户浏览器设置的 Locale 信息:").append(request.getLocale())
                .append("</p>");
        sb.append("<p>获取的 Cookie[]数组对象:").append(request.getCookies())
                .append("</p>");

        // 获取所有的请求头及名称
        sb.append("<table border='1'>");
        sb.append("<tr><th>请求头名称</th><th>请求头值</th></tr>");
        Enumeration<String> headerNames = request.getHeaderNames();
        while (headerNames.hasMoreElements()) {
            String headerName = headerNames.nextElement();
            sb.append("<tr>");
            sb.append("<td>").append(headerName).append("</td>");
            sb.append("<td>").append(request.getHeader(headerName))
                    .append("</td>");
            sb.append("</tr>");
        }
        sb.append("</table>");
        sb.append("</body>");
        sb.append("</html>");

        // 获取输出流
```

```
            PrintWriter out = response.getWriter();
            out.println(sb.toString());
        }
}
```

以URL查询数据请求为例,启动服务器,在IE中访问http://localhost:8080/chapter03/RequestHeadInfoServlet? pageNo=2&queryString=QST,运行结果如图3-10所示。

图3-10　GET请求时请求头信息

从图3-10可以看出,对于GET请求,请求内容长度的值为-1,表示GET请求报文没有请求正文(报文体)部分；GET请求的文档类型值为null。

3.4.3　获取请求正文

在图3-8POST请求报文信息样例中,请求正文内容为POST请求参数名称和值所组成的一个字符串；而对于GET请求,其请求参数附属在请求行中,没有请求正文。

HTTP协议的POST请求,主要通过Form表单向Web服务器端程序提交数据请求的方式实现。<form>表单元素的enctype属性用于指定浏览器使用哪种编码方式将表单中的数据传送给Web服务器,该属性有两种取值：

- application/x-www-form-urlencoded
- multipart/form-data

enctype 属性默认的值为 application/x-www-form-urlencoded，即如果不设置＜form＞元素的 enctype 属性和显示的设置 enctype 属性的值为 application/x-www-form-urlencoded，两种方式的效果是相同的。这种取值下，浏览器在提交 Form 表单时，会将每个表单字段元素的名称与设置值之间用"＝"分割，形成一个参数；各个参数之间用"&"分隔组成 HTTP 请求消息的正文内容，示例如 3.4.1 小节中图 3-8 所示。

使用 application/x-www-form-urlencoded 编码方式的请求正文，可使用 HttpServletRequest 接口中如表 3-10 所示的方法来获取请求参数信息。

表 3-10　HttpServletRequest 接口获取请求参数的方法及描述

方　　法	描　　述
String getParameter(String name)	返回由 name 指定的用户请求参数的值
Enumeration getParameterNames()	返回所有用户请求的参数名
String[] getParameterValues(String name)	返回由 name 指定的用户请求参数对应的一组值
Map getParameterMap()	返回一个请求参数的 Map 对象，Map 中的键为参数的名称，值为参数名对应的参数值

enctype 属性只有在＜form＞表单向服务器上传文件时才会设置值为 multipart/form-data，并且此属性值只适用于 POST 请求方式。

＜form＞表单的文件上传实现语法要求如下：

【语法】　文件上传

```
<form action="服务器端程序地址" method="post" enctype="multipart/form-data">
    <input name="文件域名称" type="file">
    <input type="submit" value="提交">
</form>
```

【代码 3-9】　uploadFile.jsp

```
<%@ page language="java" contentType="text/html; charset=UTF-8"
    pageEncoding="UTF-8" %>
<!DOCTYPE html PUBLIC "-//W3C//DTD HTML 4.01 Transitional//EN" "http://www.w3.org/TR/html4/loose.dtd">
<html>
<head>
<meta http-equiv="Content-Type" content="text/html; charset=UTF-8">
<title>Insert title here</title>
</head>
<body>
<form action="FileUploadServlet" method="post" enctype="multipart/form-data">
    <p>文件名称：<input name="filename" type="text"></p>
    <p>上传文件：<input name="uploadfile" type="file"></p>
    <p><input type="submit" value="提交"></p>
</form>
</body>
</html>
```

使用 multipart/form-data 编码方式的请求正文格式与 application/x-www-form-urlencoded 编码方式完全不同，以上述 uploadFile.jsp 为例，在文件名称填写"QST 青软实训"，上传文件中选择一个"QST.jpg"图像，提交请求后，其请求报文如图 3-11 所示。

```
POST /chapter03/FileUploadServlet HTTP/1.1
Host: localhost:8080
Connection: keep-alive
Content-Length: 26158
Cache-Control: max-age=0
Accept: text/html,application/xhtml+xml,application/xml;q=0.9,image/webp,*/*;q=
Origin: http://localhost:8080
User-Agent: Mozilla/5.0 (Windows NT 6.1) AppleWebKit/537.36 (KHTML, like Gecko)
Content-Type: multipart/form-data; boundary=----WebKitFormBoundary4KBLTvBLj2sAn
Referer: http://localhost:8080/chapter03/uploadFile.jsp
Accept-Encoding: gzip,deflate,sdch
Accept-Language: zh-CN,zh;q=0.8,en;q=0.6
Cookie: JSESSIONID=BABDF721C03AC0D103B21EE0DEED157A

------WebKitFormBoundary4KBLTvBLj2sAn7Uk
Content-Disposition: form-data; name="filename"

QST青软实训
------WebKitFormBoundary4KBLTvBLj2sAn7Uk
Content-Disposition: form-data; name="uploadfile"; filename="QST.jpg"
Content-Type: image/jpeg

------WebKitFormBoundary4KBLTvBLj2sAn7Uk--
```

图 3-11　uploadFile.jsp 请求报文

> **注意**
>
> HTTP 请求报文可以通过 IE 浏览器中的"F12 开发人员工具"或 Chrome 浏览器的"开发者工具"或其他浏览器的 HTTP 监控工具插件进行查看。

multipart/form-data 编码方式的请求正文由描述头、空行和主体内容 3 部分组成,非文件类型元素的主体内容就是表单设置的值,文件类型元素的主体内容为文件的二进制数据形式,在图 3-11 中报文监测工具对文件元素的主体内容进行了省略。HttpServletRequest 接口提供了表 3-11 所示的方法获取请求正文。

表 3-11　HttpServletRequest 接口获取请求正文的方法及描述

方　　法	描　　述
ServletInputStream getInputStream()	获取上传文件二进制输入流
BufferedReader getReader()	获取上传文件字符缓冲输入流

由表 3-11 所示方法可以看出,使用这些方法从数据流中对请求参数的解析仍是件非常烦琐的工作,而 HttpServletRequest 接口并未为 multipart/form-data 编码方式提供获取请求参数的特定方法,getParmeter()方法仅适用于获取 application/x-www-form-urlencoded 编码方式的请求参数。因此,对于 Servlet 中文件上传参数的获取问题,有很多第三方插件厂商提供了很好的产品,例如:Apache Commons FileUpload、SmartUpload 等。在 Servlet 3.x 版本中更提供了@MultiPartConfig 注解方式很好地解决了这个问题。

> **注意**
>
> 关于@MultiPartConfig 注解的使用,可参考本章贯穿任务 3-2 简历照片上传。

3.4.4　请求参数的中文问题

在进行请求参数传递时,经常会遇到请求数据为中文时的乱码问题,例如,在第 2 章 regist.jsp 注册表单页面中,当 Form 表单的"用户名"文本域中输入"青软实训",将会出现

图 3-12 所示情况。

图 3-12　POST 请求乱码问题

出现乱码的原因与客户端浏览器采用的编码方式以及服务器端对不同类型的请求(GET 请求或 POST 请求)的解码方式有关。

在图 3-12 所示样例中,采用的是 Form 表单的 POST 请求,在请求时,浏览器会按当前显示页面所采用的字符集对请求的中文数据进行编码,而后再以报文体的形式传送给 Tomcat 服务器,服务器端 Servlet 在调用 HttpServletRequest 对象的 getParameter()方法获取参数时,会以 HttpServletRequest 对象的 getCharacterEncoding()方法返回的字符集对其进行解码,而 getCharacterEncoding()方法的返回值在未经过 setCharacterEncoding(charset)方法设置编码的情况下为 null,这时 getParameter()方法将以服务器默认的 ISO-8859-1 字符集对参数进行解码,而 ISO-8859-1 字符集并不包含中文,于是造成中文参数的乱码问题。

因此对于 POST 请求,服务器端 Servlet 在调用 HttpServletRequest 对象的 getParameter()方法前先调用 setCharacterEncoding(charset)方法设定与页面请求编码相同的解码字符集是解决乱码问题的关键。设置方法示例如下。

【示例】　POST 请求的中文请求参数处理

```
@WebServlet("/FormRequestServlet")
public class FormRequestServlet extends HttpServlet {

    protected void doPost(HttpServletRequest request, HttpServletResponse response) throws ServletException, IOException {
        //设置请求对象的字符编码,编码值与页面请求编码值一致,此处假设为 UTF-8
        request.setCharacterEncoding("UTF-8");
        //获取请求数据
        String username = request.getParameter("username");
        ...
    }
}
```

对于 GET 请求,当请求 URL 中查询字符串含有中文参数时,也有可能会出现中文乱码问题。例如,如果将第 2 章中【代码 2-1】link.jsp 中的链接 URL 地址改为 LinkRequestServlet?pageNo=2&queryString=青软实训,将 link.jsp 页面中所有的字符编码由 UTF-8 改为 GB2312,将出现图 3-13 所示结果。

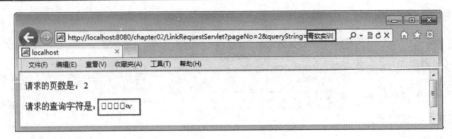

图 3-13 GET 请求的乱码现象

GET 请求的乱码问题同样也产生于客户端编码和服务器端解码使用字符集的不一致上。对于 GET 请求，请求参数会以"?"或"&"为连接字符附加在 URL 地址后，根据网络标准 RFC1738 规定，只有字母和数字以及一些特殊符号和某些保留字，才可以不经过编码直接用于 URL，因此在参数为中文时必须先由浏览器进行编码后才能发送给服务器，在 JSP 页面中浏览器可以根据下述代码粗体部分所指定的字符集进行编码：

【示例】 JSP 页面中的编码设置

```
<%@ page language="java" contentType="text/html; charset=UTF-8"
    pageEncoding="UTF-8"%>
<!DOCTYPE html PUBLIC "-//W3C//DTD HTML 4.01 Transitional//EN" "http://www.w3.org/TR/html4/loose.dtd">
<html>
<head>
<meta http-equiv="Content-Type" content="text/html; charset=UTF-8">
<title>Insert title here</title>
</head>
```

另外，还可以通过 java.net 包下的 URLEncoder 类的 encode(string, charset) 方法对 URL 中的中文字符编码，格式如下述代码所示。

【示例】 URL 编码

```
<a href="LinkRequestServlet?pageNo=2&queryString=<%=java.net.URLEncoder.encode("青软实训","UTF-8")%>">下一页
</a>
```

在服务器端，由于 GET 请求参数是作为请求行发送给服务器的，因此 Servlet 在通过 getParameter() 获取请求参数时，并不能使用 setCharacterEncoding(charset) 方法指定的字符集进行解码（可参见 Servlet API 中对此方法的说明），而是依照服务器本身默认的字符集进行解码。对于 Tomcat 8.0 服务器，其默认的字符集为 UTF-8，因此当客户端浏览器使用的编码字符集也为 UTF-8 时，在 Tomcat 8.0 服务器端获取的参数不会出现乱码。而对于浏览器使用其他编码字符集进行编码的情况，可以在服务器的配置文件 server.xml 中设置 Connector 元素的 URIEncoding 属性来指定解码字符集，或设置 useBodyEncodingForURI 属性的值为 true 或 false 来指定是否使用与请求正文相同的字符集。

设置 URIEncoding 属性的示例如下：

【示例】 server.xml 中 URIEncoding 的设置

```
<Connector connectionTimeout="20000" port="8080" protocol="HTTP/1.1"
    redirectPort="8443" URIEncoding="UTF-8"/>
```

设置 useBodyEncodingForURI 属性的示例如下：

【示例】 server.xml 中 useBodyEncodingForURI 的设置

```
<Connector connectionTimeout = "20000" port = "8080" protocol = "HTTP/1.1"
redirectPort = "8443" useBodyEncodingForURI = "true"/>
```

> Tomcat 服务器各版本中默认的 URIEncoding 字符集并不完全相同，例如，Tomcat 6 和 Tomcat 7 都默认为 ISO-8859-1，这类版本中，对于 GET 请求的中文参数必须经处理后才会避免出现乱码问题，因此在实际开发中，可以尽量避免使用 GET 请求来传递中文参数。

3.4.5 获取网络连接信息

HttpServletRequest 接口还为客户端和服务器的网络通信提供了相应的网络连接信息，如表 3-12 所示。

表 3-12 HttpServletRequest 接口获取网络连接信息的方法及描述

方法	描述
getRemoteAddr()	获取请求用户的 IP 地址
getRemoteHost()	获取请求用户的主机名称
getRemotePort()	获取请求用户的主机所使用的网络端口号
getLocalAddr()	获取 Web 服务器的 IP 地址
getLocalName()	获取 Web 服务器的主机名
getLocalPort()	获取 Web 服务器所使用的网络端口号
getServerName()	获取网站的域名
getServerPort()	获取 URL 请求的端口号
getScheme()	获取请求使用的协议，例如 http 或是 https
getRequestURL()	获取请求的 URL 地址

下述代码演示 HttpServletRequest 接口获取网络连接信息的方法的使用。

【代码 3-10】 RequestWebInfoServlet.java

```java
public class RequestHeadInfoServlet extends HttpServlet {
@WebServlet("/RequestWebInfoServlet")
public class RequestWebInfoServlet extends HttpServlet {
    private static final long serialVersionUID = 1L;

    public RequestWebInfoServlet() {
        super();
    }

    protected void doGet(HttpServletRequest request,
            HttpServletResponse response) throws ServletException, IOException {
        // 设置响应的文本类型为 HTML,字符编码为 UTF-8
        response.setContentType("text/html;charset = UTF - 8");
        StringBuffer sb = new StringBuffer();
```

```
        sb.append("<p>请求用户的 IP 地址:").append(request.getRemoteAddr())
                .append("</p>");
        sb.append("<p>请求用户的主机名称:").append(request.getRemoteHost())
                .append("</p>");
        sb.append("<p>请求用户的主机使用的网络端口:")
                .append(request.getRemotePort()).append("</p>");
        sb.append("<p>Web 服务器的 IP 地址: ").append(request.getLocalAddr())
                .append("</p>");
        sb.append("<p>Web 服务器的主机名：").append(request.getLocalName())
                .append("</p>");
        sb.append("<p>Web 服务器所使用的网络端口:").append(request.getLocalPort())
                .append("</p>");
        sb.append("<p>网站的域名：")
                .append(request.getServerName()).append("</p>");
        sb.append("<p>URL 请求的端口号:").append(request.getServerPort())
                .append("</p>");
        sb.append("<p>请求使用的协议：")
                .append(request.getScheme()).append("</p>");
        sb.append("<p>请求的 URL 地址: ").append(request.getRequestURL())
                .append("</p>");
        // 获取输出流
        PrintWriter out = response.getWriter();
        out.println(sb.toString());
        out.close();
    }
}
```

启动本机服务器，在 IE 中访问 http://192.168.1.44:8080/chapter03/RequestWebInfoServlet，其中 192.168.1.44 为作者机器 IP 地址，运行结果如图 3-14 所示。

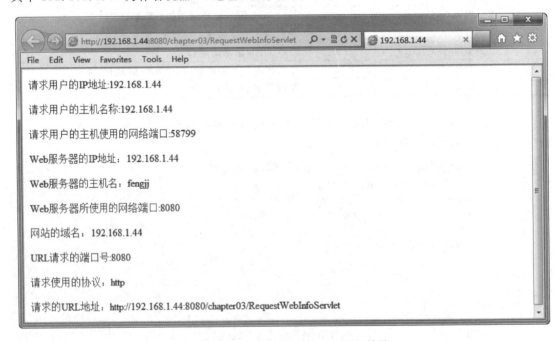

图 3-14 RequestWebInfoServlet 运行结果

3.4.6 存取请求域属性

存储在 HttpServletRequest 对象中的对象称之为请求域属性,属于同一个请求的多个处理组件之间可以通过请求域属性来传递对象数据。

HttpServletRequest 接口与请求域属性相关的方法如表 3-13 所示。

表 3-13 HttpServletRequest 接口存取请求域属性的方法及描述

方 法	描 述
void setAtrribute(String name,Object value)	设定 name 属性的值为 value,保存在 request 范围内
Object getAttribute(String name)	从 request 范围内获取 name 属性的值
void removeAttribute(String name)	从 request 范围内移除 name 属性的值
EnumerationgetAttributeNames()	获取所有 request 范围的属性

下述代码演示 HttpServletRequest 接口对请求域属性的操作方法。

【代码 3-11】 RequestScopeAttrServlet.java

```java
@WebServlet("/RequestScopeAttrServlet")
public class RequestScopeAttrServlet extends HttpServlet {
    private static final long serialVersionUID = 1L;

    public RequestScopeAttrServlet() {
        super();
    }

    protected void doGet(HttpServletRequest request, HttpServletResponse response) throws ServletException, IOException {
        //设置响应的文本类型为 HTML,字符编码为 UTF-8
        response.setContentType("text/html;charset=UTF-8");
        //在 request 范围内设置名为 people 的 People 对象属性
        request.setAttribute("people",new People("张三",30));
        //在 request 范围内设置名为 msg 的 String 对象属性
        request.setAttribute("msg", "request 请求域中的 String 属性");
        //从 request 范围内获取名为 people 的属性
        People people = (People)request.getAttribute("people");
        //从 request 范围内获取名为 msg 的属性
        String msg = (String)request.getAttribute("msg");
        //获取输出流
        PrintWriter out = response.getWriter();
        out.println("<p>request.getAttribute(\"people\")的值:" + people + "</p>");
        out.println("<p>request.getAttribute(\"msg\")的值:" + msg +"</p>");
        //获取所有 request 范围内的属性名称
        Enumeration<String> names = request.getAttributeNames();
        out.println("<p>request 请求域中的属性有: ");
        while(names.hasMoreElements()){
            out.println(names.nextElement() + " ");
        }
        out.println("</p>");
        //从 request 范围内移除名称为 people 的属性
        request.removeAttribute("people");
        out.println("<p>执行 request.removeAttribute(\"people\")后 request 请求域中的属性有:");
        names = request.getAttributeNames();
```

```
            while(names.hasMoreElements()){
                out.println(names.nextElement() + " ");
            }
            out.close();
        }
    }
```

启动服务器,在 IE 中访问 http://localhost:8080/chapter03/RequestScopeAttrServlet,运行结果如图 3-15 所示。

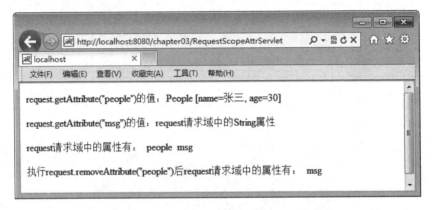

图 3-15　RequestScopeAttrServlet 运行结果

3.5　HttpServletResponse 接口

javax.servlet.http.HttpServletResponse 接口的定义为:

```
public interface HttpServletResponse extends ServletResponse
```

在 Servlet API 中,ServletResponse 接口被定义为用于创建响应消息,ServletResponse 对象由 Servlet 容器在用户每次请求 Servlet 时创建并传入 Servlet 的 service()方法中。HttpServletResponse 接口继承自 ServletResponse 接口,是专用于 HTTP 协议的子接口,用于封装 HTTP 响应消息。在 HttpServlet 类的 service()方法中,传入的 ServletResponse 对象被强制转换为 HttpServletResponse 对象来进行 HTTP 响应信息的处理。

HttpServletResponse 接口提供了具有如下功能类型的方法:
- 设置响应状态的方法;
- 构建响应头的方法;
- 创建响应正文的方法。

下述各小节将依次对其进行详细介绍。

3.5.1　设置响应状态

一个完整的 HTTP 响应报文由响应行、响应头和响应正文组成,如图 3-16 所示。

图 3-17 为一个响应报文信息格式样例。

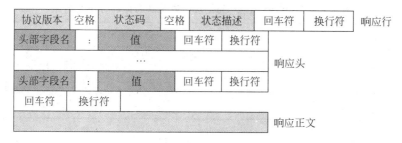

图 3-16 响应报文格式

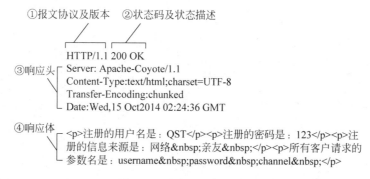

图 3-17 响应报文信息样例

HTTP 协议响应报文的响应行由报文协议和版本以及状态码和状态描述构成。状态码由 3 个十进制数字组成,第 1 个十进制数字定义了状态码的类型,后两个数字没有分类的作用。HTTP 状态码共分为 5 种类型,如表 3-14 所示。

表 3-14 HTTP 状态码分类

分 类	分 类 描 述
1**	表示信息,服务器收到请求,需要请求者继续执行操作
2**	表示请求已成功被服务器接收、理解并接受
3**	表示需要客户端采取进一步的操作才能完成请求。通常,这些状态码用来重定向,后续的请求地址(重定向目标)在本次响应的 Location 域中指明
4**	表示客户端错误,请求包含语法错误或无法完成请求
5**	表示服务器在处理请求的过程中有错误或者异常状态发生,也有可能是服务器意识到以当前的软硬件资源无法完成对请求的处理

HTTP 状态码分类下的具体状态码以及功能介绍请参见本教材附录 C。

常见的响应状态码有:
- 200 表示请求成功;
- 302 表示资源(网页等)暂时转移到其他 URL;
- 404 表示请求的资源(网页等)不存在;
- 500 表示服务器内部错误。

HttpServletResponse 接口提供了设置状态码并生成响应状态行的方法,如表 3-15 所示。

表 3-15　HttpServletResponse 接口设定状态码的方法及描述

方　法	描　述
setStatus(int sc)	以指定的状态码将响应返回给客户端
setError(int sc)	使用指定的状态码向客户端返回一个错误响应
sendError(int sc,String msg)	使用指定的状态码和状态描述向客户端返回一个错误响应
sendRedirect(String location)	请求的重定向,会设定响应 Location 报头以及改变状态码

下述代码演示通过设置资源暂时转移状态码和 location 响应头实现 sendRedirect()方法的重定向功能。

【代码 3-12】　SetStatusServlet.java

```java
@WebServlet("/SetStatusServlet")
public class SetStatusServlet extends HttpServlet {
    private static final long serialVersionUID = 1L;

    public SetStatusServlet() {
        super();
    }

     protected void doGet(HttpServletRequest request, HttpServletResponse response) throws ServletException, IOException {
        //设置资源暂时转移状态码 302
        response.setStatus(302);
        //设置响应头 location,指定转移资源为 link.jsp
        response.setHeader("location","link.jsp");
    }

}
```

代码 3-16 运行后的响应报文信息如下。

```
HTTP/1.1 302 Found
Server: Apache-Coyote/1.1
location: link.jsp
Content-Length: 0
Date: Tue, 11 Nov 2014 14:29:39 GMT
```

浏览器在接收上述响应报文后,会根据状态码(302)的指示将 URL 地址转移到 location 所指定的资源(link.jsp),这时用户便可看到 link.jsp 的响应页面。

注意

> 在实际开发中,一般不需要人为地修改设置状态码,容器会根据程序的运行状况自动响应发送相应的状态码。

3.5.2　构建响应消息头

在 Servlet 中,可以通过 HttpServletResponse 的 setHeader()方法来设置 HTTP 响应消息头,它接收两个参数用于指定响应消息头的名称和对应的值。例如,设置值是 String 类型

的响应消息头,其语法格式如下:
【语法】

```
public abstract void setHeader(String headerName,String headerValue)
```

对于含有整数和日期的报头,设置方法语法格式如下:
【语法】

```
public abstract void setIntHeader(StringheaderName, int headerValue)
public abstract void setDateHeader(StringheaderName, long millisecs)
```

常用的HTTP响应消息头如表3-16所示。

表3-16 常用HTTP响应消息头

响应报头名称	说　　明
Server	一种标明Web服务器软件及其版本号的头标
Content-Type	返回文档时所采用的MIME类型
Transfer-Encoding	表示为了达到安全传输或者数据压缩等目的而对实体进行的编码。如chunked编码,该编码将实体分块传送并逐块标明长度,直到长度为0块表示传输结束,这在实体长度未知时特别有用(例如由数据库动态产生的数据)
Date	发送HTTP消息的日期
Content-Encoding	用于说明页面在传输过程中已经采用的编码方式
Content-Length	响应内容的长度,以字节为单位
Expires	特定的一段时间,这段时间后应该将文档认作是过期的,不应该再继续缓存
Refresh	多少秒后浏览器应该重新载入页面
Cache-Control	用来指定响应遵循的缓存机制,若取值no-cache值表示阻止浏览器缓存页面
Last-Modified	文档最后被改动的时间。不要直接设置这个报头,而应该提供getLastModified方法
Location	浏览器应该重新连接到的URL。一般无须直接设置这个报头,而是使用sendRedirect()方法进行设定
Content-Disposition	通过这个报头,可以请求浏览器询问用户将响应存储到磁盘上给定名称的文件中
Set-Cookie	浏览器应该记下来的cookie。不要直接设置这个报头;而应该使用addCookie
WWW-Authenticate	授权的类型和范围。需要在Authorization报头中给出

此外,对于一些常用的消息头,Servlet API中也提供了一些特定的方法来进行设置,如表3-17所示。

表3-17 HttpServletResponse响应消息头

响应方法	说　　明
setContentType(String mime)	设定Content-Type消息头
setContentLength(int length)	设定Content-Length消息头
addHeader(String name,String value)	新增String类型的值到名为name的http头部
addIntHeader(String name,int value)	新增int类型的值到名为name的http头部
addDateHeader(String name,long date)	新增long类型的值到名为name的http头部
addCookie(Cookie c)	为Set-Cookie消息头增加一个值

下述代码演示使用setHeader()方法设置消息头Refresh,实现一个页面动态时钟效果。

【代码 3-13】 ResponseRefreshHeadServlet.java

```java
@WebServlet("/ResponseRefreshHeadServlet")
public class ResponseRefreshHeadServlet extends HttpServlet {

    protected void doGet(HttpServletRequest request, HttpServletResponse response) throws ServletException, IOException {
        this.doPost(request, response);
    }

    protected void doPost(HttpServletRequest request, HttpServletResponse response) throws ServletException, IOException {
        //设置 Content-Type 消息头响应文档的 MIME 类型和字符编码方式
        response.setContentType("text/html;charset=UTF-8");
        //设置响应消息头 refresh 的值为 1 秒
        response.setHeader("refresh", "1");
        //获取输出流
        PrintWriter out = response.getWriter();
        out.println("现在时间是：");
        SimpleDateFormat sdf = new SimpleDateFormat("yyyy-MM-dd hh:mm:ss");
        out.println(sdf.format(new Date()));
    }
}
```

启动服务器，在浏览器中访问 http://localhost:8080/chapter03/ResponseRefreshHeadServlet，运行结果如图 3-18 所示。

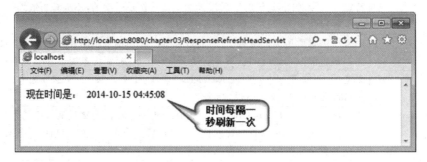

图 3-18 页面动态时钟

3.5.3 创建响应正文

在 Servlet 中，向客户端输出的响应数据是通过输出流对象来完成的，HttpServletResponse 接口提供了两个获取不同类型输出流对象的方法，如表 3-18 所示。

表 3-18 HttpServletResponse 接口获取输出流对象的方法及描述

方法	描述
getOutputStream()	返回字节输出流对象 ServletOutputStream
getWriter()	返回字符输出流对象 PrintWriter

ServletOutputStream 对象主要用于输出二进制字节数据，例如，配合 setContentType() 方法响应输出一个图像、视频等；PrintWriter 对象主要用于输出字符文本内容，但其内部实现还是将字符串转换成了某种字符集编码的字节数组后再进行输出。ServletOutputStream

对象虽然也可以输出文本字符，但 PrintWriter 对象更易于完成文本到字节数组的转换。

当向 ServletOutputStream 或 PrintWriter 对象中写入数据后，Servlet 容器会将这些数据作为响应消息的正文，然后再与响应状态行和各响应头组合成完整的响应报文输出到客户端。同时，在 Serlvet 的 service() 方法结束后，容器还将检查 getWriter() 或 getOutputStream() 方法返回的输出流对象是否已经调用过 close() 方法，如果没有，则容器将调用 close() 方法关闭该输出流对象。

下述代码演示如何使用 ServletOutputStream 对象响应输出一个服务器端的图像。

【代码 3-14】 OutputStreamServlet.java

```java
@WebServlet("/OutputStreamServlet")
public class OutputStreamServlet extends HttpServlet {
    private static final long serialVersionUID = 1L;

    public OutputStreamServlet() {
        super();
    }

    protected void doGet(HttpServletRequest request,
            HttpServletResponse response) throws ServletException, IOException {
        //设置响应消息头 Content-Type
        response.setContentType("image/jpeg");
        // 获取 ServletContext 对象
        ServletContext context = super.getServletContext();
        // 获取读取服务器端文件的输入流
        InputStream is = context.getResourceAsStream("/images/mypic.jpg");
        // 获取 ServletOutputStream 输出流
        ServletOutputStream os = response.getOutputStream();
        int i = 0;
        while ((i = is.read()) != -1) {
            os.write(i);                        //向输出流中写入二进制数据
        }
        is.close();
        os.close();
    }
}
```

启动服务器，在 IE 中访问 http://localhost:8080/chapter03/OutputStreamServlet，运行结果如图 3-19 所示。

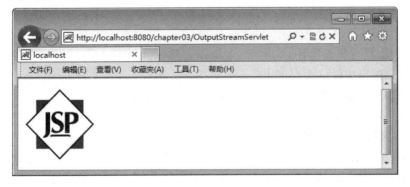

图 3-19　OutputStreamServlet 运行结果

3.5.4 响应输出中文问题

在前面介绍的代码示例中,当Servlet程序需要输出纯文本格式的响应正文时,通常会调用ServletResponse对象的getWriter()方法返回一个PrintWriter对象,然后使用这个PrintWriter对象将文本内容写入到客户端。由于Java程序中的字符文本在内存中是以Unicode编码的形式存在的,因此PrintWriter对象在输出字符文本时,需要先将它们转换成其他某种字符集编码的字节数组后输出。PrintWriter对象默认使用ISO-8859-1字符集进行Unicode字符串到字节数组的转换,但由于ISO-8859-1字符集中没有中文字符,因此Unicode编码的中文字符将被转换成无效的字符编码后输出给客户端,这就是Servlet中文输出乱码问题的原因。

ServletResponse接口中定义了setCharacterEncoding()、setContentType()和setLocale()等方法来指定ServletResponse.getWriter()方法返回的PrintWriter对象所使用的字符集编码。具体方法的使用示例如下所示。

【示例】 指定字符集编码

```
response.setCharacterEncoding("UTF-8");
response.setContentType("text/html;charset=UTF-8");
response.setLocale(new java.util.Locale("zh","CN"));
```

setCharacterEncoding()、setContentType()和setLocale()这3种方法之间的差异分析如下:

- setCharacterEncoding()方法只能用来设置PrintWriter输出流中字符的编码方式,它的优先权最高,可以覆盖后面两种方法中的设置;
- setContentType()方法既可以设置PrintWriter输出流中字符的编码方式,也可以设置浏览器接收到这些字符后以什么编码方式来解码,它的优先权低于第1种方法,但高于第3种方法;
- setLocale()方法只能用来设置PrintWriter输出流中字符的编码方式,它的优先权最低,在已经使用前两种方法中的一个设置了编码方式以后,它将被覆盖而不再起作用。

3.6 贯穿任务实现

3.6.1 【任务3-1】简历信息添加

本任务使用HttpServletRequest接口方法实现Q-ITOffer锐聘网站贯穿项目中的任务3-1简历信息添加功能。实现该功能需要包括以下组件:

- resumeBasicInfoAdd.html:简历基本信息添加表单页面。
- resume.html:"我的简历"页面,负责简历内容的展示(本任务中暂不实现),同时提供简历添加和修改的操作入口。
- ResumeBasicServlet.java:简历基本信息添加请求的Servlet,负责获取请求数据、调用ResumeDAO完成简历数据处理、业务流程控制以及响应处理结果。
- ResumeDAO.java:简历数据访问对象,负责对简历基本信息数据进行保存。

- DBUtil.java：数据库操作工具类，负责数据库连接的获取和释放。

各组件间关系如图 3-20 所示。

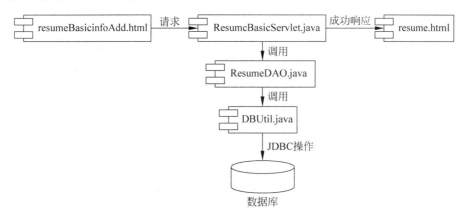

图 3-20　简历信息添加组件关系图

其中，"我的简历"页面（resume.html）运行效果如图 3-21 所示。

图 3-21　resume.html 页面运行效果

resume.html 中提供的简历添加和简历照片上传操作的代码实现如下所示。

【任务 3-1】　**resume.html 部分代码**

```
<html>
<head>
<meta http-equiv = "Content-Type" content = "text/html; charset = UTF-8">
<title>我的简历 - 锐聘网</title>
</head>
<body>
```

```html
……    //省略部分代码
<div class = "resume_title">
    <div style = "float: left">基本信息</div>
    <div class = "btn">
        <a href = "resumeBasicInfoAdd.html">添加</a>
    </div>
    <div class = "btn">
        <a href = "#">修改</a>
    </div>
</div>
<div style = "float: right" class = "uploade">
    <img src = "images/anonymous.png">
    <p> </p>
    <div align = "center">
        <a href = "resumeBasicInfoPicUpload.html"
        class = "uploade_btn">更换照片</a>
    </div>
</div>
……
</body>
</html>
```

单击 resume.html 页面中的"添加"按钮,进入简历添加页面,该页面通过 JavaScript 对简历添加表单进行客户端校验,实现代码和运行效果如下所示。

【任务 3-1】 resumeBasicInfoAdd.html

```html
<!DOCTYPE html PUBLIC "-//W3C//DTD HTML 4.01 Transitional//EN" "http://www.w3.org/TR/html4/loose.dtd">
<html>
<head>
<meta http-equiv = "Content-Type" content = "text/html; charset = UTF-8">
<title>简历基本信息 - 锐聘网</title>
<link href = "../css/base.css" type = "text/css" rel = "stylesheet" />
<link href = "../css/resume.css" type = "text/css" rel = "stylesheet" />
<!-- 日期控件 js -->
<script src = "../js/Calendar6.js"
type = "text/javascript" language = "javascript"></script>
<script type = "text/javascript">
    function validate() {
        var realname = document.getElementById("realname");
        var telephone = document.getElementById("telephone");
        var email = document.getElementById("email");
        // 邮箱格式正则表达式
        var emailPattern =
        /^([a-zA-Z0-9_-])+@([a-zA-Z0-9_-])+(.[a-zA-Z0-9_-])+/;
        // 手机号格式正则表达式
        var phonePattern = /^(((13[0-9]{1})|159|153)+\d{8})$/;

        if (realname.value == ""){
            alert("姓名不能为空!");
            realname.focus();
            return false;
        }
```

```html
            if (telephone.value == ""){
                alert("手机不能为空!");
                telephone.focus();
                return false;
            }else if(!phonePattern.test(telephone.value)){
                alert("手机号格式不正确!");
                telephone.focus();
                return false;
            }
            if (email.value == ""){
                alert("邮箱不能为空!");
                email.focus();
                return false;
            }else if(!emailPattern.test(email.value)){
                alert("邮箱格式不正确!");
                email.focus();
                return false;
            }
            return true;
        }
    </script>
</head>
<body>
    <!-- 网站公共头部 -->
    <iframe src="../top.html" width="100%" height="100" scrolling="no"
        frameborder="0"></iframe>
    <!-- 我的简历页面 开始 -->
    <div class="resume_con">
        <!-- tab设置 -->
        <div class="user_operate">
            <ul style="float:left">
                <li><a href="resume.html" class="active">我的简历</a></li>
                <li><a href="#">我的申请</a></li>
            </ul>
        </div>
        <!-- 主体部分 -->
        <div class="resume_main">
        <!-- 左边 -->
        <div class="resume_left"><div class="resume_title">
        <div style="float:left">基本信息</div></div>
        <div class="all_resume" style="text-align:center;" align="center">
        <!----------- 简历基本信息添加 --------------->
        <form action="ResumeBasicinfoServlet?type=add"
        method="post" onsubmit="return validate();">
        <div class="table_style" style="margin-left:150px;">
        <table width="350" border="0" cellpadding="3"
                    cellspacing="1" bgcolor="#EEEEEE">
        <tr>
            <td width="110" align="right" bgcolor="#F8F8F8">姓名:</td>
            <td bgcolor="#F8F8F8" align="left">
            <input type="text" id="realname" name="realName">
            <font style="color:red">*</font></td>
        </tr></table>
        <div class="he"></div>
        <table width="350" border="0" cellpadding="3" cellspacing="1"
```

```html
            bgcolor="#EEEEEE">
    <tr>
        <td width="110" align="right" bgcolor="#F8F8F8">性别：</td>
        <td bgcolor="#F8F8F8" align="left">
        <input type="radio" name="gender" checked="checked" value="男">男
        <input type="radio" name="gender" value="女">女</td>
</tr></table>
<table width="350" border="0" cellpadding="3" cellspacing="1"
            bgcolor="#EEEEEE">
    <tr>
        <td width="110" align="right" bgcolor="#F8F8F8">出生日期：</td>
        <td bgcolor="#F8F8F8" align="left">
            <input name="birthday" type="text" id="birthday"
                onclick="SelectDate(this)" readonly="readonly" /></td>
</tr></table>
<table width="350" border="0" cellpadding="3" cellspacing="1"
            bgcolor="#EEEEEE">
    <tr>
        <td width="110" align="right" bgcolor="#F8F8F8">当前所在地：</td>
        <td bgcolor="#F8F8F8" align="left">
        <input type="text" name="currentLoc"></td>
</tr></table>
<table width="350" border="0" cellpadding="3" cellspacing="1"
            bgcolor="#EEEEEE">
    <tr>
        <td width="110" align="right" bgcolor="#F8F8F8">户口所在地：</td>
        <td bgcolor="#F8F8F8" align="left">
        <input type="text" name="residentLoc"></td>
</tr></table>
<table width="350" border="0" cellpadding="3" cellspacing="1" bgcolor="#EEEEEE">
    <tr>
        <td width="110" align="right" bgcolor="#F8F8F8">手机：</td>
        <td bgcolor="#F8F8F8" align="left">
        <input type="text" id="telephone" name="telephone">
        <font style="color: red">*</font></td>
</tr></table>
<table width="350" border="0" cellpadding="3" cellspacing="1"
    bgcolor="#EEEEEE">
    <tr>
        <td width="110" align="right" bgcolor="#F8F8F8">邮件：</td>
        <td bgcolor="#F8F8F8" align="left">
        <input type="text" id="email" name="email">
        <font style="color: red">*</font></td>
</tr></table>
<table width="350" border="0" cellpadding="3" cellspacing="1" bgcolor="#EEEEEE">
    <tr>
        <td width="110" align="right" bgcolor="#F8F8F8">求职意向：</td>
        <td bgcolor="#F8F8F8" align="left"><input type="text"
            name="jobIntension"></td>
</tr></table>
<div class="he"></div>
<table width="350" border="0" cellpadding="3" cellspacing="1" bgcolor="#EEEEEE">
    <tr>
        <td width="110" align="right" bgcolor="#F8F8F8">工作经验：</td>
```

```html
                <td bgcolor="#F8F8F8" align="left">
                    <select name="jobExperience">
                        <option value="0">请选择</option>
                        <option value="刚刚参加工作">刚刚参加工作</option>
                        <option value="已工作一年">已工作一年</option>
                        <option value="已工作两年">已工作两年</option>
                        <option value="已工作三年">已工作三年</option>
                        <option value="已工作三年以上">已工作三年以上</option>
                    </select></td>
    </tr></table>
    <div align="center">
        <input name="" type="submit" class="save1" value="保存">
        <input name="" type="reset" class="cancel2" value="取消">
    </div></div>
    </form>
    <!-------------- 简历基本信息添加 结束 --------------->
    </div>
    </div>
    <!-- 右侧公共部分：简历完善度 -->
    <iframe src="resume_right.html" width="297" height="440" scrolling="no"
        frameborder="0"></iframe>
    </div>
    <!-- 网站公共尾部 -->
    <iframe src="../foot.html" width="100%" height="150" scrolling="no"
        frameborder="0"></iframe>
</body>
</html>
```

简历添加页面 resumeBasicInfoAdd.html 的运行效果如图 3-22 所示。

图 3-22　resumeBasicInfoAdd.html 页面效果

在 resumeBasicInfoAdd.html 页面通过表单将简历添加请求提交到 ResumeBasicinfoServlet 进行处理，请求处理代码如下。

【任务 3-1】 ResumeBasicinfoServlet.java

```java
package com.qst.itoffer.servlet;
...
import com.qst.itoffer.bean.ResumeBasicinfo;
import com.qst.itoffer.dao.ResumeDAO;

/**
 * 简历基本信息操作 Servlet
 *
 * @author QST 青软实训
 *
 */
@WebServlet("/ResumeBasicinfoServlet")
public class ResumeBasicinfoServlet extends HttpServlet {
    private static final long serialVersionUID = 1L;
    public ResumeBasicinfoServlet() {
        super();
    }
    protected void doGet(HttpServletRequest request,
            HttpServletResponse response) throws ServletException, IOException {
        this.doPost(request, response);
    }
    protected void doPost(HttpServletRequest request,
            HttpServletResponse response) throws ServletException, IOException {
        // 设置请求和响应编码
        request.setCharacterEncoding("UTF-8");
        response.setContentType("text/html;charset=UTF-8");
        // 获取请求操作类型
        String type = request.getParameter("type");
        // 简历添加操作
        if ("add".equals(type)) {
            // 封装请求数据
            ResumeBasicinfo basicinfo = this.requestDataObj(request);
            // 将数据存储到数据库
            ResumeDAO dao = new ResumeDAO();
            // 此处模拟创建编号为 1 的求职者(要保证求职者数据库表中已有此编号)的简历
            int basicinfoID = dao.add(basicinfo, 1);
            // 操作成功,跳回"我的简历"页面
            response.sendRedirect("applicant/resume.html");
        }
    }
    /**
     * 将请求的简历数据封装成一个对象
     *
     * @param request
     * @return
     * @throws ItOfferException
     */
    private ResumeBasicinfo requestDataObj(HttpServletRequest request) {
        ResumeBasicinfo basicinfo = null;
        // 获得请求数据
```

```java
        String realName = request.getParameter("realName");
        String gender = request.getParameter("gender");
        String birthday = request.getParameter("birthday");
        String currentLoc = request.getParameter("currentLoc");
        String residentLoc = request.getParameter("residentLoc");
        String telephone = request.getParameter("telephone");
        String email = request.getParameter("email");
        String jobIntension = request.getParameter("jobIntension");
        String jobExperience = request.getParameter("jobExperience");
        SimpleDateFormat sdf = new SimpleDateFormat("yyyy-MM-dd");
        Date birthdayDate = null;
        try {
            birthdayDate = sdf.parse(birthday);
        } catch (ParseException e) {
            birthdayDate = null;
        }
        // 将请求数据封装成一个简历基本信息对象
        basicinfo = new ResumeBasicinfo(realName, gender, birthdayDate,
                currentLoc, residentLoc, telephone, email, jobIntension,
                jobExperience);
        return basicinfo;
    }
}
```

ResumeBasicinfoServlet.java 中调用 ResumeDAO.java 进行简历添加的数据库操作,相应数据库操作代码实现如下。

【任务 3-1】 ResumeDAO.java

```java
package com.qst.itoffer.dao;

import java.sql.Connection;
import java.sql.PreparedStatement;
import java.sql.ResultSet;
import java.sql.SQLException;
import java.sql.Timestamp;

import com.qst.itoffer.bean.ResumeBasicinfo;
import com.qst.itoffer.util.DBUtil;

public class ResumeDAO {
    /**
     * 简历基本信息添加和主键标识查询
     * @param basicinfo
     * @param applicantID
     * @return
     */
    public int add(ResumeBasicinfo basicinfo, int applicantID) {
        int basicinfoID = 0;
        String sql = "INSERT INTO tb_resume_basicinfo("
                + "basicinfo_id, realname, gender, birthday, current_loc, "
                + "resident_loc, telephone, email, job_intension, job_experience, head_shot,applicant_id) "
                + "VALUES(SEQ_ITOFFER_RESUMEBASICINFO.NEXTVAL,?,?,?,?,?,?,?,?,?,?,?)";
        Connection conn = DBUtil.getConnection();
```

```java
            PreparedStatement pstmt = null;
            try {
                // 关闭自动提交
                conn.setAutoCommit(false);
                pstmt = conn.prepareStatement(sql);
                pstmt.setString(1, basicinfo.getRealName());
                pstmt.setString(2, basicinfo.getGender());
                pstmt.setTimestamp(3, basicinfo.getBirthday() == null ? null
                        : new Timestamp(basicinfo.getBirthday().getTime()));
                pstmt.setString(4, basicinfo.getCurrentLoc());
                pstmt.setString(5, basicinfo.getResidentLoc());
                pstmt.setString(6, basicinfo.getTelephone());
                pstmt.setString(7, basicinfo.getEmail());
                pstmt.setString(8, basicinfo.getJobIntension());
                pstmt.setString(9, basicinfo.getJobExperience());
                pstmt.setString(10, basicinfo.getHeadShot());
                pstmt.setInt(11, applicantID);
                pstmt.executeUpdate();
                // 获取当前生成的简历标识
                String sql2 = "SELECT SEQ_ITOFFER_RESUMEBASICINFO.CURRVAL FROM dual";
                pstmt = conn.prepareStatement(sql2);
                ResultSet rs = pstmt.executeQuery();
                if(rs.next())
                    basicinfoID = rs.getInt(1);
                // 事务提交
                conn.commit();
            } catch (SQLException e) {
                try {
                    // 事务回滚
                    conn.rollback();
                } catch (SQLException e1) {
                    e1.printStackTrace();
                }
                e.printStackTrace();
            } finally {
                DBUtil.closeJDBC(null, pstmt, conn);
            }
            return basicinfoID;
        }
    }
```

3.6.2 【任务 3-2】简历照片上传

本任务使用@MultipartConfig 注解实现 Q-ITOffer 锐聘网站贯穿项目中的任务 3-2 简历照片上传功能。该功能的实现包括以下组件:

- resumeBasicInfoPicUpload.html: 简历照片上传表单页面。
- resume.html: "我的简历"页面,功能和实现代码与任务 3-1 相同。
- ResumePicUploadServlet.java: 照片上传请求的 Servlet,负责获取上传文件信息、对文件重命名、保存文件到服务器端、调用 ResumeDAO 进行数据更新、业务流程控制以及响应处理结果。
- ResumeDAO.java: 简历数据访问对象,负责对简历基本信息表中的简历照片进行更新。

- DBUtil.java：数据库操作工具类，负责数据库连接的获取和释放。

各组件间关系图如图 3-23 所示。

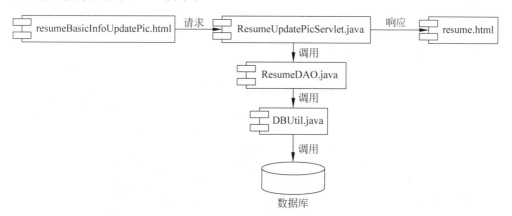

图 3-23 简历照片上传功能组件关系图

在"我的简历"页面(resume.html)中单击"更换照片"按钮，进入简历照片上传页面(resumeBasicInfoPicUpload.html)，页面代码实现如下。

【任务 3-2】 resumeBasicInfoPicUpload.html

```
<!DOCTYPE html PUBLIC "-//W3C//DTD HTML 4.01 Transitional//EN" "http://www.w3.org/TR/html4/loose.dtd">
<html>
<head>
<meta http-equiv="Content-Type" content="text/html; charset=UTF-8">
<title>简历基本信息 - 锐聘网</title>
<link href="../css/base.css" type="text/css" rel="stylesheet" />
<link href="../css/resume.css" type="text/css" rel="stylesheet" />
<script type="text/javascript">
    function validate() {
        var headShot = document.getElementById("headShot");
        if (headShot.value == "") {
            alert("请选择要上传的头像!");
            headShot.focus();
            return false;
        }
        return true;
    }
</script>
</head>
<body>
    <!-- 网站公共头部 -->
    <iframe src="../top.jsp" width="100%" height="100" scrolling="no"
        frameborder="0"></iframe>
    <!-- 简历照片上传页面 开始 -->
    <div class="resume_con">
        <!-- tab 设置 -->
        <div class="user_operate">
            <ul style="float: left">
                <li><a href="resume.html" class="active">我的简历</a></li>
                <li><a href="#">我的申请</a></li>
```

```html
            </ul>
        </div>
        <!-- 主体部分 -->
        <div class="resume_main">
            <!-- 左边 -->
            <div class="resume_left">
                <div class="resume_title">
                    <div style="float: left">简历照片</div></div>
                <div class="all_resume">
<!----------------- 简历照片修改 ------------------->
<form action="ResumePicUploadServlet" method="post" enctype="multipart/form-data" onsubmit="return validate();">
    <div class="table_style" style="margin-left: 150px;">
        <div class="uploade"><div align="center">
<img src="../images/anonymous.png" width="150" height="150">
<input name="headShot" id="headShot" type="file" value="上传照片">
<input name="submit" type="submit" class="save1" value="保存">
<input name="reset" type="reset" class="cancel2" value="取消">
        </div></div>
</form>
...
</body>
</html>
```

简历照片上传页面 resumeBasicInfoPicUpload.html 的运行效果如图 3-24 所示。

图 3-24　resumeBasicInfoPicUpload.html 运行效果

单击 resumeBasicInfoPicUpload.html 页面中的"保存"按钮，向 ResumePicUploadServlet.java 发送请求，请求处理代码实现如下。

【任务 3-2】 ResumePicUploadServlet.java

```java
package com.qst.itoffer.servlet;
...
import javax.servlet.annotation.MultipartConfig;
import javax.servlet.annotation.WebServlet;
import javax.servlet.http.Part;
import com.qst.itoffer.dao.ResumeDAO;
/**
 * 简历头像图片上传
 *
 * @author QST青软实训
 *
 */
@WebServlet("/ResumePicUploadServlet")
@MultipartConfig
public class ResumePicUploadServlet extends HttpServlet {
    private static final long serialVersionUID = 1L;

    public ResumePicUploadServlet() {
        super();
    }
    protected void doGet(HttpServletRequest request,
            HttpServletResponse response) throws ServletException, IOException {
        this.doPost(request, response);
    }
    protected void doPost(HttpServletRequest request,
            HttpServletResponse response) throws ServletException, IOException {
        request.setCharacterEncoding("UTF-8");
        response.setContentType("text/html;charset=UTF-8");
        // 获取上传文件域
        Part part = request.getPart("headShot");
        // 获取上传文件名称
        String fileName = part.getSubmittedFileName();
        // 为防止上传文件重名,对文件进行重命名
        String newFileName = System.currentTimeMillis()
                + fileName.substring(fileName.lastIndexOf("."));
        // 将上传的文件保存在服务器项目发布路径的 applicant/images 目录下
        String filepath = getServletContext().getRealPath("/applicant/images");
        System.out.println("头像保存路径为：" + filepath);
        File f = new File(filepath);
        if (!f.exists())
            f.mkdirs();
        part.write(filepath + "/" + newFileName);
        // 更新简历照片
        ResumeDAO dao = new ResumeDAO();
        // 此处模拟使用编号为 1 的简历(注意保证数据库中已有此编号的简历)进行照片的更新
        dao.updateHeadShot(1, newFileName);
        // 照片更新成功,回到"我的简历"页面
        response.sendRedirect("applicant/resume.html");
    }
}
```

上述代码中,使用@MultipartConfig 注解来实现图像文件的上传功能。该注解主要是为辅助 Servlet 3.0 中 HttpServletRequest 对象所提供的上传文件支持。该注解标注在 Servlet

上面,以表示该 Servlet 希望处理的请求的 MIME 类型是 multipart/formdata。另外,它还提供了若干属性用于简化对上传文件的处理。具体如表 3-19 所示。

表 3-19 @MultipartConfig 的常用属性

属 性 名	类型	是否可选	描 述
fileSizeThreshold	int	是	当数据量大于该值时,内容将被写入文件
location	String	是	存放生成的文件地址
maxFileSize	long	是	允许上传的文件最大值。默认值为-1,表示没有限制
maxRequestSize	long	是	针对 multipart/form-data 请求的最大数量,默认值为-1,表示没有限制

在 ResumePicUploadServlet.java 中通过调用 ResumeDAO.java 完成简历照片数据库数据的更新功能,具体实现代码如下。

【任务 3-2】 ResumeDAO.java

```java
package com.qst.itoffer.dao;
import com.qst.itoffer.bean.ResumeBasicinfo;
import com.qst.itoffer.util.DBUtil;

public class ResumeDAO {
    /**
     * 简历基本信息添加和主键标识查询
     * @param basicinfo
     * @param applicantID
     * @return
     */
    public int add(ResumeBasicinfo basicinfo, int applicantID) {
        ...
    }
    /**
     * 简历照片更新
     *
     * @param basicinfoId
     * @param newFileName
     */
    public void updateHeadShot(int basicinfoId, String newFileName) {
        String sql = "UPDATE tb_resume_basicinfo SET head_shot = ? WHERE basicinfo_id = ?";
        Connection conn = DBUtil.getConnection();
        PreparedStatement pstmt = null;
        try {
            pstmt = conn.prepareStatement(sql);
            pstmt.setString(1, newFileName);
            pstmt.setInt(2, basicinfoId);
            pstmt.executeUpdate();
        } catch (SQLException e) {
            e.printStackTrace();
        } finally {
            DBUtil.closeJDBC(null, pstmt, conn);
        }
    }
}
```

3.6.3 【任务3-3】注册验证码生成

本任务使用 HttpServletResponse 接口方法实现 Q-ITOffer 锐聘网站贯穿项目中的任务 3-3 注册验证码生成功能。该功能的实现包括以下组件：
- register.html：求职者注册表单页面，本任务在此页面新增验证码获取功能。
- ValidateCodeServlet.java：生成验证码的 Servlet，负责生成包含 4 位具有随机颜色的随机数以及具有若干干扰线和干扰点的 JPEG 格式的图像。

各组件间关系图如图 3-25 所示。

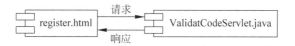

图 3-25 注册验证码生成功能组件关系图

其中，新增验证码获取功能的注册页面 register.html 的实现代码如下。

【任务 3-3】 register.html

```html
<!DOCTYPE html PUBLIC "-//W3C//DTD HTML 4.01 Transitional//EN" "http://www.w3.org/TR/html4/loose.dtd">
<html>
<head>
<meta http-equiv="Content-Type" content="text/html; charset=UTF-8">
<title>注册 - 锐聘网</title>
<link href="css/base.css" type="text/css" rel="stylesheet" />
<link href="css/register.css" type="text/css" rel="stylesheet" />
<script type="text/javascript">
    ...
    //验证码的更换
    function changeValidateCode() {
        document.getElementById("validateCode").src =
                "ValidateCodeServlet?rand=" + Math.random();
    }
</script>
</head>
<body>
    <!-- 网站公共头部 -->
    <iframe src="top.jsp" width="100%" height="100" scrolling="no"
        frameborder="0"></iframe>
    <!-- 注册部分开始 -->
    <div class="content">
        <div class="page_name">注册</div>
        <div class="login_content">
            <form action="ApplicantRegisterServlet" method="post"
                onsubmit="return validate();">
                <div class="login_l"><div class="span1">
                    <label class="tn-form-label">邮箱：</label>
                    <input class="tn-textbox" type="text"
                    name="email" id="email"></div>
                <div class="span1">
                    <label class="tn-form-label">密码：</label>
                    <input class="tn-textbox" type="password"
```

```html
                    name="password" id="password"></div>
                <div class="span1">
                    <label class="tn-form-label">验证码:</label>
                    <input class="tn-textbox-long"
                        type="text" name="verifyCode"><span>
                    <img src="ValidateCodeServlet" id="validateCode"
                        title="单击换一换" onclick="changeValidateCode()">
                    <a href="javascript:changeValidateCode();">看不清?</a>
                    </span></div>
                <div class="tn-form-row-button"><div class="span1">
                    <input name="submit" type="submit"
                        class="tn-button-text" value="立即注册">
                    <p class="it-register-text">
                    <input name="agree" id="agree" class="tn-checkbox"
                        checked="checked" type="checkbox">
                    <label>同意本站服务条款</label>
                    <a href="javascript:showdiv();">查看</a></p></div>
                </div>
            </form>
    ...
</body>
</html>
```

上述代码中，img 元素通过 src 属性和 onclick 事件请求的用于生成验证码的 ValidateCodeServlet.java 代码实现如下。

【任务 3-3】 ValidateCodeServlet.java

```java
package com.qst.itoffer.servlet;

import java.awt.Color;
import java.awt.Font;
import java.awt.Graphics2D;
import java.awt.image.BufferedImage;
import java.io.IOException;
import java.util.Random;

import javax.imageio.ImageIO;
import javax.servlet.ServletException;
import javax.servlet.ServletOutputStream;
import javax.servlet.annotation.WebServlet;
import javax.servlet.http.HttpServlet;
import javax.servlet.http.HttpServletRequest;
import javax.servlet.http.HttpServletResponse;

/**
 * 验证码图像生成
 *
 * @author QST 青软实训
 *
 */
@WebServlet("/ValidateCodeServlet")
public class ValidateCodeServlet extends HttpServlet {
    private static final long serialVersionUID = 1L;
```

```java
public ValidateCodeServlet() {
    super();
}
protected void doGet(HttpServletRequest request,
        HttpServletResponse response) throws ServletException, IOException {
    // 设置响应头 Content-type 类型
    response.setContentType("image/jpeg");
    // 获取二进制数据输出流对象
    ServletOutputStream out = response.getOutputStream();
    // 创建缓冲图像
    int width = 60;
    int height = 20;
    BufferedImage imgbuf = new BufferedImage(width, height,
            BufferedImage.TYPE_INT_RGB);
    Graphics2D g = imgbuf.createGraphics();
    // 设定背景色
    g.setColor(getRandColor(200, 250));
    // 设定图像形状及宽高
    g.fillRect(0, 0, width, height);
    // 随机产生 100 条干扰线,使图像中的认证码不易被其他程序探测到
    Random r = new Random();
    g.setColor(getRandColor(160, 200));
    for (int i = 0; i < 100; i++) {
        int x = r.nextInt(width);
        int y = r.nextInt(height);
        int xl = r.nextInt(12);
        int yl = r.nextInt(12);
        g.drawLine(x, y, x + xl, y + yl);
    }
    // 随机产生 100 个干扰点,使图像中的验证码不易被其他分析程序探测到
    g.setColor(getRandColor(120, 240));
    for (int i = 0; i < 100; i++) {
        int x = r.nextInt(width);
        int y = r.nextInt(height);
        g.drawOval(x, y, 0, 0);
    }
    // 随机产生 0~9 之间的 4 位数字验证码
    g.setFont(new Font("Times New Roman", Font.PLAIN, 18));
    String code = "";
    for (int i = 0; i < 4; i++) {
        String rand = String.valueOf(r.nextInt(10));
        code += rand;
        g.setColor(new Color(20 + r.nextInt(110), 20 + r.nextInt(110),
                20 + r.nextInt(110)));
        g.drawString(rand, 13 * i + 6, 16);
    }
    System.out.println("生成的随机数是: " + code);
    // 输出图像
    ImageIO.write(imgbuf, "JPEG", out);
    out.close();
}
protected void doPost(HttpServletRequest request,
        HttpServletResponse response) throws ServletException, IOException {
}
// 获取指定范围的随机颜色
```

```java
    private Color getRandColor(int fc, int bc) {
        Random random = new Random();
        if (fc > 255)
            fc = 255;
        if (fc < 0)
            fc = 0;
        if (bc > 255)
            bc = 255;
        if (bc < 0)
            bc = 0;
        int r = fc + random.nextInt(bc - fc);
        int g = fc + random.nextInt(bc - fc);
        int b = fc + random.nextInt(bc - fc);
        return new Color(r, g, b);
    }
}
```

加入验证码的求职者注册页面 register.html 的运行效果如图 3-26 所示。

图 3-26　register.html 运行效果图

本章总结

小结

- 容器在初始化一个 Servlet 时,会为这个 Servlet 创建一个唯一的 ServletConfig 对象,并将这个对象通过 init(ServletConfig config)方法传递并保存在此 Servlet 对象中。

- 使用 ServletConfig 接口中的方法主要可以访问两项内容：Servlet 初始化参数和 ServletContext 对象。前者通常由容器从 Servlet 的配置属性中读取（如 initParams 或 <init-param> 所指定的参数）；后者为 Servlet 提供有关容器的信息。
- ServletContext 对象代表当前 Servlet 运行环境，Servlet 容器在启动一个 Web 应用时，会为该应用创建一个唯一的 ServletContext 对象供该应用中的所有 Servlet 对象共享，Servlet 对象可以通过 ServletContext 对象来访问容器中的各种资源。
- ServletContext 对象可以获取应用范围的初始化参数、在应用范围内存取共享数据、访问当前 Web 应用的信息、访问当前容器的信息和输出日志和访问服务器端的文件系统资源。
- HttpServletRequest 接口继承了 ServletRequest 接口，是专用于 HTTP 协议的子接口，用于封装 HTTP 请求信息。
- HttpServletRequest 对象主要用于获取请求报文信息、获取网络连接信息和存取请求域属性。
- HttpServletResponse 接口继承自 ServletResponse，是专用于 HTTP 协议的子接口，用于封装 HTTP 响应消息。
- HttpServletResponse 对象主要用于创建响应报文。
- ServletContex 对象、HttpServletRequest 对象具有相同的存取域属性的方法。

Q&A

1. 问题：ServletConfig 对象有何作用，在 Servlet 中如何使用。

回答：每个 Servlet 拥有唯一的 ServletConfig 对象，Servlet 可以通过 ServletConfig 对象获取初始化参数和 ServletContext 对象。在 Servlet 中使用@WebServlet(initParams = { @WebInitParam(name = "xx", value = "xx") }或在 web.xml 中定义<servlet>元素的子元素<init-param>来指定初始化参数。在 Servlet 的 init()方法中调用 ServletConfig 参数的 getInitParameter()方法来获取初始化参数的值。调用 ServletConfig 对象的 getServletContext()方法来获取 ServletContext 对象。

2. 问题：ServletContext 对象和 ServletConfig 对象的 getInitParameter()方法有何区别。

回答：ServletContext 对象的 getInitParameter()方法用来访问整个应用范围内的初始化参数，参数通过 web.xml 的<content-param>元素来指定，所有 Servlet 都可访问。ServletConfig 对象的 getInitParameter()方法用来访问当前 Servlet 的初始化参数，参数通过 web.xml 的<servlet>元素的子元素<init-param>来指定，仅当前配置的 Servlet 可访问。

3. 问题：ServletContext 对象如何存取自定义属性，属性的访问范围是什么。

回答：ServletContext 对象通过 setAttribute(name,value)方法来存自定义属性，通过 getAttribute(name)来取自定义属性值。ServletContext 对象的自定义属性也称为应用域属性，表示在 Web 应用的整个生命周期内，可以被 Web 应用范围内的所有组件所共享。

4. 问题：什么情况下客户端提交请求的方式是 GET 或 POST，描述 GET 和 POST 请求的不同点。

回答：GET 请求方式可以通过两种情况实现：一是通过超链接；二是通过 method 取值为 GET 的 Form 表单。POST 请求方式可以通过 method 取值为 POST 的 Form 表单实现。GET 请求一般用于数据查询，请求参数会显示在地址栏上并附在请求行中发送给服务器，并且请求参数的长度会受相应浏览器的限制,安全性差且易丢失数据,一般用于安全性要求不高且请求数据量较小时的数据请求。POST 请求一般用于更新数据请求,请求参数以请求正文的方式发送给服务器,安全性高且数据大小及类型都不受浏览器的限制。

5．问题：HttpServletRequest 对象如何获取请求参数,如何处理请求参数的中文乱码问题。

回答：HttpServletRequest 对象通过 getParameter() 或 getParameterValues() 方法来获取请求参数,并不区分请求类型。对于获取中文参数值的乱码问题,不同的请求类型需要不同的处理方式。对于 POST 请求,需要使用 HttpServletRequest 对象的 setCharacterEncoding() 方法进行与请求编码字符集相一致的解码字符集的设置。对于 GET 请求,在使用 Tomcat 8.0 服务器且客户端浏览器使用的编码字符集也为 UTF-8 时,不会出现乱码问题。对于出现乱码的情况,可以通过 URL 编码或者设置 server.xml 文件中的 URIEncoding 或 useBodyEncodingForURI 属性指定与请求编码字符集相一致的解码字符集来解决。

6．问题：HttpServletRequest 对象如何自定义属性,属性的访问范围是什么。

回答：HttpServletRequest 对象通过 setAttribute(name,value) 方法来自定义一个域属性。HttpServletRequest 对象自定义属性也称为请求域属性,表示在本次请求和响应的生命周期内供本次请求对象所访问。

7．问题：HttpServletResponse 对象如何创建响应正文,如何处理响应内容的中文乱码问题。

回答：HttpServletResponse 对象通过调用 getOutputStream() 方法获取字节输出流对象 ServletOutputStream,用于创建包含二进制数据的响应正文；通过调用 getWriter() 方法获取字符输出流对象 PrintWriter,用于创建包含字符数据的响应正文。对于使用 PrintWriter 对象输出的中文字符的乱码问题,可以通过 ServletResponse 接口定义的 setCharacterEncoding()、setContentType() 和 setLocale() 方法来指定 PrintWriter 对象所使用的 Unicode 字符串到字节数组转换的中文字符集编码,从而解决乱码问题。

本章练习

习题

1．两个客户端 Client1 和 Client2 访问同一个 ServletA。ServletA 为两个不同的客户端创建了两个不同的线程 Thread1 和 Thread2。以下关于它们的各个对象说法正确的是_____。(多选)

  A．因为访问的是同一个 Servlet,所以 Thread1 和 Thread2 共享一个 ServletConfig 对象

  B．因为访问的是同一个 Servlet,所以 Thread1 和 Thread2 共享一个 ServletContext 对象

  C．ServletRequest 和 ServletResponse 对象是针对 Servlet 实例的,所以 Thread1 和 Thread2 共享一个的 ServletRequest 和 ServletResponse 对象

  D．ServletRequest 和 ServletResponse 对象是针对不同客户端请求线程的,所以 Thread1 和 Thread2 各自有各自的 ServletRequest 和 ServletResponse 对象

2．下述有关 ServletConfig 对象的说法错误的是_____。

  A．可以通过 ServletConfig 对象获取 ServletContext 对象

  B．每个 Servlet 都拥有自己独立的 ServletConfig 对象

C. 同一 Servlet 的每个用户请求都拥有独立的 ServletConfig 对象

D. ServletConfig 对象可以获取 Servlet 初始化参数

3. 下述有关 ServletContext 对象的说法正确的是_____。

   A. ServletContext 对象表示当前 Servlet 的上下文环境，每个 Servlet 拥有独立的 ServletContext 对象

   B. ServletContext 对象拥有与 HttpServletRequest 对象名称和作用域都相同的域属性设置方法

   C. ServletContext 对象可以获取当前应用以及应用所运行的容器的相关信息

   D. ServletContext 对象的 getInitParameter() 方法可以获取当前 Servlet 的初始化参数

4. 下列方式中可以执行 TestServlet（路径为/test）的 doPost() 方法的是_____。（多选）

   A. 在 IE 中直接访问 http://localhost:8080/网站名/test

   B. `<form action="/网站名/test">`提交此表单

   C. `<form action="/网站名/test" method="post">`提交此表单

   D. 在 doGet() 方法中调用 doPost() 方法

   E. `<form id="form1">`，并在 JavaScript 中执行如下代码：

```
document.getElementById("form1").action = "/网站名/test";
document.getElementById("form1").method = "post";
document.getElementById("form1").submit();
```

5. 针对下述 JSP 页面，在 Servlet 中需要得到用户选择的爱好的数量，最适合的代码是_____。

```
<input type="checkbox" name="hobby" value="1">游戏<br>
<input type="checkbox" name="hobby" value="2">运动<br>
<input type="checkbox" name="hobby" value="3">美食<br>
```

   A. request.getParameter("hobby").length;

   B. request.getParameter("hobby").size();

   C. request.getParameterValues("hobby").length;

   D. request.getParameterValues("hobby").size;

6. 用户使用 POST 方式提交的数据中存在汉字（使用 GBK 字符集），在 Servlet 中需要使用下述_____语句处理。

   A. request.setCharacterEncoding("GBK");

   B. response.setCharacterEncoding("GBK");

   C. request.setContentType("text/html;charset=GBK");

   D. response.setContentType("text/html;charset=GBK");

7. 下述请求转发和重定向语句正确的是_____。

   A. request.getRequestDispatcherForward("success.jsp");

   B. request.getRequestDispatcherForward("http://localhost:8080/project/success.jsp").forward(request,response);

C. response.sendRedirect("/success.jsp");

D. response.sendRedirect("http://localhost:8080/project/ServletA");

上机

1. 训练目标：ServletConfig 对象方法的熟练使用。

培养能力	逻辑思维、理解能力		
掌握程度	★★★★★	难度	中
代码行数	200	实施方式	编码强化
结束条件	独立编写，不出错		

参考训练内容

(1) 分别使用@WebServlet 和 web.xml 配置方式创建一个 Servlet；

(2) 分别为上述 Servlet 配置 3 个初始化参数（包括上传文件路径、上传文件大小和上传文件类型）；

(3) 在上述两个 Servlet 中使用 ServletConfig 对象获取各自初始化参数

2. 训练目标：ServletContext 对象方法的熟练使用。

培养能力	理解能力、编码能力		
掌握程度	★★★★★	难度	难
代码行数	200	实施方式	编码强化
结束条件	独立编写，不出错		

参考训练内容

(1) 将数据库连接信息（包括数据库连接地址、用户名、密码和驱动类）作为项目公共信息配置在 web.xml 中；

(2) 创建一个 Servlet 用来获取所配置的数据库连接信息进行数据库连接获取

3. 训练目标：HttpServletRequest、HttpServletResponse 对象方法的熟练使用。

培养能力	逻辑思维、理解能力		
掌握程度	★★★★★	难度	难
代码行数	200	实施方式	编码强化
结束条件	独立编写，不出错		

参考训练内容

(1) 创建一个 JSP 注册表单页面，内容包括企业名称、企业性质（下拉菜单实现）和生产产品名称（多选控件实现）；使用中文测试数据提交请求到一个 Servlet。

(2) 在 Servlet 中获取并输出请求数据，保证无乱码问题

第4章 会话跟踪

 任务驱动

本章任务完成对 Q-ITOffer 锐聘网站的注册、登录、简历添加和照片上传功能进行进一步的完善。具体任务分解如下:

- 【任务 4-1】 使用 Session 技术完善注册验证码功能。
- 【任务 4-2】 使用 Session 技术完善登录功能。
- 【任务 4-3】 使用 Session 技术改进简历添加和照片上传功能。
- 【任务 4-4】 使用 Cookie 技术记住登录信息。

 学习路线

 本章目标

知 识 点	Listen（听）	Know（懂）	Do（做）	Revise（复习）	Master（精通）
HTTP 协议的无状态性	★	★			
什么是会话跟踪	★	★			
Cookie 的创建及使用	★	★	★	★	★
HttpSession 对象的创建及使用	★	★	★	★	★
HttpSession 对象的生命周期	★	★	★	★	★
URL 重写技术的使用	★	★	★	★	★
隐藏表单域的使用	★	★			

4.1 无状态的 HTTP 协议

Internet 通信协议可以分为两大类：有状态协议（Stateful）与无状态协议（Stateless），两者最大的差别在于客户端与服务器之间维持联机上的不同。HTTP 协议即是一种无状态协议。

HTTP 协议采用"连接-请求-应答-关闭连接"模式。当客户端发出请求时，服务器才会建立连接，一旦客户端的请求结束，服务器便会中断连接，不会一直与客户端保持联机的状态。当下一次请求发起时，服务器会把这个请求看成一个新的连接，与之前的请求无关。

对于交互式的 Web 应用，保持状态是非常重要的。一个有状态的协议可以用来帮助在多个请求和响应之间实现复杂的业务逻辑。例如，在购物网站中，服务器会为每个用户分配一个购物车，购物车会一直伴随该用户的整个购物过程并且互不混淆，此种情况下，就需要为客户端和服务器之间的交互存储状态。本章所要讲述的会话跟踪技术可以解决这些问题。

4.2 会话跟踪技术

会话跟踪技术是一种在客户端与服务器间保持 HTTP 状态的解决方案。从开发角度考虑，就是使上一次请求所传递的数据能够维持状态到下一次请求，并且辨认出是否相同的客户端所发送出来的。会话跟踪技术的解决方案主要分为以下几种：

- Cookie 技术
- Session 技术
- URL 重写技术
- 隐藏表单域技术

4.2.1 Cookie 技术

Cookie 技术是一种在客户端保持会话跟踪的解决方案。Cookie 是指某些网站为了辨别用户身份而储存在用户终端上的文本信息（通常经过加密）。Cookie 在用户第 1 次访问服务器时，由服务器通过响应头的方式发送给客户端浏览器；当用户再次向服务器发送请求时会附带上这些文本信息。如图 4-1 为服务器对第 1 次客户端请求所响应的含有 Set-Cookie 响应头的报文信息。图 4-2 为客户端再次请求时附带的含有 Cookie 请求头的报文信息。

```
HTTP/1.1 200 OK
Server: Apache-Coyote/1.1
Set-Cookie: JSESSIONID=144EFED6474EA40DFE7AE585EEC25D47; Path=/chapter04/; HttpOnly
Content-Type: text/html;charset=UTF-8
Content-Length: 317
Date: Tue, 18 Nov 2014 05:28:41 GMT
```

图 4-1　第 1 次请求时服务器响应的 Cookie 报头

```
GET /chapter04/CookieExampleServlet HTTP/1.1
Host: localhost:8080
Connection: keep-alive
Accept: text/html,application/xhtml+xml,application/xml;q=0.9,image/webp,*/*;q=0.8
User-Agent: Mozilla/5.0 (Windows NT 6.1) AppleWebKit/537.36 (KHTML, like Gecko) Chrome/35.0.1916.114
Referer: http://localhost:8080/chapter04/commonPage.jsp
Accept-Encoding: gzip,deflate,sdch
Accept-Language: zh-CN,zh;q=0.8
Cookie: JSESSIONID=144EFED6474EA40DFE7AE585EEC25D47
```

图 4-2　再次请求时附带的 Cookie 报头

通过 Cookie，服务器在接收到来自客户端浏览器的请求时，能够通过分析请求头的内容而得到客户端特有的信息，从而动态生成与该客户端相对应的内容。例如，在很多登录界面中可以看到"记住我"类似的选项，如果选中后，下次再访问该网站时就会自动记住用户名和密码。另外，一些网站根据用户的使用喜好，进行个性化的风格设置、广告投放等，这些功能都可以通过存储在客户端的 Cookie 实现。

注意

> 在使用 Cookie 时，要保证浏览器接受 Cookie。对 IE 浏览器设置方法是：选择浏览器的工具菜单→隐私→高级→接受选项。

Cookie 可以通过 javax.servlet.http.Cookie 类的构造方法来创建，其示例代码如下所示。

【示例】 Cookie 对象的创建

```
Cookie unameCookie = new Cookie("username","QST");
```

其中，Cookie 的构造方法通常需要两个参数：
- 第 1 个 String 类型的参数用于指定 Cookie 的属性名；
- 第 2 个 String 类型的参数用于指定属性值。

创建完成的 Cookie 对象，可以使用 HttpServletResponse 对象的 addCookie()方法，通过增加 Set-Cookie 响应头的方式（不是替换原有的）将其响应给客户端浏览器，存储在客户端机器上。生成的 Cookie 仅在当前浏览器有效，不能跨浏览器。示例代码如下所示。

【示例】 服务器向客户端响应 Cookie

```
response.addCookie(unameCookie);
```

其中，addCookie()方法中的参数为一个 Cookie 对象。存储在客户端的 Cookie，通过 HttpServletRequest 对象的 getCookies()方法获取，该方法返回所访问网站的所有 Cookie 的对象数组，遍历该数组可以获得各个 Cookie 对象。示例代码如下所示。

【示例】 获取并遍历客户端 Cookie

```
Cookie[] cookies = request.getCookie();
if(cookies != null)
for(Cookie c : cookies){
    out.println("属性名：" + c.getName());
    out.println("属性值" + c.getValue());
}
```

在默认情况下，Cookie 只能被创建它的应用获取。Cookie 的 setPath()方法可以重新指定其访问路径，例如将其设置为在某个应用下的某个路径共享，或者在同一服务器内的所有应用共享，如下述示例所示。

【示例】 设置 Cookie 在某个应用下的访问路径

```
unameCookie.setPath("/chapter04/jsp/");
```

【示例】 设置 Cookie 在服务器下所有应用的访问路径

```
unameCookie.setPath("/");
```

Cookie 有一定的存活时间，不会在客户端一直保存。默认情况下，Cookie 保存在浏览器内存中，在浏览器关闭时失效，这种 Cookie 也称为临时 Cookie（或会话 Cookie）。若要让其长久地保存在磁盘上，可以通过 Cookie 对象的 setMaxAge()方法设置其存活时间(以秒为单位)，时间若为正整数，表示其存活的秒数；若为负数，表示其为临时 Cookie；若为 0，表示通知浏览器删除相应的 Cookie。保存在磁盘上的 Cookie 也称为持久 Cookie。下述示例描述存活时间为 1 周的持久 Cookie。

【示例】 设置 Cookie 的存活时间

```
unameCookie.setMaxAge(7*24*60*60);//参数以秒为基本单位
```

下述代码演示使用 Cookie 记录用户最近一次访问时间及访问次数。

【代码 4-1】 CookieExampleServlet.java

```java
@WebServlet("/CookieExampleServlet")
public class CookieExampleServlet extends HttpServlet {
    private static final long serialVersionUID = 1L;

    public CookieExampleServlet() {
        super();
    }

    protected void doGet(HttpServletRequest request,
            HttpServletResponse response) throws ServletException, IOException {
        response.setContentType("text/html;charset=UTF-8");
        PrintWriter out = response.getWriter();

        SimpleDateFormat sdf = new SimpleDateFormat("yyyy-MM-dd HH:mm:ss");
        String nowTime = sdf.format(new Date());

        String lastVistTime = "";
        int vistedCount = 0;
        // 获取客户端浏览器保存的所有 Cookie
        Cookie[] cookies = request.getCookies();
        if (cookies != null)
            for (Cookie cookie : cookies) {
                // 判断是否为记录最近访问时间的 Cookie
                if ("lastVistTime".equals(cookie.getName())) {
                    lastVistTime = cookie.getValue();
                }
                // 判断是否为记录访问次数的 Cookie
                if ("vistedCount".equals(cookie.getName())) {
                    vistedCount = Integer.valueOf(cookie.getValue());
                }
            }
        // 若曾经访问过,输出上次访问时间
        if (!"".equals(lastVistTime))
            out.println("您上一次的访问时间是：" + lastVistTime);
        // 输出访问次数
        out.println("您是第" + (vistedCount + 1) + "次访问本网站");
        // 以本次访问时间重建同名新 Cookie
        Cookie lastVistTimeC = new Cookie("lastVistTime", nowTime);
        // 设置最大存活时间：一年
        lastVistTimeC.setMaxAge(365*24*60*60);
        // 以新访问次数重建同名新 Cookie
```

```
        Cookie visitCountC = new Cookie("vistedCount",
            String.valueOf(vistedCount + 1));
        // 设置最大存活时间：一年
        visitCountC.setMaxAge(365 * 24 * 60 * 60);
        // 将上述新建 Cookie 响应到客户端
        response.addCookie(lastVistTimeC);
        response.addCookie(visitCountC);
    }
}
```

启动服务器，在 IE 中访问 http://localhost:8080/chapter04/CookieExampleServlet，第 1 次请求后的显示结果和服务器的响应报文如图 4-3 和图 4-4 所示。

图 4-3　第 1 次请求后的显示结果

```
HTTP/1.1 200 OK
Server: Apache-Coyote/1.1
Set-Cookie: lastVistTime="2014-11-18 17:51:46"; Version=1; Max-Age=31536000; Expires=Wed, 18-Nov-2015 09:51:46 GMT
Set-Cookie: vistedCount=1; Expires=Wed, 18-Nov-2015 09:51:46 GMT
Content-Type: text/html;charset=UTF-8
Content-Length: 30
Date: Tue, 18 Nov 2014 09:51:46 GMT
```

图 4-4　第 1 次请求的响应报文

第 2 次请求显示结果如图 4-5 所示。请求报文如图 4-6 所示。响应报文如图 4-7 所示。

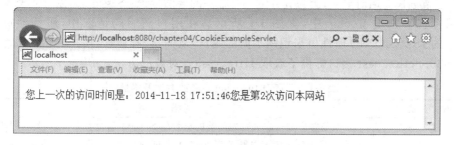

图 4-5　第 2 次请求后显示结果

```
GET /chapter04/CookieExampleServlet HTTP/1.1
Host: localhost:8080
Connection: keep-alive
Cache-Control: max-age=0
Accept: text/html,application/xhtml+xml,application/xml;q=0.9,image/webp,*/*;q=0.8
User-Agent: Mozilla/5.0 (Windows NT 6.1) AppleWebKit/537.36 (KHTML, like Gecko) Chrome/35.0.1916.114
Accept-Encoding: gzip,deflate,sdch
Accept-Language: zh-CN,zh;q=0.8
Cookie: lastVistTime="2014-11-18 17:51:46"; vistedCount=1
```

图 4-6　第 2 次请求的请求报文

```
HTTP/1.1 200 OK
Server: Apache-Coyote/1.1
Set-Cookie: lastVistTime="2014-11-18 17:53:47"; Version=1; Max-Age=31536000; Expires=Wed, 18-Nov-2015 09:53:47 GMT
Set-Cookie: vistedCount=2; Expires=Wed, 18-Nov-2015 09:53:47 GMT
Content-Type: text/html;charset=UTF-8
Content-Length: 112
Date: Tue, 18 Nov 2014 09:53:47 GMT
```

图 4-7　第 2 次请求的响应报文

上述实例效果只限于使用同一浏览器且允许 Cookie 下访问,这是由 Cookie 本身的局限性决定的。Cookie 的缺点主要集中在其安全性和隐私保护上,主要包括以下几种。

- Cookie 可能被禁用,当用户非常注重个人隐私保护时,很可能会禁用浏览器的 Cookie 功能;
- Cookie 是与浏览器相关的,这意味着即使访问的是同一个页面,不同浏览器之间所保存的 Cookie 也是不能互相访问的;
- Cookie 可能被删除,因为每个 Cookie 都是硬盘上的一个文件,因此很有可能被用户删除;
- Cookie 的大小和个数受限,单个 Cookie 保存的数据不能超过 4KB,很多浏览器都限制一个站点最多保存 20 个 Cookie;
- Cookie 安全性不够高,所有的 Cookie 都是以纯文本的形式记录于文件中,因此如果要保存用户名密码等信息时,最好事先经过加密处理。

4.2.2　Session 技术

Session 技术是指使用 HttpSession 对象实现会话跟踪的技术,是一种在服务器端保持会话跟踪的解决方案。HttpSession 对象是 javax.servlet.http.HttpSession 接口的实例,也称为会话对象,该对象用来保存单个用户访问时的一些信息,是服务器在无状态的 HTTP 协议下用来识别和维护具体某个用户的主要方式。

HttpSession 对象会在用户第 1 次访问服务器时由容器创建(注意只有访问 JSP、Servlet 等程序时才会创建,只访问 HTML、IMAGE 等静态资源并不会创建),当用户调用其失效方法(invalidate()方法)或超过其最大不活动时间时会失效。在此期间,用户与服务器之间的多次请求都属于同一个会话。

服务器在创建会话对象时,会为其分配一个唯一的会话标识:SessionId,以"JSESSIONID"的属性名保存在客户端 Cookie 中(如图 4-1 所示),在用户随后的请求中,服务器通过读取 Cookie 中的 JSESSIONID 属性值来识别不同的用户,从而实现对每个用户的会话跟踪。

HttpServletRequest 接口提供了获取 HttpSession 对象的方法,如表 4-1 所示。

表 4-1　获取 HttpSession 对象的方法及描述

方　　法	描　　述
getSession()	获取与客户端请求关联的当前的有效的 Session,若没有 Session 关联则新建一个
getSession(boolean create)	获取与客户端请求关联的当前的有效的 Session,若没有 Session 关联,当参数为真时,Session 被新建,为假时,返回空值

获取一个会话对象的示例代码如下所示。

【示例】　获取会话对象

```
HttpSession session = request.getSession();
```

或

```
HttpSession session = request.getSession(true);
```

HttpSession 接口提供了存取会话域属性和管理会话生命周期的方法,如表 4-2 所示。

表 4-2　HttpSession 接口常用方法及描述

方　　法	描　　述
void setAttribute(String key,Object value)	以 key/value 的形式将对象保存在 HttpSession 对象中
Object getAttribute(String key)	通过 key 获取对象值
void removeAttribute(String key)	从 HttpSession 对象中删除指定名称 key 所对应的对象
void invalidate()	设置 HttpSession 对象失效
void setMaxInactiveInterval(int interval)	设定 HttpSession 对象的非活动时间(以秒为单位),若超过这个时间,HttpSession 对象将会失效
int getMaxInactiveInterval()	获取 HttpSession 对象的有效非活动时间(以秒为单位)
String getId()	获取 HttpSession 对象标识 sessionid
long getCreationTime()	获取 HttpSession 对象产生的时间,单位是毫秒
long getLastAccessedTime()	获取用户最后通过这个 HttpSession 对象送出请求的时间

其中,存取会话域属性数据的方法示例如下所示。

【示例】　存取会话域属性

```
//存储会话域属性"username",值为"QST"
session.setAttribute("username","QST");
//通过属性名"username"从会话域中获取属性值
String uname = (String)session.getAttribute("username");
//通过属性名将属性从会话域中移除
session.removeAttribute("username");
```

HttpSession 接口用于管理会话生命周期的方法示例如下所示。

【示例】　获取会话的最大不活动时间

```
int time = session.getMaxInactiveInterval();        //单位为秒
```

会话的最大不活动时间指会话超过此时间段不进行任何操作,会话自动失效的时间。HttpSession 对象的最大不活动时间与容器配置有关,对于 Tomcat 容器,默认时间为 1800 秒。实际开发中,可以根据业务需求,通过 web.xml 重新设置该时间,设置方式如下所示。

【示例】　在 web.xml 中设置会话最大不活动时间

```
<session-config>
    <session-timeout>10</session-timeout><!-- 单位为分钟 -->
</session-config>
```

其中设置时间的单位为分钟。

除了此种方式外,还可以通过会话对象的 setMaxInactiveInterval()方法设置,示例如下。

【示例】　使用代码设置会话最大不活动时间

```
session.setMaxInactiveInterval(600);                //单位为秒
```

会话对象除了在超过最大不活动时间自动失效外,也可以通过调用 invalidate()方法让其立即失效。示例代码如下所示。

【示例】　设置会话立即失效

```
session.invalidate();
```

服务器在执行会话失效代码后,会清除会话对象及其所有会话域属性,同时响应客户端浏览器清除 Cookie 中的 JSESSIONID。在实际应用中,此方法多用来实现系统的"安全退出",使客户端和服务器彻底结束此次回话,清除所有会话相关信息,防止会话劫持等黑客攻击。

> **注意**
>
> 一般认为通过关闭浏览器即可结束本次会话,这种说法是错误的。在浏览器关闭后,仅客户端浏览器的会话 Cookie 失效(包括 jsessionid 属性),若会话的最大不活动时间还未达到,存储在服务器端的会话对象仍会存在,这就为会话攻击提供了可能。因此在实际应用中,尽可能引导用户通过"安全退出"结束本次会话或者将会话最大不活动时间缩短。

下述代码演示使用 Session 实现一个购物车。其中代码 4-2 bookChoose.jsp 页面用于让用户选择需要放入购物车的书籍,代码 4-3 ShoppingCarServlet.java 用于将书籍存入购物车,代码 4-4 ShoppingListServlet.java 用于从购物车中取出书籍进行显示。

【代码 4-2】 bookChoose.jsp

```jsp
<%@ page language = "java" contentType = "text/html; charset = UTF - 8"
    pageEncoding = "UTF - 8" %>
<!DOCTYPE html PUBLIC " - //W3C//DTD HTML 4.01 Transitional//EN"
"http://www.w3.org/TR/html4/loose.dtd">
<html>
<head>
<meta http - equiv = "Content - Type" content = "text/html; charset = UTF - 8">
<title>书籍选购</title>
</head>
<body>
<h2>请选择您要购买的书籍:</h2>
<form action = "ShoppingCarServlet" method = "post">
<p><input type = "checkbox" name = "book" value = "JavaSE 应用与开发">JavaSE 应用与开发</p>
<p><input type = "checkbox" name = "book" value = "JavaWeb 应用与开发">JavaWeb 应用与开发</p>
<p><input type = "checkbox" name = "book" value = "JavaEE 应用与开发">JavaEE 应用与开发</p>
<p><input type = "submit" value = "提交"></p>
</form>
</body>
</html>
```

启动服务器,在 IE 中访问 http://localhost:8080/chapter04/bookChoose.jsp,运行结果如图 4-8 所示。

图 4-8　bookChoose.jsp 运行结果

实现购物车功能的 ShoppingCarServlet 代码如下所示。

【代码 4-3】 **ShoppingCarServlet. java**

```java
@WebServlet("/ShoppingCarServlet")
public class ShoppingCarServlet extends HttpServlet {

    protected void doPost(HttpServletRequest request,
            HttpServletResponse response) throws ServletException, IOException {
        request.setCharacterEncoding("UTF-8");
        response.setContentType("text/html;charset=UTF-8");
        PrintWriter out = response.getWriter();

        // 获取会话对象
        HttpSession session = request.getSession();

        // 从会话域中获取 shoppingCar 属性对象(即购物车)
        // 对象定义为 Map 类型,key 为书名,value 为购买数量
        Map<String, Integer> car = (Map<String, Integer>) session
                .getAttribute("shoppingCar");
        // 若会话域中无 shoppingCar 属性对象,则实例化一个
        if (car == null) {
            car = new HashMap<String, Integer>();
        }
        // 获取用户选择的书籍
        String[] books = request.getParameterValues("book");
        if (books != null && books.length > 0) {
            for (String bookName : books) {
                // 判断此书籍是否已在购物车中
                if (car.get(bookName) != null) {
                    int num = car.get(bookName);
                    car.put(bookName, num + 1);
                } else {
                    car.put(bookName, 1);
                }
            }
        }
        // 将更新后的购物车存储在会话域中
        session.setAttribute("shoppingCar", car);
        response.sendRedirect("ShoppingListServlet");
    }
}
```

在 ShoppingListServlet 中,从会话域中取出购物车,对其存储的货物进行遍历显示,代码如下所示。

【代码 4-4】 **ShoppingListServlet. java**

```java
@WebServlet("/ShoppingListServlet")
public class ShoppingListServlet extends HttpServlet {

    protected void doGet(HttpServletRequest request,
            HttpServletResponse response) throws ServletException, IOException {
        this.doPost(request, response);
    }
```

```java
protected void doPost(HttpServletRequest request,
        HttpServletResponse response) throws ServletException, IOException {
    response.setContentType("text/html;charset=UTF-8");
    PrintWriter out = response.getWriter();

    HttpSession session = request.getSession();
    Map<String, Integer> car = (Map<String, Integer>) session
            .getAttribute("shoppingCar");

    if (car != null && car.size() > 0) {
        out.println("<p>您购买的书籍有：</p>");
        // 遍历显示购物车中的书籍名称和选择次数
        for (String bookName : car.keySet()) {
            out.println("<p>" + bookName + " , " + car.get(bookName)
                    + " 本</p>");
        }
    } else {
        out.println("<p>您还未购买任何书籍!</p>");
    }
    out.println("<p><a href = 'bookChoose.jsp'>继续购买</a></p>");
}
```

在用户对图 4-8 书籍选择的表单提交后,运行结果如图 4-9 所示。

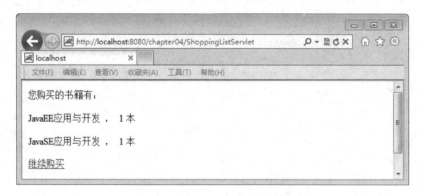

图 4-9　表单提交后的运行结果

4.2.3　URL 重写技术

URL 重写是指服务器程序对接收的 URL 请求重新写成网站可以处理的另一个 URL 的过程。URL 重写技术是实现动态网站会话跟踪的重要保障。在实际应用中,当不能确定客户端浏览器是否支持 Cookie 的情况下,使用 URL 重写技术可以对请求的 URL 地址追加会话标识,从而实现用户的会话跟踪功能。

例如,对于如下格式的请求地址：

http://localhost:8080/chapter04/EncodeURLServlet

经过 URL 重写后,地址格式变为：

http://localhost:8080/chapter04/EncodeURLServlet;jsessionid = 24666BB458B4E0A68068CC49A97FC4A9

其中"jsessionid"即为追加的会话标识,服务器即通过它来识别跟踪某个用户的访问。

URL 重写通过 HttpServletResponse 的 encodeURL()方法和 encodeRedirectURL()方法实现,其中 encodeRedirectURL()方法主要对使用 sendRedirect()方法的 URL 进行重写。URL 重写方法根据请求信息中是否包含 Set-Cookie 请求头来决定是否进行 URL 重写,若包含该请求头,会将 URL 原样输出;若不包含,则会将会话标识重写到 URL 中。

URL 重写的示例代码如下所示。

【示例】 encodeURL()方法的使用

```
out.Print("<a href = '" + resPonse.encodeURL("Encode URLServlet") + "'>链接请求</a>")
```

【示例】 encodeRedirectURL()方法的使用

```
response.sendRedirect(response.encodeRedirectURL("EncodeURLServlet"));
```

下述代码演示在浏览器 Cookie 禁用后,普通请求和重定向请求的 URL 重写方法以及重写后会话标识"jsessionid"的跟踪情况。

如图 4-10 所示,演示对 IE 浏览器 Cookie 的禁用设置。

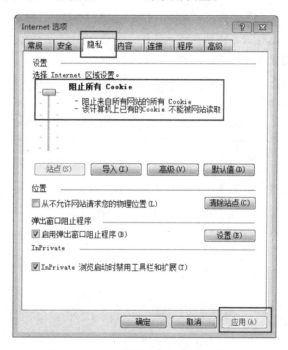

图 4-10　IE 浏览器 Cookie 的禁用设置

下述代码演示对两个普通 Servlet 请求进行 URL 重写。

【代码 4-5】 UrlRewritingServlet.java

```java
@WebServlet("/UrlRewritingServlet")
public class UrlRewritingServlet extends HttpServlet {

    protected void doGet(HttpServletRequest request,
            HttpServletResponse response) throws ServletException, IOException {
        response.setContentType("text/html;charset = UTF - 8");
```

```java
        PrintWriter out = response.getWriter();
        // 获取会话对象
        HttpSession session = request.getSession();

        // 对 CommonServlet 和 UseRedirectServlet 两个请求地址进行 URL 重写
        String link1 = response.encodeURL("CommonServlet");
        String link2 = response.encodeURL("UseRedirectServlet");
        // 使用超链接形式对 URL 重写地址进行请求
        out.println("<a href = '" + link1 + "'>对一个普通 Servlet 的请求</a>");
        out.println("<a href = '" + link2 + "'>对一个含有重定向代码的 Servlet 的请求</a>");
    }

}
```

启动服务器,在 IE 中访问 http://localhost:8080/chapter04/UrlRewritingServlet,运行结果和页面源代码如图 4-11 所示。

图 4-11 UrlRewritingServlet.java 运行结果

从运行结果可以看出,两个 Servlet 请求地址经 URL 重写后,都被附加了 jsessionid 标识。下述代码演示第 1 个超链接请求的 CommonSevlet 对会话标识的获取。

【代码 4-6】 CommonServlet.java

```java
@WebServlet("/CommonServlet")
public class CommonServlet extends HttpServlet {

    protected void doGet(HttpServletRequest request, HttpServletResponse response) throws ServletException, IOException {
        PrintWriter out = response.getWriter();
        // 获取经 URL 重写传递来的会话标识值
        String sessionId = request.getSession().getId();
        out.println(sessionId);
    }

}
```

单击图 4-11 中第 1 个超链接,运行结果如图 4-12 所示。
下述代码演示图 4-11 中第 2 个超链接 UseRedirectServlet 对重定向 URL 的重写方法。

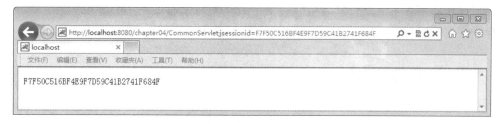

图 4-12　CommonServlet.java 运行结果

【代码 4-7】　**UseRedirectServlet.java**

```
@WebServlet("/UseRedirectServlet")
public class UseRedirectServlet extends HttpServlet {
    protected void doGet(HttpServletRequest request, HttpServletResponse response) throws ServletException, IOException {
        // 对重定向的 URL 进行重写
        String encodeURL = response.encodeRedirectURL("CommonServlet");
        // 进行重定向
        response.sendRedirect(encodeURL);
    }
}
```

单击图 4-11 中第 2 个超链接，可以发现运行结果与图 4-12 完全相同。

由此实例可以看出，在客户端浏览器完全禁用了 Cookie 后，通过在请求地址后附加会话标识的 URL 重写技术仍可实现会话的跟踪。但使用此种方式，有以下几个方面需要注意：

- 如果应用需要使用 URL 重写，那么必须对应用的所有请求（包括所有的超链接、表单的 action 属性值和重定向地址）都进行重写，从而将 jsessionid 维持下来；
- 由于浏览器对 URL 地址长度的限制，特别是在对含有查询参数的 GET 请求进行 URL 重写时，需要注意其总长度；
- 由于静态页面不能进行会话标识的传递，因此所有的 URL 地址都必须为动态请求地址。

4.2.4　隐藏表单域

利用 Form 表单的隐藏表单域，可以在完全脱离浏览器对 Cookie 的使用限制以及在用户无法从页面显示看到隐藏标识的情况下，将标识随请求一起传送给服务器处理，从而实现会话的跟踪。

设置隐藏表单域的示例代码如下所示。

【示例】　**在 Form 表单中定义隐藏域**

```
<form action = "xx" method = "post">
<input type = "hidden" name = "userID" value = "10010">
<input type = "submit" value = "提交">
</form>
```

在服务器端通过 HttpServletRequest 对象获取隐藏域的值，示例代码如下所示。

【示例】　**隐藏域的获取**

```
String flag = request.getParameter("userID");
```

由于使用隐藏表单域进行会话跟踪的基本前提是只能通过 Form 表单来传递标识信息，因此在实际应用中并不常用。

4.3 贯穿任务实现

4.3.1 【任务 4-1】完善注册验证码功能

本任务使用 Session 技术实现"Q-ITOffer"锐聘网站贯穿项目中的任务 4-1 完善注册验证码功能。该功能在任务 3-3 验证码生成功能的基础上，对以下组件进行了完善：

- ValidateCodeServlet.java：生成验证码的 Servlet，本任务在原有验证码生成后，将其保存到会话对象中，以便在注册时获取和验证；
- ApplicantRegisterServlet.java：求职者注册请求的 Servlet，本任务加入对注册请求的验证码的验证。

改进后的 ValidateCodeServlet.java 的代码实现如下。

【任务 4-1】 **ValidateCodeServlet.java**

```java
package com.qst.itoffer.servlet;

import java.awt.Color;
import java.awt.Font;
import java.awt.Graphics2D;
import java.awt.image.BufferedImage;
import java.io.IOException;
import java.util.Random;

import javax.imageio.ImageIO;
import javax.servlet.ServletException;
import javax.servlet.ServletOutputStream;
import javax.servlet.annotation.WebServlet;

/**
 * 验证码图像生成
 *
 * @author QST 青软实训
 *
 */
@WebServlet("/ValidateCodeServlet")
public class ValidateCodeServlet extends HttpServlet {
    private static final long serialVersionUID = 1L;

    public ValidateCodeServlet() {
        super();
    }
    protected void doGet(HttpServletRequest request,
            HttpServletResponse response) throws ServletException, IOException {
        // 设置响应头 Content-type 类型
        response.setContentType("image/jpeg");
        // 获取二进制数据输出流对象
        ServletOutputStream out = response.getOutputStream();
```

```java
        // 创建缓冲图像
        int width = 60;
        int height = 20;
        BufferedImage imgbuf = new BufferedImage(width, height,
                BufferedImage.TYPE_INT_RGB);
        Graphics2D g = imgbuf.createGraphics();
        // 设定背景色
        g.setColor(getRandColor(200, 250));
        // 设定图像形状及宽高
        g.fillRect(0, 0, width, height);
        // 随机产生100条干扰线,使图像中的认证码不易被其他程序探测到
        Random r = new Random();
        g.setColor(getRandColor(160, 200));
        for (int i = 0; i < 100; i++) {
            int x = r.nextInt(width);
            int y = r.nextInt(height);
            int xl = r.nextInt(12);
            int yl = r.nextInt(12);
            g.drawLine(x, y, x + xl, y + yl);
        }
        // 随机产生100个干扰点,使图像中的验证码不易被其他分析程序探测到
        g.setColor(getRandColor(120, 240));
        for (int i = 0; i < 100; i++) {
            int x = r.nextInt(width);
            int y = r.nextInt(height);
            g.drawOval(x, y, 0, 0);
        }
        // 随机产生0~9之间的4位数字验证码
        g.setFont(new Font("Times New Roman", Font.PLAIN, 18));
        String code = "";
        for (int i = 0; i < 4; i++) {
            String rand = String.valueOf(r.nextInt(10));
            code += rand;
            g.setColor(new Color(20 + r.nextInt(110), 20 + r.nextInt(110),
                    20 + r.nextInt(110)));
            g.drawString(rand, 13 * i + 6, 16);
        }
        // 将验证码保存到session中
        request.getSession().setAttribute("SESSION_VALIDATECODE", code);
        // 输出图像
        ImageIO.write(imgbuf, "JPEG", out);
        out.close();
    }
    protected void doPost(HttpServletRequest request,
            HttpServletResponse response) throws ServletException, IOException {
    }
    // 获取指定范围的随机颜色
    private Color getRandColor(int fc, int bc) {
        Random random = new Random();
        if (fc > 255)
            fc = 255;
        if (fc < 0)
            fc = 0;
        if (bc > 255)
            bc = 255;
```

```
            if (bc < 0)
                bc = 0;
            int r = fc + random.nextInt(bc - fc);
            int g = fc + random.nextInt(bc - fc);
            int b = fc + random.nextInt(bc - fc);
            return new Color(r, g, b);
        }
    }
```

加入对验证码验证功能后的 ApplicantRegisterServlet.java 的代码流程如图 4-13 所示。

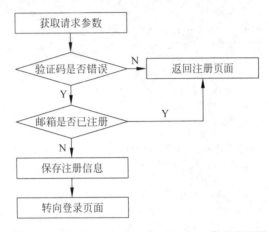

图 4-13　ApplicantRegisterServlet.java 代码流程图

ApplicantRegisterServlet.java 的代码实现如下。

【任务 4-1】　ApplicantRegisterServlet.java

```java
package com.qst.itoffer.servlet;
import com.qst.itoffer.bean.Applicant;
import com.qst.itoffer.dao.ApplicantDAO;
/**
 * 求职者注册功能实现
 * @author QST 青软实训
 */
@WebServlet("/ApplicantRegisterServlet")
public class ApplicantRegisterServlet extends HttpServlet {
    ...
    protected void doPost(HttpServletRequest request,
            HttpServletResponse response) throws ServletException, IOException {
        ...
        // 获取请求参数
        String email = request.getParameter("email");
        String password = request.getParameter("password");
        String verifyCode = request.getParameter("verifyCode");
        // 判断验证码是否正确
        String sessionValidateCode =
            (String)request.getSession().getAttribute("SESSION_VALIDATECODE");
        if(!sessionValidateCode.equals(verifyCode)){
            out.print("<script type = 'text/javascript'>");
            out.print("alert('请正确输入验证码!');");
```

```
                out.print("window.location = 'register.html';");
                out.print("</script>");
        }else{
            ...
        }
    }
}
```

4.3.2 【任务4-2】完善登录功能

本任务使用 Session 技术实现 Q-ITOffer 锐聘网站贯穿项目中的任务 4-2 完善登录功能。该功能在代码 2-2 求职者登录功能的基础上,改进和增加了以下组件:

- ApplicantLoginServlet.java：求职者登录请求的 Servlet,在登录信息验证成功后,增加对求职者信息进行会话跟踪功能,同时在登录成功后判断用户是否已拥有简历,若已有简历,增加对简历的会话跟踪以方便后期对简历的维护。
- Applicant.java：求职者信息实体类,负责封装和存取求职者信息。

改进后的 ApplicantLoginServlet.java 的代码流程图如图 4-14 所示。

改进后的 ApplicantLoginServlet.java 的代码实现如下。

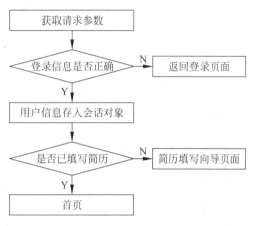

图 4-14　ApplicantLoginServlet.java 的代码流程图

【任务4-2】　**ApplicantLoginServlet.java**

```
package com.qst.itoffer.servlet;
import com.qst.itoffer.bean.Applicant;
import com.qst.itoffer.dao.ApplicantDAO;
/**
 * 求职者登录功能实现
 *
 * @author QST青软实训
 *
 */
@WebServlet("/ApplicantLoginServlet")
public class ApplicantLoginServlet extends HttpServlet {
    ...
    protected void doPost(HttpServletRequest request,
            HttpServletResponse response) throws ServletException, IOException {
        ...
        // 登录验证
        ApplicantDAO dao = new ApplicantDAO();
        int applicantID = dao.login(email, password);
        if (applicantID != 0) {
            // 用户登录成功,将求职者信息存入会话对象
            Applicant applicant = new Applicant(applicantID, email, password);
            request.getSession().setAttribute("SESSION_APPLICANT", applicant);
```

```
            // 判断是否已填写简历
            int resumeID = dao.isExistResume(applicantID);
            if (resumeID != 0){
                // 若已有简历,则将简历标识存入会话对象
                request.getSession()
                            .setAttribute("SESSION_RESUMEID",resumeID);
                // 若简历已存在,跳到首页
                response.sendRedirect("index.html");
            }else
                // 若简历不存在,则跳到简历填写向导页面
                response.sendRedirect("applicant/resumeGuide.html");
        ...
    }
}
```

上述 ApplicantLoginServlet 中用于封装求职者信息的实体类的代码如下。

【任务 4-2】 Applicant.java

```java
package com.qst.itoffer.bean;
import java.util.Date;
/**
 * 求职者实体类
 * @author QST 青软实训
 */
public class Applicant {
    // 求职者标识
    private int applicantId;
    // 求职者邮箱
    private String applicantEmail;
    // 求职者密码
    private String applicantPwd;
    // 求职者注册时间
    private Date applicantRegistDate;

    public Applicant() {
        super();
    }
    public Applicant(int applicantId, String applicantEmail,
                    String applicantPwd) {
        super();
        this.applicantId = applicantId;
        this.applicantEmail = applicantEmail;
        this.applicantPwd = applicantPwd;
    }
    …// 省略属性的设置和取值方法
}
```

4.3.3 【任务 4-3】完善简历添加功能

本任务使用 Session 技术实现"Q-ITOffer"贯穿项目中的任务 4-3 完善简历添加功能。该功能在任务 3-1 简历信息添加和任务 3-2 简历照片上传功能基础上,使用会话跟踪技术对以下组件进行完善:

- ResumeBasicinfoServlet.java：简历基本信息添加请求的Servlet,本任务从会话对象中获取用户标识完成此用户的简历添加功能,同时将新添加的简历标识存入会话对象中方便后续对此简历的操作。
- ResumePicUploadServlet.java：简历照片上传请求的Servlet,本任务从会话对象中获取当前用户的简历标识进行照片名称的更新。

改进后的 ResumeBasicinfoServlet.java 的代码流程如图 4-15 所示。

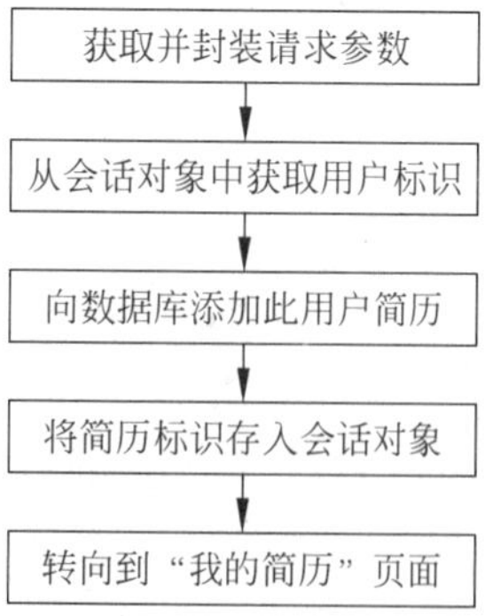

改进后的 ResumeBasicinfoServlet.java 的代码实现如下。

图 4-15 ResumeBasicinfoServlet 代码流程图

【任务 4-3】 ResumeBasicinfoServlet.java

```java
package com.qst.itoffer.servlet;
import com.qst.itoffer.bean.Applicant;
import com.qst.itoffer.bean.ResumeBasicinfo;
import com.qst.itoffer.dao.ResumeDAO;
/**
 * 简历基本信息操作 Servlet
 * @author QST 青软实训
 */
@WebServlet("/ResumeBasicinfoServlet")
public class ResumeBasicinfoServlet extends HttpServlet {
    ...
    protected void doPost(HttpServletRequest request,
            HttpServletResponse response) throws ServletException, IOException {
        // 设置请求和响应编码
        request.setCharacterEncoding("UTF-8");
        response.setContentType("text/html;charset=UTF-8");
        // 获取请求操作类型
        String type = request.getParameter("type");
        // 简历添加操作
        if ("add".equals(type)) {
            // 封装请求数据
            ResumeBasicinfo basicinfo = this.requestDataObj(request);
            // 从会话对象中获取当前登录用户标识
            Applicant applicant =
            (Applicant)request.getSession().getAttribute("SESSION_APPLICANT");
            // 向数据库中添加当前用户的简历
            ResumeDAO dao = new ResumeDAO();
            int basicinfoID = dao.add(basicinfo, applicant.getApplicantId());
            // 将简历标识存入会话对象中
            request.getSession().setAttribute("SESSION_RESUMEID",basicinfoID);
            // 操作成功,跳回"我的简历"页面
            response.sendRedirect("applicant/resume.html");
        }
    }
    ...
}
```

使用会话跟踪技术改进后的 ResumePicUploadServlet.java 的代码流程图如图 4-16 所示。

Java Web技术及应用

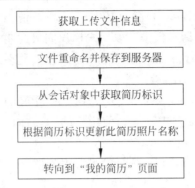

图 4-16 ResumePicUploadServlet 代码流程图

ResumePicUploadServlet.java 的代码实现如下。

【任务 4-3】 ResumePicUploadServlet.java

```java
package com.qst.itoffer.servlet;
import javax.servlet.http.Part;
import com.qst.itoffer.bean.Applicant;
import com.qst.itoffer.dao.ResumeDAO;
/**
 * 简历头像图片上传
 * @author QST青软实训
 */
@WebServlet("/ResumePicUploadServlet")
@MultipartConfig
public class ResumePicUploadServlet extends HttpServlet {
    ...
    protected void doPost(HttpServletRequest request,
            HttpServletResponse response) throws ServletException, IOException {
        request.setCharacterEncoding("UTF-8");
        response.setContentType("text/html;charset=UTF-8");
        // 获取上传文件域
        Part part = request.getPart("headShot");
        // 获取上传文件名称
        String fileName = part.getSubmittedFileName();
        // 为防止上传文件重名,对文件进行重命名
        String newFileName = System.currentTimeMillis()
                + fileName.substring(fileName.lastIndexOf("."));
        // 将上传的文件保存在服务器项目发布路径的 applicant/images 目录下
        String filepath = getServletContext().getRealPath("/applicant/images");
        System.out.println("头像保存路径为: " + filepath);
        File f = new File(filepath);
        if (!f.exists())
            f.mkdirs();
        part.write(filepath + "/" + newFileName);
        // 从会话对象中获取当前用户简历标识
        int resumeID =
                (Integer)request.getSession().getAttribute("SESSION_RESUMEID");
        // 更新简历照片
        ResumeDAO dao = new ResumeDAO();
        dao.updateHeadShot(resumeID, newFileName);
        // 照片更新成功,回到"我的简历"页面
        response.sendRedirect("applicant/resume.html");
    }
}
```

4.3.4 【任务 4-4】使用 Cookie 记住登录信息

本任务使用 Cookie 技术实现"Q-ITOffer"贯穿项目中的任务 4-4 使用 Cookie 记住登录信息功能。该功能在任务 4-2 完善登录功能基础上使用 Cookie 技术对以下组件进行功能扩充。

- login.jsp：求职者登录页面（由 login.html 改造），本任务使用 JSP 脚本实现对 Cookie 的读取以及给表单输入控件赋初始值的功能（由于 JSP 脚本相关内容在后续章节才会介绍，这里只需了解脚本中 Java 代码含义即可）。
- ApplicantLoginServlet.java：求职者登录请求的 Servlet，本任务根据用户是否记住登录信息的选择向客户端添加和清除保存用户登录信息的 Cookie。
- CookieEncryptTool.java：加解密工具类，使用 Base64 编码对 Cookie 信息进行加解密，从而使存储的信息不易被人直接识别。

改进后的 login.jsp 的代码实现如下。

【任务 4-4】 login.jsp

```jsp
<%@ page language="java" contentType="text/html; charset=UTF-8"
    pageEncoding="UTF-8" %>
<html>
<head>
<meta http-equiv="Content-Type" content="text/html; charset=UTF-8">
<title>登录 - 锐聘网</title>
<link href="css/base.css" type="text/css" rel="stylesheet" />
<link href="css/login.css" type="text/css" rel="stylesheet" />
</head>
<body>
<%
String applicantEmail = "";
String applicantPwd = "";
// 从客户端读取 Cookie
Cookie[] cookies = request.getCookies();
if (cookies != null) {
  for (Cookie cookie : cookies) {
    if ("COOKIE_APPLICANTEMAIL".equals(cookie.getName())) {
      // 解密获取存储在 Cookie 中的求职者 E-mail
      applicantEmail = com.qst.itoffer.util.CookieEncryptTool
          .decodeBase64(cookie.getValue());
    }
    if ("COOKIE_APPLICANTPWD".equals(cookie.getName())) {
      // 解密获取存储在 Cookie 中的求职者登录密码
      applicantPwd = com.qst.itoffer.util.CookieEncryptTool
                    .decodeBase64(cookie.getValue());
    }
  }
}
%>
  <!-- 网站公共头部 -->
  <iframe src="top.jsp" width="100%" height="100" scrolling="no"
      frameborder="0"></iframe>
  <!-- 登录部分开始 -->
  <div class="content">
    <div class="page_name">登录</div>
```

```html
<div class = "login_content">
    <!-- 登录表单开始 -->
    <form action = "ApplicantLoginServlet" method = "post"
        onsubmit = "return validate();">
        <div class = "login_l">
            <p class = "font14" style = "color: gray">使用注册邮箱登录</p>
            <div class = "span1">
                <label class = "tn-form-label">邮箱: </label>
                <input class = "tn-textbox" type = "text"
                    name = "email" id = "email" value = "<% = applicantEmail %>">
            </div>
            <div class = "span1">
                <label class = "tn-form-label">密码: </label>
                <input class = "tn-textbox" type = "password"
                    name = "password" id = "password"
                    value = "<% = applicantPwd %>">
            </div>
            <div class = "tn-form-row-button">
                <div class = "span1">
                <input name = "submit" type = "submit"
                    class = "tn-button-text" value = "登    录">
                <span class = "it-register-text">
                <input checked = "checked" name = "rememberMe"
                    id = "rememberMe" class = "tn-checkbox"
                    type = "checkbox" value = "true">
                <label for = "RememberPassword" style = "color: gray">
                    记住密码</label></span>
                </div>
            </div>
        </div>
    </form>
...
```

若用户选择记住登录信息,则 login.jsp 的最终运行效果如图 4-17 所示。

图 4-17 login.jsp 运行效果图

增加使用 Cookie 记住登录信息后的 ApplicantLoginServlet.java 的代码流程如图 4-18 所示。

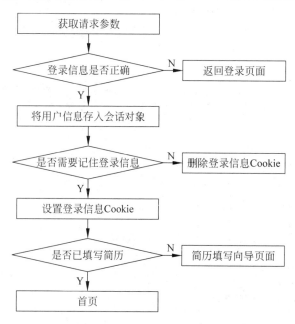

图 4-18 ApplicantLoginServlet 代码流程图

ApplicantLoginServlet.java 的具体代码实现如下。

【任务 4-4】 ApplicantLoginServlet.java

```java
package com.qst.itoffer.servlet;
import com.qst.itoffer.bean.Applicant;
import com.qst.itoffer.dao.ApplicantDAO;
import com.qst.itoffer.util.CookieEncryptTool;
/**
 * 求职者登录功能实现
 * @author QST 青软实训
 */
@WebServlet("/ApplicantLoginServlet")
public class ApplicantLoginServlet extends HttpServlet {
    ...
    protected void doPost(HttpServletRequest request,
            HttpServletResponse response) throws ServletException, IOException {
        // 设置请求和响应编码
        request.setCharacterEncoding("UTF-8");
        response.setContentType("text/html;charset=UTF-8");
        PrintWriter out = response.getWriter();
        // 获取请求参数
        String email = request.getParameter("email");
        String password = request.getParameter("password");
        String rememberMe = request.getParameter("rememberMe");
        // 登录验证
        ApplicantDAO dao = new ApplicantDAO();
        int applicantID = dao.login(email, password);
        if (applicantID != 0) {
            // 用户登录成功,将求职者信息存入 session
            Applicant applicant = new Applicant(applicantID, email, password);
```

```java
        request.getSession().setAttribute("SESSION_APPLICANT", applicant);
        // 通过 Cookie 记住邮箱和密码
        rememberMe(rememberMe, email, password, request, response);
        // 判断是否已填写简历
        ...
    }
    private void rememberMe(String rememberMe, String email, String password,
            HttpServletRequest request, HttpServletResponse response) {
        // 判断是否需要通过 Cookie 记住邮箱和密码
        if ("true".equals(rememberMe)) {
            // 记住邮箱及密码
            Cookie cookie = new Cookie("COOKIE_APPLICANTEMAIL",
                    CookieEncryptTool.encodeBase64(email));
            cookie.setPath("/");
            cookie.setMaxAge(365 * 24 * 3600);
            response.addCookie(cookie);
            cookie = new Cookie("COOKIE_APPLICANTPWD",
                    CookieEncryptTool.encodeBase64(password));
            cookie.setPath("/");
            cookie.setMaxAge(365 * 24 * 3600);
            response.addCookie(cookie);
        } else {
            // 将邮箱及密码 Cookie 删除
            Cookie[] cookies = request.getCookies();
            if (cookies != null) {
                for (Cookie cookie : cookies) {
                    if ("COOKIE_APPLICANTEMAIL".equals(cookie.getName())
                            ||"COOKIE_APPLICANTPWD".equals(cookie.getName())) {
                        cookie.setMaxAge(0);
                        cookie.setPath("/");
                        response.addCookie(cookie);
                    }
                }
            }
        }
    }
}
```

在 ApplicantLoginServlet.java 中，使用 CookieEncryptTool 类对创建的 Cookie 信息进行加解密。CookieEncryptTool.java 的具体代码实现如下。

【任务 4-4】 CookieEncryptTool.java

```java
package com.qst.itoffer.util;
import java.io.UnsupportedEncodingException;
import org.apache.tomcat.util.codec.binary.Base64;
/**
 * 用 Base64 加解密保存在 Cookie 中的信息
 * 按照 RFC2045 的定义，Base64 被定义为：Base64 内容传送编码被设计用来把任意序列的 8 位字节
 *   描 述为一种不易被人直接识别的形式。
 * @author QST 青软实训
 */
public class CookieEncryptTool {
    /**
```

```java
 * Base64 加密
 * @param cleartext
 * @return
 */
public static String encodeBase64(String cleartext) {
    try {
        cleartext = new String(Base64.encodeBase64(cleartext
                .getBytes("UTF-8")));
    } catch (UnsupportedEncodingException e) {
        e.printStackTrace();
    }
    return cleartext;
}
/**
 * Base64 解密
 *
 * @param ciphertext
 * @return
 */
public static String decodeBase64(String ciphertext) {
    try {
        ciphertext = new String(Base64.decodeBase64(ciphertext.getBytes()),
                "UTF-8");
    } catch (UnsupportedEncodingException e) {
        e.printStackTrace();
    }
    return ciphertext;
}
}
```

本章总结

小结

- HTTP 协议是一种无状态协议，采用"连接-请求-应答-关闭连接"模式，不会一直与客户端保持联机的状态。
- 会话跟踪技术是一种在客户端与服务器间保持 HTTP 状态的解决方案。
- 会话跟踪技术的解决方案主要有 Cookie 技术、Session 技术、URL 重写技术和隐藏表单域技术。
- Cookie 是指某些网站为了辨别用户身份而储存在用户终端上的文本信息。
- 通过 Cookie，服务器在接收到来自客户端浏览器的请求时，能够通过分析请求头的内容而得到客户端特有的信息，从而动态生成与该客户端相对应的内容。
- Session 技术是指使用 HttpSession 对象实现会话跟踪的技术。
- Session 技术用来保存单个用户访问时的信息，是识别和维护具体某个用户的主要方式。
- HttpSession 对象会在用户第 1 次访问服务器时由容器创建,在用户调用其失效方法或超过其最大不活动时间时失效。在此期间,用户与服务器之间的任意多次请求都属于一次会话生命周期。
- URL 重写是指服务器程序对接收的 URL 请求重新写成网站可以处理的另一个 URL 的过程。
- URL 重写技术是实现动态网站会话跟踪的重要保障。在实际应用中,当不能确定客户端浏览器是否支持 Cookie 的情况下,使用 URL 重写技术可以对请求的 URL 地址追加会话标识,从而实现用户的会话跟踪功能。
- 利用 Form 表单的隐藏表单域,可以在完全脱离浏览器对 Cookie 的使用限制以及在用户无法从页面显示看到隐藏标识的情况下,将标识随请求一起传送给服务器处理,从而实现会话的跟踪。

Q&A

1. 问题:什么是会话跟踪技术。

回答:会话跟踪技术是一种在客户端与服务器间保持 HTTP 状态的解决方案。从开发角度说,就是使上一次请求所传递的数据能够维持状态到下一次请求,并且辨认出是相同的客户端所发送出来的。会话跟踪技术的解决方案主要有 Cookie 技术、Session 技术、URL 重写技术和隐藏表单域技术。

2. 问题:会话 Cookie 和持久 Cookie 的区别。

回答:如果一个 Cookie 未设置过期时间,则这个 Cookie 在关闭浏览器窗口时就会消失,这种生命期为浏览会话期的 Cookie,被称为会话 Cookie。会话 Cookie 一般不存储在硬盘上,而是存储在内存里。如果设置了过期时间,浏览器就会把 Cookie 存储到硬盘上,关闭后再次打开浏览器,这些 Cookie 依然有效直到超过设定的过期时间。存储在硬盘上的 Cookie 也称为持久 Cookie,可以在不同的浏览器进程间共享,例如两个 IE 窗口。

3. 问题:Cookie 技术与 Session 技术的区别。

回答:(1) Cookie 数据存储在客户的浏览器上,Session 数据存储在服务器上。

(2) Cookie 存储在客户端,安全性较差,容易造成 Cookie 欺骗。

(3) Session 会在一定时间内存储在服务器上,但当访问量增多时,会造成服务器性能加重。而 Cookie 存储在客户端,不占用服务器内存。

(4) Cookie 的大小和个数受相关浏览器的限制,Session 的大小由服务器内存决定。

(5) Session 中存储的是对象,Cookie 中存储的是字符串。

(6) Session 不区分访问路径,同一个用户在访问一个网站期间,所有的请求地址都可以访问到 Session,而 Cookie 中如果设置了路径参数,那么同一个网站中不同路径下的 Cookie 互相访问是不到的。

(7) 在多数情况下,Session 需要借助 Cookie 才能正常工作,如果客户端完全禁止 Cookie,Session 将失效。

4. 问题:会话对象的生命周期。

回答:HttpSession 对象会在用户第 1 次访问服务器时由容器创建,在用户调用其失效方法或超过其最大不活动时间时失效。在此期间,用户与服务器之间的任意多次请求都属于一次会话生命周期。

5. 问题：何时使用 URL 重写技术。

回答：当不能确定客户端浏览器是否支持 Cookie 的情况下，使用 URL 重写技术可以对请求的 URL 地址追加会话标识，从而实现用户的会话跟踪功能。

本章练习

习题

1. 下列关于 Cookie 的说法正确的是_____。（多选）
   A. Cookie 存储在客户端
   B. Cookie 可以被服务器端程序修改
   C. Cookie 中可以存储任意长度的文本
   D. 浏览器可以关闭 Cookie 功能

2. 写入和读取 Cookie 的代码分别是_____。
   A. request.addCookies()和 response.getCookies()
   B. response.addCookie()和 request.getCookie
   C. response.addCookies()和 request.getCookies()
   D. response.addCookie()和 request.getCookies()

3. HttpServletRequest 的_____方法可以得到会话。（多选）
   A. getSession()
   B. getSession(boolean)
   C. getRequestSession()
   D. getHttpSession()

4. 下列选项可以关闭会话的是_____。（多选）
   A. 调用 HttpSession 的 close()方法
   B. 调用 HttpSession 的 invalidate()方法
   C. 等待 HttpSession 超时
   D. 调用 HttpServletRequest 的 getSession(false)方法

5. 在 HttpSession 中写入和读取数据的方法是_____。
   A. setParameter()和 getParameter()
   B. setAttribute()和 getAttribute()
   C. addAttribute()和 getAttribute()
   D. set()和 get()

6. 关于 HttpSession 的 getAttribute()和 setAttribute()方法，正确的说法是_____。（多选）
   A. getAttribute()方法返回类型是 String
   B. getAttribute()方法返回类型是 Object
   C. setAttribute()方法存储数据时如果名字重复会抛出异常
   D. setAttribute()方法存储数据时如果名字重复会覆盖以前的数据

7. 设置 session 的有效时间（也叫超时时间）的方法是_____。
   A. setMaxinactiveInterval(int interval)
   B. getAttributeName()
   C. setAttrlbuteName(Strlng name,java.lang.Object value)
   D. getLastAccessedTime()

上机

1. 训练目标：Cookie 技术的熟练使用。

培养能力	熟练使用 Cookie 技术		
掌握程度	★★★★★	难度	难
代码行数	300	实施方式	编码强化
结束条件	独立编写，运行出正确结果		

参考训练内容
（1）创建一个用户登录页面，提交请求到一个 Servlet；
（2）在 Servlet 中获取用户的登录信息，并将其存储到 Cookie 对象中，设置其生存期为 10 分钟；
（3）再创建一个 Servlet，读取并输出 Cookie 中存储的用户登录信息；
（4）分别在 Cookie 生存期间和结束时访问第 2 个 Servlet 观察结果变化

2. 训练目标：Session 技术的熟练使用。

培养能力	熟练使用 Session 技术		
掌握程度	★★★★★	难度	中
代码行数	300	实施方式	编码强化
结束条件	独立编写，运行出正确结果		

参考训练内容
（1）创建一个用户登录页面，提交请求到 AServlet；
（2）在 AServlet 中获取用户的登录信息，并将其存储到 Session 对象中；
（3）创建一个 BServlet，读取并输出 Session 中存储的用户登录信息；
（4）在用户登录页面中加入一个"安全退出"请求；
（5）创建 CServlet 处理"安全退出"请求；
（6）在退出前后分别运行观察 BServlet 运行结果

第 5 章 JSP 语法

本章任务完成 Q-ITOffer 锐聘网站的首页招聘企业展示、头文件的包含功能。具体任务分解如下。

- 【任务 5-1】 使用 JSP 脚本和表达式技术完成首页招聘企业展示功能。
- 【任务 5-2】 使用 include 动作元素实现对网站公共头文件的包含。

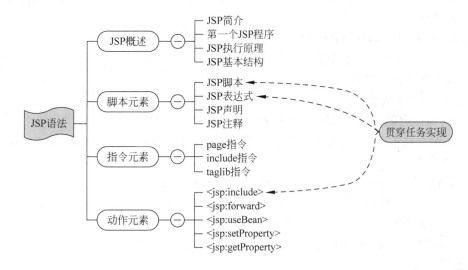

本章目标

知 识 点	Listen(听)	Know(懂)	Do(做)	Revise(复习)	Master(精通)
什么是 JSP	★	★			
JSP 页面的创建	★	★	★		
JSP 执行原理	★	★			
JSP 页面结构	★	★			
JSP 脚本元素	★	★	★	★	★
JSP 指令元素	★	★	★	★	★
JSP 动作元素	★	★	★	★	★

5.1 JSP 概述

5.1.1 JSP 简介

JSP(Java Sever Pages)是由 Sun Microsystems 公司倡导,多家公司一起参与建立的一种动态网页技术标准。Sun 公司于 1998 年发布 JSP 第 1 版,目前最新版本是随 Java EE 7 一起发布的 JSP 2.3 版。

JSP 是一种用于开发包含动态内容的 Web 页面的技术,与 Servlet 一样,也是一种基于 Java 的服务器端技术,主要用来产生动态网页内容。JSP 技术能够让网页开发人员轻松地编写功能强大、富有弹性动态内容的网页。

JSP 是一种服务器端脚本语言,其出现降低了 Servlet 编写页面的难度。JSP 本质上就是 Servlet,实际上 JSP 是首先被翻译成 Servlet 后才编译运行的,因此 JSP 能够实现 Servlet 所能够实现的所有功能。但与 Servlet 相比,JSP 在以下方面仍较 Servlet 有所擅长。

- JSP 可以使输出、阅读和维护 HTML 更为容易,而在 Servlet 中却需要大量的 out.print()语句来完成,而且难调试、易出错;
- JSP 页面的设计可以使用标准的 HTML 工具(如 Adobe DreamWeaver 或 Adobe GoLive)来完成,这样可以由专门的页面设计人员完成 HTML 的布局,而不需关注 Java 编程;
- JSP 通过标签库等机制能很好地与 HTML 结合,即使不了解 Servlet 的开发人员同样可以使用 JSP 开发动态页面。

JSP 技术具有以下优点。

- 一次编写,各处执行

作为 Java 平台的一部分,JSP 技术拥有 Java 语言"一次编写,各处执行"的特性。对于项目的服务器平台需求变更,可以使企业之前投入的经济成本以及项目程序影响度大为降低。

- 简单快捷

在传统的 HTML 网页文件(*.htm 或 *.html)中插入 Java 程序段(Scriptlet)和 JSP 标记(Tag),从而形成 JSP 文件。对于有 Web 基础的开发人员,只需学习一些简单的 Java 知识就可以快速掌握 JSP 的开发。通过开发或扩展 JSP 标签库,Web 页面开发人员能够通过如同 HTML 一样的标签语法来完成特定功能需求,而无须再写复杂的 Java 语法。

- 组件重用

JSP 页面可依赖于重复使用跨平台的组件(如 JavaBean 或 Enterprise JavaBean 组件)来执行更复杂的运算、数据处理。这些组件能够在多个 JSP 之间共享,由此加速了总体开发过程,方便维护和优化。

- 易于部署、升级和维护

JSP 容器能够对 JSP 的修改进行检测,自动翻译和编译修改后的 JSP 文件,无须手动完成。同时作为 B/S 架构的应用技术,JSP 项目更加易于部署、升级和维护。

5.1.2 第一个 JSP 程序

下述代码实现了一个显示当前服务器系统时间的 JSP 页面。

【代码 5-1】 showDate.jsp

```jsp
<%@ page language="java" contentType="text/html; charset=UTF-8"
    pageEncoding="UTF-8"%>
<!DOCTYPE html PUBLIC "-//W3C//DTD HTML 4.01 Transitional//EN" "http://www.w3.org/TR/html4/loose.dtd">
<html>
    <head>
        <meta http-equiv="Content-Type" content="text/html; charset=UTF-8">
        <title>第1个JSP页面</title>
    </head>
<body>
    <h1>您好!</h1>
    <%
        java.util.Date date = new java.util.Date();
        out.println("当前时间是: " + date.toLocaleString());
    %>
</body>
</html>
```

上述代码中,JSP 文件开头使用"<%@ page %>"指令进行页面设置,在该指令中,language 属性指定所使用的语言,contentType 属性指定服务器响应的内容的 MIME 类型和编码,pageEncoding 属性指定 JSP 页面的编码。

JSP 文件中大部分是 HTML 代码,在 HTML 代码的<body>标签体中,使用<% %>声明了一段 Java 脚本,脚本使用 Java 语法定义了一个 Date 对象用来封装当前系统时间,然后使用 JSP 的内置 out 对象将时间输出在脚本所在的页面位置处。

启动 Tomcat,在 IE 中访问 http://localhost:8080/chapter05/showDate.jsp,运行结果如图 5-1 所示。

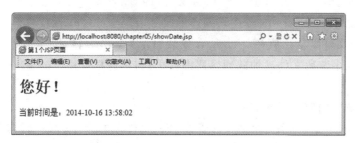

图 5-1 showDate.jsp 运行结果

通过浏览器查看"页面源文件",可看到服务器对 JSP 页面的执行输出结果内容。页面中的<% %>脚本都被解释成了 HTML 内容,如下所示:

```html
<!DOCTYPE html PUBLIC "-//W3C//DTD HTML 4.01 Transitional//EN"
    "http://www.w3.org/TR/html4/loose.dtd">
<html>
<head>
<meta http-equiv="Content-Type" content="text/html; charset=UTF-8">
<title>第1个JSP页面</title>
</head>
<body>
<h1>您好!</h1>
当前时间是: 2014-10-16 13:58:02
```

```
</body>
</html>
```

5.1.3 JSP 执行原理

JSP 同 Servlet 一样,都运行在 Servlet 容器中。当用户访问 JSP 页面时,JSP 页面的处理过程如图 5-2 所示。

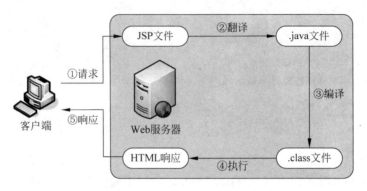

图 5-2　JSP 的执行过程(第 1 次请求)

图 5-2 所示的 JSP 执行过程可分为 5 个步骤,各步骤含义如下:

(1) 客户向服务器发送 JSP 页面请求。

(2) 容器接收到请求后检索对应的 JSP 页面,如果该 JSP 页面(或被修改后的 JSP 页面)是第 1 次被请求,则容器将此页面中的静态数据(HTML 文本)和动态数据(Java 脚本)全部转化成 Java 代码,使 JSP 文件翻译成一个 Java 文件,即 Servlet。

(3) 容器将翻译后的 Servlet 源代码编译形成字节码文件(.class),对于 Tomcat 服务器而言,生成的字节码文件默认存放在<Tomcat 安装目录>\work 目录下。

(4) 编译后的字节码文件被加载到容器内存中执行,并根据用户的请求生成 HTML 格式的响应内容。

(5) 容器将响应内容发送回客户端。

当同一个 JSP 页面再次被请求时,只要该 JSP 文件没有发生过改动,容器将直接调用已装载的字节码文件,而不会再执行翻译和编译的过程,从而大大提高了服务器的性能。此过程如图 5-3 所示。

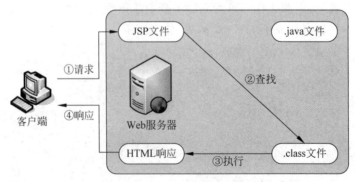

图 5-3　JSP 的执行过程(再次请求)

综上所述，JSP 整个执行流程如图 5-4 所示。

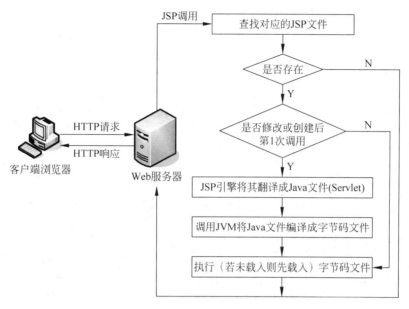

图 5-4 JSP 执行流程

在 JSP 执行过程中，由 JSP 文件翻译为 Servlet 的过程反映了 JSP 与 Servlet 的关系。下述代码为代码 5-1showDate.jsp 翻译后生成的 showDate_jsp.java 文件的源代码，由此可以看出 JSP 中的 HTML 代码和 Java 脚本是如何翻译为 Java 代码的。

【代码 5-2】 showDate_jsp.java 部分代码

```java
package org.apache.jsp;
import javax.servlet.*;
import javax.servlet.http.*;
import javax.servlet.jsp.*;

public final class showDate_jsp extends org.apache.jasper.runtime.HttpJspBase
    implements org.apache.jasper.runtime.JspSourceDependent {

  public void _jspService(final javax.servlet.http.HttpServletRequest request, final javax.servlet.http.HttpServletResponse response)
        throws java.io.IOException, javax.servlet.ServletException {

    final javax.servlet.jsp.PageContext pageContext;
    javax.servlet.http.HttpSession session = null;
    final javax.servlet.ServletContext application;
    final javax.servlet.ServletConfig config;
    javax.servlet.jsp.JspWriter out = null;
    final java.lang.Object page = this;
    javax.servlet.jsp.JspWriter _jspx_out = null;
    javax.servlet.jsp.PageContext _jspx_page_context = null;

    try {
      response.setContentType("text/html; charset=UTF-8");
      pageContext = _jspxFactory.getPageContext(this, request, response,
            null, true, 8192, true);
```

```
            _jspx_page_context = pageContext;
            application = pageContext.getServletContext();
            config = pageContext.getServletConfig();
            session = pageContext.getSession();
            out = pageContext.getOut();
            _jspx_out = out;

            out.write("\r\n");
            out.write("<!DOCTYPE html PUBLIC \" - //W3C//DTD HTML 4.01 Transitional//EN \" \"http://www.w3.org/TR/html4/loose.dtd \">\r \n");
            out.write("< html >\r \n");
            out.write("< head >\r \n");
            out.write("< meta http - equiv = \"Content - Type \" content = \"text/html; charset = UTF - 8 \">\r \n");
            out.write("<title>第 1 个 JSP 页面</title>\r \n");
            out.write("</head >\r \n");
            out.write("< body >\r \n");
            out.write("< h1 >您好!</h1 >\r \n");

java.util.Date date = new java.util.Date();
out.println("当前时间是: " + date.toLocaleString());

            out.write("\r \n");
            out.write("</body >\r \n");
            out.write("</html >");
      } catch (java.lang.Throwable t) {
        if (!(t instanceof javax.servlet.jsp.SkipPageException)){
          out = _jspx_out;
          if (out != null && out.getBufferSize() != 0)
            try {
              if (response.isCommitted()) {
                out.flush();
              } else {
                out.clearBuffer();
              }
            } catch (java.io.IOException e) {}
        }
      } finally {
        _jspxFactory.releasePageContext(_jspx_page_context);
      }
    }
  }
}
```

上述代码中的方法 _jspService(HttpServletRequest request, HttpServletResponse response)用来处理用户的请求,翻译过程中 JSP 网页的代码都在此方法中;同时,该 Java 文件所继承的 HttpJspBase 类又继承了 HttpServlet 类。

5.1.4 JSP 基本结构

JSP 页面就是带有 JSP 元素的常规 Web 页面,它由模板文本和 JSP 元素组成。在一个 JSP 页面中,所有非 JSP 元素的内容称为模板文本(template text)。模板文本可以是任何文本,如 HTML、XML,甚至可以是纯文本。JSP 并不依赖于 HTML,它可以采用任何一种标记语言。模板文本通常被直接传递给浏览器。在处理一个 JSP 页面请求时，模板文本和 JSP 元素所生成的内容会合并，合并后的结果将作为响应内容发送给浏览器。

JSP 有 3 种类型的元素：脚本元素（scripting element）、指令元素（directive element）和动作元素（action element）。具体各元素所包含的的内容如图 5-5 所示。

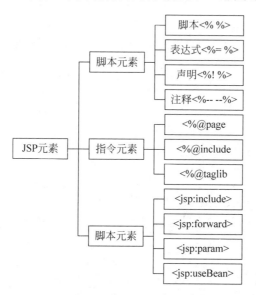

图 5-5　JSP 元素分类

5.2　脚本元素

脚本元素允许用户将小段的代码（一般情况下是 Java 代码）添加到 JSP 页面中，例如，可以加入一个 if 语句，以根据具体情况产生不同的 HTML 代码。脚本元素在页面被请求时执行。

JSP 脚本元素包括脚本、表达式、声明和注释。

5.2.1　JSP 脚本

所谓脚本代码（Scriptlet），就是 JSP 中的代码部分，在这个部分中可以使用几乎任何 Java 的语法。

【语法】

```
<% JSP 脚本 %>
```

【示例】　判断语句

```
<%
    if(Calendar.getInstance().get(Calendar.AM_PM) == Calendar.AM){
%>
上午好！
<%
    } else {
%>
```

下午好!
```
<%
    }
%>
```

【代码 5-3】 validateEmail.jsp

```jsp
<%@ page language="java" contentType="text/html; charset=UTF-8"
    pageEncoding="UTF-8"%>
<!DOCTYPE html PUBLIC "-//W3C//DTD HTML 4.01 Transitional//EN" "http://www.w3.org/TR/html4/loose.dtd">
<html>
<head>
<meta http-equiv="Content-Type" content="text/html; charset=UTF-8">
<title>Email格式验证</title>
</head>
<body>
<%
    String email = "qst@itshixun.com";
    if(email.indexOf("@") == -1){
%>
您的E-mail地址中没有@。<br>
<%
    }else if(email.indexOf(" ")!= -1){
%>
您的E-mail地址中含有非法的空格。
<%
    }else if(email.indexOf("@")!= email.lastIndexOf("@")){
%>
您的E-mail地址有两个以上的@符号<br>
<%
    }else{
%>
您的E-mail地址书写正确。
<%
    }
%>
</body>
</html>
```

启动服务器,在 IE 中访问 http://localhost:8080/chapter05/validateEmail.jsp,运行结果如图 5-6 所示。

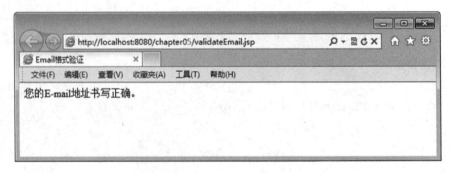

图 5-6 validateEmail.jsp 运行结果

> **注意**
>
> 在使用脚本元素时需要注意：如果JSP页面中加入了过多的Java代码，将会遇到与将HTML嵌入Servlet中同样的问题，不容易维护。

5.2.2 JSP表达式

JSP中的表达式可以被看作一种简单的输出形式，需要注意的是，表达式一定要有一个可以输出的值。

【语法】

```
<%=表达式%>
```

【示例】 使用JSP表达式显示当前时间

```
<%=(new java.util.Date()).toLocaleString() %>
```

【代码5-4】 multiplicationTable.jsp

```jsp
<%@ page language="java" contentType="text/html; charset=UTF-8"
    pageEncoding="UTF-8"%>
<!DOCTYPE html PUBLIC "-//W3C//DTD HTML 4.01 Transitional//EN" "http://www.w3.org/TR/html4/loose.dtd">
<html>
<head>
<meta http-equiv="Content-Type" content="text/html; charset=UTF-8">
<title>九九乘法表</title>
</head>
<body>
<%
    for(int i=1;i<10;i++){
%>
<p>
<%
    for(int j=1;j<=i;j++){
%>
<%=j+"*"+i+"="+(i*j) %>
<%
    }
%>
</p>
<%
    }
%>
</body>
</html>
```

启动服务器，在IE中访问http://localhost:8080/chapter05/multiplicationTable.jsp，运行结果如图5-7所示。

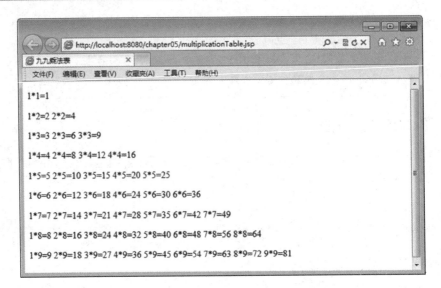

图 5-7　multiplicationTable.jsp 运行结果

5.2.3　JSP 声明

JSP 中的声明用于声明一个或多个变量和方法,并不输出任何的文本到输出流。在声明元素中声明的变量和方法将在 JSP 页面初始化时进行初始化。

【语法】

```
<%!JSP声明%>
```

【示例】　声明变量和方法

```
<%!int i = 0;%>
<%!public String f(int i){
    if(i<3)
        return ("…");
    return "";
}
%>
```

实际上,声明变量的语句完全可以放在脚本中,但放在<%!　　%>中的变量在编译为Servlet 的时候将作为类的属性而存在,而放在脚本中的变量将在类的方法内部被声明。下述代码演示声明变量与普通脚本中的变量的区别。

【代码 5-5】　visitCount.jsp

```
<%@ page language = "java" contentType = "text/html; charset = UTF - 8"
    pageEncoding = "UTF - 8" %>
<!DOCTYPE html PUBLIC " - //W3C//DTD HTML 4.01 Transitional//EN"
    "http://www.w3.org/TR/html4/loose.dtd">
<html>
<head>
<meta http - equiv = "Content - Type" content = "text/html; charset = UTF - 8">
<title>访问统计</title>
```

```
</head>
<body>
<%! int count = 0;                        //被用户共享的 count
    synchronized void setCount(){         //synchronized 修饰的方法
        count++;
    }
%>
<%
    String date = new java.util.Date().toLocaleString();
%>
<%
    setCount();
    out.print("您是第" + count + "个访问本网站的用户。");
    out.print("访问时间是：" + date);
%>
</body>
</html>
```

启动服务器，在 IE 中多次访问 http://localhost:8080/chapter05/visitCount.jsp，运行结果如图 5-8 所示。

图 5-8　visitCount.jsp 运行结果

上述代码中声明了一个计数变量 count 和一个同步统计方法 setCount()；使用脚本定义了一个时间变量 date，当刷新页面或使用不同浏览器进行多次访问时，count 变量的值会不断的累加，date 变量的值是每次访问的时间。由此可以看出，count 变量是所有访问者所共享的，而 date 变量是每个访问者所独有的。通过下述 visitCount.jsp 翻译后的 java 文件：visitCount_jsp.java 的代码可以更清楚地看出两者之间的差别。

```
public final class visitCount_jsp extends org.apache.jasper.runtime.HttpJspBase
    implements org.apache.jasper.runtime.JspSourceDependent {
    ...
    int count = 0;                        //被用户共享的 count
    synchronized void setCount(){         //synchronized 修饰的方法
        count++;
    }
    public void _jspService(final javax.servlet.http.HttpServletRequest request, final javax.servlet.http.HttpServletResponse response)
    throws java.io.IOException, javax.servlet.ServletException {
        ...
        out.write("\r\n");
```

```
        out.write("<!DOCTYPE html PUBLIC \" - //W3C//DTD HTML 4.01 Transitional//EN\" \"http://
www.w3.org/TR/html4/loose.dtd\">\r\n");
        out.write("<html>\r\n");
        out.write("<head>\r\n");
        out.write("<meta http - equiv = \"Content - Type\" content = \"text/html; charset = UTF -
8\">\r\n");
        out.write("<title>访问统计</title>\r\n");
        out.write("</head>\r\n");
        out.write("<body>\r\n");

        String date = new java.util.Date().toLocaleString();

        out.write('\r');
        out.write('\n');
        out.write('\r');
        out.write('\n');

        setCount();
        out.print("您是第" + count + "个访问本网站的用户.");
        out.print("访问时间是：" + date);

        out.write("\r\n");
        out.write("</body>\r\n");
        out.write("</html>");
        ...
```

在 visitCount_jsp.java 中，变量 count 被定义为类属性；setCount()方法被定义为类方法，变量 date 被定义为_jspService()方法中的局部变量。因此在 Servlet 的多个请求线程共享同一个 Servlet 对象的机制下，Servlet 的成员变量必须要注意同步问题。

5.2.4 JSP 注释

在 JSP 页面中可以使用<%-- --%>的方式来注释。服务器编译 JSP 时会忽略<%-- 和 --%>之间的内容，注释的内容在客户端不会被看到。

【语法】

```
<% -- JSP 注释 -- %>
```

【代码 5-6】 jspComment.jsp

```
<%@ page language = "java" contentType = "text/html; charset = UTF - 8"
    pageEncoding = "UTF - 8" %>
<!DOCTYPE html PUBLIC " - //W3C//DTD HTML 4.01 Transitional//EN"
    "http://www.w3.org/TR/html4/loose.dtd">
<html>
<head>
<meta http - equiv = "Content - Type" content = "text/html; charset = UTF - 8">
<title>注释</title>
</head>
<body>
<! -- <h1>注释演示</h1> -->
<% -- 现在的时间为： -- %>
```

```
<%--
    String date = java.text.DateFormat.getDateTimeInstance()
                    .format(new java.util.Date());
--%>
<%--= date --%>
</body>
</html>
```

上述代码中分别用 HTML 注释<!-- -->对 HTML 文字内容进行注释；使用<%----%>对 HTML 文字内容、JSP 脚本和表达式进行注释。启动服务器，在 IE 中访问 http://localhost:8080/chapter05/jspComment.jsp，运行结果如图 5-9 所示。

图 5-9　jspComment.jsp 运行结果

通过浏览器查看源文件，如图 5-10 所示。可以看出仅有 HTML 的注释<!-- -->内容在源文件中可以看出，JSP 注释内容不会在源文件中显示。

图 5-10　jspComment.jsp 运行结果的源文件

5.3　指令元素

JSP 指令用来向 JSP 容器提供编译信息。指令并不向客户端产生任何输出，所有的指令都只在当前页面中有效。

JSP 指令元素包括 3 种：page 指令、include 指令和 taglib 指令。

5.3.1 page 指令

page 指令描述了和页面相关的信息，如导入所需类包、指明输出内容类型和控制 Session 等。page 指令一般位于 JSP 页面的开头部分，在一个 JSP 页面中，page 指令可以出现多次，但是在每个 page 指令中，每一种属性却只能出现一次，重复的属性设置将覆盖掉先前的设置。

page 指令的基本语法格式如下：

【语法】

```
<%@page 属性列表%>
```

【示例】 page 指令

```
<%@page language="java" contentType="text/html;charset=UTF-8"%>
```

page 指令的属性及其含义如表 5-1 所示。

表 5-1 page 指令属性解释

属 性 名	说 明
language	设定 JSP 页面使用的脚本语言，默认为 Java，目前只可使用 Java 语言
import	指定导入的 Java 软件包或类名列表，若有多个类，中间用逗号隔开
isThreadSafe	指定 JSP 容器执行 JSP 程序的模式。有两种模式：一种为默认值 true，代表 JSP 容器会以多线程方式运行 JSP 页面；另一种模式设定值为 false，JSP 容器会以单线程方式运行 JSP 页面。建议采用 isThreadSage="true"模式
contentType	指定 MIME 类型和 JSP 页面响应时的编码方式，默认为 text/html;charset=ISO8859-1
pageEncoding	指定 JSP 文件本身的编码方式，例如 pageEncoding="UTF-8"
session	指定 JSP 页面中是否使用 session 对象，值为 true|false，默认为 true
errorPage	设定 JSP 页面发生异常时重新指向的页面 URL，指向的页面文件要把 isErrorPage 设成 true
isErrorPage	指定此 JSP 页面是否为处理异常错误的网页，值为 true|false，默认 false
isELIgnored	指定 JSP 页面是否忽略 EL 表达式，值为 true|false，默认 false
buffer	指定输出流是否需要缓冲，默认值是 8Kb，与 autoFlush 一起使用，确定是否自动刷新输出缓冲，如果设成 true，则当输出缓冲区满的时候，刷新缓冲区而不是抛出一个异常
autoFlush	如果页面缓冲区满时要自动刷新输出，则设置为 true；否则，当页面缓冲区满时要抛出一个异常，则设置为 false

page 指令的几个重点属性的用法。

1. import 属性

import 属性用来指定当前 JSP 页面中导入的 Java 软件包或类名列表。如果需要导入多个类或包，可以在中间使用逗号隔开或使用多个 page 指令。

【示例】 使用 import 属性导入包和类

```
<%@page import="java.util.*,com.qst.ch05.service.CustomerService"%>
```

或

```
<%@ page import = "java.util.*" %>
<%@ page import = "com.qst.ch05.service.CustomerService" %>
```

使用 import 属性,可以使 JSP 脚本代码中类的使用更加方便。例如,获得当前系统时间的 JSP 脚本,未使用 import 属性时的代码如下所示。

```
<%
String date = java.text.DateFormat.getDateTimeInstance()
                .format(new java.util.Date());
%>
```

使用 import 属性导入相关类后的代码如下所示。

```
<%@ page language = "java" contentType = "text/html; charset = UTF-8"
    pageEncoding = "UTF-8" %>
<%@ page import = "java.text.DateFormat,java.util.Date" %>
...
<%
String date = DateFormat.getDateTimeInstance().format(new Date());
%>
```

2. contentType 属性

contentType 用于指定 JSP 输出内容的 MIME 类型和字符编码方式,默认值为:contentType="text/html;charset=ISO-8859-1"。通过设置 contentType 属性的 MIME 类型,可以改变 JSP 输出内容的处理方式,从而实现一些特殊的功能。例如,可以将输出内容指定为 Word、Excel 类型的文件,将二进制数据生成图像等。下述代码用来实现将 HTML 代码编写的表格转换成 Microsoft Office Excel 类型文件显示。

【代码 5-7】 excelContentType.jsp

```
<%@ page
    language = "java"
    contentType = "application/vnd.ms-excel;charset = UTF-8"
    pageEncoding = "UTF-8"
%>
<!DOCTYPE html PUBLIC "-//W3C//DTD HTML 4.01 Transitional//EN" "http://www.w3.org/TR/html4/loose.dtd">
<html>
<head>
<meta http-equiv = "Content-Type" content = "text/html; charset = UTF-8">
<title>Insert title here</title>
</head>
<body>
<table>
<tr><td>客户编号</td><td>客户姓名</td><td>客户地址</td></tr>
<tr><td>1001</td><td>QST 青软实训</td><td>青岛高新区</td></tr>
<tr><td>1002</td><td>RTO 锐聘</td><td>江苏如皋</td></tr>
</table>
</body>
</html>
```

上述代码中,设置响应内容的 MIME 类型为 application/vnd. ms-excel,即微软的 Excel 文件类型。启动服务器,在 IE 中访问 http://localhost:8080/chapter05/excelContentType.jsp,运行结果如图 5-11 所示。

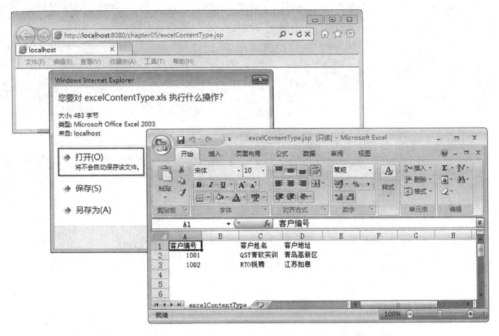

图 5-11　excelContentType.jsp 的运行结果

运行过程中 IE 浏览器会提示响应文档的类型让用户选择执行的方式,若用户机器安装了 Microsoft Office Excel,则可直接使用该软件打开查看结果。

5.3.2　include 指令

include 指令的作用是在页面翻译期间引入另一个文件,被包含的文件可以是 JSP、HTML 或文本文件。

【语法】

```
<%@ include file = "文件" %>
```

【示例】　include 指令引入一个 JSP 页面

```
<%@ include file = "header.jsp" %>
```

【代码 5-8】　includeDirective.jsp

```
<%@ page language = "java" contentType = "text/html; charset = UTF - 8"
    pageEncoding = "UTF - 8" %>
<!DOCTYPE html PUBLIC " - //W3C//DTD HTML 4.01 Transitional//EN" "http://www.w3.org/TR/html4/loose.dtd">
<html>
<head>
<meta http - equiv = "Content - Type" content = "text/html; charset = UTF - 8">
<title>包含指令的用法</title>
```

```
</head>
<body>
<h3>包含的头文件信息(head.jsp)</h3>
<%@include file="head.jsp"%>
<h3>页面正文信息</h3>
<img alt="qst" src="images/qst.jpg" align="left">
青软实训创建于2006年,
是专注于软件、集成电路、物联网、移动互联网、服务外包等领域的专业化大学生实训、培训机构,
是专业化的优秀IT人力资源服务提供商。
<br/>
<h3>包含的尾部文件信息(tail.html)</h3>
<%@include file="tail.html"%>
</body>
</html>
```

【代码5-9】 head.jsp

```
<%@ page language="java" contentType="text/html; charset=UTF-8"
    pageEncoding="UTF-8" import="java.util.Calendar"%>
<!DOCTYPE html PUBLIC "-//W3C//DTD HTML 4.01 Transitional//EN"
    "http://www.w3.org/TR/html4/loose.dtd">
<html>
<head>
<meta http-equiv="Content-Type" content="text/html; charset=UTF-8">
<title>头文件</title>
</head>
<body>
<%
    if(Calendar.getInstance().get(Calendar.AM_PM) == Calendar.AM){
%>
<p>上午好!欢迎您!</p>
<%
    } else {
%>
<p>下午好!欢迎您!</p>
<%
    }
%>
</body>
</html>
```

【代码5-10】 tail.html

```
<!DOCTYPE html PUBLIC "-//W3C//DTD HTML 4.01 Transitional//EN" "http://www.w3.org/TR/html4/loose.dtd">
<html>
<head>
<meta http-equiv="Content-Type" content="text/html; charset=UTF-8">
<title></title>
</head>
<body>
<pre>
版权所有 2005-2011
青岛软件园实训中心 & 青岛软件园人力资源服务有限公司
```

```
免责声明：本网站内容的解释权归本站所有 鲁ICP备13021294
</pre>
</html>
```

启动服务器，在 IE 中访问 http://localhost:8080/chapter05/includeDirective.jsp，运行结果如图 5-12 所示。

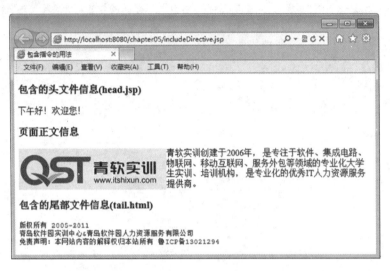

图 5-12　includeDirective.jsp 运行结果

include 指令包含的过程发生在将 JSP 翻译成 Servlet 时，当前 JSP 和被包含的文件会融合到一起形成一个 Servlet，然后进行编译运行。此过程也称为"静态包含"。从代码 5-8includeDirective.jsp 翻译后生成的 includeDirective_jsp.java 代码中可以看出此包含过程，includeDirective_jsp.java 代码如下所示。

```
public final class includeDirective_jsp
    extends org.apache.jasper.runtime.HttpJspBase
    implements org.apache.jasper.runtime.JspSourceDependent {

public void _jspService(final javax.servlet.http.HttpServletRequest request,
    final javax.servlet.http.HttpServletResponse response)
        throws java.io.IOException, javax.servlet.ServletException {
    ...
    out.write("\r\n");
    out.write("<!DOCTYPE html PUBLIC \" - //W3C//DTD HTML 4.01 Transitional//EN\" \"http://www.w3.org/TR/html4/loose.dtd\">\r\n");
    out.write("<html>\r\n");
    out.write("<head>\r\n");
    out.write("<meta http-equiv=\"Content-Type\" content=\"text/html; charset=UTF-8\">\r\n");
    out.write("<title>包含指令的用法</title>\r\n");
    out.write("</head>\r\n");
    out.write("<body>\r\n");
    out.write("<h3>包含的头文件信息(head.jsp)</h3>\r\n");
    out.write("\r\n");
    out.write("<!DOCTYPE html PUBLIC \" - //W3C//DTD HTML 4.01 Transitional//EN\" \"http://www.w3.org/TR/html4/loose.dtd\">\r\n");
```

```
        out.write("<html>\r\n");
        out.write("<head>\r\n");
        out.write("<meta http-equiv=\"Content-Type\" content=\"text/html; charset=UTF-8\">\r\n");
        out.write("<title>头文件</title>\r\n");
        out.write("</head>\r\n");
        out.write("<body>\r\n");

    if(Calendar.getInstance().get(Calendar.AM_PM) == Calendar.AM){

        out.write("\r\n");
        out.write("<p>上午好!欢迎您!</p>\r\n");

    } else {

        out.write("\r\n");
        out.write("<p>下午好!欢迎您!</p>\r\n");

    }

        out.write("\r\n");
        out.write("</body>\r\n");
        out.write("</html>");
        out.write("\r\n");
        out.write("<h3>页面正文信息</h3>\r\n");
        out.write("<img alt=\"qst\" src=\"images/qst.jpg\" align=\"left\">\r\n");
        out.write("青软实训创建于 2006 年,\r\n");
        out.write("是专注于软件、集成电路、物联网、移动互联网、服务外包等领域的专业化大学生实训、培训机构,\r\n");
        out.write("是专业化的优秀 IT 人力资源服务提供商。\r\n");
        out.write("<br/>\r\n");
        out.write("<h3>包含的尾部文件信息(tail.html)</h3>\r\n");
        out.write("\r\n");
        out.write("<!DOCTYPE html PUBLIC \"-//W3C//DTD HTML 4.01 Transitional//EN\" \"http://www.w3.org/TR/html4/loose.dtd\">\r\n");
        out.write("<html>\r\n");
        out.write("<head>\r\n");
        out.write("<meta http-equiv=\"Content-Type\" content=\"text/html; charset=UTF-8\">\r\n");
        out.write("<title></title>\r\n");
        out.write("</head>\r\n");
        out.write("<body>\r\n");
        out.write("<pre>\r\n");
        out.write("版权所有 2005-2011 \r\n");
        out.write("青岛软件园实训中心&青岛软件园人力资源服务有限公司 \r\n");
        out.write("免责声明:本网站内容的解释权归本站所有 鲁ICP备 13021294 \r\n");
        out.write("</pre>\r\n");
        out.write("</html>");
        out.write("\r\n");
        out.write("</body>\r\n");
        out.write("</html>");
...
```

> **注意**
>
> 因为 include 指令会先将当前 JSP 和被包含的文件融合到一起形成一个 Servlet 再进行编译执行；因此包含文件时，必须保证新合并生成的文件符合 JSP 语法规则。例如，当前文件和被包含文件的不能同时定义同名的变量，否则当前文件将不能编译通过，会提示 Duplicate local variable 错误。

5.3.3 taglib 指令

taglib 指令用于指定 JSP 页面所使用的标签库，通过该指令可以在 JSP 页面中使用标签库中的标签，其语法格式如下：

【语法】

```
<%@taglib uri="标签库URI" prefix="标签前缀"%>
```

其中：
- uri 指定描述这个标签库位置的 URI，可以是相对路径或绝对路径；
- prefix 指定使用标签库中标签的前缀。

【示例】 taglib 指令

```
<%@taglib uri="http://java.sun.com/jsp/jstl/core" prefix="c"%>
```

对上述示例指定的标签库，可以使用如下代码进行标签的引用：

```
<c:out value="hello world"/>
```

其中 c 为标签的前缀，在 JSP 中有些前缀已经保留，如果自定义标签，这些标签前缀不可使用。保留前缀有 jsp、jspx、java、javax、servlet、sun 和 sunw。

> **注意**
>
> 有关 taglib 的使用将在本书第 9 章中详细介绍。

5.4 动作元素

在 JSP 中可以使用 XML 语法格式的一些特殊标记来控制行为，称为 JSP 标准动作 (Standard Action)。利用 JSP 动作可以实现很多功能，例如动态地插入文件、调用 JavaBean 组件、重定向页面和为 Java 插件生成 HTML 代码等。

JSP 规范定义了一系列标准动作，常用有下列几种：
- <jsp:include>动作用于在页面被请求时引入一个文件；
- <jsp:forward>动作用于把请求转发到另一个页面；
- <jsp:useBean>动作用于查找或实例化一个 JavaBean；
- <jsp:setProperty>动作用于设置 JavaBean 的属性；

- <jsp:getProperty>动作用于输出某个JavaBean的属性。

5.4.1 <jsp:include>

<jsp:include>用于在页面运行时引入一个静态或动态的页面,也称为动态包含。当容器把JSP页面翻译成Java文件时,并不会把JSP页面中动作指令include指定的文件与原JSP页面合并成一个新页面,而是告诉Java解释器,这个文件在JSP运行时才被处理。如果包含的文件是普通的文本文件,就将文件的内容发送到客户端,由客户端负责显示;如果包含的文件是JSP文件,JSP容器就执行这个文件,然后将执行结果发送到客户端,由客户端负责显示这些结果。

<jsp:include>动作可以包含一个或几个<jsp:param>子动作,用于向要引入的页面传递数据,其语法格式如下所示。

【语法】

```
<jsp:include page = "urlSpec" flush = "true"/>
```

或

```
<jsp:include page = "urlSpec" flush = "true">
<jsp:param name = "name" value = "value"/>
...
</jsp:include>
```

其中:
- page指定引入文件的地址。
- flush="true"表示设定是否自动刷新缓冲区,默认为false,可省略;在页面包含大量数据时,为缩短客户端延迟,可将一部分内容先行输出。
- name指定传入包含文件的变量名。
- value指定传入包含文件的变量名对应的值。

【示例】　include 动作

```
<jsp:include page = "show.jsp">
    <jsp:param name = "name" value = "qst"/>
    <jsp:param name = "password" value = "123"/>
</jsp:include>
```

【代码5-11】　viewLaderArea.jsp

```
<%@ page language = "java" contentType = "text/html; charset = UTF-8"
    pageEncoding = "UTF-8" %>
<!DOCTYPE html PUBLIC " - //W3C//DTD HTML 4.01 Transitional//EN"
    "http://www.w3.org/TR/html4/loose.dtd">
<html>
<head>
<meta http-equiv = "Content-Type" content = "text/html; charset = UTF-8">
<title>显示梯形面积</title>
</head>
<body>
```

```
<jsp:include page="countLaderArea.jsp">
  <jsp:param value="10" name="upper"/>
  <jsp:param value="30" name="base"/>
  <jsp:param value="20" name="height"/>
</jsp:include>
</body>
</html>
```

代码中包含的计算梯形面积的页面,countLaderArea.jsp 的代码如下所示。

【代码 5-12】 countLaderArea.jsp

```
<%@ page language="java" contentType="text/html; charset=UTF-8"
    pageEncoding="UTF-8"%>
<!DOCTYPE html PUBLIC "-//W3C//DTD HTML 4.01 Transitional//EN"
    "http://www.w3.org/TR/html4/loose.dtd">
<html>
<head>
<meta http-equiv="Content-Type" content="text/html; charset=UTF-8">
<title>计算梯形面积</title>
</head>
<body>
<%
    double upper = Double.parseDouble(request.getParameter("upper"));
    double base = Double.parseDouble(request.getParameter("base"));
    double height = Double.parseDouble(request.getParameter("height"));
    double area = (upper + base) * height/2;
    out.print("梯形的面积是: " + area);
%>
</body>
</html>
```

启动服务器,在 IE 中访问 http://localhost:8080/chapter05/viewLaderArea.jsp,运行结果如图 5-13 所示。

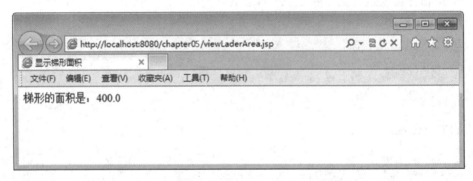

图 5-13 viewLaderArea.jsp 的运行结果

在<Tomcat>/work 目录下,可以看到容器分别生成了 viewLaderArea.jsp 和 countLaderArea.jsp 对应的.java 文件 viewLaderArea_jsp.java 和 countLaderArea_jsp.java。在 viewLaderArea_jsp.java 文件中,可以发现容器并没有把 countLaderArea.jsp 的代码加入到 viewLaderArea.jsp 中,只是在运行时引入了 countLaderArea.jsp 页面执行后所产生的应答。viewLaderArea_jsp.java 文件的关键代码如下所示。

```
</body>
</html>
public final class viewLaderArea_jsp
    extends org.apache.jasper.runtime.HttpJspBase
    implements org.apache.jasper.runtime.JspSourceDependent {

    public void _jspService(final javax.servlet.http.HttpServletRequest request,
        final javax.servlet.http.HttpServletResponse response)
        throws java.io.IOException, javax.servlet.ServletException {
        ...
        out.write("\r\n");
        out.write("<!DOCTYPE html PUBLIC \" - //W3C//DTD HTML 4.01 Transitional//EN\" \"http://www.w3.org/TR/html4/loose.dtd\">\r\n");
        out.write("<html>\r\n");
        out.write("<head>\r\n");
        out.write("<meta http-equiv=\"Content-Type\" content=\"text/html; charset=UTF-8\">\r\n");
        out.write("<title>显示梯形面积</title>\r\n");
        out.write("</head>\r\n");
        out.write("<body>\r\n");
        org.apache.jasper.runtime.JspRuntimeLibrary.include(request, response, "countLaderArea.jsp"
+ "?" +
org.apache.jasper.runtime.JspRuntimeLibrary.URLEncode("upper", request.getCharacterEncoding())
+ "=" +
org.apache.jasper.runtime.JspRuntimeLibrary.URLEncode("10", request.getCharacterEncoding())
+ "&" +
org.apache.jasper.runtime.JspRuntimeLibrary.URLEncode("base", request.getCharacterEncoding())
+ "=" +
org.apache.jasper.runtime.JspRuntimeLibrary.URLEncode("30", request.getCharacterEncoding())
+ "&" +
org.apache.jasper.runtime.JspRuntimeLibrary.URLEncode("height", request.getCharacterEncoding())
+ "=" +
org.apache.jasper.runtime.JspRuntimeLibrary.URLEncode("20", request.getCharacterEncoding()),
out, false);
        out.write("\r\n");
        out.write("</body>\r\n");
        out.write("</html>");
```

综上所述，可以对 include 指令元素与 include 动作元素做如下对比。

- 共同点：include 指令元素和 include 动作元素的作用都是实现包含文件代码的复用。
- 区别：对包含文件的处理方式和处理时间不同。

include 指令元素是在翻译阶段就引入所包含的文件，被处理的文件在逻辑和语法上依赖于当前 JSP 页面，其优点是页面的执行速度快。

include 动作元素是在 JSP 页面运行时才引入包含文件所产生的应答文本，被包含的文件在逻辑和语法上独立于当前 JSP 页面，其优点是可以使用 param 子元素更加灵活地处理所需要的文件，缺点是执行速度要慢一些。

5.4.2 <jsp:forward>

<jsp:forward>用于引导客户端的请求到另一个页面或者另一个 Servlet。<jsp:forward>动作可以包含一个或几个<jsp:param>子动作，用于向所转向的目标资源传递参

数。其语法格式如下：

【语法】

```
< jsp:forward page = "relativeURLSpec" />
```

或

```
< jsp:forward page = "relativeURLSpec ">
< jsp:param name = "name" value = "value"/>
...
</jsp:forward >
```

其中：
- page 指定转发请求的相对地址；
- <jsp:param>中的 name 指定向转向页面传递的参数名称；
- <jsp:param>中的 value 指定向转向页面传递的参数名称对应的值。

【示例】 forward 动作

```
< jsp:forward page = "second.jsp">
    < jsp:param name = "step" value = "1"/>
</jsp:forward >
```

注意

<jsp:forward>的功能和 Servlet 的 RequestDispatcher 对象的 forward 方法类似，调用者和被调用者共享同一个 request 对象。

5.4.3 <jsp:useBean>

<jsp:useBean>是 JSP 中一个非常重要的动作，使用这个动作，JSP 可以动态使用 JavaBean 组件来扩充 JSP 的功能，由于 JavaBean 在开发上以及<jsp:useBean>在使用上简单明了，使得 JSP 与其他动态网页开发技术有了本质的区别。

【语法】

```
< jsp:useBean id = "name"
class = "className" scope = "page|request|session|application"/>
```

或

```
< jsp:useBean id = "name"
type = "typeName" scope = "page|request|session|application"/>
```

其中：
- id 指定该 JavaBean 实例的变量名，通过 id 可以访问这个实例；
- class 指定 JavaBean 的类名，容器根据 class 指定的类调用其构造方法来创建这个类的实例；
- scope 指定 JavaBean 的作用范围，可以使用 page、request、session 和 application，默认

值为 page；
- type 指定 JavaBean 对象的类型，通常在查找已存在的 JavaBean 时使用，这时使用 type 将不会产生新的对象。

【示例】 在请求范围中创建或查找名为 **user** 的 **UserBean** 对象

```
<jsp:useBean id="user" class="com.qst.ch03.model.UserBean" scope="request"/>
```

注意

> 有关<jsp:useBean>的使用和 JavaBean 的知识将在第 7 章进行详细介绍。

5.4.4 <jsp:setProperty>

<jsp:setProperty>动作用于向一个 JavaBean 的属性赋值，需要和<jsp:useBean>动作一起使用。

【语法】

```
<jsp:setProperty name="beanName"
property="propertyName" value="propertyValue"/>
```

或

```
<jsp:setProperty name="beanName"
property="propertyName" param="parameterName"/>
```

其中：
- name 指定 JavaBean 对象名，与 useBean 动作中的 id 相对应；
- property 指定 JavaBean 中需要赋值的属性名；
- value 指定要为属性设置的值；
- param 指定请求中的参数名（如表单传值或 URL 传值），并将该参数的值赋给 property 所指定的属性。

【示例】 取出请求中名为 **loginName** 的参数值赋给 **user** 对象的 **userName** 属性

```
<jsp:useBean id="user" class="com.qst.ch03.model.UserBean" scope="request"/>
<jsp:setProperty name="user" property="userName" param="loginName"/>
```

5.4.5 <jsp:getProperty>

<jsp:getProperty>动作用于从一个 JavaBean 中得到某个属性的值，不管原先这个属性是什么类型的，都将被转换成一个 String 类型的值。

【语法】

```
<jsp:getProperty name="beanName" property="propertyName"/>
```

其中：

- name 指定 JavaBean 对象名,与 useBean 动作中的 id 相对应;
- property 指定 JavaBean 中需要访问的属性名。

【示例】 从 user 对象中取出属性 userName 的值

```
<jsp:getProperty name = "user" property = "userName"/>
```

5.5 贯穿任务实现

5.5.1 【任务 5-1】首页招聘企业展示

本任务使用 JSP 脚本和表达式技术完成 Q-ITOffer 锐聘网站贯穿项目中的任务 5-1 首页招聘企业展示功能。任务完成效果如图 5-14 所示。

图 5-14 首页运行效果图

本任务功能实现包括以下组件。
- index.jsp:网站首页,使用 JSP 脚本和表达式技术显示处于招聘状态下的所有企业。
- CompanyDAO.java:企业数据访问对象,负责查询所有处于招聘状态下的企业和最新的招聘职位。
- Company.java:企业信息实体类,负责对 CompanyDAO 中查询出的企业信息进行封装。
- Job.java:职位信息实体类,负责对 CompanyDAO 中查询出的职位信息进行封装。
- DBUtil.java:数据库操作工具类,负责数据库连接的获取和释放。

各组件间关系如图 5-15 所示。

其中,网站首页 index.jsp 的代码实现如下。

第 5 章 JSP语法

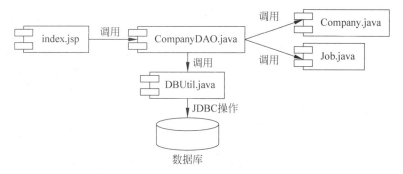

图 5-15 首页企业展示所需组件关系图

【任务 5-1】 index.jsp

```jsp
<%@ page language="java" contentType="text/html; charset=UTF-8"
    pageEncoding="UTF-8" %>
<%@ page import=
    "com.qst.itoffer.dao.CompanyDAO,com.qst.itoffer.bean.Company,
    com.qst.itoffer.bean.Job" %>
<%@ page import="java.util.*" %>
<html>
<head>
<meta http-equiv="Content-Type" content="text/html; charset=UTF-8">
<title>RTO 服务_锐聘官网 - 大学生求职,IT 行业招聘,IT 企业快速入职 - 锐聘网</title>
<link href="css/base.css" type="text/css" rel="stylesheet" />
<link href="css/index.css" type="text/css" rel="stylesheet" />
</head>
<body class="tn-page-bg">
  <iframe src="top.jsp" width="100%" height="100" scrolling="no" frameborder="0">
  </iframe>
  <div id="tn-content">
    <!-- 招聘企业展示 -->
    <%
      CompanyDAO dao = new CompanyDAO();
      List<Company> list = dao.getCompanyList();
      if(list!=null)
          for(Company c : list){
    %>
    <div class="tn-grid">
      <div class="tn-box tn-widget tn-widget-content tn-corner-all it-home-box">
      <!-- 企业图片展示 -->
      <div class="it-company-keyimg tn-border-bottom tn-border-gray">
      <a href="CompanyServlet?id=<%= c.getCompanyId() %>" target="_blank">
      <img src="recruit/images/<%= c.getCompanyPic() %>" width="990"></a></div>
          <!-- 招聘职位展示 -->
          <%
            Set<Job> jobset = c.getJobs();
            if(jobset!=null)
                for(Job job : jobset){
          %>
      <div class="it-home-present"><div class="it-present-btn">
      <a class="tn-button tn-button-home-apply" href="#">
      <span class="tn-button-text">我要申请</span></a></div>
```

```html
                <div class = "it-present-text" style = "padding-left:185px;">
                    <p class = "it-text-tit">职位</p>
                    <p class = "it-line01 it-text-explain">
                    <a href = "CompanyServlet?id=<% = c.getCompanyId() %>"
                        target = "_blank" class = "tn-button">
                    <span class = "tn-button-text">更多职位</span></a></span>
                    <b><% = job.getJobName() %></b></p>
                </div>
                <div class = "it-line01 it-text-top">
                    <p class = "it-text-tit">薪资</p>
                    <b><% = job.getJobSalary() %></b></p>
                </div>
            </div>
            <div class = "it-present-text">
                <p class = "it-text-tit">职位到期时间</p>
                <b><% = job.getJobEnddate() %></b></p>
            </div>
            <div class = "it-line01 it-text-top">
                <p class = "it-text-tit">工作地区</p>
                <b><% = job.getJobArea() %></b></p>
            </div></div></div>
        <%} %>
    </div></div>
<%} %>
</div>
<iframe src = "foot.html" width = "100%" height = "150" scrolling = "no" frameborder = "0">
</iframe>
</body>
</html>
```

首页 index.jsp 所调用的 CompanyDAO 代码实现如下。

【任务 5-1】 **CompanyDAO.java**

```java
package com.qst.itoffer.dao;
import com.qst.itoffer.bean.Company;
import com.qst.itoffer.bean.Job;
import com.qst.itoffer.util.DBUtil;

public class CompanyDAO {
    /**
     * 查询所有正在招聘中的企业信息以及该企业的最新职位信息
     * @return
     */
    public List<Company> getCompanyList() {
        List<Company> list = new ArrayList<Company>();
        Connection conn = DBUtil.getConnection();
        PreparedStatement pstmt = null;
        ResultSet rs = null;
        try {
            String sql =
            "SELECT tb_company.company_id, company_pic, job_id, job_name, "
            + "job_salary, job_area, job_endtime "
            + "FROM tb_company "
            + "LEFT OUTER JOIN tb_job ON tb_job.company_id = tb_company.company_id "
```

```
            + "WHERE company_state = 1 and job_id IN ("
            + "SELECT MAX(job_id) FROM tb_job WHERE job_state = 1 GROUP BY company_id"
            + ")";
            pstmt = conn.prepareStatement(sql);
            rs = pstmt.executeQuery();
            while (rs.next()) {
                Company company = new Company();
                Job job = new Job();
                company.setCompanyId(rs.getInt("company_id"));
                company.setCompanyPic(rs.getString("company_pic"));
                job.setJobId(rs.getInt("job_id"));
                job.setJobName(rs.getString("job_name"));
                job.setJobSalary(rs.getFloat("job_salary"));
                job.setJobArea(rs.getString("job_area"));
                job.setJobEnddate(rs.getTimestamp("job_endtime"));
                company.getJobs().add(job);
                list.add(company);
            }
        } catch (Exception e) {
            e.printStackTrace();
        } finally {
            DBUtil.closeJDBC(rs, pstmt, conn);
        }
        return list;
    }
}
```

CompanyDAO 类中用于封装企业信息的实体类 Company 的代码实现如下。

【任务 5-1】 Company.java

```
package com.qst.itoffer.bean;
/**
 * 企业信息实体类
 *
 * @author QST青软实训
 *
 */
public class Company {
    // 企业标识
    private int companyId;
    // 企业名称
    private String compayName;
    // 企业所在地区
    private String companyArea;
    // 企业规模
    private String companySize;
    // 企业性质
    private String companyType;
    // 企业简介
    private String companyBrief;
    // 招聘状态:1 招聘中 2 已暂停 3 已结束
    private int companyState;
    // 排序序号
    private int comanySort;
```

```java
    // 浏览数
    private int companyViewnum;
    // 宣传图片
    private String companyPic;
    // 职位
    private Set<Job> jobs = new HashSet<Job>();

    public Company() {
        super();
    }

    public Company(int companyId, String compayName, String companyArea,
            String companySize, String companyType, String companyBrief,
            int companyState, int comanySort, int companyViewnum,
            String companyPic) {
        super();
        this.companyId = companyId;
        this.compayName = compayName;
        this.companyArea = companyArea;
        this.companySize = companySize;
        this.companyType = companyType;
        this.companyBrief = companyBricf;
        this.companyState = companyState;
        this.comanySort = comanySort;
        this.companyViewnum = companyViewnum;
        this.companyPic = companyPic;
    }
    …// 省略属性的设置和取值方法
}
```

CompanyDAO类中用于封装职位信息的实体类Job的代码实现如下。

【任务 5-1】 Job.java

```java
package com.qst.itoffer.bean;
/**
 * 职位信息实体类
 * @author QST青软实训
 */
public class Job {
    // 职位编号
    private int jobId;
    // 所属企业
    private Company company;
    // 职位名称
    private String jobName;
    // 招聘人数
    private int jobHiringnum;
    // 职位薪资
    private String jobSalary;
    // 工作地区
    private String jobArea;
    // 职位描述
    private String jobDesc;
    // 结束日期
```

```
    private Date jobEnddate;
    // 招聘状态:1 招聘中 2 已暂停 3 已结束
    private int jobState;

    public Job() {
        super();
    }

    public Job(int jobId, Company company, String jobName, int jobHiringnum,
            String jobSalary, String jobArea, String jobDesc, Date jobEnddate,
            int jobState) {
        super();
        this.jobId = jobId;
        this.company = company;
        this.jobName = jobName;
        this.jobHiringnum = jobHiringnum;
        this.jobSalary = jobSalary;
        this.jobArea = jobArea;
        this.jobDesc = jobDesc;
        this.jobEnddate = jobEnddate;
        this.jobState = jobState;
    }
    …// 省略属性的设置和取值方法
}
```

5.5.2 【任务5-2】公共头页面的包含

本任务使用 include 动作元素完成 Q-ITOffer 锐聘网站贯穿项目中的任务 5-2 公共头页面的包含功能。该功能使用<jsp:include>元素取代<iframe>元素完成对网站公共头页面 top.jsp 的动态包含。

以首页 index.jsp 为例,对 top.jsp 的动态包含部分的实现代码如下所示。

【任务5-2】 index.jsp 中动态包含 top.jsp 的部分代码

```
<body class = "tn-page-bg">

  <!-- 使用动态包含头文件 -->
  <jsp:include page = "top.jsp"></jsp:include>

  ...
</body>
```

本章总结

小结

- JSP 是一种用于开发包含动态内容的 Web 页面的技术,与 Servlet 一样,也是一种基于 Java 的服务器端技术,主要用来产生动态网页内容。

- JSP 本质上就是 Servlet，JSP 是首先被翻译成 Servlet 后才编译运行的，所以 JSP 能够实现 Servlet 所能够实现的所有功能。
- JSP 的执行过程经过"请求-翻译-编译-执行-响应"5 个过程。
- JSP 有 3 种类型的元素：脚本元素（scripting element）、指令元素（directive element）和动作元素（action element）。
- JSP 脚本元素包括脚本、表达式、声明和注释。
- JSP 指令元素包括 3 种：page 指令、include 指令和 taglib 指令。
- JSP 动作元素包括＜jsp:include＞、＜jsp:forward＞、＜jsp:useBean＞、＜jsp:setProperty＞和＜jsp:getProperty＞。

Q&A

1. 问题：Servlet 与 JSP 的区别和各自的优势是什么。

回答：Servlet 和 JSP 均基于 Java 语言，Servlet 以 Java 类形式体现，JSP 以脚本语言形式体现，二者均需在 Web 容器中运行。JSP 本质上就是 Servlet，需要先被翻译成 Servlet 后才编译运行，所以 JSP 能够实现 Servlet 所能够实现的所有功能。Servlet 更擅长于进行数据处理和业务逻辑操作，JSP 更擅长于进行动态数据的展示和用户的交互。

2. 问题：JSP 的执行过程是什么。

回答：JSP 的执行过程可分为如下几个阶段。

（1）客户向服务器发送 JSP 页面请求（request）。

（2）容器接收到请求后检索对应的 JSP 页面，如果该 JSP 页面是第 1 次被请求（或被修改过），则容器将此页面中的静态数据（HTML 文本）和动态数据（Java 脚本）全部转化成 Java 代码，使 JSP 文件翻译成一个 Java 文件，即 Servlet。

（3）容器将翻译后的 Servlet 源代码编译形成字节码文件（.class）。对于 Tomcat 服务器而言，生成的字节码文件默认存放在＜Tomcat 安装目录＞\work 目录下。

（4）编译后的字节码文件被加载到容器内存中执行，并根据用户的请求生成 HTML 格式的响应内容。

（5）容器将响应内容即响应（response）发送回客户端。

3. 问题：JSP 页面由哪些元素构成。

回答：JSP 页面由模板文本和 JSP 元素组成。JSP 有 3 种类型的元素：脚本元素（scripting element）、指令元素（directive element）和动作元素（action element）。JSP 脚本元素包括脚本、表达式、声明和注释；JSP 指令元素包括 3 种：page 指令、include 指令和 taglib 指令；JSP 动作元素包括＜jsp:include＞、＜jsp:forward＞、＜jsp:useBean＞、＜jsp:setProperty＞和＜jsp:getProperty＞。

4. 问题：JSP 的 include 指令元素和＜jsp:include＞动作元素有何异同。

回答：两种元素的共同点和区别如下。

共同点：include 指令元素和 include 动作元素的作用都是实现包含文件代码的复用。

区别：对包含文件的处理方式和处理时间不同。

include 指令元素是在翻译阶段就引入所包含的文件，被处理的文件在逻辑和语法上依赖于当前 JSP 页面，其优点是页面的执行速度快。

include 动作元素是在 JSP 页面运行时才引入包含文件所产生的应答文本，被包含的文件在逻辑和语法上独立于当前 JSP 页面，其优点是可以使用 param 子元素更加灵活地处理所需要的文件，缺点是执行速度要慢一些。

本章练习

习题

1. page 指令用于定义 JSP 文件中的全局属性，下列关于该指令用法的描述不正确的是_____。
   - A. <%@ page %>作用于整个 JSP 页面
   - B. 可以在一个页面中使用多个<%@ page %>指令
   - C. 为增强程序的可读性，建议将<%@ page %>指令放在 JSP 文件的开头，但不是必须的
   - D. <%@ page %>指令中的属性只能出现一次

2. 以下_____是 JSP 指令标记。
   - A. <% … %>
   - B. <%! … %>
   - C. <%@ … %>
   - D. <%= … %>

3. 当在 JSP 文件中要使用到 Vector 对象时，应在 JSP 文件中加入以下_____语句。
   - A. <jsp:include file="java.util.*" />
   - B. <jsp:include page="java.util.*" />
   - C. <%@ page import="java.util.*" %>
   - D. <%@ page include="java.util.*" %>

4. 在 JSP 中使用<jsp:getProperty>标记时，不会出现的属性是_____。
   - A. name
   - B. property
   - C. value
   - D. 以上皆不会出现

5. 在 JSP 中调用 JavaBean 时不会用到的标记是_____。
   - A. <javabean>
   - B. <jsp:useBean>
   - C. <jsp:setProperty>
   - D. <jsp:getProperty>

6. 在 JSP 中，test.jsp 文件如下：

```
<html>
    <% String str = null; %>
    str is <% = str %>
</html>
```

试图运行时，将发生_____。
   - A. 转译期有误
   - B. 编译 Servlet 源码时发生错误
   - C. 执行编译后的 Servlet 时发生错误
   - D. 运行后，浏览器上显示：str is null

7. 在 JSP 中，<%="1+4" %>将输出_____。
   - A. 1+4
   - B. 5
   - C. 14
   - D. 不会输出，因为表达式是错误的

8. 关于<jsp:include>,下列说法不正确的是_____。
   A. 它可以包含静态文件
   B. 它可以包含动态文件
   C. 当它的 flush 属性为 true 时,表示缓冲区满时,将会被清空
   D. 它的 flush 属性的默认值为 true

上机

1. 训练目标:掌握 JSP 中指令标识、脚本标识、动作标识和注释的使用。

培养能力	JSP 语法的熟悉和应用		
掌握程度	★★★★★	难度	难
代码行数	200	实施方式	编码强化
结束条件	独立编写,不出错		

参考训练内容

(1) 编写两个 JSP 页面,在页面 1 中有一个表单,用户通过该表单输入用户的姓名并提交给页面 2;在页面 2 输出用户的姓名和人数。如果页面 1 没有提交姓名或姓名含有的字符个数大于 10,就跳转到页面 1。

(2) 编写 4 个 JSP 页面。页面 1、页面 2 和页面 3 都含有一个导航条,以便让用户方便地单击超链接访问这 3 个页面;页面 4 为错误处理页面。要求这 3 个页面通过使用 include 动作标记动态加载导航条文件 head.txt。

第 6 章 JSP内置对象

 任务驱动

本章任务完成 Q-ITOffer 锐聘网站的企业详情展示、用户登录状态判断和退出、网站页面程序异常处理功能。具体任务分解如下。
- 【任务 6-1】 使用 request 内置对象实现企业详情展示功能。
- 【任务 6-2】 使用 session 内置对象实现用户登录状态判断和退出功能。
- 【任务 6-3】 使用 exception 内置对象实现网站页面程序异常处理功能。

 学习路线

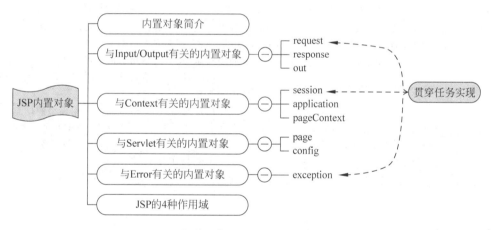

 本章目标

知 识 点	Listen(听)	Know(懂)	Do(做)	Revise(复习)	Master(精通)
内置对象的含义	★	★	★	★	★
request 内置对象	★	★	★	★	★
response 内置对象	★	★	★	★	★
out 内置对象	★	★	★	★	★
session 内置对象	★	★	★	★	★
application 内置对象	★	★	★	★	★
pageContext 内置对象	★	★	★	★	★

续表

知 识 点	Listen（听）	Know（懂）	Do（做）	Revise（复习）	Master（精通）
page 内置对象	★	★	★	★	★
config 内置对象	★	★	★	★	★
exception 内置对象	★	★	★	★	★
JSP 的 4 种作用域	★	★	★	★	★

6.1 内置对象简介

JSP 内置对象是指在 JSP 页面中，不用声明就可以在脚本和表达式中直接使用的对象。JSP 内置对象也称隐含对象，它提供了 Web 开发常用的功能，为了提高开发效率，JSP 规范预定义了内置对象。

JSP 内置对象有如下特点：
- 内置对象由 Web 容器自动载入，不需要实例化；
- 内置对象通过 Web 容器来实现和管理；
- 在所有的 JSP 页面中，直接调用内置对象都是合法的。

JSP 规范定义了 9 种内置对象。其名称、类型和功能如表 6-1 所示。

表 6-1 JSP 内置对象

对象名称	类 型	功能说明
request	javax.servlet.http.HttpServletRequest	请求对象，提供客户端 HTTP 请求数据的访问
response	javax.servlet.http.HttpServletResponse	响应对象，用来向客户端输出响应
out	javax.servlet.jsp.JspWriter	输出对象，提供对输出流的访问
session	javax.servlet.http.HttpSession	会话对象，用来保存服务器与每个客户端会话过程中的信息
application	javax.servlet.ServletContext	应用程序对象，用来保存整个应用环境的信息
pageContext	javax.servlet.jsp.PageContext	页面上下文对象，用于存储当前 JSP 页面的相关信息
config	javax.servlet.ServletConfig	页面配置对象，JSP 页面的配置信息对象
page	javax.servlet.jsp.HttpJspPage	当前 JSP 页面对象，即 this
exception	java.lang.Throwable	异常对象，用于处理 JSP 页面中的错误

6.2 与 Input/Output 有关的内置对象

与 Input/Output（输入/输出）有关的隐含对象包括 request 对象、response 对象和 out 对象，这类对象主要用来作为客户端和服务器间通信的桥梁。request 对象表示客户端对服务器端发送的请求；response 对象表示服务器对客户端的响应；而 out 对象负责把处理结果输出到客户端。

6.2.1 request

request 对象即请求对象，表示客户端对服务器发送的请求；主要用于接受客户端通过 HTTP 协议传送给服务器端的数据。request 对象的类型为 javax.servlet.http.HttpServletRequest，与

Servlet 中的请求对象为同一对象。request 对象的作用域为一次 request 请求。

request 对象拥有 HttpServletRequest 接口的所有方法,其常用方法如下。

- void setCharacterEncoding(String charset):设置请求参数的解码字符集。
- String getParameter(String name):根据参数名获取单一参数值。
- String[] getParameterValues(String name):根据参数名获取一组参数值。
- void setAttribute(String name,Object value):以名/值的方式存储请求域属性。
- Object getAttribute(String name):根据属性名获取存储的对象数据。

下述实例通过一个用户登录功能,演示 request 对象获取请求参数方法的使用。该实例需要两个 JSP 页面,分别是用户登录页面 login.jsp 和信息获取显示页面 loginParameter.jsp。首先创建用户登录表单页面 login.jsp,代码如下所示。

【代码 6-1】 login.jsp

```jsp
<%@ page language="java" contentType="text/html; charset=UTF-8"
    pageEncoding="UTF-8"%>
<!DOCTYPE html PUBLIC "-//W3C//DTD HTML 4.01 Transitional//EN" "http://www.w3.org/TR/html4/loose.dtd">
<html>
<head>
<meta http-equiv="Content-Type" content="text/html; charset=UTF-8">
<title>登录</title>
</head>
<body>
<form action="loginParameter.jsp" method="post">
<p>用户名:<input name="username" type="text"></p>
<p>密  码:<input name="password" type="password"></p>
<p><input name="submit" type="submit" value="登录"></p>
</form>
</body>
</html>
```

启动服务器,在 IE 中访问 http://localhost:8080/chapter06/login.jsp,运行效果如图 6-1 所示。

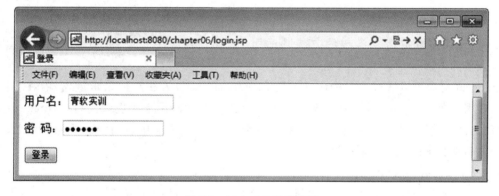

图 6-1 login.jsp 运行结果

单击"登录"按钮,form 表单将向 loginParameter.jsp 发送请求数据,loginParameter.jsp 从请求对象(request)中获取请求参数并输出显示。代码如下所示。

【代码 6-2】 **loginParameter.jsp**

```jsp
<%@ page language="java" contentType="text/html; charset=UTF-8"
    pageEncoding="UTF-8" %>
<%@ page import="java.util.Enumeration,java.util.Map" %>
<!DOCTYPE html PUBLIC "-//W3C//DTD HTML 4.01 Transitional//EN" "http://www.w3.org/TR/html4/loose.dtd">
<html>
<head>
<meta http-equiv="Content-Type" content="text/html; charset=UTF-8">
<title>获取登录请求参数</title>
</head>
<body>
<%
//设置 POST 请求编码
request.setCharacterEncoding("UTF-8");
//获取请求参数的值
String username = request.getParameter("username");
String password = request.getParameter("password");

out.println("参数 username 的值:" + username + "<br>");
out.println("参数 password 的值:" + password + "<br>");
%>
</body>
</html>
```

提交表单后,loginParameter.jsp 的运行效果如图 6-2 所示。

图 6-2　loginParameter.jsp 运行结果

request 对象获取请求参数的方法既适用于 URL 查询字符串的 GET 请求也适用于 Form 表单的 POST 请求。

request 对象可以通过 SetAttribute() 和 getAttribute() 方法存取请求域属性,在实际开发中,多用于存储、传递本次请求的处理结果。下述实例代码用来实现对代码 6-1login.jsp 的登录信息进行验证,并将产生的验证结果回传到 login.jsp 页面中进行显示提醒的功能。其中,登录信息验证的代码如下所示。

【代码 6-3】 **loginValidate.jsp**

```jsp
<%@ page language="java" contentType="text/html; charset=UTF-8"
    pageEncoding="UTF-8" %>
<!DOCTYPE html PUBLIC "-//W3C//DTD HTML 4.01 Transitional//EN" "http://www.w3.org/TR/html4/loose.dtd">
```

```jsp
<html>
<head>
<meta http-equiv = "Content-Type" content = "text/html; charset = UTF-8">
<title>登录验证</title>
</head>
<body>
<%
//设置 POST 请求编码
request.setCharacterEncoding("UTF-8");
//获取请求参数
String username = request.getParameter("username");
String password = request.getParameter("password");
StringBuffer errorMsg = new StringBuffer();
//参数信息验证
if("".equals(username))
    errorMsg.append("用户名不能为空!<br>");
if("".equals(password))
    errorMsg.append("密码不能为空!<br>");
else
    if(password.length() < 6 || password.length() > 12)
        errorMsg.append("密码长度需在 6~12 位之间。<br>");

//将错误信息保存在请求域属性 errorMsg 中
request.setAttribute("errorMsg", errorMsg.toString());

if(errorMsg.toString().equals(""))
    out.println(username + ",您的登录信息验证成功!");
else{
%>
<jsp:forward page = "login.jsp"></jsp:forward>
<%
}
%>
</body>
</html>
```

在登录页面中加入验证信息的获取和显示的代码如下所示。

【代码 6-4】 login.jsp

```jsp
<%@ page language = "java" contentType = "text/html; charset = UTF-8"
    pageEncoding = "UTF-8"%>
<!DOCTYPE html PUBLIC "-//W3C//DTD HTML 4.01 Transitional//EN" "http://www.w3.org/TR/html4/loose.dtd">
<html>
<head>
<meta http-equiv = "Content-Type" content = "text/html; charset = UTF-8">
<title>登录</title>
</head>
<body>
<%
//从请求域属性 errorMsg 中获取错误信息
String error = (String)request.getAttribute("errorMsg");
if(error != null)
    out.print("<font color = 'red'>" + error + "</font>");
```

```
%>
<form action = "loginValidate.jsp" method = "post">
<p>用户名：<input name = "username" type = "text"></p>
<p>密   码：<input name = "password" type = "password"></p>
<p><input name = "submit" type = "submit" value = "登录"></p>
</form>
</body>
</html>
```

注意

对于一开始请求 login.jsp 时，在 request 对象中还未设置 errorMsg 属性的情况，需要先进行属性是否存在的判断（即 getAttribute()方法返回值是否为 null），否则页面会显示"null"字样，造成用户困扰。

启动服务器，在 IE 中访问 http://localhost:8080/chapter06/login.jsp，在用户名、密码都不填写直接登录的情况下，运行效果如图 6-3 所示。

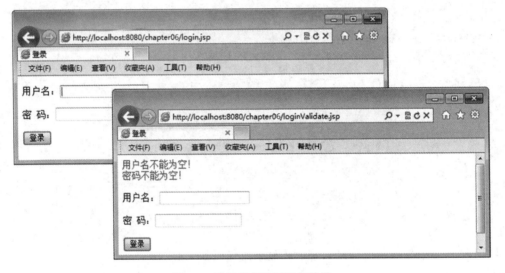

图 6-3　登录信息验证运行效果

上述代码中，验证错误信息被以请求域属性的形式保存在 request 对象中，并通过请求转发的方式将请求对象再转发回 login.jsp，在 login.jsp 页面中便可从 request 对象中获取到属性值，从而实现验证信息在一次 request 请求范围内的传递。

6.2.2　response

response 对象即响应对象，表示服务器对客户端的响应。主要用来将 JSP 处理后的结果传回到客户端。response 对象类型为 javax.servlet.http.HttpServletResponse，与 Servlet 中的响应对象为同一对象。

response 对象拥有 HttpServletResponse 接口的所有方法，其常用的方法如下。
- void setContentType(String name)：设置响应内容的类型和字符编码。
- void sendRedirect(String url)：重定向到指定的 URL 资源。

下述实例代码演示使用 sendRedirect() 方法，在代码 6-3loginValidate.jsp 登录信息验证成功时重定向到用户主页面 main.jsp。更改后的 loginValidate.jsp 如代码 6-5 所示。

【代码 6-5】 loginValidate.jsp

```jsp
<%@ page language = "java" contentType = "text/html; charset = UTF - 8"
    pageEncoding = "UTF - 8" %>
<!DOCTYPE html PUBLIC " - //W3C//DTD HTML 4.01 Transitional//EN" "http://www.w3.org/TR/html4/loose.dtd">
<html>
<head>
<meta http - equiv = "Content - Type" content = "text/html; charset = UTF - 8">
<title>登录验证</title>
</head>
<body>
<%
//设置 POST 请求编码
request.setCharacterEncoding("UTF - 8");
//获取请求参数
String username = request.getParameter("username");
String password = request.getParameter("password");
StringBuffer errorMsg = new StringBuffer();
//参数信息验证
if("".equals(username))
    errorMsg.append("用户名不能为空!<br>");
if("".equals(password))
    errorMsg.append("密码不能为空!<br>");
else
    if(password.length() < 6 || password.length() > 12)
        errorMsg.append("密码长度需在 6~12 位之间。<br>");
//将错误信息保存在请求域属性 errorMsg 中
request.setAttribute("errorMsg", errorMsg.toString());

if(errorMsg.toString().equals("")){
    //验证成功,重定向到 main.jsp
    response.sendRedirect("main.jsp");
}else{
%>
<jsp:forward page = "login.jsp"></jsp:forward>
<%
}
%>
</body>
</html>
```

用户主界面 main.jsp 的代码如下所示。

【代码 6-6】 main.jsp

```jsp
<%@ page language = "java" contentType = "text/html; charset = UTF - 8"
    pageEncoding = "UTF - 8" %>
<!DOCTYPE html PUBLIC " - //W3C//DTD HTML 4.01 Transitional//EN" "http://www.w3.org/TR/html4/loose.dtd">
<html>
<head>
<meta http - equiv = "Content - Type" content = "text/html; charset = UTF - 8">
```

```
<title>用户主界面</title>
</head>
<body>
欢迎您!
</body>
</html>
```

启动服务器,在 IE 中访问 http://localhost:8080/chapter06/login.jsp,在验证信息填写正确的情况下登录后,运行结果如图 6-4 所示。

图 6-4　登录信息验证正确下的重定向结果

因这里是使用重定向进行的页面跳转,故不能使用请求域属性进行用户名的传递。

6.2.3　out

out 对象即输出对象,用来控制管理输出的缓冲区(buffer)和输出流(output stream)向客户端页面输出数据。out 对象类型为 javax.servlet.jsp.JspWriter,与 HttpServletResponse 接口的 getWriter()方法获得的 PrintWriter 对象功能相同,并都由 java.io.Writer 类继承而来。

out 对象的方法可以分为两类:
- 数据的输出;
- 缓冲区的处理。

其中数据输出的方法及描述如表 6-2 所示。

表 6-2　out 对象的数据输出方法及描述

方　　法	描　　述
print/println(基本数据类型)	输出一个基本数据类型的值
print/println(Object obj)	输出一个对象的引用地址
print/println(String str)	输出一个字符串的值
newLine()	输出一个换行符

【示例】 out 对象的数据输出方法

```
<%
int i = 0;
java.util.Date date = new java.util.Date();
out.print(i);
out.newLine();
out.println(date);
%>
```

注意

> out 对象的 newLine() 和 println() 方法在页面显示上并不会有换行的效果,但在生成的 HTML 页面源码中,这两个方法会在输出的数据后面进行换行。

out 对象缓冲区的处理方法及描述如表 6-3 所示。

表 6-3　out 对象的缓冲区处理方法及描述

方　　法	描　　述
void clear()	清除输出缓冲区的内容。若缓冲区为空,则产生 IOException 异常
void clearBuffer()	清除输出缓冲区的内容。若缓冲区为空,不会产生 IOException 异常
void flush()	直接将目前暂存于缓冲区的数据刷新输出
void close()	关闭输出流。流一旦被关闭,则不能再使用 out 对象做任何操作
int getBufferSize()	获取目前缓冲区的大小(KB)
int getRemaining()	获取目前使用后还剩下的缓冲区大小(KB)
boolean isAutoFlush()	返回 true 表示缓冲区满时会自动刷新输出;false 表示缓冲区满时不会自动清除并产生异常处理

向 out 对象的输出流中写入数据时,数据会先被存储在缓冲区中,在 JSP 默认配置下,缓冲区满时会被自动刷新输出。相关的配置由 JSP 页面中 page 指令的 autoFlush 属性和 buffer 属性决定,autoFlush 属性表示是否自动刷新,默认值为 true;buffer 属性表示缓冲区大小,默认值为 8Kb。在此配置下,out 对象在输出缓冲区内容每达到 8Kb 后,会自动刷新输出而不会产生异常处理。

下述代码演示在取消自动刷新功能时,页面输出信息超过缓冲区指定大小的情况和使用 out.flush() 刷新方法后的情况。

【代码 6-7】 outExample.jsp

```
<%@ page language="java" contentType="text/html; charset=UTF-8"
    pageEncoding="UTF-8" autoFlush="false" buffer="1kb" %>
<!DOCTYPE html PUBLIC "-//W3C//DTD HTML 4.01 Transitional//EN"
    "http://www.w3.org/TR/html4/loose.dtd">
<html>
<head>
<meta http-equiv="Content-Type" content="text/html; charset=UTF-8">
<title>Insert title here</title>
</head>
```

```
<body>
<%
for(int i=0;i<100;i++){
    out.println(" ****************** ");
    //out.flush();
}
%>
</body>
</html>
```

启动服务器,在 IE 中访问 http://localhost:8080/chapter06/outExample.jsp,运行结果如图 6-5 所示。

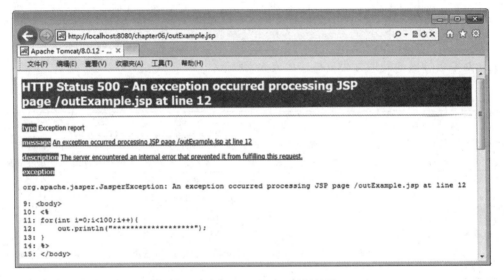

图 6-5　outExample.jsp 运行结果

从运行结果可以看出,在取消了页面自动刷新功能(autoFlush="false")后,当输出流内容超过缓冲区大小(buffer="1Kb")时,页面不能被正常执行。若在输出信息代码后面加上 out.flush()刷新缓冲区的代码,在每次循环输出内容不超过 1Kb 的情况下,内容被及时刷新输出,页面恢复正常运行,运行效果如图 6-6 所示。

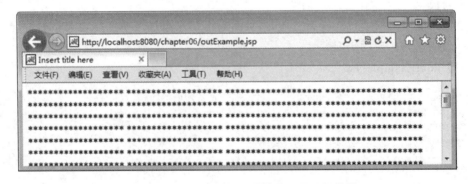

图 6-6　outExample.jsp 更改代码后的运行结果

6.3 与 Context 有关的内置对象

与 Context(上下文)有关的内置对象,它们包括 session、application 和 pageContext。其中 session 对象表示浏览器与服务器的会话上下文环境;application 对象表示应用程序上下文环境;pageContext 对象表示当前 JSP 页面上下文环境。

6.3.1 session

session 对象即会话对象,表示浏览器与服务器之间的一次会话。一次会话的含义是从客户端浏览器连接服务器开始,到服务器端会话过期或用户主动退出后,会话结束。这个过程可以包含浏览器与服务器之间的多次请求与响应。

session 对象的类型为 javax.servlet.http.HttpSession,session 对象具有 HttpSession 接口的所有方法,其常用方法如下。

- void setAttribute(String name, Object value):以名/值对的方式存储 session 域属性;
- Object getAttribute(String name):根据属性名获取属性值;
- void invalidate():使 session 对象失效,释放所有的属性空间。

下述代码演示使用 setAttribute()方法对用户登录验证成功后的用户名进行保存,在重定向的用户主界面中使用 getAttribute()方法获取用户名。改进后的 loginValidate.jsp 如下所示。

【代码 6-8】 loginValidate.jsp

```
<%@ page language = "java" contentType = "text/html; charset = UTF - 8"
    pageEncoding = "UTF - 8" %>
<!DOCTYPE html PUBLIC " - //W3C//DTD HTML 4.01 Transitional//EN"
    "http://www.w3.org/TR/html4/loose.dtd">
<html>
<head>
<meta http - equiv = "Content - Type" content = "text/html; charset = UTF - 8">
<title>登录验证</title>
</head>
<body>
<%
//设置 POST 请求编码
request.setCharacterEncoding("UTF - 8");
//获取请求参数
String username = request.getParameter("username");
String password = request.getParameter("password");
StringBuffer errorMsg = new StringBuffer();
//参数信息验证
if("".equals(username))
    errorMsg.append("用户名不能为空!<br>");
if("".equals(password))
    errorMsg.append("密码不能为空!<br>");
else
    if(password.length() < 6 || password.length() > 12)
        errorMsg.append("密码长度需在 6~12 位之间.<br>");
```

```jsp
//将错误信息保存在请求域属性 errorMsg 中
request.setAttribute("errorMsg", errorMsg.toString());

if(errorMsg.toString().equals("")){
    //将用户名存储在 session 域属性 username 中
    session.setAttribute("username", username);
    //验证成功,重定向到 main.jsp
    response.sendRedirect("main.jsp");
}else{
%>
<jsp:forward page="login.jsp"></jsp:forward>
<%
}
%>
</body>
</html>
```

重定向的 main.jsp 中获取用户名的改进代码如下所示。

【代码 6-9】 main.jsp

```jsp
<%@ page language="java" contentType="text/html; charset=UTF-8"
    pageEncoding="UTF-8" %>
<!DOCTYPE html PUBLIC "-//W3C//DTD HTML 4.01 Transitional//EN"
    "http://www.w3.org/TR/html4/loose.dtd">
<html>
<head>
<meta http-equiv="Content-Type" content="text/html; charset=UTF-8">
<title>用户主界面</title>
</head>
<body>
欢迎您!
<%
String username = (String)session.getAttribute("username");
if(username != null)
    out.print(username);
%>
</body>
</html>
```

启动服务器,在 IE 中访问 http://localhost:8080/chapter06/login.jsp,在登录页面中输入格式正确的用户名和密码登录后,运行效果如图 6-7 所示。

图 6-7 session 范围中用户名的存取效果

从运行结果可以看出,存储在 session 范围中的属性即使经过重定向的多次请求仍然有效。在浏览器未关闭的情况下,访问 main.jsp 将一直可以获取到用户名,若要让其失效,可以使用 invalidate()方法。下述代码演示在 main.jsp 中增加"安全退出"功能,退出后重新返回登录页面。main.jsp 的改进代码如下所示。

【代码 6-10】 main.jsp

```
<%@ page language = "java" contentType = "text/html; charset = UTF - 8"
   pageEncoding = "UTF - 8" %>
<!DOCTYPE html PUBLIC " - //W3C//DTD HTML 4.01 Transitional//EN" "http://www.w3.org/TR/html4/loose.dtd">
<html>
<head>
<meta http - equiv = "Content - Type" content = "text/html; charset = UTF - 8">
<title>用户主界面</title>
</head>
<body>
欢迎您!
<%
String username = (String)session.getAttribute("username");
if(username != null)
    out.print(username);
%>
<a href = "logout.jsp">安全退出</a>
</body>
</html>
```

实现退出功能的 logout.jsp 的代码如下所示。

【代码 6-11】 logout.jsp

```
<%@ page language = "java" contentType = "text/html; charset = UTF - 8"
   pageEncoding = "UTF - 8" %>
<%
session.invalidate();
response.sendRedirect("login.jsp");
%>
```

启动服务器,在 IE 中访问 http://localhost:8080/chapter06/main.jsp,单击"安全退出"后运行结果如图 6-8 所示。

图 6-8 "安全退出"效果

此时若再访问 http://localhost:8080/chapter06/main.jsp,会发现用户名不再显示,表示上次会话已经失效,新的会话已经开始。

注意

> 考虑 session 本身的目的,通常只应该把与用户会话状态相关的信息放入 session 范围内;不要仅仅为了两个页面之间传递信息就将信息放入 session 范围,这样会加大服务器端的开销;如果仅仅是为了两个页面交换信息,应将该信息放入 request 范围内,然后通过请求转发即可。

6.3.2 application

application 对象即应用程序上下文对象,表示当前应用程序运行环境,用以获取应用程序上下文环境中的信息。application 对象在容器启动时实例化,在容器关闭时销毁。作用域为整个 Web 容器的生命周期。

application 对象实现了 javax.servlet.ServletContext 接口,具有 ServletContext 接口的所有功能,application 对象常用方法如下。

- void setAttribute(String name,Object value):以名/值对的方式存储 application 域属性;
- Object getAttribute(String name):根据属性名获取属性值;
- void removeAttribute(String name):根据属性名从 application 域中移除属性。

下述实例演示使用 application 对象实现一个页面留言板,代码如下所示。

【代码 6-12】 guestBook.jsp

```
<%@ page language="java" contentType="text/html; charset=UTF-8"
    pageEncoding="UTF-8" import="java.util.*" %>
<!DOCTYPE html PUBLIC "-//W3C//DTD HTML 4.01 Transitional//EN"
    "http://www.w3.org/TR/html4/loose.dtd">
<html>
<head>
<meta http-equiv="Content-Type" content="text/html; charset=UTF-8">
<title>用户留言板</title>
<script type="text/javascript">
function validate(){
    var uname = document.getElementById("username");
    var message = document.getElementById("message");
    if(uname.value == ""){
        alert("请填写您的名字!");
        uname.focus();
        return false;
    }else if(message.value == ""){
        alert("请填写留言");
        message.focus();
        return false;
    }
    return true;
}
</script>
</head>
<body>
<p>请留言</p>
```

```jsp
<form action = "guestBook.jsp" method = "post" onsubmit = "return validate();">
<p>输入您的名字:<input name = "username" id = "username" type = "text"></p>
<p>输入您的留言:<textarea name = "message" id = "message" cols = "50" rows = "3"></textarea></p>
<p><input type = "submit" value = "提交留言"></p>
</form>
<hr>
<p>留言内容</p>
<%
//获取留言信息
request.setCharacterEncoding("UTF - 8");
String username = request.getParameter("username");
String message = request.getParameter("message");
//从 application 域属性 messageBook 中获取留言本
Vector<String> book = (Vector<String>)application.getAttribute("messageBook");
if(book == null)//若留言本不存在则新创建一个
    book = new Vector<String>();
//判断用户是否提交了留言,若已提交,则将提交信息加入留言本,存入 application 域属性中
if(username!= null && message!= null){
    String info = username + " # " + message;
    book.add(info);
    application.setAttribute("messageBook", book);
}
//遍历显示出所有的用户留言
if(book.size()>0){
    for(String mess:book){
        String[] arr = mess.split(" # ");
        out.print("<p>姓名: " + arr[0] + "<br>留言: " + arr[1] + "</p>");
    }
}else{
    out.print("还没有留言!");
}
%>
</body>
</html>
```

上述代码中,使用 Vector 集合类存放用户的每次留言,并将其作为 application 域属性 messageBook 的值,这样 Vector 对象在整个服务器生命周期内就可以不断添加各客户端提交的留言信息。启动服务器,在 IE 中访问 http://localhost:8080/chapter06/guestBook.jsp,运行结果如图 6-9 所示。

图 6-9　messageBook.jsp 运行效果

6.3.3 pageContext

pageContext 即页面上下文对象,表示当前页面运行环境,用于获取当前 JSP 页面的相关信息。pageContext 对象作用范围为当前 JSP 页面。

pageContext 对象类型为 javax.servlet.jsp.PageContext,pageContext 对象可以访问当前 JSP 页面所有的内置对象,如表 6-4 所示。另外 pageContext 对象还提供存取页面域属性的方法,如表 6-5 所示。

表 6-4 pageContext 对象获取内置对象的方法及描述

方法	描述
ServletRequest getRequest()	获取当前 JSP 页面的请求对象
ServletResponse getResponse()	获取当前 JSP 页面的响应对象
HttpSession getSession()	获取和当前 JSP 页面有联系的会话对象
ServletConfig getServletConfig()	获取当前 JSP 页面的 ServletConfig 对象
ServletContext getServletContext()	获取当前 JSP 页面的运行环境 application 对象
Object getPage()	获取当前 JSP 页面的 Servlet 实体 page 对象
Exception getException()	获取当前 JSP 页面的异常 exception 对象,不过此页面的 page 指令的 isErrorPage 属性要设为 true
JspWriter getOut()	获取当前 JSP 页面的输出流 out 对象

表 6-5 pageContext 对象存取域属性的方法及描述

方法	描述
Object getAttribute(String name, int scope)	获取范围为 scope,名为 name 的属性对象
void setAttribute(String name, Object value, int scope)	以名/值对的方式存储 scope 范围域属性
void removeAttribute(String name, int scope)	从 scope 范围移除名为 name 的属性
Enumeration getAttributeNamesInScope(int scope)	从 scope 范围中获取所有属性的名称

在表 6-5 存取域属性的方法中 scope 参数被定义为 4 个常量,分别代表 4 种作用域范围:PAGE_SCOPE=1 代表页面域,REQUEST_SCOPE=2 代表请求域,SESSION_SCOPE=3 代表会话域,APPLICATION_SCOPE=4 代表应用域。

【示例】 添加和获取会话域属性

```
<%
pageContext.getSession().setAttribute("sessionKey","QST");
Object object = pageContext.getAttribute("sessionKey",pageContext.SESSION_SCOPE);
%>
<% = object %>
```

6.4 与 Servlet 有关的内置对象

与 Servlet 有关的内置对象,它们包括 page 对象和 config 对象。page 对象表示 JSP 翻译后的 Servlet 对象;config 对象表示 JSP 翻译后的 Servlet 的 ServletConfig 对象。

6.4.1 page

page 对象即 this,代表 JSP 本身,更准确地说它代表 JSP 被翻译后的 Servlet,因此它可以调用 Servlet 类所定义的方法。page 对象的类型为 javax.servlet.jsp.HttpJspPage,在实际应用中,page 对象很少在 JSP 中使用。

下述代码演示 page 对象获取页面 page 指令的 info 属性指定的页面说明信息。

【代码 6-13】 pageExample.jsp

```
<%@ page language="java" contentType="text/html; charset=UTF-8"
    pageEncoding="UTF-8" info="page 内置对象的使用"%>
<!DOCTYPE html PUBLIC "-//W3C//DTD HTML 4.01 Transitional//EN"
"http://www.w3.org/TR/html4/loose.dtd">
<html>
<head>
<meta http-equiv="Content-Type" content="text/html; charset=UTF-8">
<title>Insert title here</title>
</head>
<body>
<p>使用 this 获取的页面说明信息:<%=this.getServletInfo() %></p>
<p>使用 page 获取的页面说明信息:<%=((HttpJspPage)page).getServletInfo() %></p>
</body>
</html>
```

启动服务器,在 IE 中访问 http://localhost:8080/chapter06/pageExample.jsp,运行结果如图 6-10 所示。

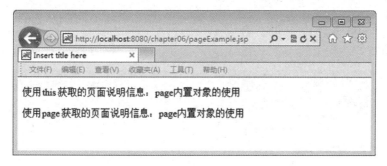

图 6-10 pageExample.jsp 运行结果

6.4.2 config

config 对象即页面配置对象,表示当前 JSP 页面翻译后的 Servlet 的 ServletConfig 对象,存储着一些初始的数据结构。config 对象实现于 java.servlet.ServletConfig 接口。config 对象和 page 对象一样都很少被用到。

下述实例演示 JSP 通过 config 对象获取初始化参数。

【代码 6-14】 configExample.jsp

```
<%@ page language="java" contentType="text/html; charset=UTF-8"
    pageEncoding="UTF-8" %>
<!DOCTYPE html PUBLIC "-//W3C//DTD HTML 4.01 Transitional//EN" "http://www.w3.org/TR/html4/
loose.dtd">
```

```
<html>
<head>
<meta http-equiv="Content-Type" content="text/html; charset=UTF-8">
<title>Insert title here</title>
</head>
<body>
<%
String initParam = config.getInitParameter("init");
out.println(initParam);
%>
</body>
</html>
```

初始化参数在 web.xml 文件中的配置如下所示。

【代码 6-15】 web.xml

```
<servlet>
    <servlet-name>configExample</servlet-name>
    <jsp-file>/configExample.jsp</jsp-file>
    <init-param>
        <param-name>init</param-name>
        <param-value>JSP初始化参数值</param-value>
    </init-param>
</servlet>
<servlet-mapping>
    <servlet-name>configExample</servlet-name>
    <url-pattern>/configExample.jsp</url-pattern>
</servlet-mapping>
```

启动服务器，在 IE 中访问 http://localhost:8080/chapter06/configExample.jsp，运行结果如图 6-11 所示。

图 6-11 configExample.jsp 的运行结果

6.5 与 Error 有关的内置对象

与 Error 有关的内置对象只有一个成员：exception 对象。当 JSP 网页有错误时会产生异常，exception 对象就用来对这个异常做处理。

exception 对象即异常对象，表示 JSP 页面产生的异常。需要注意的是，如果一个 JSP 页面要应用此对象，必须将此页面中 page 指令的 isErrorPage 属性值设为 true，否则无法编译。exception 对象是 java.lang.Throwable 的对象。

下述代码描述 exception 对象对页面异常的处理。

【代码6-16】 error.jsp

```
<%@ page language="java" contentType="text/html; charset=UTF-8"
    pageEncoding="UTF-8" isErrorPage="true"%>
<!DOCTYPE html PUBLIC "-//W3C//DTD HTML 4.01 Transitional//EN" "http://www.w3.org/TR/html4/loose.dtd">
<html>
<head>
<meta http-equiv="Content-Type" content="text/html; charset=UTF-8">
<title>Insert title here</title>
</head>
<body>
<% exception.printStackTrace(response.getWriter()); %>
</body>
</html>
```

下述代码描述产生异常的页面，需要注意页面中 page 指令的 errorPage 属性要指向上面定义的异常处理页面 error.jsp。

【代码6-17】 calculate.jsp

```
<%@ page language="java" contentType="text/html; charset=UTF-8"
    pageEncoding="UTF-8" errorPage="error.jsp"%>
<!DOCTYPE html PUBLIC "-//W3C//DTD HTML 4.01 Transitional//EN" "http://www.w3.org/TR/html4/loose.dtd">
<html>
<head>
<meta http-equiv="Content-Type" content="text/html; charset=UTF-8">
<title>计算</title>
</head>
<body>
    <%
        int a, b;
        a = 10;
        b = 0;
        int c = a / b;
    %>
</body>
</html>
```

启动服务器，在 IE 中访问 http://localhost:8080/chapter06/calculate.jsp，运行结果如图 6-12 所示。

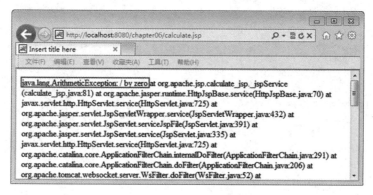

图 6-12　calculate.jsp 的运行结果

6.6 JSP 的 4 种作用域

对象的生命周期和可访问性称为作用域(scope)，在 JSP 中有 4 种作用域：页面域、请求域、会话域和应用域。4 种作用域的生命周期和可访问性介绍如下。

- 页面域(page scope)，页面域的生命周期是指页面执行期间。存储在页面域的对象只对于它所在页面是可访问的。
- 请求域(request scope)，请求域的生命周期是指一次请求过程，包括请求被转发(forward)或者被包含(include)的情况。存储在请求域中的对象只有在此次请求过程中才可以被访问。
- 会话域(session scope)，会话域的生命周期是指某个客户端与服务器所连接的时间；客户端在第 1 次访问服务器时创建会话，在会话过期或用户主动退出后，会话结束。存储在会话域中的对象在整个会话期间(可能包含多次请求)都可以被访问。
- 应用域(application scope)，应用域的生命周期是指从服务器开始执行服务到服务器关闭为止，是 4 个作用域中时间最长的。存储在应用域中的对象在整个应用程序运行期间可以被所有 JSP 和 Servlet 共享访问，在使用时要特别注意存储数据的大小和安全性，否则可能会造成服务器负载过重，产生线程安全性问题。

JSP 的 4 种作用域分别对应 pageContex、request、session 和 application 4 个内置对象，4 个内置对象都通过 setAttribute(String name, Object value)方法来存储属性，通过 getAttribute(String name)来获取属性，从而实现属性对象在不同作用域的数据分享。

下述代码演示使用 pageContext、session 和 application 对象分别实现页面域、会话域和应用域的页面访问统计效果。

【代码 6-18】 visitCount.jsp

```jsp
<%@ page language="java" contentType="text/html; charset=UTF-8"
    pageEncoding="UTF-8"%>
<!DOCTYPE html PUBLIC "-//W3C//DTD HTML 4.01 Transitional//EN" "http://www.w3.org/TR/html4/loose.dtd">
<html>
<head>
<meta http-equiv="Content-Type" content="text/html; charset=UTF-8">
<title>访问统计</title>
</head>
<body>
    <%
        int pageCount = 1;
        int sessionCount = 1;
        int applicationCount = 1;
        //页面域计数
        if (pageContext.getAttribute("pageCount") != null) {
            pageCount = Integer.parseInt(pageContext.getAttribute(
                    "pageCount").toString());
            pageCount++;
        }
        pageContext.setAttribute("pageCount", pageCount);
        //会话域计数
```

```jsp
        if (session.getAttribute("sessionCount") != null) {
            sessionCount = Integer.parseInt(session.getAttribute(
                "sessionCount").toString());
            sessionCount++;
        }
        session.setAttribute("sessionCount", sessionCount);
        //应用域计数
        if (application.getAttribute("applicationCount") != null) {
            applicationCount = Integer.parseInt(application.getAttribute(
                "applicationCount").toString());
            applicationCount++;
        }
        application.setAttribute("applicationCount", applicationCount);
    %>
    <p>
        页面域计数:<%= pageCount %></p>
    <p>
        会话域计数:<%= sessionCount %></p>
    <p>
        应用域计数:<%= applicationCount %></p>
</body>
</html>
```

启动服务器,在 IE 中访问 http://localhost:8080/chapter06/visitCount.jsp,第 1 次访问该页面,运行结果如图 6-13 所示。

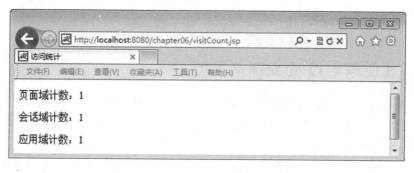

图 6-13 visitCount.jsp 第 1 次访问

多次刷新本浏览器窗口后,运行结果如图 6-14 所示。

图 6-14 visitCount.jsp 多次刷新后

另外打开一个 IE 窗口,再访问此页面后,运行结果如图 6-15 所示。

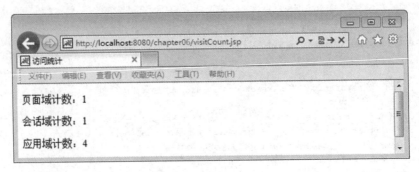

图 6-15 新开 IE 窗口访问 visitCount.jsp

通过上例运行结果可以看出，pageContext 域属性的访问范围为当前 JSP 页面，因此访问计数始终为 1；session 域属性的访问范围为当前浏览器与服务器的会话，因此刷新页面访问计数会累加，但新开启浏览器窗口时，会新建一个会话，计数又会从 1 开始；application 域属性的访问范围为整个应用，所以只要应用程序不停止运行，计数会不断累加。

在 Web 应用开发时需要仔细考虑这些对象的作用域，按照对象的需要赋予适合的作用域，不要过大也不要过小。如果为一个只在页面内使用的对象赋予了应用域，这样做显然毫无意义。同样，如果访问对象具有太多的限制，那么也会使应用变得更加复杂。因此需要仔细权衡每个对象及其用途，从而准确推断其作用域。

6.7 贯穿任务实现

6.7.1 【任务 6-1】企业详情展示

本任务使用 request 内置对象完成 Q-ITOffer 锐聘网站贯穿项目中的任务 6-1 企业详情展示功能。任务完成效果如图 6-16 所示。

本任务实现包括以下组件。

- index.jsp：网站首页，本任务中负责向 CompanyServlet 请求和传递要展示企业的企业编号。
- company.jsp：企业详情展示页面，负责从 request 内置对象中获取需要展示的企业详细信息和招聘职位列表信息进行显示。
- CompanyServlet.java：企业信息操作 Servlet，负责获取请求的企业编号，调用 CompanyDAO 和 JobDAO 对企业和职位信息进行查询，将查询结果对象存入 request 对象中转发到 company.jsp。
- CompanyDAO.java：企业数据访问对象，负责根据企业编号查询企业详细信息并封装到 Company 实体类中。
- JobDAO.java：职位数据访问对象，负责根据企业编号查询该企业的所有招聘职位列表，同时将列表信息封装到 List 集合类中返回。
- Company.java：企业信息实体类，用于封装 CompanyDAO 查询出的企业信息。
- Job.java：职位信息实体类，用于封装 JobDAO 查询出的职位信息。
- DBUtil.java：数据库操作工具类，负责数据库连接的获取和释放。

各组件间关系图如图 6-17 所示。

第 **6** 章 JSP内置对象

图 6-16 企业详情展示页面

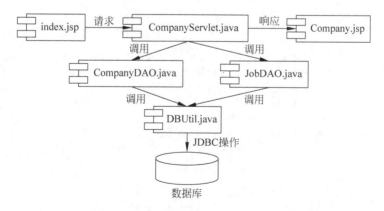

图 6-17 企业详情展示功能组件关系图

其中，index.jsp 页面中向 CompanyServlet 发送请求的代码如下述代码中粗体部分所示。

【任务 6-1】 index.jsp

```jsp
<%@ page language="java" contentType="text/html; charset=UTF-8"
    pageEncoding="UTF-8"%>
<%@ page import="com.qst.itoffer.dao.CompanyDAO,
com.qst.itoffer.bean.Company,com.qst.itoffer.bean.Job" %>
<%@ page import="java.util.*" %>
<html>
<head>
<meta http-equiv="Content-Type" content="text/html; charset=UTF-8">
<title>RTO服务_锐聘官网-大学生求职,IT行业招聘,IT企业快速入职 - 锐聘网</title>
<link href="css/base.css" type="text/css" rel="stylesheet" />
<link href="css/index.css" type="text/css" rel="stylesheet" />
</head>
<body class="tn-page-bg">
    <!-- 使用动态包含头文件 -->
    <jsp:include page="top.jsp"></jsp:include>
    <div id="tn-content">
        <!-- 招聘企业展示 -->
        <%
        CompanyDAO dao = new CompanyDAO();
        List<Company> list = dao.getCompanyList();
        if(list!=null)
            for(Company c : list){
        %>
        <div class="tn-grid">
            <div class="tn-box tn-widget tn-widget-content tn-corner-all it-home-box">
                <!-- 企业图片展示 -->
                <div class="it-company-keyimg tn-border-bottom tn-border-gray">
                    <a href="CompanyServlet?type=select&id=<%=c.getCompanyId() %>">
                    <img src="recruit/images/<%=c.getCompanyPic() %>" width="990"></a>
                    <!-- 招聘职位展示 -->
                    <%
                    Set<Job> jobset = c.getJobs();
                    if(jobset!=null)
                        for(Job job : jobset){
                    %>
                    <div class="it-home-present">
                    <a class="tn-button tn-button-home-apply" href="#">
                    <span class="tn-button-text">我要申请</span></a></div>
                        <p class="it-text-tit">职位</p>
                        <a href="CompanyServlet?type=select&id=<%=c.getCompanyId() %>">
                        <span class="tn-button-text">更多职位</span></a></span>
                        <b><%=job.getJobName() %></b></p>
                    </div>
                    <div class="it-line01 it-text-top">
                        <p class="it-text-tit">薪资</p>
                        <b><%=job.getJobSalary() %></b></p>
                    </div>
                </div>
                <div class="it-present-text">
                    <div class="it-line01 it-text-bom">
                        <p class="it-text-tit">到期时间</p>
```

```html
            <b><% = job.getJobEnddate() %></b></p>
          </div>
          <div class = "it-line01 it-text-top">
            <p class = "it-text-tit">工作地区</p>
            <b><% = job.getJobArea() %></b></p>
          </div></div></div>
      <%} %>
    </div></div>
  <%} %>
</div>
<!-- 网站公共尾部 -->
  <iframe src = "foot.html" width = "100%" height = "150" scrolling = "no"
    frameborder = "0"></iframe>
</body>
</html>
```

index.jsp 中请求的查询企业详细信息和更多职位信息的 CompanyServlet 代码实现如下。

【任务 6-1】 CompanyServlet.java

```java
package com.qst.itoffer.servlet;
import com.qst.itoffer.bean.Company;
import com.qst.itoffer.bean.Job;
import com.qst.itoffer.dao.CompanyDAO;
import com.qst.itoffer.dao.JobDAO;
/**
 * 企业信息处理 Servlet
 * @author QST青软实训
 */
@WebServlet("/CompanyServlet")
public class CompanyServlet extends HttpServlet {
    ...
    protected void doPost(HttpServletRequest request,
            HttpServletResponse response) throws ServletException, IOException {
        // 获取对企业信息处理的请求类型
        String type = request.getParameter("type");
        if ("select".equals(type)) {
            // 获取请求查询的企业编号
            String companyID = request.getParameter("id");
            // 根据企业编号查询企业详细信息
            CompanyDAO dao = new CompanyDAO();
            Company company = dao.getCompanyByID(companyID);
            // 将查询到的企业信息存入 request 请求域
            request.setAttribute("company", company);
            // 根据企业编号查询企业的所有招聘职位
            JobDAO jobdao = new JobDAO();
            List<Job> jobList = jobdao.getJobListByCompanyID(companyID);
            // 将查询到的职位列表存入 request 请求域
            request.setAttribute("joblist", jobList);
            // 请求转发
            request.getRequestDispatcher("recruit/company.jsp")
                    .forward(request, response);
        }
    }
}
```

CompanyServlet.java 中调用的 CompanyDAO 类代码实现如下。

【任务 6-1】 CompanyDAO.java

```java
package com.qst.itoffer.dao;
import com.qst.itoffer.bean.Company;
import com.qst.itoffer.bean.Job;
import com.qst.itoffer.util.DBUtil;

public class CompanyDAO {
    /**
     * 查询所有正在招聘中的企业信息以及该企业的最新职位信息
     * @return
     */
    public List<Company> getCompanyList() {
        ...
    }
    /**
     * 根据企业标识查询企业详情
     * @param companyID
     * @return
     */
    public Company getCompanyByID(String companyID) {
        Company company = new Company();
        Connection conn = DBUtil.getConnection();
        PreparedStatement pstmt = null;
        ResultSet rs = null;
        try {
            String sql = "SELECT * FROM tb_company WHERE company_id = ?";
            pstmt = conn.prepareStatement(sql);
            pstmt.setInt(1, Integer.parseInt(companyID));
            rs = pstmt.executeQuery();
            while (rs.next()) {
                company.setCompanyId(rs.getInt("company_id"));
                company.setCompanyArea(rs.getString("company_area"));
                company.setCompanyBrief(rs.getString("company_brief"));
                company.setCompanyPic(rs.getString("company_pic"));
                company.setCompanySize(rs.getString("company_size"));
                company.setCompanyType(rs.getString("company_type"));
                company.setCompanyViewnum(rs.getInt("company_viewnum"));
                company.setCompayName(rs.getString("company_name"));
            }
        } catch (Exception e) {
            e.printStackTrace();
        } finally {
            DBUtil.closeJDBC(rs, pstmt, conn);
        }
        return company;
    }
}
```

CompanyServlet.java 中调用的 JobDAO 类代码实现如下。

【任务 6-1】 JobDAO.java

```java
package com.qst.itoffer.dao;
import com.qst.itoffer.bean.Job;
import com.qst.itoffer.util.DBUtil;
```

```java
/**
 * 职位数据操作
 * @author QST 青软实训
 */
public class JobDAO {
    /**
     * 根据企业编号查询此企业的所有招聘职位
     * @param companyID
     * @return
     */
    public List<Job> getJobListByCompanyID(String companyID) {
        List<Job> list = new ArrayList<Job>();
        Connection conn = DBUtil.getConnection();
        PreparedStatement pstmt = null;
        ResultSet rs = null;
        try {
            String sql = "SELECT * FROM tb_job WHERE company_id = ?";
            pstmt = conn.prepareStatement(sql);
            pstmt.setInt(1, Integer.parseInt(companyID));
            rs = pstmt.executeQuery();
            while (rs.next()) {
                Job job = new Job();
                job.setJobId(rs.getInt("job_id"));
                job.setJobName(rs.getString("job_name"));
                job.setJobSalary(rs.getString("job_salary"));
                job.setJobArea(rs.getString("job_area"));
                job.setJobEnddate(rs.getTimestamp("job_endtime"));
                list.add(job);
            }
        } catch (Exception e) {
            e.printStackTrace();
        } finally {
            DBUtil.closeJDBC(rs, pstmt, conn);
        }
        return list;
    }
}
```

企业详情展示页面 company.jsp 代码实现如下。

【任务 6-1】 company.jsp

```jsp
<%@ page language="java" contentType="text/html; charset=UTF-8"
    pageEncoding="UTF-8"%>
<%@ page import="com.qst.itoffer.bean.Company,com.qst.itoffer.bean.Job,java.util.*" %>
<html>
<head>
<meta http-equiv="Content-Type" content="text/html; charset=UTF-8">
<title>Insert title here</title>
<link href="css/base.css" type="text/css" rel="stylesheet" />
<link href="css/company.css" type="text/css" rel="stylesheet" />
</head>
<body>
```

```jsp
<jsp:include page="../top.jsp"></jsp:include>
...
<%
Company company = (Company)request.getAttribute("company");
List<Job> joblist = (List<Job>)request.getAttribute("joblist");
%>
<div class="tn-grid"><div class="bottomban"><div class="bottombanbox">
  <img src="recruit/images/<%=company.getCompanyPic() %>" /></div></div>
</div>
<div class="tn-grid"><div class="tn-widget-content">
<span><em><%=company.getCompanyViewnum() %></em>浏览</span>
<h3>企业简介</h3></div>
        <div class="it-com-textnote">
        <span class="kuai">所在地:<%=company.getCompanyArea() %></span>
        <span class="kuai">规模:<%=company.getCompanySize() %></span>
        <span class="kuai">性质:<%=company.getCompanyType() %></span></div>
        <div class="it-company-text">
          <span style="line-height:1.5; font-size:14px;">
            <%=company.getCompanyBrief() %>
          </span></p><br /></div>
        <div class="it-content-seqbox"><div id="morejob"   >
    <div class="it-ctn-heading"><div class="it-title-line">
        <h3>职位</h3></div></div>
<!--职位列表-->
<% if(joblist!=null){
      for(Job job:joblist){
%>
<div class="it-post-box tn-border-dashed">
    <a class="it-font-underline"
      href="JobServlet?type=select&jobid=<%=job.getJobId() %>">
    <span class="tn-action-text">查看详细</span></a>
    <a class="tn-button-small" href="#">
    <span class="tn-button-text">申请</span></a></div><h3>
    <a href="JobServlet?type=select&jobid=<%=job.getJobId() %>">
    <%=job.getJobName() %></a></h3>
    </div>
    <ul class="it-post">
        <li style="width:300px;">薪资:
        <span class="it-font-size"><%=job.getJobSalary() %></span></li>
        <li style="width:250px;"><span class="tn-text-note">工作地区:</span>
        <label for=""><%=job.getJobArea() %></label></li>
        <li><span class="tn-text-note">招聘人数:</span>
          <%=job.getJobHiringnum() %></li>
        <li><span class="tn-text-note">结束日期:</span>
          <%=job.getJobEnddate() %></li>
    </ul>
  </div>
  <%
  } %>
</div></div></div>
    ...
</body>
</html>
```

6.7.2 【任务6-2】用户登录状态判断和退出

本任务使用 session 内置对象完成"Q-ITOffer"贯穿项目中的任务 6-2 用户登录状态判断和退出功能。用户未登录前网站头部效果如图 6-18 所示;用户登录后网站头部效果如图 6-19 所示。

图 6-18 职位详情页面

图 6-19 职位详情页面

本任务实现包括以下组件。
- top.jsp:网站头文件,该页面使用 JSP 脚本和 session 对象对用户是否处于登录状态进行判断以及实现退出网站的请求;
- index.jsp:网站首页,用户退出成功后重定向到此页面;
- ApplicantLogoutServlet.java:处理用户退出功能的 Servlet。

用户退出功能组件间关系图如图 6-20 所示。

图 6-20 用户退出功能组件关系图

其中,top.jsp 页面代码实现如下。

【任务6-2】 top.jsp

```
<%@ page language = "java" contentType = "text/html; charset = UTF - 8"
    pageEncoding = "UTF - 8" errorPage = "/error.jsp" %>
<%@ page import = "com.qst.itoffer.bean.Applicant" %>
<%
// 获得请求的绝对地址
String path = request.getContextPath();
String basePath = request.getScheme() + "://"
 + request.getServerName() + ":" + request.getServerPort() + path + "/";
%>
<html>
<head>
<meta http - equiv = "Content - Type" content = "text/html; charset = UTF - 8">
```

```
<title>锐聘网</title>
<!-- 设置网页的基链接地址 -->
<base href="<%=basePath%>">
<link href="css/base.css" rel="stylesheet" type="text/css">
</head>
<body>
    <div class="head"><div class="head_area"><div class="head_nav">
    <ul>
<li><img src="images/nav_inc1.png" /><a href="index.jsp">首页</a></li>
<li><img src="images/nav_inc2.png" /><a href="#">成功案例</a></li>
<li><img src="images/nav_inc3.png" /><a href="#">关于锐聘</a></li>
    </ul></div>
    <div class="head_logo"><img src="images/head_logo.png" /></div>
            <div class="head_user">
                <%
                Applicant sessionApplicant =
                    (Applicant)session.getAttribute("SESSION_APPLICANT");
                if(sessionApplicant == null){
                %>
<a href="login.jsp" target="_parent"><span class="type1">登录</span></a>
<a href="register.jsp" target="_parent"><span class="type2">注册</span></a>
                <%
                }else{
                %>
                <a href="ResumeBasicinfoServlet?type=select">
                <%=sessionApplicant.getApplicantEmail()%></a>  
                <a href="ApplicantLogoutServlet">退出</a>
                <%
                }
                %>
            </div>
            <div class="clear"></div></div>
    </div>
    ...
</body>
</html>
```

上述代码中,还通过调用 request 内置对象的一些方法来获取访问网站的绝对地址,并通过<base>元素将其设置为网页访问基路径,从而避免了使用相对地址在不通过路径下来回转向的混乱状况。

top.jsp 中请求的实现退出功能的 ApplicantLogouServlet 代码实现如下。

【任务 6-2】 **ApplicantLogoutServlet.java**

```
package com.qst.itoffer.servlet;
/**
 * 系统退出功能请求 Servlet
 * @author QST 青软实训
 */
@WebServlet("/ApplicantLogoutServlet")
public class ApplicantLogoutServlet extends HttpServlet {
    ...
    protected void doPost(HttpServletRequest request,
            HttpServletResponse response) throws ServletException, IOException {
```

第 6 章 JSP内置对象

```jsp
            // 获得用户会话,使其失效
            request.getSession().invalidate();
            // 请求重定向到网站首页
            response.sendRedirect("index.jsp");
    }
}
```

6.7.3 【任务6-3】网站页面异常处理

本任务使用 exception 对象实现"Q-ITOffer"贯穿项目中的任务 6-3 网站页面异常处理功能。本任务中新创建 error.jsp 作为异常信息提示页面;当 JSP 页面产生异常时,通过此页面捕获异常信息。error.jsp 页面代码实现如下。

【任务6-3】 error.jsp

```jsp
<%@ page language = "java" contentType = "text/html; charset = UTF-8"
  pageEncoding = "UTF-8" isErrorPage = "true" %>
<%
// 获得请求的绝对地址
String path = request.getContextPath();
String basePath = request.getScheme() + "://"
 + request.getServerName() + ":" + request.getServerPort() + path + "/";
%>
<html>
<head>
<meta http-equiv = "Content-Type" content = "text/html; charset = UTF-8">
<title>锐聘网</title>
<base href = "<% = basePath %>">
<link href = "css/base.css" type = "text/css" rel = "stylesheet" />
<link href = "css/error.css" type = "text/css" rel = "stylesheet" />
</head>
<body>
<jsp:include page = "top.jsp"/>
<div class = "success_content">
  <div class = "success_left">
    <div class = "error"><img alt = "" src = "images/error.gif"></div>
    <h2 align = "center">出错了!</h2>
  </div>
  <div class = "success_right">
    <p class = "green16"><% = exception %></p>
    <p><a href = "javascript:window.history.go(-1);">
    <span class = "tn-button">返回上一步</span></a>
    <a href = "index.jsp"><span class = "tn-button">返回首页</span></a></p>
  </div>
</div>
<iframe src = "foot.html" width = "100%" height = "150" scrolling = "no" frameborder = "0">
</iframe>
</body>
</html>
```

以企业信息展示页面 company.jsp 为例,在页面中使用 page 指令的 errorPage 属性来指定异常处理页面,关键部分代码实现如下。

【任务6-3】 company.jsp 中指定异常处理页面部分代码

```
<%@ page language="java" contentType="text/html; charset=UTF-8"
    pageEncoding="UTF-8" errorPage="/error.jsp" %>
```

对项目中的所有页面都进行如代码 6-27 所示设置，则当页面程序访问出现异常时则会自动转向到 error.jsp 进行错误信息显示。例如，直接访问 http://localhost:8080/Q_ITOffer_Chapter06/recruit/company.jsp，则会出现图 6-21 效果。

图 6-21　error.jsp 页面运行效果

> **注意**
>
> 在实际项目应用中，网站异常处理页面一般不会显示具体的异常信息，用户只需要知道此操作是有误的即可；对于开发者来说可以通过服务器日志信息进行错误的追踪。

本章总结

小结

- JSP 内置对象是指不用声明就可以在 JSP 页面的脚本和表达式中直接使用的对象。
- request 对象即请求对象，表示客户端向服务器端发送的请求。request 对象的类型为 javax.servlet.http.HttpServletRequest。
- response 对象即响应对象，表示服务器对客户端的响应。response 对象类型为 javax.servlet.http.HttpServletResponse。
- out 对象即输出对象，用来控制管理输出的缓冲区(buffer)和输出流(output stream)向客户端页面输出数据。out 对象类型为 javax.servlet.jsp.JspWriter。
- session 对象即会话对象，表示浏览器与服务器之间的一次会话。session 对象的类型为 javax.servlet.http.HttpSession。
- application 对象即应用程序上下文对象，表示当前应用程序运行环境，用以获取应用程序上下文环境中的信息。application 对象类型为 javax.servlet.ServletContext。
- pageContext 即页面上下文对象，表示当前页面运行环境，用以获取当前 JSP 页面的相关信息。pageContext 对象类型为 javax.servlet.jsp.PageContext。
- page 对象即 this，代表 JSP 本身，更准确地说它代表 JSP 被翻译后的 Servlet，因此它可以调用 Servlet 类所定义的方法。page 对象的类型为 javax.servlet.jsp.HttpJspPage。
- config 对象即页面配置对象，表示当前 JSP 页面翻译后的 Servlet 的 ServletConfig 对象，存储着一些初始的数据结构。config 对象类型为 java.servlet.ServletConfig。
- exception 对象即异常对象，表示 JSP 页面产生的异常。exception 对象是 java.lang.Throwable 的对象。
- JSP 中有 4 种作用域：页面域、请求域、会话域和应用域。
- JSP 的 4 种作用域分别对应 pageContex、request、session 和 application 4 个内置对象。4 个内置对象都通过 setAttribute(String name,Object value)方法来存储属性,通过 getAttribute(String name)来获取属性,从而实现属性对象在不同作用域的数据分享。

Q&A

1. 问题：什么是内置对象。

回答：JSP 内置对象是指不用声明就可以在 JSP 页面的脚本和表达式中直接使用的对象,JSP 内置对象也称隐含对象，它提供了 Web 开发常用的功能,为了提高开发效率,JSP 规范预定义了内置对象。JSP 内置对象有如下特点：内置对象由 Web 容器自动载入,不需要实例化；内置对象通过 Web 容器来实现和管理；在所有的 JSP 页面中,直接调用内置对象都是合法的。

2. 问题：JSP 有哪些内置对象。分别和 Servlet 中哪些类相对应。

回答：JSP 有九大内置对象,包括 request(HttpServletRequest)、response(HttpServletResponse)、out、session(HttpSession)、application(ServletContext)、pageContext、page、config(ServletConfig)和 exception。

3. 问题：JSP 有哪几种作用域。

回答：JSP 中有 4 种作用域：页面域、请求域、会话域和应用域。JSP 的 4 种作用域分别对应 pageContex、request、session 和 application 4 个内置对象。4 个内置对象都通过 setAttribute(String name,Object value)方法来存储属性,通过 getAttribute(String name)来获取属性,从而实现属性对象在不同作用域的数据分享。

4. 问题：在存储数据时,如何进行作用域选择。

回答：在 Web 应用开发时需要按照对象的需要赋予它们适合的作用域,不要过大也不要过小。如果为一个只在页面内使用的对象赋予了应用域,这样显然毫无意义。同样,如果访问对象具有太多的限制,那么也会使应用变得更加复杂。因此需要仔细权衡每个对象及其用途,从而准确推断它的作用域。

本章练习

习题

1. 下边 _____ 不是 JSP 的内置对象。
   A. session   B. request   C. cookie   D. out

2. response 对象的 setHeader(String name, String value) 方法的作用是 _____。
   A. 添加 HTTP 文件头
   B. 设定指定名字的 HTTP 文件头的值
   C. 判断指定名字的 HTTP 文件头是否存在
   D. 向客户端发送错误信息

3. 要设置某个 JSP 页面为错误处理页面，以下 page 指令正确的是 _____。
   A. <%@ page errorPage="true"%>
   B. <%@ page isErrorPage="true"%>
   C. <%@ page cxtends="javax.servlet.jsp.JspErrorPage"%>
   D. <%@ page info="error"%>

4. 下面关于 JSP 作用域对象的说法错误的是 _____。
   A. request 对象可以得到请求中的参数
   B. session 对象可以保存用户信息
   C. application 对象可以被多个应用共享
   D. 作用域范围从小到大是 page、request、session 和 application

5. 在 JSP 中，request 对象的 _____ 方法可以获取页面请求中一个表单组件对应多个值时的用户的请求数据。
   A. String getParameter(String name)
   B. String[] getParameter(String name)
   C. String getParameterValuses(String name)
   D. String[] getParameterValues(String name)

6. 如果选择一种对象保存聊天室信息，则选择 _____。
   A. pageContext   B. request   C. session   D. application

7. JSP 中获取输入参数信息，使用 _____ 对象的 getParameter() 方法。
   A. response   B. request   C. out   D. session

8. JSP 中保存用户会话信息使用 _____ 对象。
   A. response   B. request   C. out   D. session

9. 以下对象中作用域最大的是 _____。
   A. applicant   B. request   C. page   D. session

上机

1. 训练目标：request 内置对象的熟练使用。

第6章　JSP内置对象

培养能力	request 内置对象的理解和应用能力		
掌握程度	★★★★★	难度	中
代码行数	200	实施方式	编码强化
结束条件	独立编写,运行结果正确		

参考训练内容
(1) 创建 a.jsp 页面,将一个字符串存入请求域属性 temp 中,转发请求到 b.jsp;
(2) 在 b.jsp 中获取并显示 temp 的值;
(3) 将步骤 1 中的请求转发到 b.jsp 改为重定向到 b.jsp,观察是否能够获取 temp 的值

2. 训练目标：session 和 application 内置对象的熟练使用。

培养能力	session 和 application 内置对象的理解和应用能力		
掌握程度	★★★★★	难度	难
代码行数	300	实施方式	编码强化
结束条件	独立编写,运行结果正确		

参考训练内容
充分利用 session 和 application 的特点,实现一个禁止用户使用同一用户名同时在不同客户端登录的功能程序

3. 训练目标：exception 内置对象的熟练使用。

培养能力	exception 内置对象的理解和应用能力		
掌握程度	★★★★★	难度	中
代码行数	200	实施方式	编码强化
结束条件	独立编写,运行结果正确		

参考训练内容
(1) 创建 exceptionTest.jsp 页面,模拟一个空指针异常,指定异常处理页面为 error.jsp;
(2) 使用 exception 内置对象在异常处理页面 error.jsp 中输出异常信息

第7章 JSP与JavaBean

 任务驱动

本章任务完成 Q-ITOffer 锐聘网站的简历信息展示、简历信息修改和首页企业信息分页展示功能。具体任务分解如下。

- 【任务 7-1】 使用 JavaBean 技术实现简历信息展示功能。
- 【任务 7-2】 使用 JavaBean 技术实现简历信息修改功能。
- 【任务 7-3】 使用 JavaBean 技术实现网站首页信息分页展示功能。

 学习路线

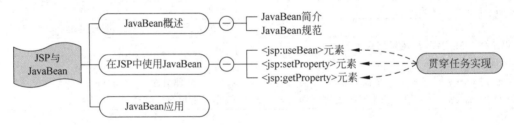

 本章目标

知 识 点	Listen（听）	Know（懂）	Do（做）	Revise（复习）	Master（精通）
JavaBean 作用	★	★			
JavaBean 规范	★	★			
<jsp:useBean>元素使用	★	★	★	★	★
<jsp:setProperty>元素使用	★	★	★	★	★
<jsp:getProperty>元素使用	★	★	★	★	★
JavaBean 应用	★	★	★		

7.1 JavaBean 概述

7.1.1 JavaBean 简介

JavaBean 是一种特殊的 Java 类,以封装和重用为目的,在类的设计上遵从一定的规范,以供其他组件根据这种规范来调用。

JavaBean 最大的优势在于重用,同时它又具有以下特性:
- 易于维护、使用、编写;
- 封装了复杂的业务逻辑;
- 可移植性;
- 便于传输,既可用于本地也可用于网络传输。

JavaBean 可分为两种:一种是有用户界面(User Interface,UI)的 JavaBean,例如一些 GUI 组件(按钮、文本框和报表组件等);另一种是没有用户界面,主要负责封装数据、业务处理的 JavaBean。JSP 通常访问的是后一种 JavaBean。

JSP 与 JavaBean 搭配使用,具有以下优势:
- JSP 页面中的 HTML 代码与 Java 代码分离,便于页面设计人员和 Java 编程人员的分工与维护;
- 使 JSP 更加侧重于生成动态网页,事务处理由 JavaBean 来完成,使系统更趋于组件化、模块化。

JavaBean 的这些优势,使系统具有了更好的健壮性和灵活性,使得 JSP+JavaBean 和 JSP+Servlet+JavaBean 的组合设计模式成为目前开发 Java Web 应用的主流模式。

7.1.2 JavaBean 规范

一个标准的 JavaBean 需要遵从以下规范:
- JavaBean 是一个公开的(public)类,以便被外部程序访问;
- 具有一个无参的构造方法(即一般类中默认的构造方法),以便被外部程序实例化时调用;
- 提供 setXxx()方法和 getXxx()方法,以便让外部程序设置和获取其属性。

凡是符合上述规范的 Java 类,都可以被称为 JavaBean。

JavaBean 中的 setXxx()方法和 getXxx()方法也被称为 setter 方法和 getter 方法,是针对 JavaBean 方法的一种命名方式。方法的名称由字符 set+属性名和 get+属性名构成,属性名是将 JavaBean 的属性名称首字母大写后得来。例如:名称为 userName 的 JavaBean 属性,对应的 setter 和 getter 方法为:setUserName()和 getUserName()。

JavaBean 通过这种方法的命名规范以及对类的访问权限和构造函数的要求,使得外部程序能够通过反射机制来实例化 JavaBean 和查找到这些方法,从而调用这些方法来设置和获取 JavaBean 对象的属性。

下述示例代码展示一个普通的 JavaBean。

【示例】 一个普通 JavaBean

```java
package com.qst.chapter07.javabean;
import java.util.Date;

public class DemoBean {

    private String userName;
    private int age;
    private Date birthday;
    private boolean married;
    private String[] hobby;

    public String getUserName() {
        return userName;
    }
    public void setUserName(String userName) {
        this.userName = userName;
    }
    public int getAge() {
        return age;
    }
    public void setAge(int age) {
        this.age = age;
    }
    public Date getBirthday() {
        return birthday;
    }
    public void setBirthday(Date birthday) {
        this.birthday = birthday;
    }
    public boolean isMarried() {
        return married;
    }
    public void setMarried(boolean married) {
        this.married = married;
    }
    public String[] getHobby() {
        return hobby;
    }
    public void setHobby(String[] hobby) {
        this.hobby = hobby;
    }
}
```

上述示例中，类 DemoBean 为一个公共类，有一个默认的无参构造方法，同时有 5 对 setter 和 getter 方法，通过这 3 个条件，类 DemoBean 即为一个 JavaBean。在此 JavaBean 中，5 对 setter 和 getter 方法分别与 5 个属性相对应，setter 方法通过形参来设置属性值，getter 方法通过返回值来获取属性值。需注意的是，对于 boolean 类型的属性，可以使用 get 开头，但在开发时习惯以 is 开头，在这里推荐使用 is 开头。

在 JavaBean 中，对于属性的定义也不同于普通类中的属性定义。JavaBean 的属性是指 setter 和 getter 方法名中所包含的属性名，即使在 JavaBean 类中没有定义此名称的实例变量，也可称为 JavaBean 的属性。这种定义方式扩展了属性的定义，融入了对 JavaBean 所封装的业务功能状态的表示。例如，下述一个用来封装商品价格计算的 JavaBean。

【示例】 封装商品价格计算的 **JavaBean**

```java
public class ProductBean {
    // 商品单价
    private float price;
    // 商品数量
    private int num;

    public float getPrice() {
        return price;
    }
    public void setPrice(float price) {
        this.price = price;
    }
    public int getNum() {
        return num;
    }
    public void setNum(int num) {
        this.num = num;
    }
    //获取商品总价
    public double getTotalPrice(){
        return this.price * this.num;
    }
}
```

上述示例中，单价和数量表示商品类的属性，属性值的设置和获取由 setter 和 getter 方法完成，此处 price 和 num 既作为类的属性又作为 JavaBean 属性，而对于计算商品总价格这一业务功能，通过 getter 方法进行了业务封装，方便外部程序的调用和重用，而此时业务功能产生的结果：总价格（totalPrice），更多地表现为一种业务的临时结果，并不需要作为类的属性进行定义，但可作为 JavaBean 属性表现业务功能。

7.2 在 JSP 中使用 JavaBean

在 JSP 中可以像使用普通类一样访问 JavaBean，例如，通过 Java 脚本实例化 JavaBean、调用 JavaBean 对象的方法等。为了能在 JSP 页面中更好地集成 JavaBean 和支持 JavaBean 的功能，JSP 还提供了 3 个动作元素来访问 JavaBean，分别为 <jsp:useBean>、<jsp:setProperty> 和 <jsp:getProperty>，这 3 个动作元素分别用于创建或查找 JavaBean 实例对象、设置 JavaBean 对象的属性值和获取 JavaBean 对象的属性值。

下述示例演示在 JSP 中使用 JavaBean 动作元素。

【示例】 使用动作元素访问 **JavaBean**

```jsp
<jsp:useBean id = "product" class = "com.qst.chapter07.javabean.ProductBean"/>
<jsp:setProperty property = "price" value = "23.5" name = "product"/>
<jsp:setProperty property = "num" value = "2" name = "product"/>
<jsp:getProperty property = "totalPrice" name = "product"/>
```

上述示例使用<jsp:useBean>元素创建或查找一个 JavaBean 对象 product；使用<jsp:setProperty>元素为 JavaBean 对象 product 的 price 和 num 属性赋值；使用<jsp:getProperty>元素获取并输出 JavaBean 对象 product 的 totalPrice 属性值。

上述示例使用 Java 脚本方式表述如下。

【示例】 使用 Java 脚本访问 JavaBean

```jsp
<%@ page language="java" contentType="text/html; charset=UTF-8"
    pageEncoding="UTF-8" import="com.qst.chapter07.javabean.ProductBean"%>
<%
Object obj = pageContext.getAttribute("product");
ProductBean product = null;
if(obj == null){
    product = new ProductBean();
    pageContext.setAttribute("product",product,pageContext.PAGE_SCOPE);
}else{
    product = (ProductBean)obj;
}
product.setPrice(23.5f);
product.setNum(2);
%>
<% = product.getTotalPrice() %>
```

通过上述两个示例对比可以看出，使用动作元素对 JavaBean 的访问没有使用一句 Java 代码，这种方式更易于降低对页面设计人员的编程要求、增强页面的可维护性。因此在实际开发中，应该更多地采用动作元素访问 JavaBean 的方式。

7.2.1 <jsp:useBean>元素

<jsp:useBean>元素用于在某个指定的作用域范围内查找一个指定名称的 JavaBean 对象，如果存在则直接返回该 JavaBean 对象的引用，如果不存在则实例化一个新的 JavaBean 对象，并将它按指定的名称存储在指定的作用域范围内。

<jsp:useBean>元素的语法格式如下所示。

【语法】

```
<jsp:useBean id="beanInstanceName" class="package.class"
    scope="page|request|session|application"/>
```

其中：

- id 属性用于指定 JavaBean 对象的引用名称和其存储域属性名。
- class 属性用于指定 JavaBean 的全限定名。
- scope 属性用于指定 JavaBean 对象的存储域范围，其取值只能是 page、request、session 和 application 4 个值中的一个，默认为 page。

注意

关于 page、request、session 和 application 四大作用域范围的详细介绍请参见本教材第 6 章节的内容。

下述代码演示<jsp:useBean>元素的使用。

【代码 7-1】 product.jsp

```jsp
<%@ page language="java" contentType="text/html; charset=UTF-8"
    pageEncoding="UTF-8"%>
<!DOCTYPE html PUBLIC "-//W3C//DTD HTML 4.01 Transitional//EN"
    "http://www.w3.org/TR/html4/loose.dtd">
<html>
<head>
<meta http-equiv="Content-Type" content="text/html; charset=UTF-8">
<title>Insert title here</title>
</head>
<body>
    <jsp:useBean id="product"
        class="com.qst.chapter07.javabean.ProductBean" scope="page" />
</body>
</html>
```

查看 product.jsp 文件生成的 Servlet 源文件(product_jsp.java)，可以看到该元素翻译成的 Java 代码如下所示。

【代码 7-2】 product_jsp.java

```java
public void _jspService(final javax.servlet.http.HttpServletRequest request, final javax.
servlet.http.HttpServletResponse response)
        throws java.io.IOException, javax.servlet.ServletException {
...
    com.qst.chapter06.javabean.ProductBean product = null;
    product = (com.qst.chapter06.javabean.ProductBean)
                _jspx_page_context.getAttribute("product",
                    javax.servlet.jsp.PageContext.PAGE_SCOPE);
    if (product == null){
      product = new com.qst.chapter06.javabean.ProductBean();
      _jspx_page_context.setAttribute("product",
            product, javax.servlet.jsp.PageContext.PAGE_SCOPE);
    }
...
}
```

从上述代码可以看出，JSP 引擎首先在<jsp:useBean>元素 scope 属性所指定的作用域范围(此处为 page)中查找 id 属性指定的 JavaBean 对象，如果该域范围不存在此对象，则根据 class 属性指定的类名新建一个此类型的对象，并将此对象以 id 属性指定的名称存储到 scope 属性指定的域范围中。

7.2.2 <jsp:setProperty>元素

<jsp:setProperty>元素用于设置 JavaBean 对象的属性，相当于调用 JavaBean 对象的 setter 方法，其语法格式如下所示。

【语法】

```jsp
<jsp:setProperty name="beanInstanceName"
    property="propertyName" value="propertyValue"
```

```
        property = "propertyName" param = "parameterName" |
        property = "propertyName" |
        property = " * "
    />
```

其中：

- name 属性用于指定 JavaBean 对象的名称，其值应与<jsp:useBean>标签中的 id 属性值相同。
- property 属性用于指定 JavaBean 对象的属性名。
- value 属性用于指定 JavaBean 对象的某个属性的值，可以是一个字符串也可以是一个表达式，它将被自动转换为所要设置的 JavaBean 属性的类型，该属性可选。
- param 属性用于将一个请求参数的值赋给 JavaBean 对象的某个属性，它可以将请求参数的字符串类型的返回值转换为 JavaBean 属性所对应的类型，该属性可选。value 和 param 属性不能同时使用。

按照上述语法中属性组合的方式，各种方式的使用示例如下所示。

【示例】

```
<jsp:setProperty name = "product" property = "price" value = "23.5"/>
```

此示例形式表示通过 value 属性来指定 JavaBean 对象 product 的 price 属性的值。其中 value 属性的值将被自动转换为与 JavaBean 对应属性相同的类型。

【示例】

```
<% float price = 23.5f; %>
<jsp:setProperty name = "product" property = "price" value = "<% = price %>"/>
```

此示例形式表示使用一个表达式的 value 属性值来指定 JavaBean 对象 product 的 price 属性的值。

【示例】

```
// 假设有一请求：http://localhost:8080/chapter07/product.jsp?priceParam = 23.5
<jsp:setProperty name = "product" property = "price" param = "priceParam"/>
```

此示例形式表示通过 param 属性来将请求参数 priceParam 的值赋给 JavaBean 对象 product 的 price 属性。其中，字符串类型的请求参数值将被自动转换为与 JavaBean 对应属性相同的类型。

【示例】

```
// 假设有一请求：http://localhost:8080/chapter07/product.jsp?price = 23.5
<jsp:setProperty name = "product" property = "price"/>
```

此示例形式表示将 JavaBean 对象 product 的 price 属性的值设置为与该属性同名（包括名称的大小写要完全一致）的请求参数的值。它等同于 param 属性的值也为 price 的情况。

【示例】

```
// 假设有一请求：http://localhost:8080/chapter07/product.jsp?price = 23.5&num = 2
<jsp:setProperty name = "product" property = " * "/>
```

此示例形式表示对 JavaBean 对象 product 中的多个属性进行赋值。此种形式将请求消息中的参数逐一与 JavaBean 对象中的属性进行比较,如果找到同名的属性,则将该请求参数值赋给该属性。

<jsp:setProperty>元素还可用于<jsp:useBean>元素起始标签和终止标签间,表示在此 JavaBean 对象实例化时,对其属性进行初始化。如下述示例所示。

【示例】

```
<jsp:useBean id="product"
    class="com.qst.chapter07.javabean.ProductBean">
    <jsp:setProperty name="product" property="price" value="23.5"/>
    <jsp:setProperty name="product" property="num" value="2"/>
</jsp:useBean>
```

由于嵌套在<jsp:useBean>元素中的<jsp:setProperty>元素只有在实例化 JavaBean 对象时才被执行,因此如果<jsp:useBean>元素所引用的 JavaBean 对象已经存在,嵌套在其中的<jsp:setProperty>元素将不被执行,只能在 JavaBean 对象初始化时执行一次。

7.2.3 <jsp:getProperty>元素

<jsp:getProperty>元素用于读取 JavaBean 对象的属性,等同于调用 JavaBean 对象的 getter 方法,然后将读取的属性值转换成字符串后输出到响应正文中。其语法格式如下所示。

【语法】

```
<jsp:getProperty name="beanInstanceName" property="propertyName"/>
```

其中:
- name 属性用于指定 JavaBean 对象的名称,其值应与<jsp:useBean>标签的 id 属性值相同;
- property 属性用于指定 JavaBean 对象的属性名。

【示例】

```
<jsp:getProperty name="product" property="totalPrice"/>
```

7.3 JavaBean 应用

在前面 Servlet 和 JSP 章节的介绍中,若要对 Form 表单数据进行处理,首先需要使用 HttpServletRequest 对象的 getParameter()或 getParameterValues()方法获取请求数据,然后根据业务需求对数据进行业务处理。整个过程,数据获取代码重复且冗长,并且和业务处理代码相混杂,既浪费精力又不易阅读,JavaBean 的出现,极大地简化和规范了此开发过程。

下述代码以一个用户分步注册的功能演示使用 JavaBean 对 Form 表单的处理。整个实例分为 3 个过程:

（1）用户通过一个简单的注册页面（registerStep1.jsp）完成第一步注册信息的填写。

（2）将注册信息提交到第二步注册页面（registerStep2.jsp）进行第一步信息的初步保存

和第二步详细信息的填写。

(3) 提交到第三步注册信息确认页面(registerConfirm.jsp)，在信息确认页面中先将第二步提交的信息保存到JavaBean对象，随后进行信息的显示确认。

第一步注册页面registerStep1.jsp的代码如下所示。

【代码7-3】 registerStep1.jsp

```jsp
<%@ page language="java" contentType="text/html; charset=UTF-8"
    pageEncoding="UTF-8"%>
<!DOCTYPE html PUBLIC "-//W3C//DTD HTML 4.01 Transitional//EN"
    "http://www.w3.org/TR/html4/loose.dtd">
<html>
<head>
<meta http-equiv="Content-Type" content="text/html; charset=UTF-8">
<title>注册第一步</title>
</head>
<body>
<h2 align="center">用户注册第一步</h2>
<form action="registerStep2.jsp" method="post">
<table border="1" width="50%" align="center">
<tr><td>用户名：</td><td><input type="text" name="username"></td></tr>
<tr><td>密  码：</td><td><input type="password" name="password"></td></tr>
<tr><td colspan="2" align="center"><input type="submit" value="下一步"></td></tr>
</table>
</form>
</body>
</html>
```

启动服务器，在IE中访问http://localhost:8080/chapter07/registerStep1.jsp，运行结果如图7-1所示。

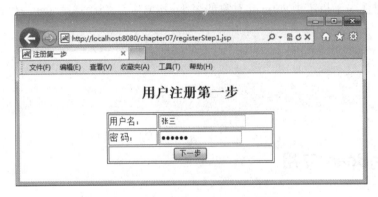

图7-1 registerStep1.jsp运行结果

在registerStep1.jsp中输入数据，单击"下一步"按钮，进入registerStep2.jsp的执行，代码如下所示。

【代码7-4】 registerStep2.jsp

```jsp
<%@ page language="java" contentType="text/html; charset=UTF-8"
    pageEncoding="UTF-8"%>
<!DOCTYPE html PUBLIC "-//W3C//DTD HTML 4.01 Transitional//EN"
    "http://www.w3.org/TR/html4/loose.dtd">
```

```html
<html>
<head>
<meta http-equiv="Content-Type" content="text/html; charset=UTF-8">
<title>注册第二步</title>
</head>
<body>
    <%
        // 设置请求编码方式,防止中文乱码问题
        request.setCharacterEncoding("UTF-8");
    %>
    <!-- 在JavaBean实例化时,使用请求参数为对象属性赋值 -->
    <jsp:useBean id="user" class="com.qst.chapter07.javabean.UserBean"
        scope="session">
        <jsp:setProperty property="username" name="user" />
        <jsp:setProperty property="password" name="user" />
    </jsp:useBean>
    <h2 align="center">用户注册第二步</h2>
    <form action="registerConfirm.jsp" method="post">
        <table border="1" width="50%" align="center">
            <tr>
                <td>性别:</td>
                <td><input type="radio" name="sex" checked="checked" value="男">男
                    <input type="radio" name="sex" value="女">女</td>
            </tr>
            <tr>
                <td>年龄:</td>
                <td><input type="text" name="age"></td>
            </tr>
            <tr>
                <td>提示信息:</td>
                <td><select name="tooltip">
                    <option value="我妈妈的名字">我妈妈的名字</option>
                    <option value="我班主任的名字">我班主任的名字</option>
                </select></td>
            </tr>
            <tr>
                <td>提示答案:</td>
                <td><input type="text" name="answer"></td>
            </tr>
            <tr>
                <td>邮箱:</td>
                <td><input type="text" name="email"></td>
            </tr>
            <tr>
                <td>愿意接收信息:</td>
                <td><input type="checkbox" name="message" value="新闻">新闻
                    <input type="checkbox" name="message" value="产品广告">产品广告
                    <input type="checkbox" name="message" value="招聘">招聘</td>
            </tr>
            <tr>
                <td colspan="2" align="center"><input type="submit" value="完成"></td>
            </tr>
        </table>
    </form>
</body>
</html>
```

在上述代码中,实例化了一个用于封装用户注册信息的 JavaBean(UserBean.java,如代码 7-5 所示),同时将第一步注册信息的数据设置到 JavaBean 属性中。由于用户的注册需要分多步完成,其间需要经过多次请求响应,因此将 JavaBean 对象保存在 session 作用域范围中。

【代码 7-5】 UserBean.java

```java
package com.qst.chapter07.javabean;

public class UserBean {
    private String username;
    private String password;
    private char sex;
    private int age;
    private String tooltip;
    private String answer;
    private String email;
    private String[] message;

    public String getUsername() {
        return username;
    }
    public void setUsername(String username) {
        this.username = username;
    }
    public String getPassword() {
        return password;
    }
    public void setPassword(String password) {
        this.password = password;
    }
    public char getSex() {
        return sex;
    }
    public void setSex(char sex) {
        this.sex = sex;
    }
    public int getAge() {
        return age;
    }
    public void setAge(int age) {
        this.age = age;
    }
    public String getTooltip() {
        return tooltip;
    }
    public void setTooltip(String tooltip) {
        this.tooltip = tooltip;
    }
    public String getAnswer() {
        return answer;
    }
    public void setAnswer(String answer) {
        this.answer = answer;
    }
    public String getEmail() {
```

```
        return email;
    }
    public void setEmail(String email) {
        this.email = email;
    }
    public String[] getMessage() {
        return message;
    }
    public String getMessageChoose() {
        String messageChoose = "";
        if (message != null)
            for (int i = 0; i < message.length; i++) {
                messageChoose += message[i];
                if (i != message.length - 1)
                    messageChoose += ",";
            }
        return messageChoose;
    }
    public void setMessage(String[] message) {
        this.message = message;
    }
}
```

在 UserBean.java 中,定义了与表单控件名称相对应的各个 JavaBean 属性及相应的 getter 和 setter 方法。通过实例可以发现,对于请求参数传递过来的 String 型数据,由 JavaBean 动作元素自动转换成了 char、int 和 String[] 等类型。这里需要注意的是,对于 String[] 类型的 message 属性,由于实例需求需要将其内容再取出显示,因此此处定义了 getMessageChoose() 方法对显示效果进行了封装。

registerStep2.jsp 的运行结果如图 7-2 所示。

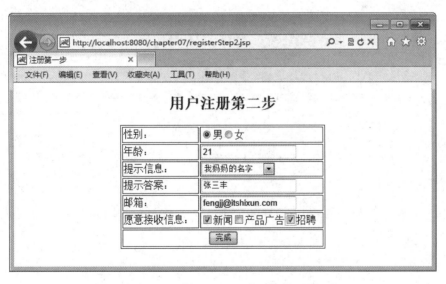

图 7-2 registerStep2.jsp 运行结果

在 registerStep2.jsp 中输入注册信息,单击"完成"按钮,将信息提交到 registerConfirm.jsp,代码如下所示。

【代码 7-6】 registerConfirm.jsp

```jsp
<%@ page language="java" contentType="text/html; charset=UTF-8"
    pageEncoding="UTF-8"%>
<!DOCTYPE html PUBLIC "-//W3C//DTD HTML 4.01 Transitional//EN"
    "http://www.w3.org/TR/html4/loose.dtd">
<html>
<head>
<meta http-equiv="Content-Type" content="text/html; charset=UTF-8">
<title>注册第一步</title>
</head>
<body>
    <%
        // 设置请求编码方式,防止中文乱码问题
        request.setCharacterEncoding("UTF-8");
    %>
    <!-- 查找JavaBean对象,使用请求参数为对象属性赋值 -->
    <jsp:useBean id="user" class="com.qst.chapter07.javabean.UserBean"
        scope="session" />
    <jsp:setProperty property="*" name="user" />

    <h2 align="center">用户信息确认</h2>
    <form action="registerSuccess.jsp" method="post">
        <table border="1" width="50%" align="center">
            <tr>
                <td>用户名:</td>
                <td><jsp:getProperty property="username" name="user" /></td>
            </tr>
            <tr>
                <td>密 码:</td>
                <td><jsp:getProperty property="password" name="user" /></td>
            </tr>
            <tr>
                <td>性别:</td>
                <td><jsp:getProperty property="sex" name="user" /></td>
            </tr>
            <tr>
                <td>年龄:</td>
                <td><jsp:getProperty property="age" name="user" /></td>
            </tr>
            <tr>
                <td>提示信息:</td>
                <td><jsp:getProperty property="tooltip" name="user" /></td>
            </tr>
            <tr>
                <td>提示答案:</td>
                <td><jsp:getProperty property="answer" name="user" /></td>
            </tr>
            <tr>
                <td>邮箱:</td>
                <td><jsp:getProperty property="email" name="user" /></td>
            </tr>
            <tr>
                <td>愿意接收信息:</td>
                <td><jsp:getProperty property="messageChoose" name="user" /></td>
```

```
            </tr>
            <tr>
                <td colspan = "2" align = "center"><input type = "submit"
                    value = "确认提交"></td>
            </tr>
        </table>
    </form>
</body>
</html>
```

在 registerConfirm.jsp 中，引用 registerStep2.jsp 中定义的 JavaBean 对象，使用<jsp: setProperty property = " * ">的方式按参数名称和属性名称的匹配关系为 JavaBean 对象剩余属性设置值，这种方式极大地提高了开发效率。代码中，对于 message 数组中的值，通过<jsp:getProperty property = "messageChoose">动作元素调用 getMessageChoose()方法进行显示。registerConfirm.jsp 的运行结果如图 7-3 所示。

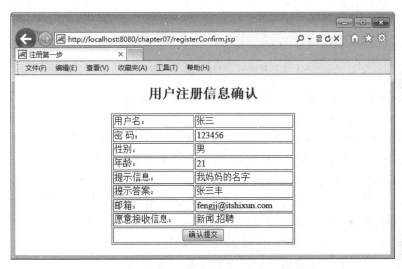

图 7-3 registerConfirm.jsp 运行结果

7.4 贯穿任务实现

7.4.1 【任务 7-1】简历信息展示

本任务使用 JavaBean 技术实现 Q-ITOffer 锐聘网站贯穿项目中的任务 7-1 简历信息展示功能，任务完成效果如图 7-4 所示。

本任务实现包括以下组件。
- top.jsp：网站头文件，本任务中实现通过单击页面中的邮箱名称对简历信息展示功能发出请求。
- resumeGuide.jsp：简历填写向导页面，本任务中实现在用户登录成功时或用户未填写简历时跳转到此页面后，通过单击页面中"填写简历"链接对简历信息展示功能发出请求。

图 7-4 简历信息展示页面

- resume.jsp：简历信息展示页面，负责从 request 内置对象中获取需要展示的简历信息 JavaBean 进行数据显示。
- ResumeBasicinfoServlet.java：简历信息操作 Servlet，负责获取当前用户标识、调用 ResumeDAO 对简历信息进行查询、将查询结果对象封装到 JavaBean 以及将 JavaBean 存入 request 对象转发到 resume.jsp。
- ResumeDAO.java：简历数据访问对象，负责根据用户标识查询该用户的简历详细信息并封装到 JavaBean 对象 ResumeBasicinfo 中。
- ResumeBasicinfo.java：简历信息 JavaBean，用于封装 ResumeDAO 查询出的简历信息并被 resume.jsp 调用获取显示其中的数据。
- DBUtil.java：数据库操作工具类，负责数据库连接的获取和释放。

各组件间关系图如图 7-5 所示。

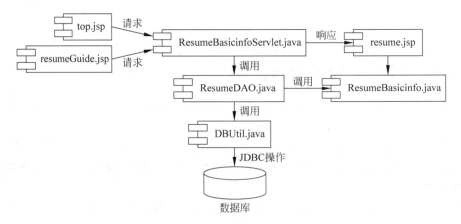

图 7-5 简历信息展示功能组件关系图

其中 top.jsp 中向"我的简历"发出请求的代码实现部分如下所示。

【任务 7-1】 top.jsp

```
<a href = "ResumeBasicinfoServlet?type = select">
<% = sessionApplicant.getApplicantEmail() %>
</a>
```

resumeGuide.jsp 中向"我的简历"发出请求的代码实现部分如下所示。

【任务 7-1】 resumeGuide.jsp

```
<a href = "ResumeBasicinfoServlet?type = select">
<span class = "tn - button">填写简历</span>
</a>
```

top.jsp 或 resumeGuide.jsp 中请求的 ResumeBasicinfoServlet 代码实现如下。

【任务 7-1】 ResumeBasicinfoServlet.java

```java
package com.qst.itoffer.servlet;
import com.qst.itoffer.bean.Applicant;
import com.qst.itoffer.bean.ResumeBasicinfo;
import com.qst.itoffer.dao.ResumeDAO;
/**
 * 简历基本信息操作 Servlet
 * @author QST 青软实训
 */
@WebServlet("/ResumeBasicinfoServlet")
public class ResumeBasicinfoServlet extends HttpServlet {
    ...
    protected void doPost(HttpServletRequest request,
            HttpServletResponse response) throws ServletException, IOException {
        ...
        // 获取请求操作类型
        String type = request.getParameter("type");
        // 简历查询操作
        if("select".equals(type)){
            // 从会话对象中获取当前登录用户标识
            Applicant applicant =
            (Applicant)request.getSession().getAttribute("SESSION_APPLICANT");
            // 根据用户标识查询简历基本信息
            ResumeDAO dao = new ResumeDAO();
            ResumeBasicinfo basicinfo =
                        dao.selectBasicinfoByID(applicant.getApplicantId());
            // 将简历基本信息存入 request 对象进行请求转发
            request.setAttribute("basicinfo", basicinfo);
            request.getRequestDispatcher("applicant/resume.jsp")
                                    .forward(request, response);
        }
    }
}
```

ResumeBasicinfoServlet 中调用 ResumeDAO 的 selectBasicinfoByID(int applicantID) 方法对简历信息进行查询,并将查询结果封装到 JavaBean 对象 ResumeBasicinfo 中,相应实现代码如下。

【任务 7-1】 ResumeDAO.java

```java
package com.qst.itoffer.dao;
import com.qst.itoffer.bean.ResumeBasicinfo;
import com.qst.itoffer.util.DBUtil;

public class ResumeDAO {
    ...
    /**
     * 根据用户标识查询简历基本信息
     * @param applicantID
     * @return
     */
    public ResumeBasicinfo selectBasicinfoByID(int applicantID){
        ResumeBasicinfo resume = new ResumeBasicinfo();
        String sql = "SELECT * FROM tb_resume_basicinfo WHERE applicant_id=?";
        Connection conn = DBUtil.getConnection();
        PreparedStatement pstmt = null;
        try {
            pstmt = conn.prepareStatement(sql);
            pstmt.setInt(1, applicantID);
            ResultSet rs = pstmt.executeQuery();
            if(rs.next()){
                resume.setBasicinfoId(rs.getInt("basicinfo_id"));
                resume.setBirthday(rs.getDate("birthday"));
                resume.setCurrentLoc(rs.getString("current_loc"));
                resume.setEmail(rs.getString("email"));
                resume.setGender(rs.getString("gender"));
                resume.setHeadShot(rs.getString("head_shot"));
                resume.setJobExperience(rs.getString("job_experience"));
                resume.setJobIntension(rs.getString("job_intension"));
                resume.setRealName(rs.getString("realname"));
                resume.setResidentLoc(rs.getString("resident_loc"));
                resume.setTelephone(rs.getString("telephone"));
            }
        } catch (SQLException e) {
            e.printStackTrace();
        } finally {
            DBUtil.closeJDBC(null, pstmt, conn);
        }
        return resume;
    }
}
```

查询结果 ResumeBasicinfo 对象在 ResumeBasicinfoServlet 中被存储到 request 对象中并转发请求到"我的简历"页面进行显示，resume.jsp 中对 JavaBean 对象 ResumeBasicinfo 的信息获取代码如下。

【任务 7-1】 resume.jsp

```jsp
<%@ page language="java" contentType="text/html; charset=UTF-8"
    pageEncoding="UTF-8" errorPage="/error.jsp"%>
<%@ page import="com.qst.itoffer.dao.ResumeDAO,
    com.qst.itoffer.bean.ResumeBasicinfo,com.qst.itoffer.bean.Applicant"%>
<html>
```

```html
<head>
<meta http-equiv="Content-Type" content="text/html; charset=UTF-8">
<title>我的简历 - 锐聘网</title>
<link href="css/base.css" type="text/css" rel="stylesheet" />
<link href="css/resume.css" type="text/css" rel="stylesheet" />
</head>
<body>
    <jsp:include page="../top.jsp"></jsp:include>
    <!-- 从request对象中获取一个JavaBean对象 -->
    <jsp:useBean id="basicinfo" class="com.qst.itoffer.bean.ResumeBasicinfo" scope="request"></jsp:useBean>
    ...
    <a href="ResumeBasicinfoServlet?type=select" class="active">我的简历</a>
    </li><li><a href="#">我的申请</a></li></ul></div>
    <div style="float: left">基本信息</div>
    <div class="btn">
        <a href="applicant/resumeBasicInfoAdd.jsp">添加</a></div>
    <div class="btn">
        <a href="ResumeBasicinfoServlet?type=updateSelect">修改</a></div>
    <table width="300" border="0" cellpadding="3" cellspacing="1">
    <tr>
    <td width="110" align="right" bgcolor="#F8F8F8">姓名：</td>
    <td bgcolor="#F8F8F8">
    <jsp:getProperty property="realName" name="basicinfo"/></td></tr></table>
    <table width="300" border="0" cellpadding="3" cellspacing="1">
    <tr>
    <td width="110" align="right" bgcolor="#F8F8F8">性别：</td>
    <td bgcolor="#F8F8F8">
    <jsp:getProperty property="gender" name="basicinfo"/></td></tr></table>
    <table width="300" border="0" cellpadding="3" cellspacing="1">
    <tr>
    <td width="110" align="right" bgcolor="#F8F8F8">出生日期：</td>
    <td bgcolor="#F8F8F8">
    <jsp:getProperty property="birthday" name="basicinfo"/></td></tr></table>
    <table width="300" border="0" cellpadding="3" cellspacing="1"><tr>
    <td width="110" align="right" bgcolor="#F8F8F8">当前所在地：</td>
    <td bgcolor="#F8F8F8">
    <jsp:getProperty property="currentLoc" name="basicinfo"/></td></tr></table>
    <table width="300" border="0" cellpadding="3" cellspacing="1"><tr>
    <td width="110" align="right" bgcolor="#F8F8F8">户口所在地：</td>
    <td bgcolor="#F8F8F8">
    <jsp:getProperty property="residentLoc" name="basicinfo"/></td>
    </tr></table>
    <table width="300" border="0" cellpadding="3" cellspacing="1">
    <tr>
    <td width="110" align="right" bgcolor="#F8F8F8">手机：</td>
    <td bgcolor="#F8F8F8">
    <jsp:getProperty property="telephone" name="basicinfo"/></td></tr></table>
    <table width="300" border="0" cellpadding="3" cellspacing="1">
    <tr>
    <td width="110" align="right" bgcolor="#F8F8F8">邮件：</td>
    <td bgcolor="#F8F8F8">
    <jsp:getProperty property="email" name="basicinfo"/></td></tr></table>
    <table width="300" border="0" cellpadding="3" cellspacing="1">
    <tr>
```

```
            < td width = "110" align = "right" bgcolor = " # F8F8F8">求职意向：</td>
            < td bgcolor = " # F8F8F8">
            < jsp:getProperty property = "jobIntension" name = "basicinfo"/></td>
            </tr></table>
            < table width = "300" border = "0" cellpadding = "3" cellspacing = "1">
            < tr >
            < td width = "110" align = "right" bgcolor = " # F8F8F8">工作经验：</td>
            < td bgcolor = " # F8F8F8">
            < jsp:getProperty property = "jobExperience" name = "basicinfo"/></td>
            </tr></table><div class = "he"></div></div>
            < div style = "float: right" class = "uploade">
<% if("".equals(basicinfo.getHeadShot()) ||null == basicinfo.getHeadShot()){ %>
            < img src = "applicant/images/anonymous.png">
<% }else{ %>
            < img src = "applicant/images/< jsp:getProperty property = "headShot"
            name = "basicinfo"/>">
<% } %>
            …
            </body>
            </html>
```

7.4.2 【任务 7-2】简历信息修改

本任务使用 JavaBean 技术实现 Q-ITOffer 锐聘网站贯穿项目中的任务 7-2 简历信息修改功能，任务完成效果如图 7-6 所示。

图 7-6　简历信息修改页面

本任务实现包括以下组件。

- resume.jsp：简历信息展示页面，本任务中负责向简历修改前的信息查询功能 Servlet 发出请求。
- resumeBasicinfoUpdate.jsp：简历信息修改页面，负责从 request 对象中获取简历信息 JavaBean 提取数据进行显示。
- ResumeBasicinfoServlet.java：处理简历信息请求操作的 Servlet，本任务中负责简历修改前的信息预查询功能。
- Resumebasicinfo.java：简历信息 JavaBean，用于封装 ResumeDAO 查询出的简历信息以及封装简历数据更新功能。
- ResumeDAO.java：简历数据访问对象，负责根据简历标识查询出简历详细信息并封装到 Resumebasicinfo JavaBean 中以及更新简历数据。
- DBUtil.java：数据库操作工具类，负责数据库连接的获取和释放。

各组件间关系如图 7-7 所示。

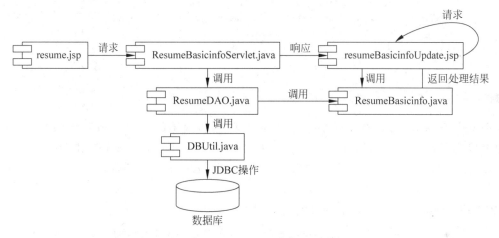

图 7-7　简历信息修改功能组件关系图

其中 resume.jsp 中修改简历请求的代码部分如下所示。

【任务 7-2】　resume.jsp

```
< div class = "btn">
< a href = "ResumeBasicinfoServlet?type = updateSelect">修改</a>
</div>
```

resume.jsp 中请求的简历信息修改前的预查询功能处理的 Servlet 代码实现如下。

【任务 7-2】　ResumeBasicinfoServlet.java

```
package com.qst.itoffer.servlet;
import com.qst.itoffer.bean.Applicant;
import com.qst.itoffer.bean.ResumeBasicinfo;
import com.qst.itoffer.dao.ResumeDAO;
/**
 * 简历基本信息操作 Servlet
 * @author QST 青软实训
 */
@WebServlet("/ResumeBasicinfoServlet")
public class ResumeBasicinfoServlet extends HttpServlet {
```

```java
        ...
        protected void doPost(HttpServletRequest request,
                HttpServletResponse response) throws ServletException, IOException {
            ...
            // 获取请求操作类型
            String type = request.getParameter("type");
            // 简历更新前的查询
            if("updateSelect".equals(type)){
                // 从会话对象中获取当前登录用户标识
                Applicant applicant =
                (Applicant)request.getSession().getAttribute("SESSION_APPLICANT");
                // 根据用户标识查询简历基本信息
                ResumeDAO dao = new ResumeDAO();
                ResumeBasicinfo basicinfo =
                dao.selectBasicinfoByID(applicant.getApplicantId());
                // 将简历基本信息存入 request 对象进行请求转发
                request.setAttribute("basicinfo", basicinfo);
                request.getRequestDispatcher("applicant/resumeBasicinfoUpdate.jsp")
                    .forward(request, response);
            }
            ...
        }
```

ResumeBasicinfoServlet 对简历信息查询完成后，将封装的 JavaBean 对象保存在 request 对象中转发到 resumeBasicinfoUpdate.jsp；resumeBasicinfoUpdate.jsp 使用＜jsp:useBean＞等元素实现 JavaBean 对象的获取和数据显示功能。resumeBasicinfoUpdate.jsp 代码实现如下。

【任务 7-2】 resumeBasicinfoUpdate.jsp

```jsp
<%@ page language="java" contentType="text/html; charset=UTF-8"
    pageEncoding="UTF-8" %>
<%@ page import="com.qst.itoffer.bean.ResumeBasicinfo" %>
<html>
<head>
<meta http-equiv="Content-Type" content="text/html; charset=UTF-8">
<title>简历基本信息修改 - 锐聘网</title>
<link href="css/base.css" type="text/css" rel="stylesheet" />
<link href="css/resume.css" type="text/css" rel="stylesheet" />
</head>
<body>
    <jsp:include page="../top.jsp"></jsp:include>
    <% request.setCharacterEncoding("UTF-8"); %>
    <jsp:useBean id="basicinfo" class="com.qst.itoffer.bean.ResumeBasicinfo" scope="request"/>
<div style="float: left">基本信息</div></div>
<div class="all_resume" style="text-align: center;" align="center">
<% if("update".equals(request.getParameter("type"))){ %>
    <jsp:setProperty property="*" name="basicinfo"/>
    <jsp:setProperty property="resumeUpdate"
    value="<%= basicinfo %>" name="basicinfo"/>
    <h3><font color="red">
    <jsp:getProperty property="resumeUpdateResult" name="basicinfo"/>
```

```
            </font></h3>
<%}%>
<!------------------------ 简历基本信息修改 -------------------------->
<form action="applicant/resumeBasicinfoUpdate.jsp?type=update" method="post" onsubmit="return validate();">
<table width="350" border="0" cellpadding="3" cellspacing="1" bgcolor="#EEEEEE">
<tr><td width="110" align="right" bgcolor="#F8F8F8">姓名：</td>
<td bgcolor="#F8F8F8" align="left">
<input type="text" id="realname" name="realName"
value="<jsp:getProperty name="basicinfo" property="realName"/>">
<input type="hidden" name="basicinfoId"
value="<jsp:getProperty name="basicinfo" property="basicinfoId"/>">
<font style="color:red">*</font></td>
</tr></table>
<table width="350" border="0" cellpadding="3" cellspacing="1" bgcolor="#EEEEEE">
<tr><td width="110" align="right" bgcolor="#F8F8F8">性别：</td>
<td bgcolor="#F8F8F8" align="left">
<input type="radio" name="gender" value="男"
<% if("男".equals(basicinfo.getGender())){ %> checked="checked" <%} %>>
男   
<input type="radio" name="gender" value="女"
<% if("女".equals(basicinfo.getGender())){ %> checked="checked" <%} %>>女</td>
</tr></table>
<table width="350" border="0" cellpadding="3" cellspacing="1" bgcolor="#EEEEEE">
<tr><td width="110" align="right" bgcolor="#F8F8F8">出生日期：</td>
<td bgcolor="#F8F8F8" align="left">
<input name="strbirthday" type="text" id="birthday"
onclick="SelectDate(this)" readonly="readonly"
value="<jsp:getProperty name="basicinfo" property="strbirthday"/>"/></td>
</tr></table>
<table width="350" border="0" cellpadding="3" cellspacing="1" bgcolor="#EEEEEE">
<tr><td width="110" align="right" bgcolor="#F8F8F8">当前所在地：</td>
<td bgcolor="#F8F8F8" align="left">
<input type="text" name="currentLoc" value="<jsp:getProperty name="basicinfo" property="currentLoc"/>"></td></tr></table>
<table width="350" border="0" cellpadding="3" cellspacing="1" bgcolor="#EEEEEE">
<tr><td width="110" align="right" bgcolor="#F8F8F8">户口所在地：</td>
<td bgcolor="#F8F8F8" align="left">
<input type="text" name="residentLoc"
value="<jsp:getProperty name="basicinfo" property="residentLoc"/>"></td>
</tr></table>
<table width="350" border="0" cellpadding="3" cellspacing="1" bgcolor="#EEEEEE">
<tr><td width="110" align="right" bgcolor="#F8F8F8">手机：</td>
<td bgcolor="#F8F8F8" align="left">
<input type="text" id="telephone" name="telephone"
value="<jsp:getProperty name="basicinfo" property="telephone"/>">
<font style="color:red">*</font></td></tr></table>
<table width="350" border="0" cellpadding="3" cellspacing="1" bgcolor="#EEEEEE">
<tr>
<td width="110" align="right" bgcolor="#F8F8F8">邮件：</td>
<td bgcolor="#F8F8F8" align="left">
<input type="text" id="email" name="email"
value="<jsp:getProperty name="basicinfo" property="email"/>">
<font style="color:red">*</font></td></tr></table>
<table width="350" border="0" cellpadding="3" cellspacing="1" bgcolor="#EEEEEE">
```

```
<tr><td width="110" align="right" bgcolor="#F8F8F8">求职意向:</td>
<td bgcolor="#F8F8F8" align="left">
<input type="text" name="jobIntension"
value="<jsp:getProperty name="basicinfo" property="jobIntension"/>"></td>
</tr></table>
<table width="350" border="0" cellpadding="3" cellspacing="1"bgcolor="#EEEEEE">
<tr><td width="110" align="right" bgcolor="#F8F8F8">工作经验:</td>
<td bgcolor="#F8F8F8" align="left">
<select name="jobExperience">
<option value="">请选择</option>
<option value="刚刚参加工作"
<% if("刚刚参加工作".equals(basicinfo.getJobExperience())){ %>
selected="selected"<% } %>>刚刚参加工作</option>
<option value="已工作一年"
<% if("已工作一年".equals(basicinfo.getJobExperience())){ %>
selected="selected"<% } %>>已工作一年</option>
<option value="已工作两年"
<% if("已工作两年".equals(basicinfo.getJobExperience())){ %>
selected="selected"<% } %>>已工作两年</option>
<option value="已工作三年"
<% if("已工作三年".equals(basicinfo.getJobExperience())){ %>
selected="selected"<% } %>>已工作两年</option>
<option value="已工作三年以上"
<% if("已工作三年以上".equals(basicinfo.getJobExperience())){ %>
selected="selected"<% } %>>已工作三年以上</option>
</select></td></tr></table>
<input name="" type="submit" class="save1" value="保存">
<input name="" type="button"
onclick="javascript:window.location.href='ResumeBasicinfoServlet?type=select';"
class="cancel2" value="取消">
</div></div>
</form>
...
</body>
</html>
```

用户通过 resumeBasicinfoUpdate.jsp 进行数据修改后,会向本身页面发送更新请求,resumeBasicinfoUpdate.jsp 使用<jsp:setProperty>元素获取请求的修改数据,并调用 JavaBean 中封装的简历信息更新方法进行简历更新操作,并将操作结果显示到页面上。此 JavaBean 的代码实现如下。

【任务 7-2】 ResumeBasicinfo.java

```java
package com.qst.itoffer.bean;
import com.qst.itoffer.dao.ResumeDAO;

public class ResumeBasicinfo {
    // 简历标识
    private int basicinfoId;
    // 姓名
    private String realName;
    // 性别
    private String gender;
    // 出生日期
```

```java
    private Date birthday;
    // 当前所在地
    private String currentLoc;
    // 户口所在地
    private String residentLoc;
    // 手机
    private String telephone;
    // 邮件
    private String email;
    // 求职意向
    private String jobIntension;
    // 工作经验
    private String jobExperience;
    // 头像
    private String headShot;
    // 简历信息更新结果
    private String resumeUpdateResult;
    // 出生日期的字符串形式
    private String strbirthday;

    public ResumeBasicinfo() {
    }

    public ResumeBasicinfo(String realName, String gender, Date birthday,
            String currentLoc, String residentLoc, String telephone,
            String email, String jobIntension, String jobExperience) {
        super();
        this.realName = realName;
        this.gender = gender;
        this.birthday = birthday;
        this.currentLoc = currentLoc;
        this.residentLoc = residentLoc;
        this.telephone = telephone;
        this.email = email;
        this.jobIntension = jobIntension;
        this.jobExperience = jobExperience;
    }

    public void setResumeUpdate(ResumeBasicinfo resumeBasicinfo){
        // 更新简历基本信息
        try{
            ResumeDAO dao = new ResumeDAO();
            dao.update(resumeBasicinfo);
        }catch(Exception e){
            resumeUpdateResult = "更新失败!";
        }
        resumeUpdateResult = "更新成功!";
    }

    public void setStrbirthday(String strbirthday){
        this.strbirthday = strbirthday;
        SimpleDateFormat sdf = new SimpleDateFormat("yyyy-MM-dd");
        Date birthdayDate = null;
        try {
            birthdayDate = sdf.parse(strbirthday);
```

```
        } catch (ParseException e) {
            birthdayDate = null;
        }
        this.setBirthday(birthdayDate);
    }
    public void setBirthday(Date birthday) {
        this.birthday = birthday;
        SimpleDateFormat sdf = new SimpleDateFormat("yyyy-MM-dd");
        this.strbirthday = sdf.format(birthday == null ? "" : birthday);
    }
    …// 省略其他属性的 setter 和 getter 方法
}
```

ResumBasicinfoServlet 和 ResumeBasicinfo 中调用的实现简历信息查询和简历信息更新的数据库操作类 ResumeDAO 的相应功能实现方法代码如下所示。

【任务 7-2】 **ResumeDAO.java**

```
package com.qst.itoffer.servlet;
    …
    /**
     * 更新简历基本信息
     * @param basicinfo
     */
    public void update(ResumeBasicinfo basicinfo) {
        String sql = "UPDATE tb_resume_basicinfo "
            + "SET realname=?,gender=?,birthday=?,current_loc=?,resident_loc=?,"
                + "telephone=?,email=?,job_intension=?,job_experience=? "
                + "WHERE basicinfo_id=?";
        Connection conn = DBUtil.getConnection();
        PreparedStatement pstmt = null;
        try {
            pstmt = conn.prepareStatement(sql);
            pstmt.setString(1, basicinfo.getRealName());
            pstmt.setString(2, basicinfo.getGender());
            pstmt.setTimestamp(3, basicinfo.getBirthday() == null ? null
                    : new Timestamp(basicinfo.getBirthday().getTime()));
            pstmt.setString(4, basicinfo.getCurrentLoc());
            pstmt.setString(5, basicinfo.getResidentLoc());
            pstmt.setString(6, basicinfo.getTelephone());
            pstmt.setString(7, basicinfo.getEmail());
            pstmt.setString(8, basicinfo.getJobIntension());
            pstmt.setString(9, basicinfo.getJobExperience());
            pstmt.setInt(10, basicinfo.getBasicinfoId());
            pstmt.executeUpdate();
        } catch (SQLException e) {
            e.printStackTrace();
        } finally {
            DBUtil.closeJDBC(null, pstmt, conn);
        }
    }
```

7.4.3 【任务 7-3】首页企业信息分页展示

本任务使用 JavaBean 技术实现 Q-ITOffer 锐聘网站贯穿项目中的任务 7-3 首页企业信息分页展示功能,任务完成效果如图 7-8 所示。

图 7-8　网站首页

本任务实现包括以下组件。

- index.jsp：网站首页,本任务中使用 JavaBean 类 ComanyPageBean 对页面展示的企业信息列表进行分页重构。
- ComanyPageBean.java：企业信息分页功能 JavaBean,封装实现每页数据获取、总页数获取、当前页码存取和是否首尾页的判断等功能。
- CompanyDAO.java：企业信息数据访问对象,本任务中负责根据起始记录索引值和每页显示记录数查找当页企业记录数据以及查询分页所需的总记录个数。
- DBUtil.java：数据库操作工具类,负责数据库连接的获取和释放。

各组件间关系图如图 7-9 所示。

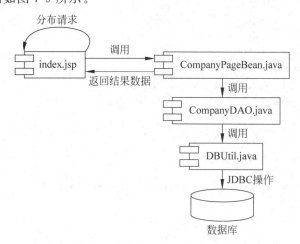

图 7-9　首页企业信息分页展示功能组件关系图

其中,网站首页 index.jsp 进行分页重构后的代码如下所示。

【任务 7-3】 index.jsp

```jsp
...
<jsp:include page="top.jsp"></jsp:include>
<!-- 实例化或从 request 对象获取一个用于实现分页功能的 JavaBean 对象 -->
<jsp:useBean id="pagination" class="com.qst.itoffer.bean.ComanyPageBean" scope="request">
</jsp:useBean>
<!-- 为 JavaBean 对象属性指定每页显示的信息数量 -->
<jsp:setProperty property="pageSize" value="2" name="pagination"/>
<!-- 从 pageNo 请求参数中获取当前页码,JavaBean 中该属性值默认为 1 -->
<jsp:setProperty property="pageNo" param="pageNo" name="pagination"/>

<!-- 招聘企业展示 -->
<%
    List<Company> list = pagination.getPageData();
    if(list!=null)
        for(Company c : list){
%>
<!-- 企业图片展示 -->
<div class="it-company-keyimg tn-border-bottom tn-border-gray">
<a href="CompanyServlet?type=select&id=<%=c.getCompanyId() %>">
<img src="recruit/images/<%=c.getCompanyPic() %>" width="990"></a></div>
<!-- 招聘职位展示 -->
<%
    Set<Job> jobset = c.getJobs();
    if(jobset!=null)
        for(Job job : jobset){
%>
<a href="CompanyServlet?type=select&id=<%=c.getCompanyId() %>" class="tn-button tn-corner-all tn-button-text-only tn-button-semidlong">
<span class="tn-button-text">更多职位</span></a></span>
<b><%=job.getJobName() %></b></p>
<p class="it-text-tit">薪资</p>
<b><%=job.getJobSalary() %></b>
<p class="it-text-tit">到期时间</p>
<b><%=job.getJobEnddate() %></b></p>
<p class="it-text-tit">工作地区</p>
<b><%=job.getJobArea() %></b></p>
<% } %>
<% } %>
<!-- 企业信息 -->
<div class="page01">
    <div class="page03"><a href="index.jsp?pageNo=1">首页</a></div>
    <% if(pagination.isHasPreviousPage()){ %>
    <div class="page03">
    <a href='index.jsp?pageNo=<%=pagination.getPageNo()-1 %>'>
    上一页</a></div>
    <% } %>
    <% if(pagination.isHasNextPage()){ %>
    <div class="page03">
    <a href="index.jsp?pageNo=<%=pagination.getPageNo()+1 %>">
    下一页</a></div>
    <% } %>
    <div class="page03">
```

```
        <a href = "index.jsp?pageNo = <% = pagination.getTotalPages()%>">
    尾页</a></div>
        <div class = "page03">
    当前是第<jsp:getProperty property = "pageNo" name = "pagination"/>页,
    共<jsp:getProperty property = "totalPages" name = "pagination"/>页</div>
    </div>
        ...
</body>
</html>
```

index.jsp 中调用的分页功能 JavaBean——CompanyPageBean.java 的代码实现如下。

【任务 7-3】 ComanyPageBean.java

```
package com.qst.itoffer.bean;
import com.qst.itoffer.bean.Company;
import com.qst.itoffer.dao.CompanyDAO;
public class ComanyPageBean {
    // 每页显示记录数
    private int pageSize = 10;
    // 当前页码
    private int pageNo = 1;
    // 总页数
    private int totalPages;
    // 每页数据记录集合
    private List<Company> pageData = new ArrayList<Company>();
    // 是否有下一页
    private boolean hasNextPage;
    // 是否有上一页
    private boolean hasPreviousPage;

    public int getTotalPages() {
        // 获取总记录数
        CompanyDAO dao = new CompanyDAO();
        int recordCount = dao.getRecordCount();
        // 获取并返回总页数
        return (recordCount + pageSize - 1) / pageSize;
    }
    public List<Company> getPageData() {
        // 查询当页记录
        CompanyDAO dao = new CompanyDAO();
        List<Company> list = dao.getCompanyPageList(pageNo, pageSize);
        return list;
    }
    public boolean isHasNextPage() {
        return (this.getPageNo() < this.getTotalPages());
    }
    public boolean isHasPreviousPage() {
        return (this.getPageNo() > 1);
    }
    ...// 省略其他属性 setter 和 getter 方法
}
```

CompanyPageBean 中通过方法 getPageData()和 getTotalPages()调用 CompanyDAO 对象获取每页所需的数据和分页所需的总记录数,CompanyDAO 类中相应功能代码实现如下。

【任务 7-3】 CompanyDAO.java

```java
package com.qst.itoffer.dao;
mport com.qst.itoffer.bean.Company;
import com.qst.itoffer.bean.Job;
import com.qst.itoffer.util.DBUtil;
public class CompanyDAO {
    ...
    /**
     * 分页查询首页所需要的所有企业信息及职位信息
     * @return
     */
    public List<Company> getCompanyPageList(int pageNo, int pageSize) {
        // 定义本页记录索引值
        int firstIndex = pageSize * (pageNo - 1);
        List<Company> list = new ArrayList<Company>();
        Connection connection = DBUtil.getConnection();
        if (connection == null)
            return null;
        PreparedStatement pstmt = null;
        ResultSet rs = null;
        try {
            pstmt = connection
                .prepareStatement("SELECT * FROM ( SELECT a.* , ROWNUM rn FROM ( "
                + "SELECT tb_company.company_id,company_pic,job_id,"
                + "job_name,job_salary,job_area,job_endtime "
                + "FROM tb_company "
            + "LEFT OUTER JOIN tb_job ON tb_company.company_id = tb_job.company_id "
                + "WHERE company_state = 1 and job_id IN ("
                + "SELECT MAX(job_id) FROM tb_job WHERE job_state = 1 GROUP BY company_id"
                + ")) a WHERE ROWNUM <= ? ) WHERE rn >? ");
            pstmt.setInt(1, firstIndex + pageSize);
            pstmt.setInt(2, firstIndex);
            rs = pstmt.executeQuery();
            while (rs.next()) {
                Company company = new Company();
                Job job = new Job();
                company.setCompanyId(rs.getInt("company_id"));
                company.setCompanyPic(rs.getString("company_pic"));
                job.setJobId(rs.getInt("job_id"));
                job.setJobName(rs.getString("job_name"));
                job.setJobSalary(rs.getString("job_salary"));
                job.setJobArea(rs.getString("job_area"));
                job.setJobEnddate(rs.getTimestamp("job_endtime"));
                company.getJobs().add(job);
                list.add(company);
            }
        } catch (Exception e) {
            e.printStackTrace();
        } finally {
            DBUtil.closeJDBC(rs, pstmt, connection);
        }
        return list;
    }
    /**
```

```java
     *  查询所需分页的总记录数
     *  @param pageSize
     *  @return
     */
    public int getRecordCount() {
        int recordCount = 0;
        Connection conn = DBUtil.getConnection();
        PreparedStatement pstmt = null;
        ResultSet rs = null;
        try {
            String sql = "SELECT count( * ) FROM tb_company "
              + "LEFT OUTER JOIN tb_job ON tb_job.company_id = tb_company.company_id "
                + "WHERE company_state = 1 and job_id IN ("
                + "SELECT MAX(job_id) FROM tb_job WHERE job_state = 1 GROUP BY company_id"
                + ")";
            pstmt = conn.prepareStatement(sql);
            rs = pstmt.executeQuery();
            if (rs.next())
                recordCount = rs.getInt(1);
        } catch (Exception e) {
            e.printStackTrace();
        } finally {
            DBUtil.closeJDBC(rs, pstmt, conn);
        }
        return recordCount;
    }
}
```

本章总结

小结

- JavaBean 是一种特殊的 Java 类,以封装和重用为目的,在类的设计上遵从一定的规范,以供其他组件根据这种规范来调用。
- JavaBean 可分为两种:一种是有用户界面(User Interface,UI)的 JavaBean;另一种是没有用户界面、主要负责业务逻辑(如数据运算,操纵数据库)的 JavaBean;JSP 通常访问的是后一种 JavaBean。
- 一个标准的 JavaBean 需要遵从以下规范:是一个公开的(public)类,以便被外部程序访问;有一个无参的构造方法(即一般类中默认的构造方法),以便被外部程序实例化时调用;提供 setXXX()方法和 getXXX()方法,以便让外部程序设置和获取其属性。
- JSP 还提供了 3 个动作元素来访问 JavaBean,分别为<jsp:useBean>、<jsp:setProperty>和<jsp:getProperty>。
- <jsp:useBean>用于查找或创建 JavaBean 实例对象。
- <jsp:setProperty>用于设置 JavaBean 对象的属性值。
- <jsp:getProperty>用于获取 JavaBean 对象的属性值。

Q&A

1. 问题：一个标准的 JavaBean 需要遵从哪些规范。

回答：JavaBean 需要遵从下述 3 个条件：是一个公开的（public）类，以便被外部程序访问；有一个无参的构造方法（即一般类中默认的构造方法），以便被外部程序实例化时调用；提供 setter 方法和 getter 方法，以便让外部程序设置和获取 JavaBean 属性。

2. 问题：在 JSP 中如何使用 JavaBean。

回答：为了能在 JSP 页面中更好地集成 JavaBean 和支持 JavaBean 的功能，JSP 提供了 3 个动作元素来访问 JavaBean，分别为＜jsp：useBean＞、＜jsp：setProperty＞和＜jsp：getProperty＞，这 3 个动作元素分别用于查找或创建 JavaBean 实例对象、设置 JavaBean 对象的属性值和获取 JavaBean 对象的属性值。

本章练习

习题

1. 在 JSP 中想要使用 JavaBean：mypackage.mybean，则以下写法正确的是＿＿＿＿。
   A. ＜jsp：usebean id＝"mybean" scope＝"pageContext" class＝"mypackage.mybean"/＞
   B. ＜jsp：useBean class＝"mypackage.mybean.class"/＞
   C. ＜jsp：usebean id＝"mybean" class＝"mypackage.mybean.java"＞
   D. ＜jsp：useBean id＝"mybean" class＝"mypackage.mybean"/＞

2. JavaBean 的作用范围可以是 page、request、session 和＿＿＿＿ 4 个作用范围中的一种。
   A. application   B. local   C. global   D. class

3. 如果使用标记：＜jsp:getProperty name＝"beanName" property＝"propertyName"/＞准备取出 bean 的属性的值，但 propertyName 属性在 beanName 中不存在，也没有 getPropertyName( ) 方法，那么会在浏览器中显示＿＿＿＿。
   A. 错误页面   B. null   C. 0   D. 什么也没有

4. 关于 JavaBean 正确的说法是＿＿＿＿。
   A. JavaBean 文件与 useBean 所引用的类名可以不同，但一定要注意区分字母的大小写
   B. 在 JSP 文件中引用 JavaBean，只能使用＜jsp：useBean＞
   C. 使用 useBean 引用 Bean 文件的文件名后缀为.java
   D. JavaBean 文件放在任何目录下都可以被引用

5. 每一个 JavaBean 都有一个生存范围，JavaBean 只有在它定义的范围内才能使用，若没有指明，JavaBean 的默认使用范围是＿＿＿＿。
   A. page   B. request   C. session   D. application

6. 在 JSP 文件中有如下一行代码＜jsp：useBean id＝"user" scope＝"＿＿＿＿" type＝

"com.UserBean"/>要使 user 对象中一直存在于对话中,直至其终止或被删除为止,下划线中应填入_____。

  A. page   B. request   C. session   D. application

7. 如果 a 是 b 的父类,b 是 c 的父类,c 是 d 的父类,它们都在包中。则以下正确的是_____(选择两项)。

  A. <jsp:usebean id="mybean" scope="page" class="mypackage.d" type="b">

  B. <jsp:usebean id="mybean" scope="page" class="mypackage.d" type="Object"/>

  C. <jsp:usebean id="mybean" scope="page" class="mypackage.d" type="mypackage.a"/>

  D. <jsp:usebean id="mybean" scope="page" class="mypackage.d" type="a"/>

8. 使用<jsp:getProperty>动作标记可以在 JSP 页面中得到 Bean 实例的属性值,并将其转换为_____类型的数据,发送到客户端。

  A. String   B. Double   C. Object   D. Classes

上机

1. 训练目标:JavaBean 的熟练使用。

培养能力	JavaBean 的理解和应用		
掌握程度	★★★★★	难度	中
代码行数	200	实施方式	编码强化
结束条件	独立编写,不出错		

参考训练内容

(1) 创建一个猜数字 a.jsp 页面,提供数字输入控件;

(2) 数字猜测完成后提交请求到 b.jsp;

(3) 在 b.jsp 中使用一个 JavaBean 获取并判断输入的数字是否和已随机生成的数字一致,并给出猜测结果

2. 训练目标:JavaBean 的熟练使用。

培养能力	JavaBean 的理解和应用		
掌握程度	★★★★★	难度	中
代码行数	200	实施方式	编码强化
结束条件	独立编写,不出错		

参考训练内容

(1) 创建一个学生注册页面 regist.jsp,并提交注册请求到 view.jsp;

(2) 在 view.jsp 中使用一个 JavaBean 获取并显示注册信息

第 8 章

表达式语言

本章任务完成 Q-ITOffer 锐聘网站的职位详情展示和网站头文件代码重构功能。具体任务分解如下。

- 【任务 8-1】 使用 EL 技术实现职位详情展示功能。
- 【任务 8-2】 使用 EL 技术实现网站头文件代码重构功能。

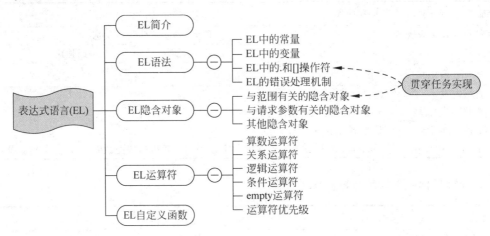

知 识 点	Listen（听）	Know（懂）	Do（做）	Revise（复习）	Master（精通）
EL 作用	★	★			
EL 语法	★	★	★	★	★
EL 隐含对象	★	★	★	★	★
EL 运算符	★	★	★	★	★
EL 自定义函数	★	★	★		

第8章 表达式语言

8.1 EL 简介

EL(Expression Language,表达式语言)是一种简单的语言,可以方便地访问和处理应用程序数据,而无须使用 JSP 脚本元素(Scriptlet)或 JSP 表达式。

EL 最初是在标准标签库 JSTL(JavaServer Page Standard Tag Library)1.0 中定义,从 JSTL 1.1 开始,SUN 公司将 EL 表达式语言从 JSTL 规范中分离出来,正式独立为 JSP 2.0 标准规范之一。因此,只要是支持 Servlet 2.4、JSP 2.0 以上版本的 Web 容器,都可以在 JSP 网页中直接使用 EL。

EL 在容器默认配置下处于启用状态,每个 JSP 页面也可以通过 page 指令的 isELIgnored 属性单独设置其状态,其语法格式如下:

【语法】

```
<%@page isELIgnored = "true | false" %>
```

其中:
- 如果 isELIgnored 属性取值为 true,则 EL 表达式会被当成字符串直接输出;
- 默认情况下 isELIgnored 属性取值为 false,由 JSP 引擎调用 EL 引擎来解释执行其中的表达式。

EL 表达式语言最大的优势是可以方便地访问 JSP 的隐含对象和 JavaBean 组件,完成使用<% %>或<%= %>完成的功能,使 JSP 页面从 HTML 代码中嵌入 Java 代码的混乱结构得以改善,提高了程序的可读性和易维护性。综合概括起来,EL 表达式具有如下几个特点:
- 可以访问 JSP 的内置对象(pageContext、request、session 和 application 等);
- 简化了对 JavaBean、集合的访问方式;
- 可以对数据进行自动类型转换;
- 可以通过各种运算符进行运算;
- 可以使用自定义函数实现更加复杂的业务功能。

本章节将围绕 EL 这几个特点分别进行介绍。

8.2 EL 语法

EL 表达式语言的语法格式如下:

【语法】

```
${表达式}
```

EL 语法格式由"${"起始,"}"结束,表达式可以是常量、变量,表达式中可以使用 EL 隐含对象、EL 运算符和 EL 函数。下述示例均为合法的 EL 语法格式。

【示例】 EL 表达式

```
${"hello"}              //输出字符串常量
${23.5}                 //输出浮点数常量
${23 + 5}               //输出算术运算结果
${23 > 5}               //输出关系运算结果
```

```
${23||5}                    //输出逻辑运算结果
${23>5?23:5}                //输出条件运算结果
${empty username}           //输出 empty 运算结果
${username}                 //查找输出变量值
${sessionScope.user.sex}    //输出隐含对象中的属性值
${qst:fun(arg)}             //输出自定义函数的返回值
```

8.2.1　EL 中的常量

EL 表达式中的常量包括布尔常量、整形常量、浮点数常量、字符串常量和 NULL 常量。

- 布尔常量，用于区分事物的正反两面，用 true 或 false 表示。例如 ${true}。
- 整型常量，与 Java 中定义的整型常量相同，范围为 Long.MIN_VALUE 到 Long.MAX_VALUE 之间。例如 ${23E2}。
- 浮点数常量，与 Java 中定义的浮点数常量相同，范围为 Double.MIN_VALUE 到 Double.MAX_VALUE 之间。例如 ${23.5E-2}。
- 字符串常量，是用单引号或双引号引起来的一连串字符。例如 ${"你好!"}。
- NULL 常量，用于表示引用的对象为空，用 null 表示，但在 EL 表达式中并不会输出 null 而是输出空。例如 ${null}，页面会什么也不输出。

8.2.2　EL 中的变量

EL 表达式中的变量不同于 JSP 表达式从当前页面中定义的变量进行查找，而是由 EL 引擎调用 PageContext.findAttribute(String)方法从 JSP 四大作用域范围中查找。例如：${username}，表达式将按照 page、request、session 和 application 范围的顺序依次查找名为 username 的属性；假如中途找到，就直接回传，不再继续找下去；假如全部的范围都没有找到，就回传 null。因此在使用 EL 表达式访问某个变量时，应该指定查找的范围，从而避免在不同作用范围中有同名属性的问题，也提高了查询效率。

EL 中的变量除了要遵循 Java 变量的命名规范外，还需要注意不能使用 EL 中的保留字。EL 中预留的保留字如表 8-1 所示。

表 8-1　EL 中的保留字

and	or	not	empty	div
mod	instanceof	eq	ne	lt
gt	le	ge	true	false
null				

8.2.3　EL 中的 . 和 [] 操作符

对于常见的对象属性、集合数据的访问，EL 提供了两种操作符："."操作符和"[]"操作符：

- "."操作符，与在 Java 代码中一样，EL 表达式也可使用点操作符来访问对象的某个属性。例如，访问 JavaBean 对象中的属性：${productBean.category.name}，其中 productBean 为一个 JavaBean 对象；category 为 productBean 中的一个属性对象；name 为 category 对象的一个属性。
- "[]"操作符，用与点操作符类似，也用于访问对象的属性，属性需使用双引号括起来。

例如${productBean["category"]["name"]}。

"[ ]"操作符具有更加强大的功能：
- 当属性中包含了特殊字符,如:"."或"-"等并非字母或数字的符号,就一定要用"[ ]"操作符,例如${header["user-agent"]};
- "[ ]"操作符可以访问有序集合或数组中的指定索引位置的某个元素,例如${array[0]};
- "[ ]"操作符可以访问 Map 对象的 key 关键字的值,例如${map["key"]};
- "[ ]"操作符和点操作符可以结合使用,例如${users[0].username}。

注意

> 通常情况下,使用"."操作符的方式更加简洁方便,仅对于上述特殊情况则必须使用"[ ]"操作符访问。

8.2.4 EL 的错误处理机制

作为表现层的 JSP 页面的错误处理,往往对用户会有直观的体现,为此 EL 提供了比较友好的处理方式：不提供警告,只提供默认值和错误,默认值是空字符串,错误是抛出一个异常。EL 对以下几种常见错误的处理方式为：
- 在 EL 中访问一个不存在的变量,则表达式输出空字符串,而不是输出 null;
- 在 EL 中访问一个不存在对象的属性,则表达式输出空字符串,而不会抛出 NullPointerException 异常;
- 在 EL 中访问一个存在对象的不存在属性,则表达式会抛出 PropertyNotFoundException 异常。

8.3 EL 隐含对象

与 JSP 提供的内置对象目的相同,为了更加方便地进行数据访问,EL 表达式也提供了一系列可以直接使用的隐含对象。EL 隐含对象按照使用途径的不同,可以分为与范围有关的隐含对象、与请求参数有关的隐含对象和其他隐含对象,具体分类如图 8-1 所示。

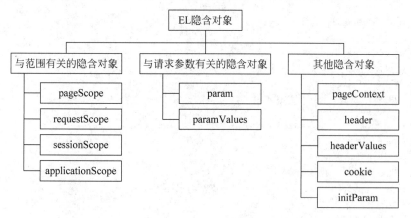

图 8-1　EL 隐含对象分类图

8.3.1 与范围有关的隐含对象

在 JSP 中有 4 种作用域(页面域、请求域、会话域和应用域),EL 表达式针对这 4 种作用域提供了相应的隐含对象用于获取各作用域范围中的属性,各隐含对象的名称及作用如表 8-2 所示。

表 8-2 与范围有关的隐含对象

隐含对象	说 明
pageScope	用于获得页面作用范围中的属性值,相当于 pageContext.getAttribute()
requestScope	用于获得请求作用范围中的属性值,相当于 request.getAttribute()
sessionScope	用于获得会话作用范围中的属性值,相当于 session.getAttribute()
applicationScope	用于获得应用程序作用范围中的属性值,相当于 application.getAttribute()

【示例】 使用 EL 访问会话域中的属性

```
${sessionScope.user.sex}
```

上述示例的含义是从会话作用域范围中获取用户的性别,等效于如下 JSP 脚本代码:

【示例】 使用脚本代码访问 Session 作用域中的属性

```
<%
User user = (User)session.getAttribute("user");
String sex = user.getSex();
out.print(sex);
%>
```

由上述 JSP 脚本代码与 EL 的对比可以看出,EL 自动完成了类型转换和数据输出功能,并且大大简化了代码量。

下述示例演示使用隐含对象获取存储在不同范围中 JavaBean 属性值的用法。先创建一个名为 Student 的 JavaBean 类,再将该 JavaBean 对象存储在不同作用域范围中并使用隐含对象获取。

【代码 8-1】 Student.java

```
package com.qst.chapter08.javabean;

public class Student {
    private String name;
    private int age;

    public Student(){
        super();
    }
    public Student(String name, int age) {
        super();
        this.name = name;
        this.age = age;
    }
    public String getName() {
        return name;
```

```
    }
    public void setName(String name) {
        this.name = name;
    }
    public int getAge() {
        return age;
    }
    public void setAge(int age) {
        this.age = age;
    }
}
```

【代码 8-2】 scopeImplicitObj.jsp

```
<%@ page language="java" contentType="text/html; charset=UTF-8"
    pageEncoding="UTF-8" import="com.qst.chapter08.javabean.Student"%>
<!DOCTYPE html PUBLIC "-//W3C//DTD HTML 4.01 Transitional//EN"
    "http://www.w3.org/TR/html4/loose.dtd">
<html>
<head>
<meta http-equiv="Content-Type" content="text/html; charset=UTF-8">
<title>与范围有关的隐含对象</title>
</head>
<body>
<%
pageContext.setAttribute("studentInPage", new Student("张三",21));
%>
<jsp:useBean id="studentInSession" class="com.qst.chapter08.javabean.Student" scope="session">
<jsp:setProperty name="studentInSession" property="name" value="李四"/>
<jsp:setProperty name="studentInSession" property="age" value="22"/>
</jsp:useBean>
<p>pageContext 对象中获取属性值:
${pageScope.studentInPage.name}
${pageScope.studentInPage.age}
</p>
<p>sessionScope 对象中获取属性值:
${sessionScope.studentInSession.name}
${sessionScope.studentInSession.age}
</p>
</body>
</html>
```

启动服务器,在 IE 浏览器中访问 http://localhost:8080/chapter08/scopeImplicitObj.jsp,运行结果如图 8-2 所示。

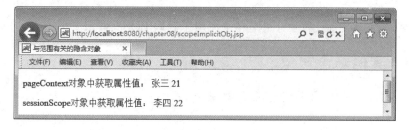

图 8-2 scopeImplicitObj.jsp 运行结果

8.3.2 与请求参数有关的隐含对象

请求参数的获取也是 JSP 开发中常见的操作，EL 表达式对此也提供了相应的隐含对象，如表 8-3 所示。

表 8-3 与请求参数有关的隐含对象

隐含对象	说明
param	用于获得请求参数的单个值，相当于 request.getParameter()
paramValues	用于获得请求参数的一组值，相当于 request.getParameterValues()

下述示例演示获取一个请求地址中的参数值。

【代码 8-3】 paramImplicitObj.jsp

```jsp
<%@ page language="java" contentType="text/html; charset=UTF-8"
    pageEncoding="UTF-8" %>
<!DOCTYPE html PUBLIC "-//W3C//DTD HTML 4.01 Transitional//EN"
    "http://www.w3.org/TR/html4/loose.dtd">
<html>
<head>
<meta http-equiv="Content-Type" content="text/html; charset=UTF-8">
<title>与请求参数有关的隐含对象</title>
</head>
<body>
<p>请求参数 param1 的值：${param.param1}</p>
<p>请求参数 param2 的值：${paramValues.param2[0]}</p>
</body>
</html>
```

启动服务器，在 IE 中访问 http://localhost:8080/chapter08/paramImplicitObj.jsp?param1=value1&param2=value2，运行结果如图 8-3 所示。

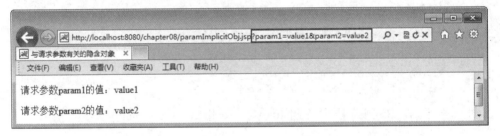

图 8-3 paramImplicitObj.jsp 运行结果

param 与 paramValues 隐含对象同样也适用于获取 POST 请求参数值。

8.3.3 其他隐含对象

EL 表达式语言提供的其他隐含对象，如表 8-4 所示。

第 8 章 表达式语言

表 8-4 其他隐含对象

隐含对象	说 明
pageContext	相当于 JSP 页面中的 pageContext 对象，用于获取 ServletContext、request、response 和 session 等其他 JSP 内置对象
header	用于获得 HTTP 请求头中的单个值，相当于 request.getHeader(String name)
headerValues	用于获得 HTTP 请求头中的一组值，相当于 request.getHeaders(String name)
cookie	用于获得指定的 Cookie
initParam	用于获得上下文初始参数，相当于 application.getInitParameter(String name)

下述实例演示表 8-4 中隐含对象的用法。在 web.xml 中配置应用上下文初始参数，代码如下所示。

【代码 8-4】 web.xml

```xml
<web-app xmlns:xsi="http://www.w3.org/2001/XMLSchema-instance"
    xmlns="http://java.sun.com/xml/ns/javaee"
    xsi:schemaLocation=" http://java.sun.com/xml/ns/javaee http://java.sun.com/xml/ns/javaee/web-app_3_0.xsd"
    id="WebApp_ID" version="3.0">
    <display-name>chapter08</display-name>
    <context-param>
        <param-name>webSite</param-name>
        <param-value>http://www.itshixun.com</param-value>
    </context-param>
    <welcome-file-list>
        <welcome-file>index.jsp</welcome-file>
    </welcome-file-list>
</web-app>
```

【代码 8-5】 otherImplicitObj.jsp

```jsp
<%@ page language="java" contentType="text/html; charset=UTF-8"
    pageEncoding="UTF-8"%>
<!DOCTYPE html PUBLIC "-//W3C//DTD HTML 4.01 Transitional//EN" "http://www.w3.org/TR/html4/loose.dtd">
<html>
<head>
<meta http-equiv="Content-Type" content="text/html; charset=UTF-8">
<title>其他隐含对象</title>
</head>
<body>
<h3>pageContext 隐含对象的用法</h3>
<p>获取服务器信息：${pageContext.servletContext.serverInfo}</p>
<p>获取 Servlet 注册名：${pageContext.servletConfig.servletName}</p>
<p>获取请求地址：${pageContext.request.requestURL} </p>
<p>获取 session 创建时间：${pageContext.session.creationTime} </p>
<p>获取响应的文档类型：${pageContext.response.contentType} </p>

<h3>header 隐含对象的用法</h3>
<p>获取请求头 Host 的值：${header.host} </p>
<p>获取请求头 Accept 的值：${headerValues["user-agent"][0]} </p>

<h3>cookie 隐含对象的用法</h3>
<p>获取名为 JSESSIONID 的 Cookie 对象：${cookie.JSESSIONID} </p>
```

```
<p>获取名为 JSESSIONID 的 Cookie 对象的名称和值：${cookie.JSESSIONID.name} ${cookie.JSESSIONID.value}</p>

<h3>initParam 隐含对象的用法</h3>
<p>${initParam.webSite}</p>

</body>
</html>
```

启动服务器,在 IE 中访问 http://localhost:8080/chapter08/otherImplicitObj.jsp,运行结果如图 8-4 所示。

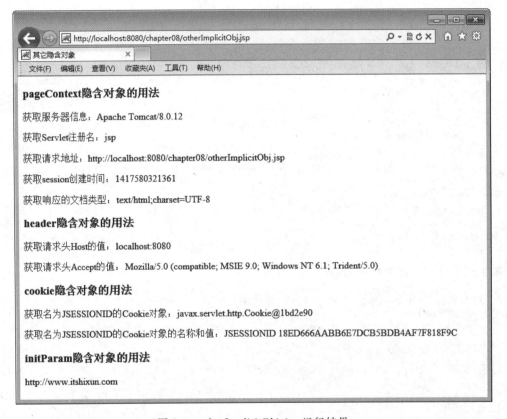

图 8-4　otherImplicitObj.jsp 运行结果

8.4　EL 运算符

EL 表达式语言中定义了用于执行各种算术、关系、逻辑和条件运算的运算符,具体介绍如下。

8.4.1　算术运算符

EL 表达式中的算术运算符如表 8-5 所示。

第 8 章 表达式语言

表 8-5 算术运算符

算术运算符	说明	示例	结果
＋	加	${23+5}$	28
－	减	${23-5}$	18
＊	乘	${23*5}$	115
/或 div	除	${23/5}$ 或 ${23 div 5}$	4.6
%或 mod	取余	${23%5}$ 或 ${23 mod 5}$	3

需要注意的是,在除法运算中,操作数将被强制转换为 Double 然后进行相除运算。

8.4.2 关系运算符

EL 表达式中的关系运算符如表 8-6 所示。

表 8-6 关系运算符

关系运算符	说明	示例	结果
==或 eq	等于	${23==5}$ 或 ${23 eq 5}$	false
!=或 ne	不等于	${23!=5}$ 或 ${23 ne 5}$	true
<或 lt	小于	${23<5}$ 或 ${23 lt 5}$	false
>或 gt	大于	${23>5}$ 或 ${23 gt 5}$	true
<=或 le	小于等于	${23<=5}$ 或 ${23 le 5}$	false
>=或 ge	大于等于	${23>=5}$ 或 ${23 ge 5}$	true

8.4.3 逻辑运算符

EL 表达式中的逻辑运算符如表 8-7 所示。

表 8-7 算术运算符

算术运算符	说明	示例	结果
&& 或 and	逻辑与	${true && true}$ 或 ${true and true}$	true
|| 或 or	逻辑或	${true \|\| false}$ 或 ${true or true}$	true
! 或 not	逻辑非	${!true}$ 或 ${not true}$	false

8.4.4 条件运算符

EL 表达式中条件运算符的格式为:A ? B : C,表示根据表达式 A 的结果选择执行 B 或 C。首先将表达式 A 的计算结果转换为布尔类型,如果表达式 A 的计算结果为 true,则执行 B,否则执行 C。

【示例】 条件运算符的使用

```
${sessionScope.username == null?"游客":sessionScope.username}
```

上述示例判断若 session 对象中不存在 username 属性,则 EL 表达式输出"游客"常量值,否则输出 username 属性值。

8.4.5 empty 运算符

empty 运算符是一个前缀操作符,用于检测一个值是否为 null 或"空",运算结果为布尔类型。empty 运算符有一个操作数,可以是变量或表达式。

【示例】 empty 运算符的使用

> ${empty sessionScope.username}

上述示例有两层含义:一是表示 session 对象中是否存在 username 属性,等同于 ${sessionScope.username==null};二是表示 session 对象中 username 的值是否为"空",等同于 ${sessionScope.username==""}。

empty 运算符按如下规则计算其返回值:
- 当操作数指向的对象为 null 时,表达式返回 true;
- 当操作数是空字符串时,返回 true;
- 当操作数是集合或数组时,如果操作数中没有任何元素,返回 true;
- 当操作数是 java.util.Map 对象中的一个关键字时,如果 Map 对象为空、Map 对象没有指定的关键字或 Map 对象的关键字对应的值为空,表达式返回 true。

8.4.6 运算符优先级

上述运算符的优先级如表 8-8 所示,优先级从上到下、从左到右依次降低。

表 8-8 运算符优先级(从上到下,从左到右)

[]、.	<、>、<=、>=、lt、gt、le、ge
()	==、!=、eq、ne
-(取负数)、not、!、empty	&&、and
*、/、div、%、mod	||、or
+、-	?:

在实际应用中,一般不需要记忆此优先级,而应尽量使用"()"使表达式清晰易懂。

8.5 EL 自定义函数

EL 自定义函数就是提供一种语法允许在 EL 中调用某个 Java 类的静态方法。EL 自定义函数扩展了 EL 表达式的功能,使其不再局限为一种数据访问语言,还可以通过方法调用实现一些更复杂的业务处理。

EL 函数语法如下:

【语法】

> ${ns:func(a1,a2,…,an)}

其中:
- 前缀 ns 必须匹配包含了函数的标签库的前缀;

- func 为函数的名称；
- a1,a2,…,an 为函数的参数。

EL 自定义函数的开发与应用包括以下 3 个步骤：

（1）编写 EL 自定义函数映射的 Java 类以及类中的静态方法；

（2）编写标签库描述符文件（TLD 文件），在 TLD 文件中描述自定义函数；

（3）在 JSP 页面中导入和使用自定义函数。

下面以一个过滤特殊字符的功能函数为例，来讲解 EL 自定义函数的开发与应用。在用户通过系统输入控件进行信息输入时，往往有很大的自主性，很多不法用户便通过此入口输入一些有特殊含义的字符进行系统的破坏。此 EL 自定义函数将对传入字符是否包含特殊字符进行分析转换。

【步骤 1】 编写 EL 自定义函数映射的 Java 类及类中的静态方法

此步骤中，要求 Java 类必须声明为 public，映射的方法必须声明为 public static 类型。本实例将直接采用 Tomcat 自带的 HTMLFilter 类为样例，该样例所在路径为＜Tomcat 安装目录＞\webapps\examples\WEB-INF\classes\util。HTMLFilter 类中定义了一个名称为 filter 的静态方法来实现特殊字符的转换，具体代码如下所示。

【代码 8-6】 HTMLFilter.java

```java
/**
 * HTML filter utility.
 *
 * @author Craig R. McClanahan
 * @author Tim Tye
 */
public final class HTMLFilter {

    public static String filter(String message) {
        if (message == null)
            return (null);
        char content[] = new char[message.length()];
        message.getChars(0, message.length(), content, 0);
        StringBuilder result = new StringBuilder(content.length + 50);
        for (int i = 0; i < content.length; i++) {
            switch (content[i]) {
            case '<':
                result.append("&lt;");
                break;
            case '>':
                result.append("&gt;");
                break;
            case '&':
                result.append("&amp;");
                break;
            case '"':
                result.append("&quot;");
                break;
            default:
                result.append(content[i]);
            }
```

```
        }
        return (result.toString());
    }
}
```

【步骤 2】 编写标签库描述符文件(TLD 文件),在 TLD 文件中描述自定义函数

Java 类及其静态方法定义完成后,为将此静态方法映射成为 EL 自定义函数,需要在一个标签库描述符(TLD)文件中对其进行描述。标签库描述符文件是一个 XML 格式的文件,扩展名为.tld,名称任意,通常存储在项目的 WEB-INF 目录下。

TLD 文件的编写是一项非常烦琐且易出错的工作,此处将以一个 Tomcat 提供的 TLD 文件样例为基础进行修改编写,该样例存储位置为<Tomcat 安装目录>\webapps\examples\WEB-INF\jsp2\jsp2-example-taglib.tld。下述代码演示以此样例为基础编写的特殊字符过滤函数的标签库描述符文件。

【代码 8-7】 ELFuntion-taglib.tld

```xml
<?xml version = "1.0" encoding = "UTF-8" ?>
<taglib xmlns = http://java.sun.com/xml/ns/j2ee
    xmlns:xsi = "http://www.w3.crg/2001/XMLSchema-instance"
    xsi:schemaLocation = "http://java.sun.com/xml/ns/j2ee http://java.sun.com/xml/ns/j2ee/web-jsptaglibrary_2_0.xsd"
    version = "2.0">
    <tlib-version>1.0</tlib-version>
    <short-name>htmlFilter</short-name>
    <uri>http://www.itshixun.com/htmlFilter</uri>
    <function>
        <description>过滤特殊字符</description>
        <name>filter</name>
        <function-class>com.qst.chapter08.util.HTMLFilter</function-class>
        <function-signature>java.lang.String filter( java.lang.String )
        </function-signature>
    </function>
</taglib>
```

上述标签库描述符文件中,一些主要元素的含义如下。
- <taglib>元素是 TLD 文件的根元素,不应对其进行任何修改。
- <uri>元素用于指定该 TLD 文件的 URI,在 JSP 文件中需要通过此 URI 来引入该标签库描述文件。
- <function>元素用于描述一个 EL 自定义函数,其中,<name>子元素用于指定 EL 自定义函数的名称;<function-class>子元素用于指定完整的 Java 类名;<function-signature>子元素用于指定 Java 类中的静态方法的签名,方法签名必须指明方法的返回值类型及各个参数的类型,各个参数之间用逗号分隔。一个标签库描述文件中可以有多个<function>元素,每个元素分别用于描述一个 EL 自定义函数,同一个 TLD 文件中的每个<function>元素中的<name>子元素设置的 EL 函数名称不能相同。

编写完标签库描述符文件后,需要将它放置在<EL 应用程序的主目录>\WEB-INF 目录中或 WEB-INF 目录下的除了 classes 和 lib 目录之外的任意子目录中。

【步骤 3】 在 JSP 页面中导入和使用自定义函数

第8章 表达式语言

【代码 8-8】　htmlFilterFun.jsp

```jsp
<%@ page language="java" contentType="text/html; charset=UTF-8"
    pageEncoding="UTF-8"%>
<%@taglib prefix="qst" uri="http://www.itshixun.com/htmlFilter" %>
<!DOCTYPE html PUBLIC "-//W3C//DTD HTML 4.01 Transitional//EN"
    "http://www.w3.org/TR/html4/loose.dtd">
<html>
<head>
<meta http-equiv="Content-Type" content="text/html; charset=UTF-8">
<title>EL自定义函数的使用</title>
</head>
<body>
<%
String htmlContent = "<b>Hello,EL function!</b>";
pageContext.setAttribute("htmlContent", htmlContent);
%>
<p>使用 EL 字符过滤函数后的效果：</p>
${qst:filter(htmlContent)}
<p>直接输出含 HTML 字符内容的效果：</p>
${htmlContent}
</body>
</html>
```

启动服务器，在 IE 浏览器中访问 http://localhost:8080/chapter08/htmlFilterFun.jsp，运行结果及源文件如图 8-5 所示。

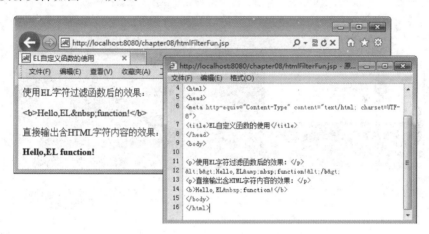

图 8-5　htmlFilterFun.jsp 运行结果及源文件

从上述运行结果及源文件可以看出，使用 EL 字符过滤函数的 HTML 代码被转换成了对应的转义字符输出，而未使用 EL 过滤函数的 HTML 代码，则被浏览器作为 HTML 代码解释执行后输出。

在此实例中，JSP 引擎对 EL 字符过滤函数的处理流程如下。

（1）根据 EL 函数的前缀在页面中查找 prefix 属性设置为 qst 的 taglib 指令，并获得其 uri 属性值。

（2）在项目发布目录<TOMCAT_HOME>\webapp\chapter08\WEB-INF 目录及其子目录下查找<uri>元素值为 http://localhost:8080/chapter08/htmlFilter 的 TLD 文件，找到 ELFuntion-taglib.tld 文件。

(3) 在 ELFuntion-taglib.tld 文件中查找 <name> 子元素的值为 filter 的 <function> 元素，获得该元素的子元素 <function-class> 指定的 Java 类以及 <function-signature> 子元素指定的静态方法。

(4) 在项目发布目录 <TOMCAT_HOME>\webapp\chapter08\WEB-INF\classes 目录下查找 HTMLFilter 类，然后在该类中查找签名形式为 java.lang.String.filter(java.lang.String) 的 public 型的静态方法。

(5) 将 EL 表达式中传递给 EL 自定义函数的参数值转换为 TLD 文件中对应的方法签名中的类型，然后调用 EL 自定义函数对应的 Java 类中的静态方法。

(6) EL 表达式获得并输出 Java 类的静态方法返回的结果。

8.6 贯穿任务实现

8.6.1 【任务 8-1】职位详情展示

本任务使用 EL 技术实现 Q-ITOffer 锐聘网站贯穿项目中的任务 8-1 职位详情展示功能。任务完成效果如图 8-6 所示。

图 8-6 职位详情展示页面

本任务实现包括以下组件。
- company.jsp：企业详情展示页面，本任务中负责向 JobServlet 请求和传递要展示职位的职位编号。
- job.jsp：职位详情展示页面，负责使用 EL 从 request 对象中获取需要展示的职位信息 JavaBean 对象和企业信息 JavaBean 对象中的数据进行显示。
- JobServlet.java：职位信息操作 Servlet，负责获取请求的职位编号、调用 JobDAO 对职位和关联企业信息进行查询、将查询结果封装到 JavaBean 对象中同时存入 request 对象转发请求到 job.jsp。
- JobDAO.java：职位数据访问对象，负责根据职位编号查询职位详细信息并封装到 Job 实体类中。
- Job.java：职位信息 JavaBean，用于封装 JobDAO 查询出的职位信息。
- Company.java：企业信息 JavaBean，用于封装 JobDAO 查询出的企业信息。
- DBUtil.java：数据库操作工具类，负责数据库连接的获取和释放。

各组件间关系图如图 8-7 所示。

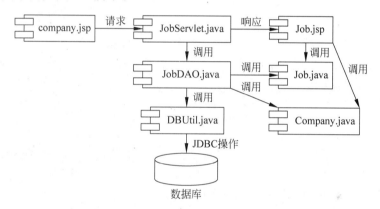

图 8-7　职位详情展示功能组件关系图

其中，在 company.jsp 中进行职位详情展示请求的部分代码实现如下。

【任务 8-1】　company.jsp

```
<div class = "it-post-name">
    <div class = "tn-helper-right it-post-btn">
    <a class = "it-font-underline"
    href = "JobServlet?type = select&jobid = <% = job.getJobId() %>">
    <span class = "tn-icon-view"></span>
    <span class = tn-action-text>查看详细</span></a>
    <a class = "tn-button-small" href = "#">
    <span class = "tn-button-text">申请</span></a></div>
    <h3><a href = "JobServlet?type = select&jobid = <% = job.getJobId() %>">
    <% = job.getJobName() %></a></h3>
</div>
```

进行职位详情展示请求处理的 JobServlet.java 代码实现如下。

【任务 8-1】　JobServlet.java

```
package com.qst.itoffer.servlet;
import com.qst.itoffer.bean.Company;
```

```java
import com.qst.itoffer.bean.Job;
import com.qst.itoffer.dao.CompanyDAO;
import com.qst.itoffer.dao.JobDAO;
/**
 * 职位信息处理 Servlet
 * @author QST青软实训
 */
@WebServlet("/JobServlet")
public class JobServlet extends HttpServlet {
    ...
    protected void doPost(HttpServletRequest request, HttpServletResponse response) throws ServletException, IOException {
        // 获取操作类型
        String type = request.getParameter("type");
        // 职位详情查询
        if("select".equals(type)){
            // 获取职位编号
            String jobid = request.getParameter("jobid");
            // 根据职位编号查询职位详细信息
            JobDAO dao = new JobDAO();
            Job job = dao.getJobByID(jobid);
            // 将职位信息对象存入 request 对象
            request.setAttribute("job", job);
            // 将企业信息对象存入 request 对象
            request.setAttribute("company", job.getCompany());
            request.getRequestDispatcher("recruit/job.jsp")
                    .forward(request, response);
        }
    }
}
```

JobServlet.java 中调用的 JobDAO 类代码实现如下。

【任务 8-1】 JobDAO.java

```java
package com.qst.itoffer.dao;
import com.qst.itoffer.bean.Company;
import com.qst.itoffer.bean.Job;
import com.qst.itoffer.util.DBUtil;
/**
 * 职位数据操作
 * @author QST青软实训
 */
public class JobDAO {
    /**
     * 根据企业编号查询此企业的所有招聘职位
     * @param companyID
     * @return
     */
    public List<Job> getJobListByCompanyID(String companyID) {
        ...
    }
    /**
     * 根据职位编号查询职位详细信息
     * @param jobid
```

```java
 * @return
 */
public Job getJobByID(String jobid) {
    Job job = new Job();
    Connection conn = DBUtil.getConnection();
    PreparedStatement pstmt = null;
    ResultSet rs = null;
    try {
    String sql = "SELECT tb_job.*,company_pic "
     + "FROM tb_job "
     + "INNER JOIN tb_company on tb_job.company_id = tb_company.company_id "
     + "WHERE job_id = ?";
        pstmt = conn.prepareStatement(sql);
        pstmt.setInt(1,Integer.parseInt(jobid));
        rs = pstmt.executeQuery();
        while (rs.next()) {
            job.setJobId(rs.getInt("job_id"));
            job.setJobName(rs.getString("job_name"));
            job.setJobHiringnum(rs.getInt("job_hiringnum"));
            job.setJobSalary(rs.getString("job_salary"));
            job.setJobArea(rs.getString("job_area"));
            job.setJobDesc(rs.getString("job_desc"));
            job.setJobEnddate(rs.getTimestamp("job_endtime"));
            job.setJobState(rs.getInt("job_state"));
            Company company = new Company();
            company.setCompanyId(rs.getInt("company_id"));
            company.setCompanyPic(rs.getString("company_pic"));
            job.setCompany(company);
        }
    } catch (Exception e) {
        e.printStackTrace();
    } finally {
        DBUtil.closeJDBC(rs, pstmt, conn);
    }
    return job;
}
```

职位详情展示页面 job.jsp 使用 EL 从 request 对象中获取 JavaBean 对象进行数据显示的代码实现如下。

【任务 8-1】 job.jsp

```jsp
<%@ page language="java" contentType="text/html; charset=UTF-8"
    pageEncoding="UTF-8" errorPage="/error.jsp" %>
<%@ page import="com.qst.itoffer.bean.Company,com.qst.itoffer.bean.Job" %>
<html>
<head>
<meta http-equiv="Content-Type" content="text/html; charset=UTF-8">
<title>职位详情展示</title>
<link href="css/base.css" type="text/css" rel="stylesheet">
<link href="css/job.css" type="text/css" rel="stylesheet">
</head>
<body>
<jsp:include page="../top.jsp"></jsp:include>
<div class="tn-grid" align="center">
```

```html
    <div class="bottomban"><div class="bottombanbox">
        <a href="CompanyServlet?type=select&id=${requestScope.company.companyId}">
        <img src="recruit/images/${requestScope.company.companyPic}"></a></div>
    </div></div>
<div class="tn-grid">
    <div class="tn-box-content"><div class="it-main">
        <div class="it-ctn-heading"><div class="it-title-line">
            <h3>${requestScope.job.jobName}</h3></div></div>
        <div class="job">
            <table class="it-table" style="width:700px">
                <tbody>
                    <tr>
                        <td class="it-table-title">招聘人数：</td>
                        <td class="tn-border-rb">${requestScope.job.jobHiringnum}人</td>
                        <td class="it-table-title">薪资：</td>
                        <td class="tn-border-rb">${requestScope.job.jobSalary}</td>
                    </tr>
                    <tr>
                        <td class="it-table-title">工作地区：</td>
                        <td class="tn-border-rb">${requestScope.job.jobArea}</td>
                        <td class="it-table-title">结束日期：</td>
                        <td class="tn-border-rb">${requestScope.job.jobEnddate}</td>
                    </tr></tbody></table>
            <div class="it-post-count"><div class="it-com-apply">
                <a href="" title="申请职位"
                    class="tn-button2 it-smallbutton-apply-hover"></a></div>
            <ul class="tn-text-note it-text-part">
                <li class="jobli"><span class="tn-explain-icon">
                <span class="tn-icon-text">招聘人数
                <span class="it-font-cor">${requestScope.job.jobHiringnum}</span>人
                </span></span></li></ul></div>
            <div class="clear"></div><div class="it-post-text">
                <p>${requestScope.job.jobDesc}</p></div>
            <div class="btn_bot">
            <a class="tn-button-secondary"
    href="CompanyServlet?type=select&id=${requestScope.company.companyId}">
                <span style="color:#1faebc" class="tn-button-text">查看公司信息</span></a>
                <a class="tn-button-secondary" href="">申请职位</a></div></div></div>
        <div class="clear"></div></div></div>
<iframe src="foot.html" width="100%" height="150" scrolling="no" frameborder="0">
</iframe>
</body>
</html>
```

8.6.2 【任务8-2】网站头文件代码重构

本任务使用 EL 技术实现 Q-ITOffer 锐聘网站贯穿项目中的任务 8-2 网站头文件代码重构功能。任务中通过 EL 代码 ${sessionScope.SESSION_APPLICANT.applicantEmail}更加方便地获取会话对象中的用户邮箱信息。改进后头文件的代码如下所示。

【任务8-2】 top.jsp

```jsp
<%@ page language="java" contentType="text/html; charset=UTF-8"
    pageEncoding="UTF-8" errorPage="/error.jsp"%>
<%@ page import="com.qst.itoffer.bean.Applicant"%>
```

```html
<html>
<head>
<meta http-equiv = "Content-Type" content = "text/html; charset=UTF-8">
<title>锐聘网</title>
<link href = "css/base.css" rel = "stylesheet" type = "text/css">
</head>
<body>
<div class = "head_user">
<%
    if (session.getAttribute("SESSION_APPLICANT") == null) {
%>
<a href = "login.jsp" target = "_parent"><span class = "type1">登录</span></a>
<a href = "register.jsp" target = "_parent"><span class = "type2">注册</span></a>
<%
    } else {
%>
<a href = "ResumeBasicinfoServlet?type=select">
${sessionScope.SESSION_APPLICANT.applicantEmail}</a>  
<a href = "ApplicantLogoutServlet">退出</a>
<%
    }
%>
    ...
</body>
</html>
```

本章总结

小结

- EL（Expression Language，表达式语言）是一种简单的语言，可以方便地访问和处理应用程序数据，而无须使用 JSP 脚本元素（Scriptlet）或 JSP 表达式。
- EL 隐含对象按照使用途径的不同，可以分为与范围有关的隐含对象、与请求参数有关的隐含对象和其他隐含对象。
- 与范围有关的隐含对象包括 pageScope、requestScope、sessionScope 和 applicationScope。
- 与请求参数有关的隐含对象包括 param、paramValues。
- 其他隐含对象有 pageContext、header、headerValues、cookie 和 initParam。
- EL 表达式语言中定义了用于执行各种算术、关系、逻辑和条件运算的运算符。
- EL 自定义函数就是提供一种语法允许在 EL 中调用某个 Java 类的静态方法。

Q&A

1. 问题：EL 表达式的功能及特点。

回答：EL 表达式具有如下几个特点：可以访问 JSP 的内置对象（pageContext、request、session 和 application 等）；简化了对 JavaBean、集合的访问方式；可以对数据进行自动类型转换；可以通过各种运算符进行运算；可以使用自定义函数实现更加复杂的业务功能。

2. 问题：EL 中"."操作符和"[]"操作符使用有何区别。

回答：点操作符用于访问对象的某个属性。"[]"操作符也用于访问对象的属性,属性需要使用双引号括起来。"[]"操作符还有更加强大的功能：当属性中包含了特殊字符,如"."或"-"等并非字母或数字的符号,就一定要用"[]"操作符；"[]"操作符可以访问有序集合或数组中的指定索引位置的某个元素；"[]"操作符可以访问 Map 对象的 key 关键字的值；"[]"操作符和点操作符可以结合使用。

本章练习

习题

1. 下列关于 EL 的说法正确的是_____。
   A. EL 可以访问所有的 JSP 内置对象　　B. EL 可以读取 JavaBean 的属性值
   C. EL 可以修改 JavaBean 的属性值　　　D. EL 可以调用 JavaBean 的任何方法
2. EL 表达式 ${10 mod 3},执行结果为_____。
   A. 10 mod 3　　　B. 1　　　C. 3　　　D. null
3. EL 表达式 ${2+"4"}将输出_____。
   A. 2+4　　　　　　　　　　　B. 6
   C. 24　　　　　　　　　　　　D. 不会输出,因为表达式是错误的
4. EL 表达式 ${user.loginName}执行效果等同于_____。
   A. <%=user.getLoginName()%>　　B. <%user.getLoginName();%>
   C. <%=user.loginName%>　　　　　D. <%user.loginName;%>
5. 下列 EL 的使用语法正确的是_____。
   A. ${1+2==3?4:5}　　　　　　　B. ${param.name+paramValues[1]}
   C. ${someMap[var].someArray[0]}　D. ${someArray["0"]}
6. EL 表达式 ${(10*10) ne 100}的值是_____。
   A. 0　　　　B. true　　　　C. false　　　　D. 1
7. J2EE 中,JSP EL 表达式：${(10*10) ne 100}的值是_____。
   A. 0　　　　B. True　　　　C. False　　　　D. 1

上机

1. 训练目标：EL 表达式的熟练使用。

培养能力	熟练使用 EL 表达式		
掌握程度	★★★★★	难度	易
代码行数	50	实施方式	编码强化
结束条件	独立编写,不出错		
参考训练内容			
创建一个 JavaWeb 项目,使用 EL 表达式获取访问此项目的绝对地址			

2. 训练目标:EL表达式的熟练使用。

培养能力	强化 EL 表达式的使用		
掌握程度	★★★★★	难度	中
代码行数	200	实施方式	编码强化
结束条件	独立编写,不出错		
参考训练内容			

(1) 在一个 Servlet 中创建一个对象集合类,例如:List<Student>,将此对象集合类存入 request 对象属性中,请求转发到 listIterator.jsp;

(2) 在 listIterator.jsp 中遍历并使用 EL 表达式输出 Student 对象的属性值

第9章 标准标签库

本章任务完成 Q-ITOffer 锐聘网站的首页代码重构和申请职位展示功能。具体任务分解如下。

- 【任务 9-1】 使用 JSTL 核心标签库和 EL 实现首页代码重构功能。
- 【任务 9-2】 使用 JSTL 核心标签库和 EL 实现申请职位展示功能。

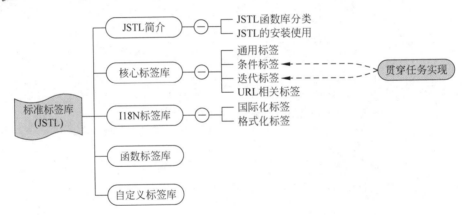

知 识 点	Listen（听）	Know（懂）	Do（做）	Revise（复习）	Master（精通）
JSTL 作用	★	★			
JSTL 函数库分类	★	★			
JSTL 安装使用	★	★	★		
JSTL 核心标签库	★	★	★	★	★
JSTL I18N 标签库	★	★	★		
JSTL 函数标签库	★	★	★		
JSTL 自定义标签库	★	★	★		

9.1 JSTL 简介

JSTL(JavaServer Pages Standard Tag Library,JSP 标准标签库)是由 Apache 的 Jakarta 项目组开发的一个标准的通用型标签库,已纳入 JSP 2.0 规范,是 JSP 2.0 最重要的特性之一。

JSTL 主要提供给 Java Web 开发人员一个标准通用的标签函数库,标签库同时支持 EL 用于获取数据,Web 开发人员能够利用此标签库取代传统直接在页面中嵌入 Java 程序的做法,以提高程序的可读性和易维护性。例如,下述示例使用 Java 脚本和 JSTL 两种方式实现对象集合的遍历。

【示例】 使用 Java 脚本实现对象集合的遍历

```
<%
    List<Book> bookList = (List<Book>) session.getAttribute("bookList");
    if (bookList != null)
        for (Book book : bookList) {
            out.print(book.getBookName());
        }
%>
```

【示例】 使用 JSTL 实现对象集合的遍历

```
<c:forEach items = "${sessionScope.bookList}" var = "book">
    ${book.bookName}
</c:forEach>
```

9.1.1 JSTL 函数库分类

JSTL 由 5 个不同功能的标签库组成,在 JSTL 规范中为这 5 个标签库分别指定了不同的 URI,并对标签库的前缀做出了约定,如表 9-1 所示。

表 9-1 JSTL 的 5 类标签库

标 签 库	前置名称	URI	示 例
核心标签库	c	http://java.sun.com/jsp/jstl/core	<c:out>
I18N 标签库	fmt	http://java.sun.com/jsp/jstl/fmt	<fmt:formatDate>
SQL 标签库	sql	http://java.sun.com/jsp/jstl/sql	<sql:query>
XML 标签库	x	http://java.sun.com/jsp/jstl/xml	<x:forBach>
函数标签库	fn	http://java.sun.com/jsp/jstl/functions	<fn:split>

核心标签库中包含实现 Web 应用的通用操作的标签。例如,输出变量内容的<c:out>标签、用于条件判断的<c:if>标签和用于循环遍历的<c:forEach>标签等。

I18N 标签库中包含实现 Web 应用程序的国际化的标签。例如,设置 JSP 页面的本地信息、设置 JSP 页面的时区和使本地敏感的数据(如数值、日期)按照 JSP 页面中设置的本地格式进行显示等。

SQL 标签库中包含用于访问数据库和对数据库中的数据进行操作的标签。例如,从数据源中获得数据库连接、从数据库表中检索数据等。由于在实际开发中,多数应用采用分层开发模式，JSP页面通常仅用作表现层，并不会在JSP页面中直接操作数据库，所以此标签库在分层的较大项目中较少使用，在小型不分层的项目中可以通过SQL标签库实现快速开发。

XML标签库中包含对XML文档中的数据进行操作的标签。例如，解析XML文档、输出XML文档中的内容以及迭代处理XML文档中的元素等。

函数标签库由JSTL提供一套EL自定义函数，包含了JSP页面制作者经常要用到的字符串操作，例如，提取字符串中的子字符串、获取字符串的长度和处理字符串中的空格等。

由于SQL标签库、XML标签库在实际运用中并不广泛，本章将重点对核心标签库、I18N标签库以及函数标签库进行介绍。

9.1.2 JSTL的安装使用

目前JSTL最新版本为1.2，需在Servlet 2.5、JSP 2.1的环境中运行。JSTL与所需环境的版本对应关系如表9-2所示。

表9-2 JSTL与所需环境版本对应关系

JSTL版本	所需环境
JSTL 1.2	Servlet 2.5、JSP 2.1
JSTL 1.1	Servlet 2.4、JSP 2.0
JSTL 1.0	Servlet 2.3、JSP 1.2

如果要使用JSTL，首先需要下载JSTL标签库的jar包，其官方下载地址为http://tomcat.apache.org/taglibs/standard/，此处选择JSTL 1.2版本，下载页面如图9-1所示。

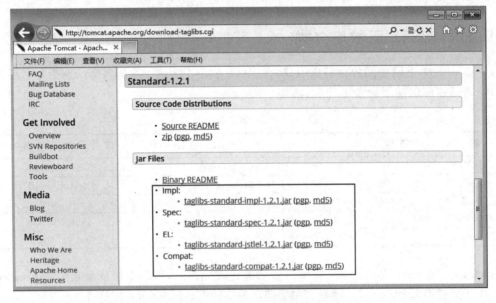

图9-1 JSTL下载页面

将图9-1中下载的4个jar包放到项目的运行环境classpath中，在Eclipse工具下，可将其复制到WebContent\WEB-INF\lib目录下，效果如图9-2所示。

在JSP页面使用JSTL标签库时，使用taglib指令指定需要使用的函数库前缀和URI，例如：<%@ taglib prefix="c" uri="http://java.sun.com/jsp/jstl/core" %>。

图 9-2　JSTL jar 包存储位置

下述代码演示一个 JSTL 核心标签库的使用示例。

【代码 9-1】　helloJSTL.jsp

```
<%@ page language="java" contentType="text/html; charset=UTF-8"
    pageEncoding="UTF-8"%>
<%@taglib prefix="c" uri="http://java.sun.com/jsp/jstl/core"%>
<!DOCTYPE html PUBLIC "-//W3C//DTD HTML 4.01 Transitional//EN" "http://www.w3.org/TR/html4/loose.dtd">
<html>
<head>
<meta http-equiv="Content-Type" content="text/html; charset=UTF-8">
<title>JSTL 使用示例</title>
</head>
<body>
    <c:set var="str" value="Hello JSTL!"></c:set>
    <c:out value="${str}"></c:out>
</body>
</html>
```

在 IE 中访问 http://localhost:8080/chapter09/helloJSTL.jsp，运行结果如图 9-3 所示。

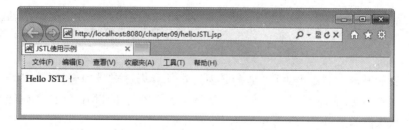

图 9-3　helloJSTL.jsp 运行结果

9.2　核心标签库

JSTL 的核心标签库包含 Web 应用中最常使用的标签，是 JSTL 中比较重要的标签库。核心标签库中的标签按功能又可细分为以下 4 类：

- 通用标签，用于操作变量；

- 条件标签,用于流程控制;
- 迭代标签,用于循环遍历集合;
- URL 标签,用于针对 URL 相关的操作。

在 JSP 页面中使用核心标签库,首先需要使用 taglib 指令导入,语法格式如下所示。

【语法】

```
<%@taglib prefix="标签库前缀" uri="http://java.sun.com/jsp/jstl/core"%>
```

其中:
- prefix 属性表示标签库的前缀,可以为任意字符串,通常设置值为 c,注意避免使用一些保留的关键字,例如: jsp、jspx、java、servlet、sun 和 sunw 等;
- uri 属性用来指定核心标签库的 URI,从而定位标签库描述文件(TLD 文件)。

【示例】 导入核心标签

```
<%@taglib prefix="c" uri="http://java.sun.com/jsp/jstl/core"%>
```

注意

> 在 JSTL 1.0 版本中,核心标签库导入指令的 uri 属性值为 http://java.sun.com/jstl/core,注意不要混淆。

9.2.1 通用标签

JSTL 的通用标签按照对变量的不同操作又可分为 4 个标签: ＜c:out＞标签、＜c:set＞标签、＜c:remove＞标签和＜c:catch＞标签。

1. ＜c:out＞标签

＜c:out＞标签用于输出数据,等同于＜%=表达式%＞,其语法格式如下所示。

【语法】

```
<c:out value="value" [escapeXml="{true|false}"] [default="defaultValue"] />
```

其中:
- value 表示要输出的数据,可以是 JSP 表达式、EL 表达式或静态值;
- escapeXml 表示是否将＞、＜、&、'、"等特殊字符进行 HTML 字符实体转换后再进行输出,默认值为 true;
- default 表示如果 value 属性的值为 null 时所输出的默认值。

【示例】 设置默认值的输出

```
您好!<c:out value="${sessionScope.userName}" default="游客"/>
```

上述示例在 session 域属性 userName 不存在时输出默认值游客,否则输出属性值。

【示例】 进行 HTML 字符实体转换后的输出

```
<c:out value="<b>没有变成粗体字</b>" escapeXml="true"></c:out>
```

上述示例设置进行 HTML 字符实体转换,输出结果为没有变成粗体字。常见的 HTML 字符实体转换关系如表 9-3 所示。

表 9-3 常见 HTML 字符实体转换

字　　符	字符实体编码	字　　符	字符实体编码
<	&lt;	'	&#039
>	&gt;	"	&#034
&	&amp;		

2. <c:set>标签

<c:set>标签用于设置各种范围域的属性,其语法格式如下所示。

【语法】

```
<c:set var = "varName" value = "value" [scope = "{page|request|session|application}"] />
```

其中:
- var 指定要设置的范围域属性名;
- value 指定 var 属性的属性值;
- scope 指定 var 属性所属的范围域,默认为 page。

【示例】 设置会话域属性

```
<c:set var = "userName" value = "青软实训" scope = "session"/>
```

3. <c:remove>标签

<c:remove>标签用于删除各种范围域属性,其语法格式如下所示。

【语法】

```
<c:remove var = "varName" [scope = "{page|request|session|application}"] />
```

其中:
- var 属性用于指定要删除的属性名称;
- scope 属性用于指定要删除的属性所属的范围域。

【示例】 删除会话域属性

```
<c:remove var = "userName" scope = "session" />
```

4. <c:catch>标签

<c:catch>标签用于捕获嵌套在标签体中的内容抛出的异常,其语法格式如下所示。

【语法】

```
<c:catch [var = "varName"]>
    nested actions
</c:catch>
```

其中：
- var 属性用于标识捕获的异常对象名称，并将异常对象保存在 page 域中；
- 若未指定 var 属性，则仅捕获异常而不在 page 域中保存异常对象。

【示例】 ＜c:catch＞捕获异常

```
<c:catch var = "myException">
<% = 5/0 %>
</c:catch>
<c:out value = "${myException}"/><br>
<c:out value = "${myException.message}"/>
```

示例运行结果如下所示。

```
java.lang.ArithmeticException: / by zero
/ by zero
```

9.2.2 条件标签

JSP 页面中经常需要进行显示逻辑的条件判断，JSTL 提供了 4 个条件标签用于取代 JSP 的脚本代码。4 个条件标签包括＜c:if＞标签、＜c:choose＞标签、＜c:when＞标签和＜c:otherwise＞标签。

1. ＜c:if＞标签

＜c:if＞标签用于进行条件判断，其语法格式如下所示。

【语法】

```
<c:if test = "condition" [var = "varName"]
    [scope = "{page|request|session|application}"] >
    //condition 为 true 时执行的代码
</c:if>
```

其中：
- test 用于指定条件表达式，返回 boolean 类型值；
- var 用于指定将 test 属性的执行结果保存到某个范围作用域的属性名称；
- scope 用于指定将 test 属性的执行结果保存到哪个范围作用域中。

【示例】 单分支判断

```
<c:if test = "${not empty sessionScope.userName}">
    欢迎您：${sessionScope.userName}
</c:if>
```

2. ＜c:choose＞标签

用于指定多个条件选择，必须与＜c:when＞和＜c:otherwise＞标签一起使用。同时使用＜c:choose＞、＜c:when＞和＜c:otherwise＞3 个标签，可以构造类似 if…else if…else 的复杂条件判断结构。

【语法】

```
<c:choose>
    //<c:when>或<c:otherwise>子标签
</c:choose>
```

其中：
- <c:choose>标签没有属性，它的标签体内容只能有一个或多个<c:when>、0 或多个<c:otherwise>。

【示例】 类似 if…else 结构

```
<c:choose>
    <c:when test="${not empty sessionScope.userName}">
        欢迎您：${sessionScope.userName}
    </c:when>
    <c:otherwise>
        欢迎您：游客
    </c:otherwise>
</c:choose>
```

上述示例中，若 session 域中的 userName 属性不存在或为空，则输出"欢迎您：某某"，否则输出"欢饮您：游客"，此结构相当于 if…else 结构。

【示例】 类似 if…else if…else 结构

```
<c:set var="score" value="85"></c:set>
<c:choose>
    <c:when test="${score>=90}">
    你的成绩为优秀！
    </c:when>
    <c:when test="${score>=80&&score<90}">
    您的成绩为良好！
    </c:when>
    <c:when test="${score>60&&score<80}">
    您的成绩为及格！
    </c:when>
    <c:otherwise>
    对不起,您没有通过考试！
    </c:otherwise>
</c:choose>
```

上述示例输出结果为："您的成绩为良好！"，其结构相当于 if…else if…else 结构。

3. <c:when>标签

代表<c:choose>标签的一个条件分支，必须以<c:choose>为父标签，且必须在<c:otherwise>标签之前，其语法格式如下所示。

【语法】

```
<c:when test="condition">
    //condition 为 true 时,执行的代码
<c:when>
```

4. ＜c:otherwise＞标签

代表＜c:choose＞标签中前面所有＜c:when＞标签条件都不符合的情况下的最后选择，其语法格式如下所示。

【语法】

```
＜c:otherwise＞
    //执行的代码
＜c:otherwise＞
```

9.2.3 迭代标签

数据的迭代操作是 JSP 开发中经常使用的操作，JSTL 提供的迭代标签配合 EL 表达式极大地简化了原来使用 Java 脚本 for 循环完成的迭代操作代码。JSTL 中的迭代标签有＜c:forEach＞和＜c:forTokens＞。

1. ＜c:forEach＞标签

＜c:forEach＞标签用于遍历集合或迭代指定的次数，语法格式如下所示。

【语法】

```
＜c:forEach [var = "varName"] items = "collection" [varStatus = "varStatusName"] [begin = "begin"] [end = "end"] [step = "step"] ＞
    //标签体内容
＜/c:forEach＞
```

其中：
- var 用于指定将当前迭代到的元素保存到 page 域中的属性名称；
- items 指定将要迭代的集合对象；
- varStatus 表示当前被迭代到的对象的状态信息，包括 4 个属性：index（表示当前迭代成员的索引值）、count（表示当前已迭代成员的数量）、first（表示当前迭代到的成员是否为第 1 个）和 last（表示当前迭代到的成员是否为最后一个）；
- begin 表示遍历的起始索引，值为整数；
- end 表示遍历的结束索引，值为整数；
- step 表示迭代的步长，值为整数。

【示例】 迭代数组对象

```
<%
    String arrays[] = new String[5];
    arrays[0] = "Hello";
    arrays[1] = ",";
    arrays[2] = "everyone";
    arrays[3] = "!";
    request.setAttribute("arrays",arrays);
%>
<c:forEach items = "${arrays}" var = "item" >
    ${item}
</c:forEach>
```

上述代码运行结果如下：

```
Hello,everyone!
```

【示例】 迭代集合对象

```
<%
    List<Book> list = new ArrayList<Book>();
    list.add(new Book("Java Web 开发与应用"));
    list.add(new Book("Java SE 开发与应用"));
    session.setAttribute("bookList", list);
%>
<c:forEach items="${sessionScope.bookList}" var="book" varStatus="vst">
    <p>序号：${vst.index+1}，书名：${book.bookName}</p>
</c:forEach>
```

上述代码运行结果如下：

```
序号：1，书名：Java Web 开发与应用
序号：2，书名：Java SE 开发与应用
```

【示例】 迭代 Map 对象

```
<%
    Map<String,Book> map = new HashMap<String,Book>();
    map.put("JavaWeb", new Book("Java Web 开发与应用"));
    map.put("JavaSE", new Book("Java SE 与开发与应用"));
    request.setAttribute("bookMap", map);
%>
<c:forEach items="${requestScope.bookMap}" var="mapItem">
    <p>${mapItem.key} : ${mapItem.value.bookName}</p>
</c:forEach>
```

上述代码运行结果如下：

```
JavaWeb:Java Web 开发与应用
JavaSE:Java SE 与开发与应用
```

【示例】 迭代指定次数

```
<c:forEach begin="1" end="100" step="1" var="num">
    <c:set var="sum" value="${sum+num}"></c:set>
</c:forEach>
${sum}
```

上述代码运行结果如下：

```
5050
```

2. <c:forTokens>标签

<c:forTokens>标签用于实现类似 java.util.StringTokenizer 类的迭代功能，按照指定的分隔符对字符串进行迭代，其语法格式如下所示。

【语法】

```
<c:forTokens items = "stringOfTokens" delims = "delimiters"
        [var = "varName"] [varStatus = "varStatusName"]
        [begin = begin] [end = end] [step = step]>
    //标签体内容
</c:forTokens>
```

其中：
- items 用于指定将要迭代的字符串；
- delims 用于指定一个或多个分隔符；
- var 用于将当前迭代的子字符串保存到 page 域中的属性名称；
- varStatus 表示当前被迭代到的对象的状态信息，包括 4 个属性：index(表示当前迭代成员的索引值)、count(表示当前已迭代成员的数量)、first(表示当前迭代到的成员是否为第 1 个)和 last(表示当前迭代到的成员是否为最后一个)；
- begin 指定从第 begin 个子字符串开始进行迭代，begin 的索引值从 0 开始编号；
- end 指定迭代到第 end 个字符串，end 的索引值从 0 开始编号；
- step 指定迭代的步长，即每次迭代后的迭代因子增量。

【示例】 字符串的分割迭代

```
<c:set var = "sourceStr" value = "a|b|c|d|e" />
<c:forTokens var = "str" items = " $ {sourceStr}" delims = "|" varStatus = "status">
    <c:out value = " $ {status.count}"/>.<c:out value = " $ {str}"/>  
    <c:if test = " $ {status.last}">
        <p>总共被分为<c:out value = " $ {status.count}"/>段</p>
    </c:if>
</c:forTokens>
```

上述代码运行结果如下：

```
1.a  2.b  3.c  4.d  5.e
总共被分为 5 段
```

9.2.4 URL 相关标签

JSTL 提供了一些与 URL 操作相关的标签：＜c:url＞、＜c:import＞和＜c:redirect＞。

1. ＜c:url＞

＜c:url＞标签用于在 JSP 页面中构造一个 URL 地址，其语法格式如下所示。

【语法】

```
<c:url value = "value"
        [var = "varName"] [scope = "{page|request|session|application}"]
        [context = "context"]>
        [<c:param name = "paramName" value = "paramValue"/>]
</c:url>
```

其中：

- value 指定要构造的 URL；
- var 指定构造出的 URL 结果保存到范围域中的属性名称；
- scope 指定构造出的 URL 结果保存到哪个范围域中；
- context 指定 URL 地址所属的同一容器下的 Web 应用上下文；
- <c:param>标签指定 URL 地址传递的参数，可选。

【示例】 构造 URL 地址

```
<c:url value = "query.jsp?keyword = QST&type = company" var = "queryURL"/>
<a href = "${queryURL}">查询</a>
```

【示例】 使用标签构造带参数的 URL 地址

```
<c:url value = "/query.jsp" var = "queryURL" context = "/chapter09" scope = "page">
    <c:param name = "keyword" value = "QST"/>
    <c:param name = "type" value = "company"/>
</c:url>
<a href = "${queryURL}">查询</a>
```

上述两个示例通过两种不同的配置方式指定了相同的 URL 地址。需要注意的是，当指定 context 属性时，value 属性中地址必须是以"/"开头的相对地址。

2. <c:redirect>标签

<c:redirect>标签用于执行 response.sendRedirect()方法的功能，将当前访问请求重定向到其他资源，其语法格式如下所示。

【语法】

```
<c:redirect url = "value" [context = "context"]>
    [<c:param name = "paramName" value = "paramValue"/>]
</c:redirect>
```

其中：
- url 用于指定重定向的目标资源的 URL 地址；
- context 指定重定向地址所属的同一容器下的 Web 应用上下文；
- <c:param>标签指定 URL 地址传递的参数，可选。

【示例】 重定向到一个 URL 地址

```
<c:url value = "query.jsp?keyword = QST&type = company" var = "queryURL"></c:url>
<c:redirect url = "${queryURL}"/>
```

3. <c:import>标签

用于在 JSP 页面中导入一个 URL 地址指向的资源内容，可以是一个静态或动态文件，可以是当前应用或同一服务器下的其他应用中的资源，其语法格式如下所示。

【语法】

```
<c:import url = "url"
         [var = "varName"] [scope = "{page|request|session|application}"]
```

```
            [context = "context"] [charEncoding = "charEncoding"]>
            [<c:param name = "paramName" value = "paramValue"/>]
</c:import>
```

其中：
- url 指定要导入资源的 URL 地址；
- var 指定导入资源保存在范围域中的属性名称，可选；
- scope 指定导入资源所保存的范围域，可选，若指定 var 属性则其默认值为 page；
- context 指定导入资源所属的同一服务器下的 Web 应用上下文，默认为当前应用；
- charEncoding 指定将导入资源内容转换成字符串时所使用的字符集编码；
- <c:param>标签指定向导入的资源文件传递的参数，可选。

【示例】 导入一个 URL 地址指向的资源

```
<c:import url = "header.jsp?userName = QST"/>
```

上述示例将两个参数传入 query.jsp，同时将 query.jsp 页面的内容加入到当前页面中。该示例也可按下述形式进行详细配置。

【示例】 使用标签导入一个带参数的 URL 地址指向的资源

```
<c:import url = "/header.jsp" context = "/chapter09" var = "importURL" scope = "page" charEncoding = "UTF-8">
    <c:param name = "userName" value = "QST"></c:param>
</c:import>
${pageScope.importURL}
```

注意

<c:import>标签与<jsp:include>动作指令功能类似，但<jsp:include>动作只能包含当前应用下的文件资源，而<c:import>标签可以包含任何其他应用或网站下的资源，例如：<c:import url="http://www.baidu.com"/>。

9.3 I18N 标签库

JSTL 提供了一个用于实现国际化和格式化功能的标签库——Internationalization 标签库，简称为国际化标签库或 I18N 标签库。I18N 标签库封装了 Java 语言中 java.util 和 java.text 两个包中与国际化和格式化相关的 API 类的功能。其中国际化标签提供了绑定资源包、从资源包中的本地资源文件读取文本内容的功能；格式化标签提供了对数字、日期时间等本地敏感的数据按本地化信息显示的功能。

在 JSP 页面中使用 I18N 标签库，首先需要使用 taglib 指令导入，语法格式如下所示。

【语法】

```
<%@taglib prefix = "标签库前缀" uri = "http://java.sun.com/jsp/jstl/fmt"%>
```

其中：

- prefix 属性表示标签库的前缀,可以为任意字符串,通常设置值为 fmt,注意避免使用一些保留的关键字(如 jsp、jspx、java、servlet、sun 和 sunw 等);
- uri 属性用来指定 I18N 标签库的 URI,从而定位标签库描述文件(TLD 文件)。

【示例】 导入 I18N 标签库

```
<%@taglib prefix = "fmt" uri = " http://java.sun.com/jsp/jstl/fmt" %>
```

注意

在 JSTL 1.0 版本中,I18N 标签库导入指令的 uri 属性值为 http://java.sun.com/jstl/fmt,注意不要混淆。

9.3.1 国际化标签

I18N 中的国际化标签主要包括<fmt:setLocale>、<fmt:bundle>、<fmt:setBundle>、<fmt:message>和<fmt:param>。

在使用国际化标签时,首先需要包含有多个资源文件的资源包,资源包中的各个资源文件分别对应于不同的本地信息。下述示例演示资源文件的创建,其中资源包基名指定为 messageResource,简体中文的资源文件名称为 messageResource_zh_CN.properties,美国英语的资源文件名称为 messageResource_en_US.properties。

【代码 9-2】 messageResource_zh_CN.properties

```
title = JSTL 标签
welcome = 欢迎您{0},日期是{1,date,full},时间是{2,time,full}
organization = QST 青软实训
```

【代码 9-3】 messageResource_en_US.properties

```
title = JSTL
welcome = welcome {0},the date is {1,date,full},the time is{2,time,full}
organization = QST QingDao Software Training
```

由于 Properties 文件不支持中文,代码 9-2 messageResource_zh_CN.properties 文件中的中文可以使用 JDK 提供的 native2ascii 命令将其转换为 Unicode 字符,转换命令为:

```
native2ascii – encoding UTF – 8 messageResource_zh_CN.properties
```

同时也可使用 Eclipse 工具创建 Properties 文件,Eclipse 工具会默认使用自带的 Properties File Editor 插件对中文字符进行转换,转换后的文件内容如下所示。

【代码 9-4】 messageResource_zh_CN.properties

```
title = JSTL\u6807\u7B7E
welcome = \u6B22\u8FCE\u60A8{0}\uFF0C\u65E5\u671F\u662F{1,date,full}\uFF0C\u65F6\u95F4\
u662F{2,time,full}
organization = QST \u9752\u8F6F\u5B9E\u8BAD
```

将上述转换后的资源文件存储在 WEB-INF/classes 目录下(在开发环境中存储在 src 目

1. ＜fmt:setLocale＞标签

＜fmt:setLocale＞标签用于在 JSP 页面中显示的设置用户的本地化语言环境,环境设置后,国际化标签库中的其他标签将使用该本地化信息,而忽略客户端浏览器传递过来的本地信息,其语法格式如下所示。

【语法】

```
< fmt:setLocale value = "locale" [scope = "{page|request|session|application}"]/>
```

其中:
- value 用于指定语言和国家代码,可以是 java.util.Locale 或 String 类型的实例,例如:zh_CN;
- scope 用于指定 Locale 环境变量的作用范围,可选,默认为 page。

【示例】 设置页面语言环境

```
//设置页面语言环境为简体中文
< fmt:setLocale value = "zh_CN" />
//设置页面语言环境为繁体中文
< fmt:setLocale value = "zh_TW" />
//设置页面语言环境为英文
< fmt:setLocale value = "en" />
```

2. ＜fmt:setBundle＞标签

＜fmt:setBundle＞标签用于根据＜fmt:setLocale＞标签设置的本地化信息(绑定一个资源文件)创建一个资源包(ResourceBundle)对象,并可将其保存在范围域属性中。其语法格式如下所示。

【语法】

```
< fmt:setBundle basename = "basename"
    [var = "varName"] [scope = "{page|request|session|application}"] />
```

其中:
- basename 用于指定资源包的基名;
- var 用于指定创建的资源包对象保存在范围域中的属性名;
- scope 用于指定创建的资源包对象所属的范围域。

【示例】 根据本地化信息创建资源包对象

```
< fmt:setLocale value = "zh_CN" />
< fmt:setBundle basename = "messageResource" var = "messageResource"/>
```

该示例将会绑定名为 messageResource_zh_CN.properties 的资源文件,创建相应的资源包对象。

3. ＜fmt:bundle＞标签

＜fmt:bundle＞标签与＜fmt:setBundle＞标签的功能类似,但其创建的资源包对象仅对其标签体有效,其语法格式如下所示。

【语法】

```
<fmt:bundle basename = "basename" [prefix = "prefix"]>
    [<fmt:message key = "messageKey">]
</fmt:bundle>
```

其中:
- basename 指定资源包的基名,不包括.properties 后缀名;
- prefix 指定嵌套在<fmt:bundle>标签内的<fmt:message>标签的 key 属性值前面的前缀。

【示例】 根据本地化信息创建资源包对象

```
<fmt:setLocale value = "zh_CN" />
<fmt:bundle basename = "messageResource">
    <fmt:message key = "title"/>
</fmt:bundle>
```

对于资源文件中的 key 名称较长的情况,可以使用 prefix 属性简化<fmt:message>标签中 key 值的指定。例如下述资源文件及其 key 值查找方式为:

【示例】 example.properties

```
com.qst.chapter09.title = JSTL
com.qst.chapter09.welcome = welcome {0}
com.qst.chapter09.organization = QST QingDao Software Training
```

【示例】 未使用 prefix 属性的写法

```
<fmt:bundle basename = "example">
    <fmt:message key = "com.qst.chapter09.title"/>
    <fmt:message key = "com.qst.chapter09.organization "/>
</fmt:bundle>
```

【示例】 使用 prefix 属性的写法

```
<fmt:bundle basename = "example" prefix = "com.qst.chapter09">
    <fmt:message key = "title"/>
    <fmt:message key = "organization"/>
</fmt:bundle>
```

4. <fmt:message>标签

用于从一个资源包中查找一个指定 key 的值,并进行格式化输出,其语法格式如下所示。

【语法】

```
<fmt:message key = "messageKey"
    [bundle = "resourceBundle"] [var = "varName"]
    [scope = "{page|request|session|application}"]/>
```

其中:

- key 指定资源文件的键(key);
- bundle 指定使用的资源包,若使用<fmt:setBundle>保存了资源文件,该属性就可以从保存的资源文件中进行查找;
- var 用于将显示信息保存为某个范围域属性;
- scope 指定 var 属性所属的范围域,默认为 page。

【示例】 从资源包中查找指定 key 值并输出

```
<fmt:setLocale value="zh_CN"/>
<fmt:setBundle basename="messageResource"/>
<fmt:message key="title"></fmt:message>
```

上述示例将从 messageResource_zh_CN.properties 文件中查找 key 为 title 的 value 值显示,输出 JSTL 标签。

5. <fmt:param>标签

<fmt:param>标签仅有一个参数,用于在<fmt:message>中做参数置换,语法格式如下所示。

【语法】

```
<fmt:param value="messageParameter"/>
```

其中,value 用于指定替换资源文件中参数的参数值。

【示例】 设定资源文件参数值

```
<fmt:setLocale value="zh_CN" />
<fmt:setBundle basename="messageResource"/>
<fmt:message key="welcome">
    <fmt:param value="${sessionScope.userName}"/>
    <fmt:param value="<%= new Date() %>"/>
    <fmt:param value="<%= new Date() %>"/>
</fmt:message>
```

上述示例表示对资源文件中的信息 welcome＝欢迎您{0},日期是{1,date,full},时间是{2,time,full}中的"{}"部分进行参数置换,置换的顺序按照<fmt:param>标签出现的顺序,例如用户张三登录网站,在简体中文环境下,上述示例显示的信息为"欢迎您张三,日期是2014 年 12 月 26 日星期五,时间是下午 09 时 05 分 11 秒 CST"。

9.3.2 格式化标签

I18N 中的格式化标签主要包括<fmt:formatNumber>和<fmt:formaDate>。

1. <fmt:formatDate>标签

用于对日期和时间按本地化信息或用户自定义的格式进行格式化,其语法格式如下所示。

【语法】

```
<fmt:formatDate value = "date"
    [type = "{time|date|both}"]
    [dateStyle = "{default|short|medium|long|full}"]
    [timeStyle = "{default|short|medium|long|full}"]
    [pattern = "customPattern"]
    [timeZone = "timeZone"]
    [var = "varName"]
    [scope = "{page|request|session|application}"]/>
```

其中：

- value 指定要格式化的日期或时间；
- type 指定是要输出日期部分还是时间部分，或者两者都输出；
- dateStyle 指定日期部分的输出格式，该属性仅在 type 属性取值为 date 或 both 时才有效；
- timeStyle 指定时间部分的输出格式，该属性仅在 type 属性取值为 time 或 both 时才有效；
- pattern 指定一个自定义的日期和时间输出格式；
- timeZone 指定当期采用的时区；
- var 指定格式化结果保存到某个范围域中某个属性的名称；
- scope 指定格式化结果所保存的范围域。

【示例】 对日期和时间按本地化信息进行格式化

```
<fmt:setLocale value = "zh_CN" />
<fmt:formatDate value = "<% = new Date() %>"/>
<fmt:formatDate value = "<% = new Date() %>" pattern = "yyyy - MM - dd HH:mm:ss" />
<fmt:formatDate value = "<% = new Date() %>" type = "both" dateStyle = "full"/>
<fmt:formatDate value = "<% = new Date() %>" type = "both" timeStyle = "medium"/>
```

上述示例运行结果如下：

```
2014 - 12 - 26
2014 - 12 - 26 21:36:01
2014 年 12 月 26 日 星期五 21:36:01
2014 - 12 - 26 21:36:01
```

2．<fmt:formatNumber>标签

用于将数值、货币或百分数按本地化信息或自定义的格式进行格式化，其语法格式如下所示。

【语法】

```
<fmt:formatNumber value = "numericValue"
    [type = "{number|currency|percent}"]
    [pattern = "customPattern"]
    [currencyCode = "currencyCode"]
    [currencySymbol = "currencySymbol"]
    [groupingUsed = "{true|false}"]
    [var = "varName"]
    [scope = "{page|request|session|application}"]/>
```

其中：

- value 指定需要格式化的数字;
- type 指定值的类型,包括数字(number)、货币(currency)和百分比(percent);
- pattern 指定自定义的格式化样式;
- currencyCode 指定货币编码,仅在 type 属性值为 currency 时有效;
- currencySymbol 指定货币符号,仅在 type 属性值为 currency 时有效;
- var 指定格式化结果保存在某个范围域中的属性名称;
- scope 指定格式化结果所保存的范围域;
- groupingUsed 指定格式化后的结果是否使用间隔符,如: 23,526,00。

【示例】 将数值、货币或百分数按本地化信息进行格式化

```
<fmt:setLocale value="zh_CN"/>
<fmt:formatNumber value="123456.7" pattern="#,#00.0#"/>
<fmt:formatNumber value="123456.789" pattern="#,#00.0#"/>
<fmt:formatNumber value="1234567890" type="currency"/>
<fmt:formatNumber value="12.345" type="currency" pattern="$#,##"/>
<fmt:formatNumber value="123456.7" pattern="#,#00.00#"/>
<fmt:formatNumber value="0.12" type="percent"/>
```

上述示例运行结果如下:

```
123,456.7
123,456.79
￥1,234,567,890.00
$12
123,456.70
12%
```

上述示例中,由于首先使用<fmt:setLocale>标签设置了本地化语言环境为简体中文,因此<fmt:formatNumber>标签中 type 类型为 currency 的货币符号为￥,同时也可以使用 pattern 属性指定货币符号的类型,如上例的 pattern="$#,##"。pattern 属性中用于格式化的符号及其作用如表 9-4 所示。

表 9-4 格式化符号及作用

符 号	作 用
0	表示一个数位
#	表示一个数位,前导零和追尾零不显示
.	表示小数点分割位置
,	表示组分隔符的位置
—	表示负数前缀
%	表示用 100 乘,并显示百分号

9.4 函数标签库

函数标签库是在 JSTL 中定义的标准的 EL 函数集。函数标签库中定义的函数,基本上都是对字符串进行操作的函数。

在JSP中使用函数标签库,首先需要使用taglib指令导入,语法格式如下所示。

【语法】

```
<%@taglib prefix = "标签库前缀" uri = "http://java.sun.com/jsp/jstl/functions" %>
```

其中:
- prefix 属性表示标签库的前缀,可以为任意字符串,通常设置值为 fn,注意避免使用一些保留的关键字(如 jsp、jspx、java、servlet、sun 和 sunw 等);
- uri 属性用来指定函数标签库的 URI,从而定位标签库描述文件(TLD 文件)。

【示例】 导入函数标签库

```
<%@taglib prefix = "fn" uri = "http://java.sun.com/jsp/jstl/functions" %>
```

JSTL 中提供的 EL 函数名称及功能如表 9-5 所示。

表 9-5 JSTL 提供的 EL 函数标签库

函 数 名 称	功　　能
contains(String string, String substring)	判断字符串 string 中是否包含字符串 substring
containsIgnoreCase(String string, String substring)	判断字符串 string 中是否包含字符串 substring,不区分大小写
endsWith(String string, String suffix)	判断字符串 string 是否以字符串 suffix 结尾
escapeXml(String string)	将字符串中的 XML/HTML 等特殊字符转换为实体字符
indexOf(String string, String substring)	查找字符串 string 中字符串 substring 第 1 次出现的位置
join(String[ ] array, String separator)	将数组 array 中的每个字符串按给定的分隔符 separator 连接为一个字符串
length(Object item)	返回参数 item 中包含元素的数量,item 的类型可以是集合、数组和字符串
replace(String string, String before, String after)	用字符串 after 替换字符串 string 中的 before 字符串,将替换后的结果返回
split(String string, String separator)	以 separator 为分隔符对字符串 string 进行分割,将分割后的每部分内容存入数组中返回
startWith(String string, String prefix)	判断字符串 string 是否以字符串 prefix 开头
substring(String string, int begin, int end)	返回字符串 string 从索引值 begin 开始(包括 begin)到 end 结束(不包括 end)的部分内容
substringAfter(String string, String substring)	返回字符串 substring 在字符串 string 中后面的部分内容
substringBefore(String string, String substring)	返回字符串 substring 在字符串 string 中前面的部分内容
toLowerCase(String string)	将字符串 string 所有的字符转换为小写返回
toUpperCase(String string)	将字符串 string 所有的字符转换为大写返回
trim(String string)	去除字符串 string 首尾的空格后返回

上述 EL 函数在 JSTL 标签中的使用语法如下所示。

【语法】

```
${fn:函数名(参数列表)}
```

【示例】 函数标签的使用

```
${fn:escapeXml("<br>")}                  //输出结果<br>
${fn:substring("hello,everyone",0,5)}    //输出结果 hello
${fn:split("hello,everyone",",")[0]}     //输出结果 hello
```

9.5 自定义标签库

从 JSP1.1 规范开始 JSP 就支持使用自定义标签,使用自定义标签大大降低了 JSP 页面的复杂度,同时增强了代码的复用性,因此自定义标签在 Web 应用中被广泛使用。同时许多 Web 框架厂商也都开发出了自己的一套标签库供用户使用,例如 Struts 2、SpringMVC 和 JSF 等都提供了丰富的自定义标签,因此学习使用自定义标签,也是理解这些框架标签的基础。

由于在 JSP 1.1 规范中开发自定义标签比较复杂,因此 JSP 2.0 引入了一种新的标签扩展机制,称为"简单标签扩展",这种机制大大简化了标签库的开发,在 JSP 2.0 中开发标签库只需如下几个步骤。

(1) 开发自定义标签处理类;
(2) 建立一个 *.tld 文件,每个 *.tld 文件对应一个标签库,每个标签库可包含多个标签;
(3) 在 JSP 文件中使用自定义标签。

下述实例以一个日期格式化标签为例,按照上述 3 个步骤开发一个自定义标签库。

【步骤 1】 开发自定义标签类

自定义标签类需要继承一个父类:javax.servlet.jsp.tagext.SimpleTagSupport,除此之外,JSP 自定义标签类还有如下要求:

- 如果标签类包含属性,每个属性都要有对应的 setter 和 getter 方法;
- 需要重写 doTag()方法,此方法负责生成页面内容。

【代码 9-5】 **DateFormat.java**

```java
package com.qst.chapter09.tag;

import java.io.IOException;
import java.text.SimpleDateFormat;
import java.util.Date;
import javax.servlet.jsp.JspException;
import javax.servlet.jsp.JspWriter;
import javax.servlet.jsp.tagext.SimpleTagSupport;

public class DateFormat extends SimpleTagSupport {
    Date date;
    String type;

    public Date getDate() {
        return date;
    }
    public void setDate(Date date) {
        this.date = date;
    }
    public String getType() {
```

```java
        return type;
    }
    public void setType(String type) {
        this.type = type;
    }
    /**
     * 重写 doTag()方法,该方法在标签结束生成页面内容
     */
    @Override
    public void doTag() throws JspException, IOException {
        SimpleDateFormat sdf = new SimpleDateFormat();
        if (type.equals("full")) {
            sdf = new SimpleDateFormat("yyyy-MM-dd HH:mm:ss");
        }
        if (type.equals("date")) {
            sdf = new SimpleDateFormat("yyyy-MM-dd");
        }
        if (type.equals("time")) {
            sdf = new SimpleDateFormat("HH:mm:ss");
        }
        // 将格式化后的结果输出到页面
        JspWriter out = super.getJspContext().getOut();
        out.print(sdf.format(date));
    }
}
```

【步骤 2】 建立 TLD 文件

TLD 文件即标签库描述文件,每个 TLD 文件对应一个标签库,一个标签库中包含多个标签,标签库定义文件的根元素是 taglib,它可以包含多个 tag 子元素,每个 tag 子元素都定义一个标签。TLD 文件的主要元素及含义如下。

- <tlib-version>元素:标签库的版本号。
- <jsp-version>元素:JSP 的版本号。
- <short-name>元素:标签库的默认前缀。
- <uri>元素:标签库的 URI。
- <tag>元素:当前标签库的一个标签。

下述代码实现自定义的日期格式化标签的 TLD 文件。

【代码 9-6】 dateFormat-taglib.tld

```xml
<?xml version="1.0" encoding="ISO-8859-1" ?>
<!DOCTYPE taglib
        PUBLIC "-//Sun Microsystems, Inc.//DTD JSP Tag Library 1.2//EN"
        "http://java.sun.com/j2ee/dtd/web-jsptaglibrary_1_2.dtd">
<taglib>
  <tlib-version>1.0</tlib-version>
  <jsp-version>2.0</jsp-version>
  <short-name>dateFormat</short-name>
  <uri>/dateFormat</uri>
  <tag>
    <name>dateFormat</name>
    <tag-class>com.qst.chapter09.tag.DateFormat</tag-class>
```

```xml
      <body-content>empty</body-content>
      <description>format date</description>
      <attribute>
        <name>date</name>
        <required>true</required>
        <rtexprvalue>true</rtexprvalue>
      </attribute>
      <attribute>
        <name>type</name>
        <required>true</required>
        <rtexprvalue>true</rtexprvalue>
      </attribute>
   </tag>
</taglib>
```

【步骤3】 使用标签库

在JSP页面中使用taglib指令导入标签库即可使用自定义的标签,实现代码如下所示。

【代码9-7】 dateTag.jsp

```jsp
<%@ page language="java" contentType="text/html; charset=UTF-8"
    pageEncoding="UTF-8" import="java.util.*" %>
<%@ taglib prefix="mydate" uri="/dateFormat" %>
<!DOCTYPE html PUBLIC "-//W3C//DTD HTML 4.01 Transitional//EN" "http://www.w3.org/TR/html4/loose.dtd">
<html>
<head>
<meta http-equiv="Content-Type" content="text/html; charset=UTF-8">
<title>自定义日期标签</title>
</head>
<body>
    <mydate:dateFormat date="<%= new Date() %>" type="full" />
    <br>
    <mydate:dateFormat date="<%= new Date() %>" type="date" />
    <br>
    <mydate:dateFormat date="<%= new Date() %>" type="time" />
</body>
</html>
```

上述实例只是一个简单的示例,自定义标签还可以创建带标签体的标签、动态属性的标签和以页面片段作为属性的标签等。除此之外,自定义标签还可以实现一些类似于JSTL的格式化标签、迭代标签和SQL标签等更复杂的功能,感兴趣的读者可以查阅相关资料。

9.6 贯穿任务实现

9.6.1 【任务9-1】首页代码重构

本任务使用JSTL和EL技术实现Q-ITOffer锐聘网站贯穿项目中的任务9-1首页代码重构。

【任务 9-1】 index.jsp

```jsp
<%@ page language="java" contentType="text/html; charset=UTF-8"
    pageEncoding="UTF-8" errorPage="/error.jsp" %>
<%@ page import="com.qst.itoffer.dao.CompanyDAO,com.qst.itoffer.bean.Company,
com.qst.itoffer.bean.Job" %>
<%@ page import="java.util.*" %>
<html>
<head>
<meta http-equiv="Content-Type" content="text/html; charset=UTF-8">
<title>RTO 服务_锐聘官网-大学生求职,大学生就业,IT 行业招聘,IT 企业快速入职</title>
<link href="css/base.css" type="text/css" rel="stylesheet" />
<link href="css/index.css" type="text/css" rel="stylesheet" />
</head>
<body class="tn-page-bg">
    <jsp:include page="top.jsp"></jsp:include>
    <!-- 实例化或从 request 对象获取一个用于实现分页功能的 JavaBean 对象 -->
    <jsp:useBean id="pagination" class="com.qst.itoffer.bean.ComanyPageBean"
        scope="request"></jsp:useBean>
    <!-- 为 JavaBean 对象属性指定每页显示的信息数量 -->
    <jsp:setProperty property="pageSize" value="2" name="pagination"/>
    <!-- 从 pageNo 请求参数中获取当前页码,JavaBean 中该属性值默认为 1 -->
    <jsp:setProperty property="pageNo" param="pageNo" name="pagination"/>
    <div id="tn-content">
    <!-- 招聘企业展示 -->
    <c:forEach items="${pagination.pageData}" var="company">
    <div class="tn-grid">
    <div class="tn-box-content tn-widget-content tn-corner-all">
        <!-- 企业图片展示 -->
        <div class="it-company-keyimg tn-border-bottom tn-border-gray">
            <a href="CompanyServlet?type=select&id=${company.companyId}">
                <img src="recruit/images/${company.companyPic}" width="990">
            </a></div>
        <!-- 招聘职位展示 -->
        <c:forEach items="${company.jobs}" var="job">
        <div class="it-present-btn">
            <a class="tn-button tn-button-home-apply"
                href="JobServlet?type=select&jobid=${job.jobId }">
                <span class="tn-button-text">我要申请</span></a>
        </div>
        <div class="it-present-text" style="padding-left:185px;">
        <div class="it-line01 it-text-bom">
            <p class="it-text-tit">职位</p>
            <span class="tn-helper-right tn-action">
                <a href="CompanyServlet?type=select&id=${company.companyId}"
                    class="tn-button tn-corner-all tn-button-text-only
                    tn-button-semidlong">
                    <span class="tn-button-text">更多职位</span></a>
            </span>
            <b>${company.companyId}</b>
        </div>
        <div class="it-line01 it-text-top">
            <p class="it-text-tit">薪资</p>
            <b>${job.jobSalary}</b></p>
        </div>
```

```
            </div>
            <div class = "it-present-text">
                <div class = "it-line01 it-text-bom">
                    <p class = "it-text-tit">到期时间</p>
                        <b>${job.jobEnddate}</b></p>
                </div>
                <div class = "it-line01 it-text-top">
                    <p class = "it-text-tit">工作地区</p>
                        <b>${job.jobArea}</b></p>
            </div></div></div></div>
    </c:forEach>
</div></div>
</c:forEach>
<!----------------- 企业列表 结束 --------------------->
<!-- 企业信息 -->
<div class = "page01">
    <div class = "page03"><a href = "index.jsp?pageNo = 1">首页</a></div>
    <c:if test = "${pagination.hasPreviousPage}">
        <div class = "page03">
        <a href = 'index.jsp?pageNo = ${pagination.pageNo - 1}'>上一页</a>
        </div>
    </c:if>
    <c:if test = "${pagination.hasNextPage}">
        <div class = "page03">
        <a href = "index.jsp?pageNo = ${pagination.pageNo + 1}">
            下一页</a>
        </div>
    </c:if>
    <div class = "page03">
        <a href = "index.jsp?pageNo = ${pagination.totalPages}">
            尾页</a></div>
    <div class = "page03">当前是第${pagination.pageNo}页,共
        ${pagination.totalPages}页</div>
    </div>
</div>
<!-- 网站公共尾部 -->
<iframe src = "foot.html" width = "100%" height = "150" scrolling = "no"
    frameborder = "0"></iframe>
</body>
</html>
```

9.6.2 【任务9-2】申请职位展示

本任务使用 JSTL 技术实现 Q-ITOffer 锐聘网站贯穿项目中的任务 9-2 申请职位展示功能。任务完成效果如图 9-4 所示。

本任务实现包括以下组件。

- job.jsp：职位详情展示页面,本任务中负责发送职位申请请求。
- jobApply.jsp：申请职位展示页面,使用 JSTL 和 EL 对申请到的职位信息列表进行展示。
- JobApplyServlet.java：处理职位申请请求的 Servlet,负责获取请求的职位编号;调用 JobApplyDAO 对职位申请信息进行保存和查询;将查询结果封装到 JavaBean 对象中并存入 request 对象转发请求到 jobApply.jsp。

第9章 标准标签库

图 9-4 申请职位展示页面

- JobApplyDAO.java：职位申请数据访问对象，负责保存和查询职位申请信息，并将查询到的申请职位信息封装到 JobApply 类型的集合类中。
- JobApply.java：职位申请信息 JavaBean，用于封装 JobApplyDAO 查询出的职位申请信息。
- DBUtil.java：数据库操作工具类，负责数据库连接的获取和释放。

各组件间关系图如图 9-5 所示。

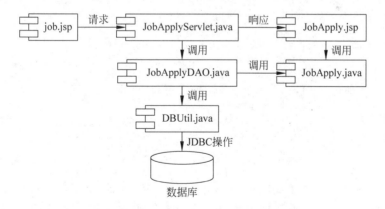

图 9-5 申请职位展示功能组件关系图

其中，在 job.jsp 中进行职位申请请求的部分代码实现如下。

【任务 9-2】 job.jsp

```
< div class = "it - com - apply">
< a href = "JobApplyServlet?type = apply&jobid = ${requestScope.job.jobId}"
title = "申请职位" class = "tn - button2 it - smallbutton - apply - hover"></a>
</div>
```

处理职位申请请求的 Servlet——JobApplyServlet 的代码实现如下。

【任务 9-2】 JobApplyServlet.java

```java
package com.qst.itoffer.servlet;
import com.qst.itoffer.bean.Applicant;
import com.qst.itoffer.bean.JobApply;
import com.qst.itoffer.dao.JobApplyDAO;
/**
 * 职位申请处理 Servlet
 * @author QST 青软实训
 */
@WebServlet("/JobApplyServlet")
public class JobApplyServlet extends HttpServlet {
    ...
    protected void doPost(HttpServletRequest request,
            HttpServletResponse response) throws ServletException, IOException {
        // 获取操作类型
        String type = request.getParameter("type");
        if ("apply".equals(type)) {
            // 获取职位编号
            String jobid = request.getParameter("jobid");
            // 获取登录用户
            Applicant applicant = (Applicant) request.getSession()
                    .getAttribute("SESSION_APPLICANT");
            // 添加此用户对此职位的申请
            JobApplyDAO dao = new JobApplyDAO();
            dao.save(jobid, applicant.getApplicantId());
            response.sendRedirect("JobApplyServlet?type=myapply");
        } else if ("myapply".equals(type)) {
            // 获取登录用户
            Applicant applicant = (Applicant) request.getSession()
                    .getAttribute("SESSION_APPLICANT");
            // 根据用户标识查询此用户申请的所有职位
            JobApplyDAO dao = new JobApplyDAO();
            List<JobApply> jobList = dao.getJobApplyList(applicant
                    .getApplicantId());
            request.setAttribute("jobList", jobList);
            request.getRequestDispatcher("applicant/jobApply.jsp").forward(
                    request, response);
        }
    }
}
```

在 JobApplyServlet 中，首先调用 JobApplyDAO 类对职位申请信息进行保存，然后将请求重定向到本 Servlet 中 type 值为 myapply 的处理代码块中进行职位信息列表查询功能。JobApplyDAO 类对这两个功能的具体实现代码如下所示。

【任务 9-2】 JobApplyDAO.java

```java
package com.qst.itoffer.dao;
import com.qst.itoffer.bean.Company;
import com.qst.itoffer.bean.Job;
import com.qst.itoffer.bean.JobApply;
import com.qst.itoffer.util.DBUtil;
```

```java
/**
 * 职位申请信息数据处理类
 * @author QST青软实训
 */
public class JobApplyDAO {
    /**
     * 保存职位申请信息
     * @param jobid
     * @param applicantId
     */
    public void save(String jobid, int applicantId) {
        Connection conn = DBUtil.getConnection();
        PreparedStatement pstmt = null;
        String sql = "INSERT INTO tb_jobapply("
                + "APPLY_ID,JOB_ID,APPLICANT_ID,APPLY_DATE,APPLY_STATE"
                + ") VALUES(seq_itoffer_jobapply.nextval,?,?,?,?)";
        try {
            pstmt = conn.prepareStatement(sql);
            pstmt.setInt(1, Integer.parseInt(jobid));
            pstmt.setInt(2, applicantId);
            pstmt.setTimestamp(3, new Timestamp(new Date().getTime()));
            pstmt.setInt(4, 1);
            pstmt.executeUpdate();
        } catch (SQLException e) {
            e.printStackTrace();
        } finally {
            DBUtil.closeJDBC(null, pstmt, conn);
        }
    }
    /**
     * 查询职位申请列表
     *
     * @param applicantId
     * @return
     */
    public List<JobApply> getJobApplyList(int applicantId) {
        List<JobApply> list = new ArrayList<JobApply>();
        Connection conn = DBUtil.getConnection();
        PreparedStatement pstmt = null;
        ResultSet rs = null;
        String sql = "SELECT a.apply_id,a.apply_state,a.apply_date,j.job_id,"
                + "j.job_name,c.company_id,c.company_name "
                + "FROM tb_jobapply a , tb_job j ,tb_company c "
                + "WHERE a.job_id = j.job_id and j.company_id = c.company_id "
                + "and a.applicant_id = ?";
        try {
            pstmt = conn.prepareStatement(sql);
            pstmt.setInt(1, applicantId);
            rs = pstmt.executeQuery();
            while (rs.next()) {
                JobApply ja = new JobApply();
                ja.setApplyId(rs.getInt(1));
                ja.setApplyState(rs.getInt(2));
                ja.setApplicantId(applicantId);
                ja.setApplyDate(rs.getTimestamp(3));
```

```
                Job job = new Job();
                job.setJobId(rs.getInt(4));
                job.setJobName(rs.getString(5));
                Company company = new Company();
                company.setCompanyId(rs.getInt(6));
                company.setCompayName(rs.getString(7));
                job.setCompany(company);
                ja.setJob(job);
                list.add(ja);
            }
        } catch (SQLException e) {
            e.printStackTrace();
        } finally {
            DBUtil.closeJDBC(rs, pstmt, conn);
        }
        return list;
    }
}
```

JobApplyDAO 类中用于封装请求数据的 JavaBean——JobApply 的具体实现代码如下。

【任务 9-2】 JobApply.java

```
package com.qst.itoffer.bean;
/**
 * 职位申请实体类
 ** @author QST 青软实训
 */
public class JobApply {
    private int applyId;
    private int jobId;
    private int applicantId;
    private Date applyDate;
    private int applyState;
    private Job job;
    …// 省略 setter 和 getter 方法
}
```

在 JobApplyServlet 中完成职位申请信息保存和职位申请列表查询完成后，将把查询到的职位列表信息保存在 request 对象中转发到申请职位展示页面进行获取显示，申请职位展示页面具体实现代码如下。

【任务 9-2】 jobApply.jsp

```
<%@ page language="java" contentType="text/html; charset=UTF-8"
    pageEncoding="UTF-8"%>
<%@taglib prefix="c" uri="http://java.sun.com/jsp/jstl/core"%>
<html>
<head>
<meta http-equiv="Content-Type" content="text/html; charset=UTF-8">
<title>我的申请</title>
<link href="css/base.css" rel="stylesheet" type="text/css" />
<link href="css/myapplys.css" rel="stylesheet" type="text/css" />
</head>
<body>
```

```jsp
<jsp:include page="../top.jsp"></jsp:include>
<div id="tn-content" class="tn-content-bg">
  <div class="tn-wrapper">
    <ul class="tn-tabs-nav tn-widget-content">
      <li><a href="ResumeBasicinfoServlet?type=select">我的简历</a></li>
      <li class="tn-tabs-selected">
        <a href="JobApplyServlet?type=myapply">我的申请</a></li>
    </ul>
    <div class="tn-tabs-panel tn-widget-content">
      <table class="tn-table-grid">
        <tbody>
          <tr class="tn-table-grid-header">
            <th class="it-text-ctnter" width="30%">企业名称</th>
            <th class="it-text-ctnter" width="30%">职位名称</th>
            <th class="it-text-ctnter" width="40%">申请状态</th>
          </tr>
          <c:forEach items="${requestScope.jobList}" var="apply">
          <tr class="tn-table-grid-row">
            <td class="tn-width-auto">
              <a href="CompanyServlet?type=select&id=${apply.job.company.companyId}" target="_blank">
                ${apply.job.company.compayName}</a></td>
            <td class="tn-width-pic-mini">
              <a href="JobServlet?type=select&jobid=${apply.job.jobId}" target="_blank">
                ${apply.job.jobName}</a></td>
            <td class="tn-width-category"><div class="tn-instructions">
              <div class="it-instructions-tit">
              <span style="width:26px">申请</span>
              <span style="width:120px">审核</span>
              <span style="width:120px">通知</span></div>
              <div tn-widget-content tn-corner-all">
              <c:choose>
              <c:when test="${apply.applyState==1}">
              <div class="tn-progress-bar-value"></div>
              </c:when>
              <c:when test="${apply.applyState==2}">
              <div class="tn-progress-bar-value"></div>
              </c:when>
              <c:when test="${apply.applyState==3}">
              <div class="tn-progress-bar-value"></div>
              </c:when>
              </c:choose>
              </div></div></td>
          </tr>
          </c:forEach>
          ...
</body>
</html>
```

本章总结

小结

- JSTL 主要提供给 Java Web 开发人员一个标准通用的标签函数库,同时标签库支持 EL 用于获取数据,Web 开发人员能够利用此标签库取代传统直接在页面中嵌入 Java 程序的做法,以提高程序的可读性和易维护性。
- JSTL 由 5 个不同功能的标签库组成:核心标签库、I18N 标签库、SQL 标签库、XML 标签库和函数标签库。
- JSTL 核心标签库中的标签按功能又可细分为:通用标签、条件标签、迭代标签和 URL 相关标签。通用标签用于操作变量;条件标签用于流程控制;迭代标签用于循环遍历集合;URL 标签用于针对 URL 的操作。
- JSTL 提供了一个用于实现国际化和格式化功能的标签库,简称为国际化标签库或 I18N 标签库。
- 函数标签库是在 JSTL 中定义的标准的 EL 函数集。
- 自定义标签可以大大降低了 JSP 页面的复杂度,增强代码的复用性。
- JSP 2.0 引入了一种新的标签扩展机制,称为"简单标签扩展",简化了标签库的开发。

Q&A

1. 问题:JSTL 标签库有哪些标签库组成,各自作用是什么。

回答:JSTL 由 5 个不同功能的标签库组成:核心标签库、I18N 标签库、SQL 标签库、XML 标签库和函数标签库。

核心标签库中包含实现 Web 应用的通用操作的标签。例如,输出变量内容的<c:out>标签、用于条件判断的<c:if>标签和用于循环遍历的<c:forEach>标签等。

I18N 标签库中包含实现 Web 应用程序的国际化的标签。例如,设置 JSP 页面的本地信息、设置 JSP 页面的时区和使本地敏感的数据(如数值、日期)按照 JSP 页面中设置的本地格式进行显示等。

SQL 标签库中包含用于访问数据库和对数据库中的数据进行操作的标签。例如,从数据源中获得数据库连接、从数据库表中检索数据等。由于在实际开发中,多数应用采用分层开发模式,JSP 页面通常仅用作表现层,并不会在 JSP 页面中直接操作数据库,所以此标签库没有多大的实用价值。

XML 标签库中包含对 XML 文档中的数据进行操作的标签。例如,解析 XML 文档、输出 XML 文档中的内容以及迭代处理 XML 文档中的元素等。

函数标签库由 JSTL 提供一套 EL 自定义函数,包含了 JSP 页面制作者经常要用到的字符串操作,例如,提取字符串中的子字符串、获取字符串的长度和处理字符串中的空格等。

2. 问题:在 Web 应用中如何引入 JSTL 标签库。

回答:首先需要确定 Web 应用环境与 JSTL 标签库的对应版本,目前 JSTL 最新版本为 1.2,需在 Servlet 2.5、JSP 2.1 的环境中运行;去其官方网站下载相应版本的 JSTL 标签库的

jar 包；将下载的 jar 包放到项目的运行环境 classpath 中；在 JSP 页面中使用 taglib 指令引入需要使用的函数库，如<%@ taglib prefix="c" uri="http://java.sun.com/jsp/jstl/core" %>。

本章练习

习题

1. 下列关于 JSTL 条件标签的说法正确的是_____。
   A. 单纯使用 if 标签可以表达 if…else…的语法结构
   B. when 标签必须在 choose 标签内使用
   C. otherwise 标签必须在 choose 标签内使用
   D. 以上都不正确

2. 下列代码的输出结果是_____。

```
<%
    int[] a = new int[]{1,2,3,4,5,6,7,8};
    pageContext.setAttribute("a",a);
%>
<c:forEach items="${a}" var="i" begin="3" end="5" step="2">
    ${i} 
</c:forEach>
```

   A. 输出结果为：1 2 3 4 5 6 B. 输出结果为：3 5
   C. 输出结果为：4 6   D. 输出结果为：4 5 6

3. 在 JSP2.0 中，下列指令中，可以导入 JSTL 核心标签库的是_____。
   A. <%@taglib url="http://java.sun.com/jsp/jstl/core" prefix="c"%>
   B. <%@taglib url="http://java.sun.com/jsp/jstl/core" prefix="core"%>
   C. <%@taglib url="http://java.sun.com/jsp/jstl/core" prefix="c"%>
   D. <%@taglib url="http://java.sun.com/jsp/jstl/core" prefix="core"%>

4. 下述代码中，可以取得 ArrayList 类型的变量 x 的长度的是_____。
   A. ${fn.size(x)}   B. <fn:size value="${x}"/>
   C. ${fn:length(x)}   D. <fn:length value="${x}"/>

5. 给定如下 JSP 代码，假定在浏览器中输入 URL：http://localhost:8080/web/jsp1.jsp，可以调用这个 JSP，那么这个 JSP 输出的是_____。

```
<%@page contentType="text/html; charset=GBK" %>
<%@ taglib uri="http://java.sun.com/jsp/jstl/core" prefix="c" %>
<html>
<body>
    <%
        int counter = 10;
    %>
    <c:if test="${counter % 2 == 1}">
        <c:set var="isOdd" value="true"></c:set>
    </c:if>
```

```
        <c:choose>
            <c:when test = " ${isOdd == true}"> it's an odd </c:when>
                <c:otherwise> it's an even </c:otherwise>
        </c:choose>
    </body>
</html>
```

A. 一个 HTML 页面,页面上显示 it's an odd

B. 一个 HTML 页面,页面上显示 it's an even

C. 一个空白的 HTML 页面

D. 错误信息

6. 以下代码执行效果为_____。

```
<c:forEach var = "i" begin = "1" end = "5" step = "2">
    <c:out value = "${i}"/>
</c:forEach>
```

A. 12345　　　　B. 135　　　　C. iii　　　　D. 15

上机

1. 训练目标：JSTL 标签库的熟练使用。

培养能力	JSTL 核心标签库的使用		
掌握程度	★★★★★	难度	中
代码行数	100	实施方式	编码强化
结束条件	独立编写,不出错		

参考训练内容
在页面中接收用户输入的字符串,使用 JSTL 将此字符串反向输出。不允许使用 Java 代码。例如用户输入 abcdefg,则输出 gfedcba

2. 训练目标：JSTL 标签库的熟练使用。

培养能力	JSTL 核心标签库的使用		
掌握程度	★★★★★	难度	中
代码行数	100	实施方式	编码强化
结束条件	独立编写,不出错		

参考训练内容
使用 JSTL 在页面中输出 1 到 100 的质数,不允许使用 Java 代码

第10章 Filter与Listener

 任务驱动

本章任务完成 Q-ITOffer 锐聘网站的求职者访问权限过滤和企业信息浏览次数监听功能。具体任务分解如下。

- 【任务10-1】 使用 Filter 技术实现求职者访问权限过滤功能。
- 【任务10-2】 使用 Listener 技术实现企业信息浏览次数监听功能。

 学习路线

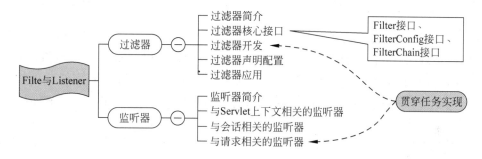

本章目标

知　识　点	Listen(听)	Know(懂)	Do(做)	Revise(复习)	Master(精通)
过滤器作用	★	★			
过滤器核心接口	★	★			
过滤器的应用	★	★	★	★	★
监听器作用	★	★			
ServletContextListener 监听器应用	★	★	★	★	★
ServletContextAttributeListener 监听器应用	★	★	★	★	★
HttpSessionListener 监听器应用	★	★	★	★	★
HttpSessionAttributeListener 监听器应用	★	★	★	★	★
ServletRequestListener 监听器应用	★	★	★	★	★
ServletRequestAttributeListener 监听器应用	★	★	★	★	★

10.1 过滤器

10.1.1 过滤器简介

过滤器(Filter)也称之为拦截器,是 Servlet 2.3 规范新增的功能,在 Servlet 2.4 规范中得到增强。Filter 是 Servlet 技术中非常实用的技术,Web 开发人员通过 Filter 技术,可以在用户访问某个 Web 资源(如 JSP、Servlet、HTML、图片和 CSS 等)之前,对访问的请求和响应进行拦截,从而实现一些特殊功能。例如,验证用户访问权限、记录用户操作、对请求进行重新编码和压缩响应信息等。

在 Web 应用中,过滤器所处的位置如图 10-1 所示。

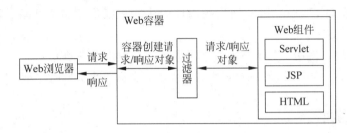

图 10-1 过滤器所处位置

过滤器的运行原理是:当用户的请求到达所请求的资源之前,可以借助过滤器来改变这些请求的内容,此过程也称为"预处理";当执行结果要响应到用户之前,可经过过滤器修改响应输出的内容,此过程也称为"后处理"。一个过滤器的运行过程可以分解为如下几个步骤:

(1) Web 容器判断接收的请求资源是否有与之匹配的过滤器,如果有,容器将请求交给相应过滤器进行处理;

(2) 在过滤器预处理过程中,可以改变请求的内容,或者重新设置请求的报头信息,然后根据业务需求对请求进行拦截返回或者将请求发给目标资源;

(3) 若请求被转发给目标资源,则由目标资源对请求进行处理后做出响应;

(4) 容器将响应转发回过滤器;

(5) 在过滤器后处理过程中,可以根据需求对响应的内容进行修改;

(6) Web 容器将响应发送回客户端。

在一个 Web 应用中,也可以部署多个过滤器,这些过滤器组成了一个过滤器链。过滤器链中的每个过滤器负责特定的操作和任务,客户端的请求可以在这些过滤器之间进行传递,直到达到目标资源。例如,一个由两个 Filter 所组成的过滤器链的过滤过程如图 10-2 所示。

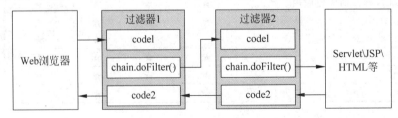

图 10-2 过滤器链的过滤过程

第 10 章 Filter与Listener

在客户端的请求响应过程中,并不需要经过所有的过滤器链,而是根据过滤器链中每个过滤器的过滤条件来匹配需要过滤的资源。

10.1.2 过滤器核心接口

过滤器的实现主要依靠以下核心接口:
- javax.servlet.Filter 接口
- javax.servlet.FilterConfig 接口
- javax.servlet.FilterChain 接口

1. Filter 接口

与开发 Servlet 需要实现 Servlet 接口类似,开发 Filter 要实现 javax.servlet.Filter 接口,并提供一个公共的不带参数的构造方法。其中,Filter 接口定义了 3 个方法,如表 10-1 所示。

表 10-1 Filter 接口的方法及说明

方法	说明
init(FilterConfig config)	过滤器初始化方法。容器在过滤器实例化后调用此方法对过滤器进行初始化,同时向其传递 FilterConfig 对象,用于获得和 Servlet 相关的 ServletContext 对象
doFilter(ServletRequest request, ServletResponse response, FilterChain chain)	过滤器的功能实现方法。当用户请求经过时,容器调用此方法对请求和响应进行功能处理。该方法由容器传入 3 个参数对象,分别用于获取请求对象、响应对象和 FilterChain 对象,请求和响应对象类型分别为 ServletRequest 和 ServletResponse,并不依赖于具体的协议,FilterChian 对象的 doFilter(request, response)方法负责将请求传递给下一个过滤器或目标资源
destroy()	该方法在过滤器生命周期结束前由 Web 容器调用,可用于使用资源的释放

同样与 Servlet 类似,Filter 接口定义的 3 个方法也与过滤器的生命周期有着直接的关系。过滤器的生命周期分为 4 个阶段。

1) 加载和实例化

Web 容器启动时,会根据@WebFilter 属性 filterName 所定义的类名的字符拼写顺序,或者 web.xml 中声明的 Filter 顺序依次实例化 Filter。

2) 初始化

Web 容器调用 init(FilterConfig config)方法来初始化过滤器。容器在调用该方法时,向过滤器传递 FilterConfig 对象。实例化和初始化的操作只会在容器启动时执行,并且只会执行一次。

3) doFilter()方法的执行

当客户端请求目标资源的时候,容器会筛选出符合过滤器映射条件的 Filter,并按照@WebFilter 属性 filterName 所定义的类名的字符顺序,或者 web.xml 中声明的 filter-mapping 的顺序依次调用这些过滤器的 doFilter() 方法。在这个链式调用过程中,可以调用 FilterChain 对象的 doFilter(ServletRequest, ServletResponse)方法将请求传给下一个过滤器或目标资源,也可以直接向客户端返回响应信息,或者利用请求转发或重定向将请求转向到其他资源。需要注意的是,这个方法的请求和响应参数的类型是 ServletRequest 和 ServletResponse,也就是说,过滤器的使用并不依赖于具体的协议。

4)销毁

Web 容器调用 destroy()方法指示过滤器的生命周期结束。在这个方法中,可以释放过滤器使用的资源。

2. FilterConfig 接口

javax.servlet.FilterConfig 接口由容器实现,容器将其实例作为参数传入过滤器(Filter)对象的初始化方法 init()中,来获取过滤器的初始化参数和 Servlet 的相关信息。FilterConfig 接口的具体方法如表 10-2 所示。

表 10-2 FilterConfig 接口的主要方法及作用

方 法	说 明
getFilterName()	获取配置信息中指定的过滤器的名字
getInitParameter(String name)	获取配置信息中指定的名为 name 的过滤器初始化参数值
getInitParameterNames()	获取过滤器的所有初始化参数的名字的枚举集合
getServletContext()	获取 Servlet 上下文对象

3. FilterChain 接口

javax.servlet.FilterChain 接口由容器实现,容器将其实例作为参数传入过滤器对象的 doFilter()方法中。过滤器对象使用 FilterChain 对象调用过滤器链中的下一个过滤器,如果该过滤器是链中最后一个过滤器,那么将调用目标资源。

FilterChain 接口只有一个方法,如表 10-3 所示。

表 10-3 FilterChain 接口主要方法及作用

方 法	说 明
doFilter(ServletRequest request, ServletResponse response)	该方法将使过滤器链中的下一个过滤器被调用,如果调用该方法的过滤器是链中最后一个过滤器,那么目标资源被调用

10.1.3 过滤器开发

基于上述过滤器的核心接口,一个过滤器的开发可以经过下述 3 个步骤。
(1)创建 Filter 接口实现类;
(2)编写过滤器的功能代码;
(3)对过滤器进行声明配置。
具体步骤实现如下所示。

1. 创建一个 Filter 接口实现类

通过 Eclipse 工具创建 Dynamic Web Project 项目 chapter10,在项目名称处单击右键,依次选择 New→Filter,过程如图 10-3 所示。

在打开的对话框中输入图 10-4 所示信息。

依次按默认设置单击 Next 按钮进行下一步,最后单击 Finish 按钮,Eclipse 会自动完成过滤器类 ExampleFilter 的创建,代码如下所示。

第 10 章　Filter与Listener

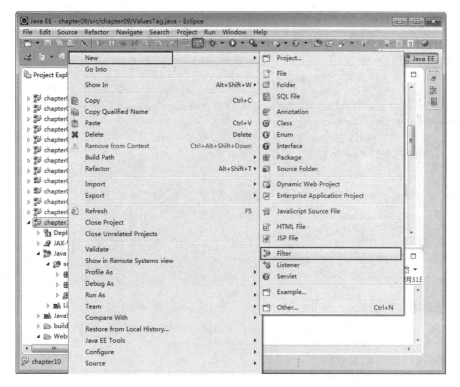

图 10-3　新建 Filter

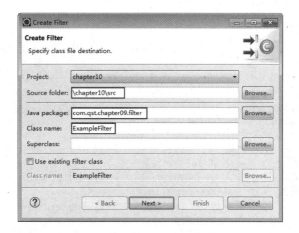

图 10-4　Filter 类创建信息

【代码 10-1】 ExampleFilter.java

```
@WebFilter("/ExampleFilter")
public class ExampleFilter implements Filter {

    public ExampleFilter() {
    }
    /**
     * 过滤器初始化方法
     */
```

```java
    public void init(FilterConfig fConfig) throws ServletException {

    }
    /**
     * 过滤器执行过滤功能的方法
     */
    public void doFilter(ServletRequest request, ServletResponse response, FilterChain chain)
throws IOException, ServletException {
        //使过滤器进行下个目标资源的调用
        chain.doFilter(request, response);
    }
    /**
     * 过滤器生命周期结束前执行的资源释放方法
     */
    public void destroy() {

    }
}
```

上述代码中,类 ExampleFilter 实现了 Filter 接口,并且实现了 Filter 接口的 init()、doFilter()和 destroy() 3 个方法,具备了一个 Filter 类所必需的基本条件。

2. 编写过滤器的功能代码

下述代码通过实现一个对请求和响应过程计时的功能,来演示如何在 Filter 的 doFilter() 方法中编写过滤器的功能代码。

【代码 10-2】 ExampleFilter.java

```java
@WebFilter(urlPatterns = { "/*" }, initParams = { @WebInitParam(name = "param", value = "青软实训") })
public final class ExampleFilter implements Filter {

    private String attribute = null;
    private FilterConfig filterConfig = null;

    public void init(FilterConfig fConfig) throws ServletException {
        this.filterConfig = fConfig;
        this.attribute = fConfig.getInitParameter("param");
        filterConfig.getServletContext().log(
                "获得初始化参数 param 的值为: " + this.attribute);
    }

    public void doFilter(ServletRequest request, ServletResponse response,
            FilterChain chain) throws IOException, ServletException {

        long startTime = System.currentTimeMillis();
        filterConfig.getServletContext().log(
            new Date(startTime) + "请求经过" + this.getClass().getName() + "过滤器");

        chain.doFilter(request, response);

        long stopTime = System.currentTimeMillis();
        filterConfig.getServletContext().log(
            new Date(stopTime) + "响应经过" + this.getClass().getName()
```

```
                    + "过滤器,本次请求响应过程花费 " + (stopTime - startTime) + " 毫秒");
    }
    public void destroy() {
        this.attribute = null;
        this.filterConfig = null;
    }
}
```

上述代码中,通过 init()方法的参数 FilterConfig 对象获取过滤器的初始化参数值;通过 destroy()方法对使用过的对象进行空间释放的预处理;通过 doFilter()方法记录请求经过过滤器的时间,然后通过 FilterChain 对象的 doFilter()方法将请求对象和响应对象传递到下个过滤链或目标资源中,在服务器对此次请求响应后,记录下响应经过过滤器的时间,从而计算输出本次请求响应的总花费时间。

3. 对过滤器进行声明配置

上述 ExampleFilter 类定义的上方,有如下代码:

```
@WebFilter(urlPatterns = { "/*" }, initParams = { @WebInitParam(name = "param", value = "青软实训") })
```

上述代码用于将一个类声明为 Filter,同时进行属性配置。该配置表示对本应用的所有请求使用此过滤器进行过滤拦截,同时在过滤器初始化时传递初始化参数 param。关于过滤器的详细声明配置将在下一小节中进行介绍。

启动服务器,Web 容器对 ExampleFilter 的初始化在 Console 控制台的显示效果如图 10-5 所示。

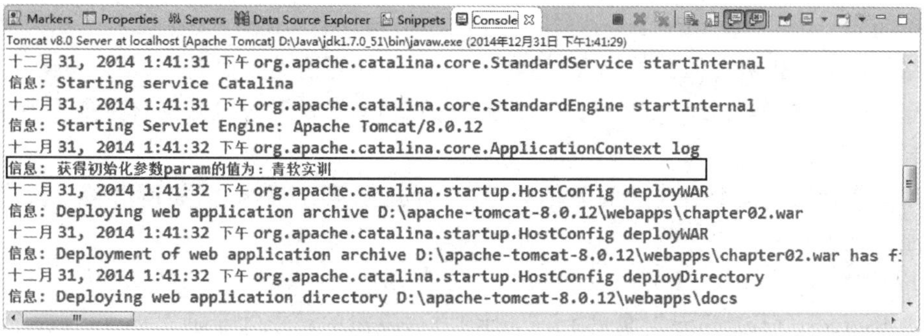

图 10-5　ExampleFilter 初始化方法的执行效果

在 IE 浏览器中访问 http://localhost:8080/chapter10/,此请求和相应的响应在经过 ExampleFilter 过滤器后,Console 控制台的输出效果如图 10-6 所示。

图 10-6　ExampleFilter 过滤器执行效果

10.1.4 过滤器声明配置

在 Servlet 3.0 以上版本中,既可以使用@WebFilter 形式的 Annotation 对 Filter 进行声明配置,也可以在 web.xml 文件中进行配置。

@WebFilter 所支持的常用属性如表 10-4 所示。

表 10-4 @WebFilter 常用属性

属性名	类型	是否必需	说明
filterName	String	否	用于指定该 Filter 的名称,默认为类名
urlPatterns/value	String[]	是	用于指定该 Filter 所拦截的 URL,两个属性功能相同但不能同时使用
servletNames	String[]	否	用于指定该 Filter 对哪些 Servlet 执行过滤,可指定多个 Servlet 的名称,值是@WebServlet 中的 name 属性的取值或 web.xml 中<servlet-name>的取值
dispatcherTypes	DispatcherType	否	用于指定该 Filter 对哪种模式的请求进行过滤,支持 REQUEST、FORWARD、INCLUDE、ERROR 和 ASYNC 这 5 个值的任意组合,默认值为 REQUEST
initParams	WebInitParam[]	否	用于指定该 Filter 的一组配置参数
asyncSupport	boolean	否	指定该 Filter 是否支持异步操作模式
displayName	String	否	用于指定该 Filter 的显示名称
description	String	否	指定该 Filter 的描述信息

其中属性 urlPatterns/value 指定的 URL 匹配模式有如下要求。

过滤器通过属性 urlPatterns/value 指定的 URL 匹配模式来对匹配的请求地址进行拦截,URL 匹配模式可以是路径匹配,也可以是扩展名匹配,例如,对请求地址 http://localhost:8080/chapter10/index.jsp,路径匹配可以为/index.jsp 或/*;扩展名匹配为*.jsp,但不能是路径匹配和扩展名匹配的混合,例如/*.jsp 这种写法是错误的。

@WebFilter 的属性 dispatcherTypes 的 5 个取值对应的转发模式的含义如下所示。

- REQUEST

当用户直接对网页做出请求的动作时,才会通过此 Filter。而例如请求转发发出的请求则不会通过此 Filter。

- FORWARD

指由 RequestDispatcher 对象的 forward()方法发出的请求才会通过此 Filter,除此之外,该过滤器不会被调用。

- INCLUDE

指由 RequestDispatcher 对象的 include()方法发出的请求才会通过此 Filter,除此之外,该过滤器不会被调用。

- ERROR

如若在某个页面使用 page 指令指定了 error 属性,那么当此页面出现异常跳转到异常处理页面时才会经过此 Filter,除此之外,该过滤器不会被调用。

- ASYNC

指异步处理的请求才会通过此过滤器,除此之外,该过滤器不会被调用。

下述代码演示一个使用@WebFilter的详细配置示例。

【示例】 使用@WebFilter配置Filter

```
@WebFilter(description = "Filter 示例", displayName = "TestFilter",
    filterName = "TestFilter",
    urlPatterns = { "*.jsp" }, servletNames = { "TestServlet" },
    initParams = { @WebInitParam(name = "CharacterEncoding", value = "UTF-8") },
    dispatcherTypes = { DispatcherType.REQUEST },
    asyncSupported = false
)
```

上述示例配置表示，在过滤器初始化时向过滤器传递初始化参数CharacterEncoding，值为UTF-8；对所有的JSP页面请求和配置名称为TestServlet的Servlet请求，在请求模式为REQUEST时进行过滤；不使用异步模式；过滤器名称和显示名称均为TestFilter，描述信息为Filter示例。

过滤器的配置除了通过@WebFilter的Annotation方式进行配置外，还可以通过web.xml文件进行配置，特别对于Servlet 3.0之前的版本，只能通过web.xml的方式配置。在web.xml文件中配置Filter与配置Servlet相似，下述示例演示使用web.xml的声明配置，与@WebFilter配置具有相同的效果。

【示例】 在web.xml中配置Filter

```xml
<filter>
    <description>Filter 示例</description>
    <display-name>TestFilter</display-name>
    <filter-name>TestFilter</filter-name>
    <filter-class>com.qst.chapter10.filter.TestFilter</filter-class>
    <async-supported>false</async-supported>
    <init-param>
        <param-name>CharacterEncoding</param-name>
        <param-value>UTF-8</param-value>
    </init-param>
</filter>
<filter-mapping>
    <filter-name>TestFilter</filter-name>
    <url-pattern>*.jsp</url-pattern>
    <servlet-name>TestServlet</servlet-name>
    <dispatcher>REQUEST</dispatcher>
</filter-mapping>
```

在web.xml配置文件中，可以重复上述示例的<filter>和<filter-mapping>元素进行多个过滤器的配置，其中<filter>元素的先后次序决定Web容器对Filter过滤器的加载和实例化次序；<filter-mapping>元素的先后次序决定Web容器对具有相同映射条件的执行顺序。

从上述两种配置方式来看，使用@WebFilter的方式更加快捷方便，但这种方式对多个Filter的实例化和执行顺序并没有提供相关的参数，在目前Java EE 7版本中默认按照@WebFilter的属性filterName所定义的类名的字符顺序作为多个过滤器的实例化和执行顺序。

10.1.5 过滤器应用

在 Web 开发中,Filter 是非常重要而且实用的技术,其应用非常广泛,如下为几种常见的使用情况:

- 做统一的认证处理;
- 对用户的请求进行检查和更精确的记录;
- 监视或对用户所传递的参数做前置处理,例如:防止数据注入攻击;
- 改变图像文件的格式;
- 对请求和响应进行编码;
- 对响应做压缩处理;
- 对 XML 的输出使用 XSLT 来转换。

下述将选取 3 个典型应用来对过滤器的使用进行介绍。

1. 批量设置请求编码

在前面章节的介绍中,对 POST 请求参数的乱码问题通常采用如下代码进行设置:

```
request.setCharacterEncoding("UTF-8");
```

使用这种方法有一个缺点:必须对每一个获得请求参数的程序都要加入上述程序代码。这种做法显然增加了重复的工作量,此时使用过滤器便可轻松予以解决。下述代码 10-3 对此功能进行了实现。

【代码 10-3】 SetCharacterEncodingFilter.java

```java
public class SetCharacterEncodingFilter implements Filter {

    String encoding;

    public SetCharacterEncodingFilter() {
    }

    public void init(FilterConfig fConfig) throws ServletException {
        // 获取过滤器配置的初始参数
        this.encoding = fConfig.getInitParameter("encoding");
    }

    public void destroy() {
        this.encoding = null;
    }

    public void doFilter(ServletRequest request, ServletResponse response,
            FilterChain chain) throws IOException, ServletException {
        if (encoding == null)
            encoding = "UTF-8";
        // 设置请求的编码
        request.setCharacterEncoding(encoding);
        // 过滤传递
        chain.doFilter(request, response);
```

            }
    }

【代码 10-4】 web.xml

```xml
<?xml version = "1.0" encoding = "UTF - 8"?>
<web - app xmlns:xsi = "http://www.w3.org/2001/XMLSchema - instance"
    xmlns = "http://java.sun.com/xml/ns/javaee"
    xsi:schemaLocation = "http://java.sun.com/xml/ns/javaee
http://java.sun.com/xml/ns/javaee/web - app_3_0.xsd"
    id = "WebApp_ID" version = "3.0">
    <display - name>chapter10</display - name>
    <filter>
        <filter - name>SetCharacterEncodingFilter</filter - name>
        <filter - class>
            com.qst.chapter10.filter.SetCharacterEncodingFilter
        </filter - class>
        <init - param>
            <param - name>encoding</param - name>
            <param - value>UTF - 8</param - value>
        </init - param>
    </filter>
    <filter - mapping>
        <filter - name>SetCharacterEncodingFilter</filter - name>
        <url - pattern>/*</url - pattern>
    </filter - mapping>
    <welcome - file - list>
        <welcome - file>index.jsp</welcome - file>
    </welcome - file - list>
</web - app>
```

通过上述代码，当用户向服务器发送任意请求时，都会经过此过滤器对请求编码进行设置。需要注意的是，只有在最初使用请求对象的程序前进行编码设置，才会对后续使用程序起作用，因此，该过滤器在执行顺序上应该保证早于其他过滤器的执行。在这种情况下，可以采用以下 3 种方式解决。

方式一：完全基于 Annotation 的过滤器方式的配置，可以通过设置 filterName 按照过滤器的名称首字母顺序执行；

方式二：完全使用 web.xml 的方式对过滤器链配置，相同映射条件下，按照＜filter-mapping＞定义的先后顺序执行；

方式三：使用 Annotation 和 web.xml 相结合的方式配置，web.xml 文件中声明的 Filter 的执行顺序早于使用 Annotation 声明的 Filter。

2．控制用户访问权限

在 Web 应用中，有很多操作是需要用户具有相关的操作权限才可进行访问的，例如，用户个人中心、网站后台管理、同一系统不同角色的访问。这些应用的权限控制可以在具体的访问资源中单独设置，也可以使用过滤器统一设置，显然后者具有更高的效率和可维护性。下述实例将演示如何使用 Filter 来实现这一功能。该实例的实现思路如下。

(1) 设置较为全面的请求拦截映射地址，但对于用户登录页面及处理登录操作的 Servlet 不能进行访问限制，可用初始化参数灵活指定相关地址。

(2) 通过判断会话对象中是否存在用户登录成功时设置的域属性，来决定用户是否有访问的权限。

【代码 10-5】 SessionCheckFilter.java

```java
/**
 * 控制用户对某些请求地址的访问权限
 */
@WebFilter(urlPatterns = { "/*" }, initParams = {
        @WebInitParam(name = "loginPage", value = "login.jsp"),
        @WebInitParam(name = "loginServlet", value = "LoginProcessServlet") })
public class SessionCheckFilter implements Filter {
    // 用于获取初始化参数
    private FilterConfig config;

    public SessionCheckFilter() {
    }

    public void init(FilterConfig fConfig) throws ServletException {
        this.config = fConfig;
    }

    public void destroy() {
        this.config = null;
    }

    public void doFilter(ServletRequest request, ServletResponse response,
            FilterChain chain) throws IOException, ServletException {
        // 获取初始化参数
        String loginPage = config.getInitParameter("loginPage");
        String loginServlet = config.getInitParameter("loginServlet");
        // 获取会话对象
        HttpSession session = ((HttpServletRequest) request).getSession();
        // 获取请求资源路径(不包含请求参数)
        String requestPath = ((HttpServletRequest) request).getServletPath();

        if (session.getAttribute("user") != null
                ||requestPath.endsWith(loginPage)
                ||requestPath.endsWith(loginServlet)) {
            // 如果用户会话域属性 user 存在,
            // 并且请求资源为登录页面和登录处理的 Servlet,则"放行"请求
            chain.doFilter(request, response);
        } else {
            // 对请求进行拦截,返回登录页面
            request.setAttribute("tip", "您还未登录,请先登录!");
            request.getRequestDispatcher(loginPage).forward(request, response);
        }

    }

}
```

请求被拦截返回的登录页面代码如下所示。

【代码 10-6】 login.jsp

```jsp
<%@ page language = "java" contentType = "text/html; charset = UTF - 8"
    pageEncoding = "UTF - 8" %>
<!DOCTYPE html PUBLIC " - //W3C//DTD HTML 4.01 Transitional//EN"
    "http://www.w3.org/TR/html4/loose.dtd">
<html>
<head>
<meta http - equiv = "Content - Type" content = "text/html; charset = UTF - 8">
<title>用户登录</title>
</head>
<body>
<p><font color = "red">$ {tip}</font></p>
<form action = "LoginProcessServlet" method = "post">
    <p>用户名：<input type = "text" name = "username"></p>
    <p>密　码：<input type = "text" name = "userpass"></p>
    <p><input type = "submit" value = "登录"></p>
</form>
</body>
</html>
```

在 IE 中访问一个非登录页面 http://localhost:8080/chapter10/admin.jsp，运行效果如图 10-7 所示。

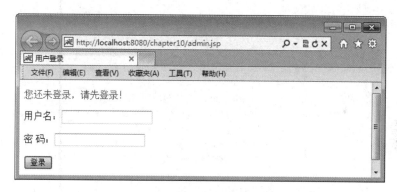

图 10-7　访问被拦截返回登录页面效果

3．压缩响应结果

Filter 结合 GZIP 压缩技术是解决 Web 应用中网络传输大数据量问题的常用方法。GZIP 是 HTTP 协议中使用的一种压缩算法，用于对服务器端响应内容进行压缩，减少网络传输数据量，提高服务器的响应速度。通过和 Filter 相配合，可以在无须改动应用现有代码的基础上引入该功能。

要实现对响应信息进行压缩的 Filter 程序，需要掌握以下几个技术要点和设计思想。

（1）浏览器通过发送类似 Accept-Encoding：gzip，deflate 请求头信息，告诉服务器该浏览器支持 GZIP 压缩。

（2）Filter 通过 Accept-Encoding 请求头，来判断浏览器是否支持数据压缩和支持哪种格式的数据；如果浏览器不支持 GZIP 压缩格式，则不对目标资源输出的响应信息进行压缩，否则 Filter 需要创建一个包含压缩功能的自定义响应对象传递给目标资源，以便截获目标资源输出的响应信息,进而对其进行压缩处理。

（3）Filter 创建的自定义响应对象首先应当保证与 HttpServletResponse 接口的规范一致,然后在此基础上重写输出响应消息内容的方法,进行压缩处理。Servlet API 提供了一个 HttpServletResponseWrapper 类来包装原始的 response 对象,自定义的响应对象可以继承此类,然后对其中输出响应消息内容的 getOutputStream()、getWriter()和 flushBuffer()方法进行重写。

（4）Web 服务器程序使用 JDK 提供的 java.util.zip.GZIPOutputStream 类来将数据压缩成 GZIP 格式。GZIPOutputStream 类通过其构造方法包装一个底层输出流对象,调用 write()方法向底层输出流对象中写入压缩成 GZIP 格式的数据,最后关闭 GZIPOutputStream 对象。

（5）在原响应对象中添加响应头 Content-Encoding:gzip,告诉浏览器响应信息使用 GZIP 压缩。

（6）浏览器接收到 GZIP 压缩数据后,根据响应头 Content-Encoding:gzip 来对响应内容进行解码,获取到原始响应数据进行显示。

根据上述要点和设计思想,该功能的过滤器实现代码如下所示。

【代码 10-7】 GZIPEncodeFilter.java

```java
@WebFilter("/*")
public class GZIPEncodeFilter implements Filter {

    public void init(FilterConfig filterConfig) {
    }

    public void doFilter(ServletRequest request, ServletResponse response,
            FilterChain chain) throws IOException, ServletException {
        HttpServletRequest httpreq = (HttpServletRequest) request;
        if (isGzipEncoding(httpreq)) {
            // 如果请求浏览器支持 GZIP,包装一个包含压缩功能的响应对象
            GZIPEncodableResponse wrappedResponse = new GZIPEncodableResponse(
                    (HttpServletResponse) response);
            // 通知浏览器输出信息使用 GZIP 压缩
            ((HttpServletResponse) response).setHeader("Content-Encoding",
                    "gzip");
            // 将包装的响应对象传递给目标资源
            chain.doFilter(request, wrappedResponse);
            // 刷新并关闭响应输出流,响应经 GZIP 压缩后的信息
            wrappedResponse.flush();
        } else {
            chain.doFilter(request, response);
        }
    }

    public void destroy() {
    }
    /**
     * 判断浏览器是否支持 GZIP
     *
     * @param request
     * @return
     */
    private static boolean isGzipEncoding(HttpServletRequest request) {
```

第 10 章 Filter与Listener

```java
        boolean flag = false;
        // 获取请求浏览器支持的编码方式
        String encoding = request.getHeader("Accept-Encoding");
        if (encoding != null && encoding.toLowerCase().indexOf("gzip") != -1) {
            flag = true;
        }
        return flag;
    }
    /**
     * 自定义的包含压缩功能的响应对象包装类
     *
     * @author QST
     */
    private class GZIPEncodableResponse extends HttpServletResponseWrapper {
        // 经过压缩包装后的输出流对象
        private GZIPServletStream wrappedOut;
        public GZIPEncodableResponse(HttpServletResponse response)
                throws IOException {
            super(response);
            // 对响应输出流进行压缩处理
            wrappedOut = new GZIPServletStream(response.getOutputStream());
        }
        public ServletOutputStream getOutputStream() throws IOException {
            return wrappedOut;
        }
        private PrintWriter wrappedWriter;
        /**
         * 将响应信息输出到 GZIPServletStream 输出流中
         */
        public PrintWriter getWriter() throws IOException {
            if (wrappedWriter == null) {
                wrappedWriter = new PrintWriter(new OutputStreamWriter(
                        getOutputStream(), getCharacterEncoding()));
            }
            return wrappedWriter;
        }
        /**
         * 刷新 PrintWriter 输出流的内容,关闭 GZIPServletStream 响应输出流
         *
         * @throws IOException
         */
        public void flush() throws IOException {
            if (wrappedWriter != null) {
                wrappedWriter.flush();
            }
            wrappedOut.finish();
        }
    }
    /**
     * 输出流对象包装类,用于向输出流中写入压缩成 GZIP 格式的数据
     *
     * @author QST
     *
     */
    private class GZIPServletStream extends ServletOutputStream {
```

```java
        private GZIPOutputStream outputStream;

        public GZIPServletStream(OutputStream source) throws IOException {
            outputStream = new GZIPOutputStream(source);
        }
        public void finish() throws IOException {
            outputStream.finish();
            System.out.println("GZIPServletStream finish()()");
        }
        public void write(byte[] buf) throws IOException {
            outputStream.write(buf);
        }
        public void write(byte[] buf, int off, int len) throws IOException {
            outputStream.write(buf, off, len);
        }
        public void write(int c) throws IOException {
            outputStream.write(c);
        }
        public void flush() throws IOException {
            outputStream.flush();
            System.out.println("GZIPServletStream flush()");
        }
        public void close() throws IOException {
            outputStream.close();
            System.out.println("GZIPServletStream close()");
        }
        @Override
        public boolean isReady() {
            return false;
        }
        @Override
        public void setWriteListener(WriteListener arg0) {

        }
    }
}
```

Filter 的这个配置是对所有的资源都进行压缩传输,对于图片、Flash 等本身已经压缩过的文件就没有必要再进行压缩了。需要注意的是,数据较小时,压缩的效果不是很明显,数据越大,压缩效果越明显。所以,GZIP 压缩一般只处理文本内容,对图片、已经压缩过的文件则不进行压缩。这时就要在配置文件时,配置要过滤的资源。

10.2 监听器

10.2.1 监听器简介

在 Web 容器运行过程中,有很多关键点事件,例如 Web 应用被启动、被停止、用户会话开始、用户会话结束、用户请求到达和用户请求结束等,这些关键点为系统运行提供支持,但对用户却是透明的。Servlet API 提供了大量监听器接口来帮助开发者实现对 Web 应用内特定事件进行监听,从而当 Web 应用内这些特定事件发生时,回调监听器内的事件监听方法来实现一些特殊功能。

Web 容器使用不同的监听器接口来实现对不同事件的监听,常用的 Web 事件监听器接口可分为如下 3 类:

- 与 Servlet 上下文相关的监听器接口
- 与会话相关的监听器接口
- 与请求相关的监听器接口

开发者通过对上述 3 类监听器接口进行实现,即可开发对相关事件进行处理的监听器。下述各小节将依次对各类监听器接口及如何开发相关的监听器进行详细介绍。

10.2.2 与 Servlet 上下文相关的监听器

与 Servlet 上下文相关的监听器需要实现的监听器接口如表 10-5 所示。

表 10-5 与 Servlet 上下文相关的 Listener

监听器接口名称	说明
ServletContextListener	用于监听 ServletContext(application)对象的创建和销毁
ServletContextAttributeListener	用于监听 ServletContext(application)范围内属性的改变

对上述两个监听器接口的说明及使用介绍如下。

1. ServletContextListener

ServletContextListener 接口用于监听 Web 应用程序的 ServletContext 对象的创建和销毁事件。每个 Web 应用对应一个 ServletContext 对象,在 Web 容器启动时创建,在容器关闭时销毁。当 Web 应用程序中声明了一个实现 ServletContextListener 接口的事件监听器后,Web 容器在创建或销毁此对象时就会产生一个 ServletContextEvent 事件对象,然后再执行监听器中的相应事件处理方法,并将 ServletContextEvent 事件对象传递给这些方法。在 ServletContextListener 接口中定义了如下两个事件处理方法。

- contextInitialized(ServletContextEvent sce):当 ServletContext 对象被创建时,Web 容器将调用此方法。该方法接收 ServletContextEvent 事件对象,通过此对象可获得当前被创建的 ServletContext 对象。
- contextDestroyed(ServletContextEvent sce):当 ServletContext 对象被销毁时,Web 容器调用此方法,同时向其传递 ServletContextEvent 事件对象。

上述处理方法中,ServletContextEvent 为一个事件类,用于通知 Web 应用程序中上下文对象的改变,该类所具有的方法如表 10-6 所示。

表 10-6 ServletContextEvent 的方法及说明

方　　法	说　　明
getServletContext()	返回改变前的 ServletContext 对象

监听器的实现通过两个步骤完成。

步骤一:定义监听器实现类,实现监听器接口的所有方法;

步骤二：通过 Annotation 或在 web.xml 文件中声明 Listener。

下述实例以 ServletContextListener 监听器为例，来介绍 Listener 的开发和使用。该实例实现对一个保存在应用域属性中的访问计数值的持久保存功能。设计思路如下：

(1) 由于计数器数值的存取操作非常频繁，通常将其保存在容器内存中的应用域属性中；

(2) 在 Web 应用终止时，把保存在应用域属性中的计数器数值永久性地保存到一个文件中；

(3) 在 Web 应用启动时从文件中读取计数器的数值，并将其存入应用域属性中。

具体实现如代码 10-9 所示。

【代码 10-8】 VisitCountListener.java

```java
/**
 * 用于在 Web 应用初始化时从文本文件中读取访问次数；在应用停止时将应用域属性存入文本文件中
 */
@WebListener
public class VisitCountListener implements ServletContextListener {

    public VisitCountListener() {
    }
    /**
     * Web 应用停止时,容器调用此方法
     */
    public void contextDestroyed(ServletContextEvent sce) {
        // 获取 ServletContext 对象
        ServletContext context = sce.getServletContext();
        // 输出应用停止日志信息
        context.log(context.getServletContextName() + "应用停止.");
        // 从 Web 应用范围获得计数器对象
        Integer counter = (Integer) context.getAttribute("count");
        if (counter != null) {
            try {
                // 把计数器的数值写到项目发布目录下的 count.txt 文件中
                String filepath = context.getRealPath("/") + "/count.txt";
                PrintWriter pw = new PrintWriter(filepath);
                pw.println(counter.intValue());
                pw.close();
            } catch (IOException e) {
                e.printStackTrace();
            }
        }
    }
    /**
     * Web 应用初始化时,容器调用此方法
     */
    public void contextInitialized(ServletContextEvent sce) {
        // 获取 ServletContext 对象
        ServletContext context = sce.getServletContext();
        // 输出应用初始化日志信息
        context.log(context.getServletContextName() + "应用开始初始化.");
        try {
            // 从文件中读取计数器的数值
            BufferedReader reader = new BufferedReader(new InputStreamReader(
```

第 10 章　Filter 与 Listener

```
                context.getResourceAsStream("/count.txt")));
            String strcount = reader.readLine();
            if (strcount == null || "".equals(strcount))
                strcount = "0";
            int count = Integer.parseInt(strcount);
            reader.close();
            // 把计数器对象保存到 Web 应用范围
            context.setAttribute("count", count);
        } catch (IOException e) {
            e.printStackTrace();
        }
    }
}
```

为了测试该实例的效果,这里引用本教材第 3 章中代码 3-1ContextAttributeServlet.java 的实例,将其复制到项目 chapter10 下使用。具体代码如下所示。

【代码 10-9】 ContextAttributeServlet.java

```
@WebServlet("/ContextAttributeServlet")
public class ContextAttributeServlet extends HttpServlet {
    private static final long serialVersionUID = 1L;

    public ContextAttributeServlet() {
        super();
    }
    protected void doGet(HttpServletRequest request,
            HttpServletResponse response) throws ServletException, IOException {
        //设置响应到客户端的文本类型
        response.setContentType("text/html;charset = UTF - 8");
        //获取 ServletContext 对象
        ServletContext context = super.getServletContext();
        //从 ServletContext 对象获取 count 属性存储的计数值
        Integer count = (Integer) context.getAttribute("count");
        if (count == null) {
            count = 1;
        } else {
            count = count + 1;
        }
        //将更新后的数值存储到 ServletContext 对象的 count 属性中
        context.setAttribute("count", count);
        //获取输出流
        PrintWriter out = response.getWriter();
        //输出计数信息
        out.println("<p>本请求地址目前访问人数是: " + count + "</p>");
    }
}
```

启动服务器,可以看到图 10-8 所示的 VisitCountListener 监听器 contextInitialized()方法被调用的日志信息。

在 IE 中访问 http://localhost:8080/chapter10/ContextAttributeServlet,刷新请求数次,然后按照图 10-9 所示的方式停止服务器,可以看到图 10-10 显示的 VisitCountListener 监听器 contextDestroyed()方法被调用的日志信息。

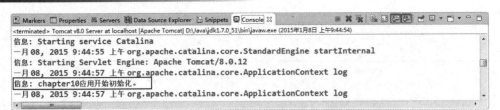

图 10-8　VisitCountListener 监听器 contextInitialized()方法调用日志

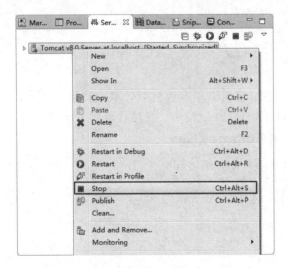

图 10-9　停止服务器

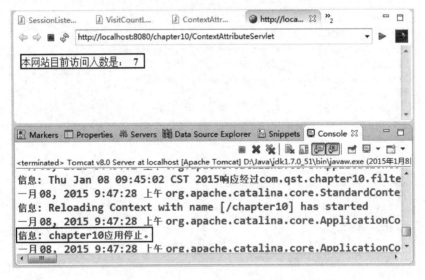

图 10-10　contextDestroyed()方法调用日志

再次启动服务器，访问 http://localhost:8080/chapter10/ContextAttributeServlet 会看到访问次数会在上次服务器终止前的次数上累加。在项目发布目录下的 count.txt 文件中也可查看到保存的数值。

在上述实例中，使用注解@WebListener 对监听器进行声明。注解@WebListener 的常用属性如表 10-7 所示。

表 10-7 @WebListener 的常用属性

属 性 名	类 型	是否必需	描 述
value	String	否	设置该监听器的描述信息

【示例】 使用@WebListener 声明配置监听器

```
@WebListener("持久存取页面访问计数")
public class VisitCountListener implements ServletContextListener {
```

与其等价的 web.xml 中的声明形式如下:

【示例】 在 web.xml 中声明配置监听器

```
<listener>
    <description>持久存取页面访问计数</description>
    <!-- 指定 Listener 实现类 -->
    <listener-class>com.qst.chapter10.listener.VisitCountListener</listener-class>
</listener>
```

2. ServletContextAttributeListener

ServletContextAttributeListener 接口用于监听 ServletContext(application)范围内属性的创建、删除和修改。当 Web 容器中声明了一个实现 ServletContextAttributeListener 接口的监听器后,Web 容器在 ServletContext 应用域属性发生改变时就会产生一个 ServletContextAttributeEvent 事件对象,然后再调用监听器中的相应事件处理方法。在 ServletContextAttributeListener 接口中定义了如下 3 个事件处理方法。

- attributeAdded(ServletContextAttributeEvent event):当程序把一个属性存入 application 范围时,Web 容器调用此方法,同时向其传递 ServletContextAttributeEvent 事件对象。
- attributeRemoved(ServletContextAttributeEvent event):当程序把一个属性从 application 范围删除时,Web 容器调用此方法,同时向其传递 ServletContextAttributeEvent 事件对象。
- attributeReplaced(ServletContextAttributeEvent event):当程序替换 application 范围内的属性时,Web 容器调用此方法,同时向其传递 ServletContextAttributeEvent 事件对象。

上述处理方法中,ServletContextAttributeEvent 为一个事件类,用于通知 Web 应用程序中 Servlet 上下文属性的改变,该类所具有的方法如表 10-8 所示。

表 10-8 ServletContextAttributeEvent 的方法及说明

方 法	说 明
getName()	返回 ServletContext 改变的属性名
getValue()	返回已被增加、删除和替换的属性值,如果属性被增加,就是该属性的值;属性被删除,就是被删除属性的值;如果属性被替换,就是该属性的旧值

下述实例演示 ServletContext 范围内属性改变时 ServletContextAttributeListener 监听器事件方法的触发。

【代码 10-10】 ServletContextAttrChangeListener.java

```java
/**
 * 应用域属性添加、删除和替换的监听器
 *
 */
@WebListener
public class ServletContextAttrChangeListener implements
        ServletContextAttributeListener {

    public ServletContextAttrChangeListener() {
    }
    /**
     * 应用域属性添加事件触发方法
     */
    public void attributeAdded(ServletContextAttributeEvent event) {
        // 获取添加的应用域属性名和属性值
        String attrName = event.getName();
        Object attValue = event.getValue();
        StringBuffer sb = new StringBuffer();
        sb.append("增加的应用域属性名为：");
        sb.append(attrName);
        sb.append("值为：");
        sb.append(attValue);
        event.getServletContext().log(sb.toString());
    }
    /**
     * 应用域属性删除事件触发方法
     */
    public void attributeRemoved(ServletContextAttributeEvent event) {
        // 获取删除的应用域属性名和属性值
        String attrName = event.getName();
        Object attValue = event.getValue();
        StringBuffer sb = new StringBuffer();
        sb.append("删除的应用域属性名为：");
        sb.append(attrName);
        sb.append("值为：");
        sb.append(attValue);
        event.getServletContext().log(sb.toString());
    }
    /**
     * 应用域属性替换事件触发方法
     */
    public void attributeReplaced(ServletContextAttributeEvent event) {
        // 获取被替换的应用域属性名和属性值
        String attrName = event.getName();
        Object attValue = event.getValue();
        StringBuffer sb = new StringBuffer();
        sb.append("被替换的应用域属性名为：");
        sb.append(attrName);
        sb.append("值为：");
        sb.append(attValue);
        event.getServletContext().log(sb.toString());
    }
}
```

创建对上述监听器功能测试代码如下所示。

【代码 10-11】 servletContextAttrChange.jsp

```jsp
<%@ page language="java" contentType="text/html;charset=UTF-8"
    pageEncoding="UTF-8"%>
<!DOCTYPE html PUBLIC "-//W3C//DTD HTML 4.01 Transitional//EN"
"http://www.w3.org/TR/html4/loose.dtd">
<html>
<head>
<meta http-equiv="Content-Type" content="text/html;charset=UTF-8">
<title>应用域属性改变监听器使用测试</title>
</head>
<body>
<%
application.setAttribute("organization","QST");
application.setAttribute("organization","青软实训");
application.removeAttribute("organization");
%>
</body>
</html>
```

启动服务器，在 IE 中访问 http://localhost:8080/chapter10/ServletContextAttrChange.jsp，运行结果如图 10-11 所示。

图 10-11 ServletContextAttrChange.jsp 运行结果

10.2.3 与会话相关的监听器

与会话相关的监听器需要实现的监听器接口如表 10-9 所示。

表 10-9 与会话相关的 Listener

监听器接口名称	说 明
HttpSessionListener	用于监听会话对象的创建和销毁
HttpSessionAttributeListener	用于监听会话域内属性的改变

对上述两个监听器接口的说明及使用介绍如下。

1. HttpSessionListener

HttpSessionListener 接口用于监听用户会话对象 HttpSession 的创建和销毁事件。每个浏览器与服务器的会话状态分别对应一个 HttpSession 对象，每个 HttpSession 对象在浏览器开始与服务器会话时创建，在浏览器与服务器结束会话时销毁。当在 Web 应用程序中声明了一个实现 HttpSessionListener 接口的事件监听器后,Web 容器在创建或销毁每个 HttpSession 对象时都会产生一个 HttpSessionEvent 事件对象,然后调用监听器中的相应事件处理方法,同时将 HttpSessionEvent 事件对象传递给这些方法。在 HttpSessionListener 接口中定义了如下两个事件处理方法。

- sessionCreated(HttpSessionEvent se):当 HttpSession 对象被创建时,Web 容器将调用此方法。该方法接收 HttpSessionEvent 事件对象,通过此对象可获得当前被创建的 HttpSession 对象。
- sessionDestroyed(HttpSessionEvent se):当 HttpSession 对象被销毁时,Web 容器调用此方法,同时向其传递 HttpSessionEvent 事件对象。

上述处理方法中,HttpSessionEvent 为一个事件类,用于通知 Web 应用程序中会话对象的改变,该类所具有的方法如表 10-10 所示。

表 10-10　HttpSessionEvent 的方法及说明

方　　法	说　　明
getSession()	返回改变前的 HttpSession 对象

下述实例演示一个实现 HttpSessionListener 接口的监听器。该实例实现对应用当前在线人数的统计功能。

【代码 10-12】　OnlineUserNumberListener.java

```java
/**
 * 统计在线用户数量
 * @author QST
 */
@WebListener
public class OnlineUserNumberListener implements HttpSessionListener {
    // 统计在线人数
    private int num;

    public OnlineUserNumberListener() {
    }
    /**
     * 会话创建时的监听方法
     */
    public void sessionCreated(HttpSessionEvent se) {
        // 会话创建时,人数加 1
        num++;
        ServletContext context = se.getSession().getServletContext();
        // 将在线人数存入应用域属性
        context.setAttribute("onlineUserNum", num);
    }
    /**
     * 会话销毁时的监听方法
     */
    public void sessionDestroyed(HttpSessionEvent se) {
        // 会话销毁时,人数减 1
        num--;
```

```
            ServletContext context = se.getSession().getServletContext();
            // 将在线人数存入应用域属性
            context.setAttribute("onlineUserNum", num);
    }
}
```

在线用户数量显示页面代码如下所示。

【代码 10-13】 onlineUserNum.jsp

```
<%@ page language="java" contentType="text/html; charset=UTF-8"
    pageEncoding="UTF-8"%>
<!DOCTYPE html PUBLIC "-//W3C//DTD HTML 4.01 Transitional//EN"
    "http://www.w3.org/TR/html4/loose.dtd">
<html>
<head>
<meta http-equiv="Content-Type" content="text/html; charset=UTF-8">
<title>在线人数统计</title>
</head>
<body>
<p>当前在线人数为： ${applicationScope.onlineUserNum}</p>
<a href="logout.jsp">安全退出</a>
</body>
</html>
```

用户安全退出的页面代码如下所示。

【代码 10-14】 logout.jsp

```
<%@ page language="java" contentType="text/html; charset=UTF-8"
    pageEncoding="UTF-8"%>
<!DOCTYPE html PUBLIC "-//W3C//DTD HTML 4.01 Transitional//EN"
    "http://www.w3.org/TR/html4/loose.dtd">
<html>
<head>
<meta http-equiv="Content-Type" content="text/html; charset=UTF-8">
<title>用户退出</title>
</head>
<body>
<%
session.invalidate();    // 本次会话对象失效
%>
<p>您已经退出本系统!</p>
</body>
</html>
```

启动服务器,在两个 IE 窗口中访问 http://localhost:8080/chapter10/onlineUserNum.jsp,随后一个窗口操作"安全退出",运行结果如图 10-12 所示。

2. HttpSessionAttributeListener

HttpSessionAttributeListener 接口用于监听会话域属性的创建、删除和修改。当 Web 容器中声明了一个实现 HttpSessionAttributeListener 接口的监听器后,Web 容器在 HttpSession 会话域属性发生改变时就会产生一个 HttpSessionAttributeEvent 事件对象,然后再调用监听器

图 10-12　在线人数统计实例运行结果

中的相应事件处理方法。在 HttpSessionAttributeListener 接口中定义了如下 3 个事件处理方法。

- attributeAdded(HttpSessionAttributeEvent event)：当程序把一个属性存入 session 范围时，Web 容器调用此方法，同时向其传递 HttpSessionAttributeEvent 事件对象。
- attributeRemoved(HttpSessionAttributeEvent event)：当程序把一个属性从 session 范围删除时，Web 容器调用此方法，同时向其传递 HttpSessionAttributeEvent 事件对象。
- attributeReplaced(HttpSessionAttributeEvent event)：当程序替换 session 范围内的属性时，Web 容器调用此方法，同时向其传递 HttpSessionAttributeEvent 事件对象。

上述处理方法中，HttpSessionAttributeEvent 为一个事件类，用于通知 Web 应用程序中会话对象属性的改变，该类所具有的方法如表 10-11 所示。

表 10-11　HttpSessionAttributeEvent 的方法及说明

方法	说明
getName()	返回 HttpSession 对象中被改变的属性名
getValue()	返回已被增加、删除和替换的属性值，如果属性被增加，就是该属性的值；如果属性被删除，就是被删除属性的值；如果属性被替换，就是该属性的旧值

下述实例演示一个实现 HttpSessionAttributeListener 接口的监听器。该实例实现对在线登录用户名称、会话 sessionID 和登录时间的显示。

【代码 10-15】　OnlineLoginUserViewListener.java

```
/**
 * 实现对在线登录用户名称、会话 sessionID 和登录时间的显示
 *
 * @author QST
 */
@WebListener
public class OnlineLoginUserViewListener
            implements HttpSessionAttributeListener {
    public OnlineLoginUserViewListener() {
    }
    /**
     * 增加 session 域属性时，容器调用此方法
     */
```

```java
@SuppressWarnings("unchecked")
public void attributeAdded(HttpSessionBindingEvent event) {
    HttpSession session = event.getSession();
    // 获取表示用户成功登录后的会话域属性 username
    String username = (String) session.getAttribute("username");
    if (username != null) {
        // 将登录的用户信息封装到一个 JavaBean 中
        UserSessionInfo userSessionBean = new UserSessionInfo(username,
                session.getId(), new Date(session.getCreationTime()));
        // 获取保存登录用户信息(Map 类型)的应用域属性
        Map<String, UserSessionInfo> onlineRegister =
                (Map<String, UserSessionInfo>) session
                .getServletContext().getAttribute("onlineRegister");
        if (onlineRegister == null) {
            // 若应用域属性不存在,则实例化一个
            onlineRegister = new HashMap<String, UserSessionInfo>();
        }
        // 将登录用户信息保存在 Map 结构中,key 为 sessionID,
        // value 为登录用户信息 JavaBean
        onlineRegister.put(session.getId(), userSessionBean);
        // 将更新后的登录用户信息(Map 类型)保存到应用域属性中
        session.getServletContext().setAttribute("onlineRegister",
                onlineRegister);
    }
}
/**
 * 删除 session 域属性时,容器调用此方法
 */
public void attributeRemoved(HttpSessionBindingEvent event){
    // 判断删除的 session 域属性名称是否为表示用户成功登录的会话域属性
    if ("username".equals(event.getName())) {
        HttpSession session = event.getSession();
        // 获取保存登录用户信息(Map 类型)的应用域属性
        Map<String, UserSessionInfo> onlineRegister =
                (Map<String, UserSessionInfo>) session
                .getServletContext().getAttribute("onlineRegister");
        // 根据 sessionID(key 值)将用户信息从应用域属性中移除
        onlineRegister.remove(session.getId());
        // 将更新后的登录用户信息(Map 类型)保存到应用域属性中
        session.getServletContext().setAttribute("onlineRegister",
                onlineRegister);
    }
}
/**
 * session 域属性被替换时,容器调用此方法
 */
public void attributeReplaced(HttpSessionBindingEvent event) {
}
}
```

封装登录用户信息的 JavaBean 代码如下所示。

【代码 10-16】 UserSessionInfo.java

```java
public class UserSessionInfo {
    // 用户姓名
    private String username;
```

```java
    // 会话标识
    private String sessionID;
    // 会话创建时间
    private Date creationDate;
    public UserSessionInfo(){

    }
  public UserSessionInfo(String username, String sessionID, Date creationDate){
        super();
        this.username = username;
        this.sessionID = sessionID;
        this.creationDate = creationDate;
    }
    // 以下省略 setter 和 getter 方法
}
```

显示在线登录用户信息的页面代码如下所示。

【代码 10-17】 onlineLoginUserView.jsp

```jsp
<%@ page language="java" contentType="text/html; charset=UTF-8"
    pageEncoding="UTF-8" import="com.qst.chapter10.javabean.*" %>
<%@ taglib prefix="c" uri="http://java.sun.com/jsp/jstl/core" %>
<%@ taglib prefix="fmt" uri="http://java.sun.com/jsp/jstl/fmt" %>
<!DOCTYPE html PUBLIC "-//W3C//DTD HTML 4.01 Transitional//EN"
    "http://www.w3.org/TR/html4/loose.dtd">
<html>
<head>
<meta http-equiv="Content-Type" content="text/html; charset=UTF-8">
<title>Insert title here</title>
</head>
<body>
    <c:forEach items="${applicationScope.onlineRegister}" var="mapRegister">
        <p>
            用户名：${mapRegister.value.username},会话创建时间：
            <fmt:formatDate value="${mapRegister.value.creationDate}"
                pattern="yyyy-MM-dd HH:mm:ss" />
        </p>
    </c:forEach>
    <a href="loginPro.jsp">注册登录</a>
    <a href="logoutPro.jsp">退出</a>
</body>
</html>
```

【代码 10-18】 loginPro.jsp

```jsp
<%@page import="java.util.Random" %>
<%@ page language="java" contentType="text/html; charset=UTF-8"
    pageEncoding="UTF-8" %>
<!DOCTYPE html PUBLIC "-//W3C//DTD HTML 4.01 Transitional//EN"
"http://www.w3.org/TR/html4/loose.dtd">
<html>
<head>
<meta http-equiv="Content-Type" content="text/html; charset=UTF-8">
<title>模拟用户登录成功</title>
```

```
</head>
<body>
<%
session.setAttribute("username", "QST" + new Random().nextInt());
response.sendRedirect("onlineLoginUserView.jsp");
%>
</body>
</html>
```

【代码 10-19】 logoutPro.jsp

```
<%@ page language="java" contentType="text/html; charset=UTF-8"
    pageEncoding="UTF-8"%>
<!DOCTYPE html PUBLIC "-//W3C//DTD HTML 4.01 Transitional//EN"
"http://www.w3.org/TR/html4/loose.dtd">
<html>
<head>
<meta http-equiv="Content-Type" content="text/html; charset=UTF-8">
<title>模拟用户退出</title>
</head>
<body>
<%
session.removeAttribute("username");
//或使用 session.invalidate();
response.sendRedirect("onlineLoginUserView.jsp");
%>
</body>
</html>
```

启动服务器，在 IE 中访问 http://localhost:8080/chapter10/onlineLoginUserView.jsp，单击页面中的"注册登录"来模拟登录成功后的效果，返回 onlineLoginUserView.jsp 页面查看当前在线注册用户信息，也可同时使用其他浏览器按照此操作模拟多用户登录效果，然后再单击页面中的"退出"来模拟用户退出效果，返回 onlineLoginUserView.jsp 页面再次查看当前在线注册用户信息。运行过程中部分效果图如图 10-13 所示。

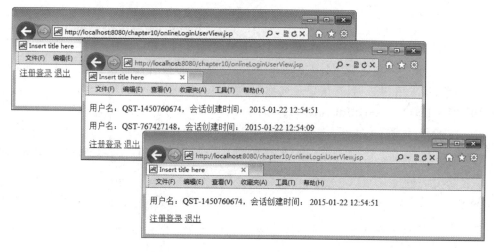

图 10-13 在线注册用户信息显示效果图

10.2.4 与请求相关的监听器

与请求相关的监听器需要实现的监听器接口如表10-12所示。

表10-12 与请求相关的 Listener

监听器接口名称	说明
ServletRequestListener	用于监听用户请求的产生和结束
ServletRequestAttributeListener	用于监听 ServletRequest(request)范围内属性的改变

对上述两个监听器接口的说明及使用介绍如下。

1. ServletRequestListener

ServletRequestListener 接口用于监听 ServletRequest 对象的创建和销毁事件。浏览器的每次访问请求分别对应一个 ServletRequest 对象,每个 ServletRequest 对象在每次访问请求开始时创建,在每次访问请求结束后销毁。当在 Web 应用程序中声明了一个实现 ServletRequestListener 接口的事件监听器后,Web 容器在创建或销毁每个 ServletRequest 对象时都会产生一个 ServletRequestEvent 事件对象,然后将其传递给监听器中的相应事件处理方法。在 ServletRequestListener 接口中定义了如下两个事件处理方法。

- requestInitialized(ServletRequestEvent sre):当 ServletRequest 对象被创建时,Web 容器将调用此方法。该方法接收 ServletRequestEvent 事件对象,通过此对象可获得当前被创建的 ServletRequest 对象;
- requestDestroyed(ServletRequestEvent sre):当 ServletRequest 对象被销毁时,Web 容器调用此方法,同时向其传递 ServletRequestEvent 事件对象。

上述处理方法中,ServletRequestEvent 为一个事件类,用于通知 Web 应用程序中 ServletRequest 对象的改变,该类所具有的方法如表10-13所示。

表10-13 ServletRequestEvent 的方法及说明

方法	说明
getServletRequest()	返回改变前的 ServletRequest 对象

下述实例演示一个实现 ServletRequestListener 接口的监听器。该实例用来获取请求访问的资源地址、请求用户名称(若未登录名称为"游客")、请求用户的 IP 和请求时间。

【代码10-20】 UserRequestInfoListener.java

```
/**
 * 获取请求访问的资源地址、请求用户名称(若未登录名称为"游客")、请求用户的 IP 和请求时间
 *
 * @author QST
 */
@WebListener
public class UserRequestInfoListener implements ServletRequestListener {

    public UserRequestInfoListener() {
```

```java
    }
    /**
     * 请求结束时,容器调用此方法
     */
    public void requestDestroyed(ServletRequestEvent sre) {
    }
    /**
     * 请求初始化时,容器调用此方法
     */
    public void requestInitialized(ServletRequestEvent sre) {
        // 获取 HttpServletRequest 对象
        HttpServletRequest request = (HttpServletRequest) sre
                .getServletRequest();
        // 获取请求用户 IP 地址
        String userIP = request.getRemoteAddr();
        // 获取请求资源地址
        String requestURI = request.getRequestURI();
        // 获取已登录请求用户名
        String username = (String) request.getSession()
                .getAttribute("username");
        // 若未登录,设请求用户名为"游客"
        username = (username == null) ? "游客" : username;
        StringBuffer sb = new StringBuffer();
        sb.append("本次请求访问信息: ");
        sb.append("用户名称: ");
        sb.append(username);
        sb.append(";用户 IP:");
        sb.append(userIP);
        sb.append(";请求地址: ");
        sb.append(requestURI);
        request.getServletContext().log(sb.toString());
    }
}
```

启动服务器,在 IE 中随意发起一个请求,例如:http://192.168.1.86:8080/chapter10/index.jsp(其中 192.168.1.86 为作者 chapter10 项目所在的服务器 IP 地址),查看 Eclipse 的 Console 控制台查看用户请求信息日志效果如图 10-14 所示。

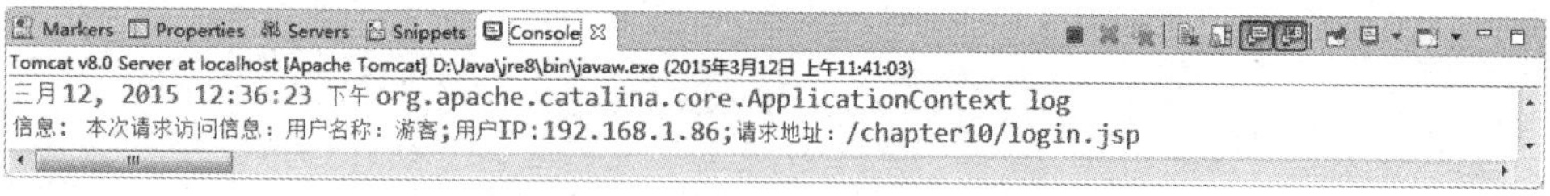

图 10-14 请求信息的监听效果

2. ServletRequestAttributeListener

ServletRequestAttributeListener 接口用于监听 ServletRequest(request)范围内属性的创建、删除和修改。当 Web 容器中声明了一个实现 ServletRequestAttributeListener 接口的监听器后,Web 容器在 ServletRequest 请求域属性发生改变时就会产生一个 ServletRequestAttributeEvent 对象,然后再调用监听器中的相应事件处理方法。在 ServletRequestAttributeListener 接口中定义了如下 3 个事件处理方法。

- attributeAdded(ServletRequestAttributeEvent event)：当程序把一个属性存入 request 范围时，Web 容器调用此方法，并向其传递 ServletRequestAttributeEvent 事件对象。
- attributeRemoved(ServletRequestAttributeEvent event)：当程序把一个属性从 request 范围删除时，Web 容器调用此方法，并向其传递 ServletRequestAttributeEvent 事件对象。
- attributeReplaced(ServletRequestAttributeEvent event)：当程序替换 request 范围内的属性时，Web 容器调用此方法，并向其传递 ServletRequestAttributeEvent 事件对象。

上述处理方法中，ServletRequestAttributeEvent 为一个事件类，用于通知 Web 应用程序中 ServletRequest 对象属性的改变，该类所具有的方法如表 10-14 所示。

表 10-14　ServletRequestAttributeEvent 的方法及说明

方法	说明
getName()	返回 ServletRequest 改变的属性名
getValue()	返回已被增加、删除和替换的属性值，如果属性被增加，就是该属性的值；如果属性被删除，就是被删除属性的值；如果属性被替换，就是该属性的旧值

在 Web 应用中，应用程序可以采用一个监听器类来监听多种事件，下述实例演示一个同时实现 ServletRequestAttributeListener 和 ServletRequestListener 接口的监听器。

【代码 10-21】　RequestOperatorListener.java

```java
/**
 * 同时实现 ServletRequestAttributeListener 和 ServletRequestListener 接口的监听器
 *
 * @author QST
 */
@WebListener
public class RequestOperatorListener implements ServletRequestListener,
        ServletRequestAttributeListener {

    public RequestOperatorListener() {
    }
    /**
     * 请求结束时触发该方法
     */
    public void requestDestroyed(ServletRequestEvent sre) {
        // 获取 HttpServletRequest 对象
        HttpServletRequest request = (HttpServletRequest) sre
                .getServletRequest();
        String requestURI = request.getRequestURI();
        sre.getServletContext().log(requestURI + "请求结束.");
    }
    /**
     * 请求对象被初始化时触发该方法
     */
    public void requestInitialized(ServletRequestEvent sre) {
        // 获取 HttpServletRequest 对象
        HttpServletRequest request = (HttpServletRequest) sre
                .getServletRequest();
```

```java
        String requestURI = request.getRequestURI();
        sre.getServletContext().log(requestURI + "请求被初始化.");
    }
    /**
     * 请求域属性被移除时触发该方法
     */
    public void attributeRemoved(ServletRequestAttributeEvent srae) {
        // 获取被移除属性的名称和值
        String attrName = srae.getName();
        Object attValue = srae.getValue();
        StringBuffer sb = new StringBuffer();
        sb.append("删除的请求域属性名为：");
        sb.append(attrName);
        sb.append(",值为：");
        sb.append(attValue);
        srae.getServletContext().log(sb.toString());
    }
    /**
     * 添加请求域属性时触发该方法
     */
    public void attributeAdded(ServletRequestAttributeEvent srae) {
        // 获取添加属性的名称和值
        String attrName = srae.getName();
        Object attValue = srae.getValue();
        StringBuffer sb = new StringBuffer();
        sb.append("添加的请求域属性名为：");
        sb.append(attrName);
        sb.append(",值为：");
        sb.append(attValue);
        srae.getServletContext().log(sb.toString());
    }
    /**
     * 请求域属性值被替换时触发该方法
     */
    public void attributeReplaced(ServletRequestAttributeEvent srae) {
        // 获取被替换属性的名称和值
        String attrName = srae.getName();
        Object attValue = srae.getValue();
        StringBuffer sb = new StringBuffer();
        sb.append("被替换的请求域属性名为：");
        sb.append(attrName);
        sb.append(",值为：");
        sb.append(attValue);
        srae.getServletContext().log(sb.toString());
    }
}
```

创建上述监听器测试页面，代码如下所示。

【代码 10-22】 requestListenerOper.jsp

```jsp
<%@ page language="java" contentType="text/html; charset=UTF-8"
    pageEncoding="UTF-8" %>
<!DOCTYPE html PUBLIC "-//W3C//DTD HTML 4.01 Transitional//EN"
"http://www.w3.org/TR/html4/loose.dtd">
```

```
<html>
<head>
<meta http-equiv="Content-Type" content="text/html; charset=UTF-8">
<title>与请求相关的监听器测试页面</title>
</head>
<body>
<%
request.setAttribute("temp", "QST");
request.setAttribute("temp", "QRSX");
request.removeAttribute("temp");
%>
</body>
</html>
```

启动服务器,在 IE 中访问 http://localhost:8080/chapter10/requestListenerOper.jsp,通过 Eclipse 的 Console 控制台,监听器的运行效果如图 10-15 所示。

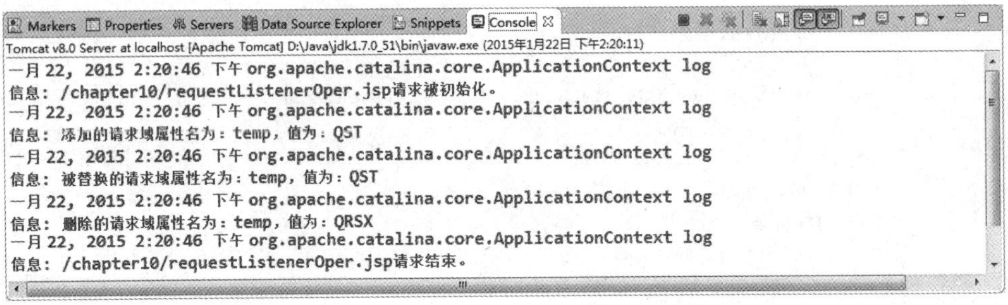

图 10-15　RequestOperatorListener 监听器运行效果

10.3　贯穿任务实现

10.3.1　【任务 10-1】求职者访问权限过滤

本任务使用 Filter 技术实现 Q-ITOffer 锐聘网站贯穿项目中的任务 10-1 求职者访问权限过滤功能。任务功能流程如图 10-16 所示。

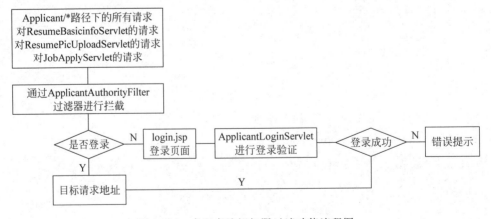

图 10-16　求职者访问权限过滤功能流程图

本任务实现包括以下组件。

- ApplicantAuthorityFilter.java：求职者访问权限过滤器，本任务实现对要求求职者角色才能发起的请求进行登录验证；若未登录则进行拦截跳转到登录页面，同时将被拦截的请求地址存入 request 对象转发到登录页面；若已处于登录状态则不进行拦截。
- login.jsp：求职者登录页面，无求职者访问权限的用户被过滤器拦截后跳转到此页面，在此页面中获取过滤器传递过来的被拦截的请求地址，并随登录请求发送到处理请求的 Servlet。
- ApplicantLoginServlet.java：处理登录请求的 Servlet，在本任务中增加对拦截请求地址的获取，在登录成功后进行相应的转向。

其中，过滤器 ApplicantAuthorityFilter 的实现代码如下。

【任务 10-1】 ApplicantAuthorityFilter.java

```java
package com.qst.itoffer.filter;
/**
 * 求职者访问权限过滤器
 * @author QST 青软实训
 */
@WebFilter(
        urlPatterns = { "/applicant/*" },
        servletNames = {"com.qst.itoffer.servlet.ResumeBasicinfoServlet",
        "com.qst.itoffer.servlet.ResumePicUploadServlet",
        "com.qst.itoffer.servlet.JobApplyServlet" },
        initParams = { @WebInitParam(name = "loginPage", value = "login.jsp") },
        dispatcherTypes = { DispatcherType.REQUEST, DispatcherType.FORWARD })
public class ApplicantAuthorityFilter implements Filter {
    private String loginPage = "login.jsp";
    public ApplicantAuthorityFilter() {
    }
    public void init(FilterConfig fConfig) throws ServletException {
        // 当请求被拦截时获取转向的页面
        loginPage = fConfig.getInitParameter("loginPage");
        if (null == loginPage)
            loginPage = "login.jsp";
    }
    public void destroy() {
        this.loginPage = null;
    }
    public void doFilter(ServletRequest request, ServletResponse response,
            FilterChain chain) throws IOException, ServletException {
        HttpServletRequest req = (HttpServletRequest) request;
        HttpServletResponse resp = (HttpServletResponse) response;
        HttpSession session = req.getSession();
        // 判断被拦截的请求用户是否处于登录状态
        if (session.getAttribute("SESSION_APPLICANT") == null) {
            // 获取被拦截的请求地址及参数
            String requestPath = req.getRequestURI();
            if (req.getQueryString() != null) {
                requestPath += "?" + req.getQueryString();
            }
            // 将请求地址保存到 request 对象中转发到登录页面
            req.setAttribute("requestPath", requestPath);
```

```java
            request.getRequestDispatcher( "/" + loginPage)
                    .forward(request, response);
            return;
        } else {
            chain.doFilter(request, response);
        }
    }
}
```

在任务 4-4 中登录页面的代码基础上增加一个隐藏域来获取和存储被拦截的请求地址，该部分代码实现如下。

【任务 10-1】 login.jsp 部分代码

```html
<form action = "ApplicantLoginServlet" method = "post"
        onsubmit = "return validate();">
...
<!-- 从拦截器中获取被拦截前的请求地址 -->
<input type = "hidden" name = "requestPath" value = "${requestScope.requestPath}">
...
</form>
```

对于增加的被拦截请求地址的处理，ApplicantLoginServlet 中的代码改进如下。

【任务 10-1】 ApplicantLoginServlet.java 部分代码

```java
@WebServlet("/ApplicantLoginServlet")
public class ApplicantLoginServlet extends HttpServlet {
    ...
    protected void doPost(HttpServletRequest request,
            HttpServletResponse response) throws ServletException, IOException {
        ...
        // 获取请求参数
        String email = request.getParameter("email");
        String password = request.getParameter("password");
        String rememberMe = request.getParameter("rememberMe");
        String requestPath = request.getParameter("requestPath");
        // 登录验证
        ApplicantDAO dao = new ApplicantDAO();
        int applicantID = dao.login(email, password);
        if (applicantID != 0) {
            // 用户登录成功,将求职者信息存入 session
            Applicant applicant = new Applicant(applicantID, email, password);
            request.getSession().setAttribute("SESSION_APPLICANT", applicant);
            // 通过 Cookie 记住邮箱和密码
            rememberMe(rememberMe, email, password, request, response);
            //判断是否已存在请求路径
            if(!"".equals(requestPath) & null != requestPath){
                response.sendRedirect(requestPath);
            }else{
                ...
```

10.3.2 【任务 10-2】企业信息浏览次数监听

本任务使用 Listener 技术实现 Q-ITOffer 锐聘网站贯穿项目中的任务 10-2 企业浏览次数监听功能。任务完成效果如图 10-17 所示。

图 10-17 企业信息浏览次数展示页面

本任务实现包括以下组件。

- CompanyViewCountListener.java：企业信息浏览次数统计监听器，在用户对某个企业信息发起查看请求时进行监听，获取企业标识并调用 CompanyDAO 对浏览次数进行数据更新。
- company.jsp：企业详情展示页面，本任务中负责显示更新后的浏览次数。
- CompanyDAO.java：企业信息数据访问对象，本任务中负责实现企业信息浏览次数数据的更新。
- DBUtil.java：数据库操作工具类，负责数据库连接的获取和释放。

各组件间关系图如图 10-18 所示。

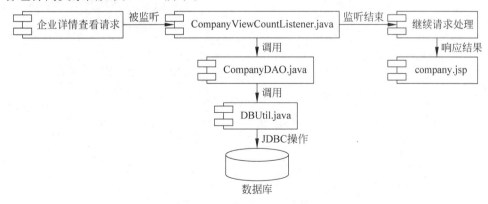

图 10-18 企业浏览次数监听功能组件关系图

其中，监听器 CompanyViewCountListener 代码实现如下。

【任务 10-2】　CompanyViewCountListener.java

```java
package com.qst.itoffer.listener;
import com.qst.itoffer.dao.CompanyDAO;
/**
 * 企业信息浏览次数统计监听器
 * @author QST青软实训
 */
@WebListener
public class CompanyViewCountListener implements ServletRequestListener {
    public CompanyViewCountListener() {
    }
    public void requestDestroyed(ServletRequestEvent sre) {
    }
    public void requestInitialized(ServletRequestEvent sre) {
        HttpServletRequest request = (HttpServletRequest) sre
                .getServletRequest();
        String requestURI = request.getRequestURI();
        String queryString = request.getQueryString() == null ? "" : request
                .getQueryString();
        // 判断是否是向企业处理 Servlet 发出的请求,并且含有表示企业信息查看的请求参数
        if (requestURI.indexOf("CompanyServlet") >= 0
                && (queryString.indexOf("select") >= 0)) {
            // 从请求字符串参数中获取企业编号
            int id = Integer.parseInt(queryString.substring(queryString
                    .lastIndexOf('=') + 1));
            // 更新此企业信息的浏览次数
            CompanyDAO dao = new CompanyDAO();
            dao.updateCompanyViewCount(id);
        }
    }
}
```

监听器 CompanyViewCountListener 中调用 CompanyDAO 数据操作类实现对企业浏览次数的数据更新,该功能部分代码实现如下。

【任务 10-2】　CompanyDAO.java 部分代码

```java
public class CompanyDAO {
    ...
    /**
     * 更新企业的浏览次数
     * @param id
     */
    public void updateCompanyViewCount(int id) {
        Connection conn = DBUtil.getConnection();
        PreparedStatement pstmt = null;
        ResultSet rs = null;
        try {
            String sql = "UPDATE tb_company "
                    + "SET company_viewnum = company_viewnum + 1 "
```

```
              + "WHERE company_id = ? ";
            pstmt = conn.prepareStatement(sql);
            pstmt.setInt(1, id);
            pstmt.executeUpdate();
        } catch (Exception e) {
            e.printStackTrace();
        } finally {
            DBUtil.closeJDBC(rs, pstmt, conn);
        }
    }
}
```

企业信息展示页面 company.jsp 中对浏览次数的展示部分代码如下。

【任务 10-2】 company.jsp 部分代码

```
<div class = "it-title-line">
<span><em><% = company.getCompanyViewnum() %></em>浏览</span>
<h3>企业简介</h3>
</div>
```

本章总结

小结

- 过滤器(Filter)也称之为拦截器，是 Servlet 技术中非常实用的技术，Web 开发人员通过 Filter 技术，可以在用户访问某个 Web 资源（如 JSP、Servlet、HTML、图片和 CSS 等）之前，对访问的请求和响应进行拦截，从而实现一些特殊功能。例如，验证用户访问权限、记录用户操作、对请求进行重新编码和压缩响应信息等。
- 过滤器的运行原理是：当用户的请求到达指定的网页之前，可以借助过滤器来改变这些请求的内容，此过程也称为"预处理"；同样的，当执行结果要响应到用户之前，可经过过滤器修改响应输出的内容，此过程也称为"后处理"。
- javax.servlet.Filter 接口定义了 Filter 生命周期相关的方法；FilterConfig 接口用来获取过滤器的初始化参数和 Servlet 的相关信息；过滤器对象使用 FilterChain 对象调用过滤器链中的下一个过滤器，如果该过滤器是链中最后一个过滤器，那么将调用目标资源。
- 在 Servlet 3.0 以上版本中，既可以使用@WebFilter 形式的 Annotation 对 Filter 进行配置，也可以在 web.xml 文件中进行配置。
- Servlet API 提供了大量监听器接口来帮助开发者实现对 Web 应用内特定事件进行监听，从而当 Web 应用内这些特定事件发生时，回调监听器内的事件监听方法来实现一些特殊功能。
- ServletContextListener 接口用于监听代表 Web 应用程序的 ServletContext 对象的创建和销毁事件。

- ServletContextAttributeListener 接口用于监听 ServletContext(application)范围内属性的创建、删除和修改。
- HttpSessionListener 接口用于监听用户会话对象 HttpSession 的创建和销毁事件。
- HttpSessionAttributeListener 接口用于监听 HttpSession(session)范围内属性的创建、删除和修改。
- ServletRequestListener 接口用于监听 ServletRequest 对象的创建和销毁事件。
- ServletRequestAttributeListener 接口用于监听 ServletRequest(request)范围内属性的创建、删除和修改。

Q&A

1. 问题：过滤器是否是单向的过滤过程。

回答：不是。过滤器的过滤过程包括对请求的预处理过程和对响应的后处理过程。具体过滤过程为：Web 容器判断接收的请求资源是否有与之匹配的过滤器，如果有，容器将请求交给相应过滤器进行处理；在过滤器预处理过程中，可以改变请求的内容，或者重新设置请求的报头信息，然后将请求发给目标资源；目标资源对请求进行处理后做出响应；容器将响应再次转发给过滤器；在过滤器后处理过程中，可以根据需求对响应的内容进行修改；Web 容器将响应发送回客户端。

2. 问题：过滤器的生命周期。

回答：过滤器的生命周期分为 4 个阶段。

1) 加载和实例化

Web 容器启动时，Filter 会根据@WebFilter 属性 filterName 所定义的类名的大小写拼写顺序，或者 web.xml 中声明的 Filter 顺序依次实例化 Filter。

2) 初始化

Web 容器调用 init(FilterConfig)来初始化过滤器。容器在调用该方法时，向过滤器传递 FilterConfig 对象。实例化和初始化的操作只会在容器启动时执行，并且只会执行一次。

3) doFilter()方法的执行

当客户端请求目标资源的时候，容器会筛选出符合过滤器映射条件的 Filter，并按照@WebFilter 属性 filterName 所定义的类名的大小写拼写顺序，或者 web.xml 中声明的 filter-mapping 的顺序依次调用这些 filter 的 doFilter()方法。在这个链式调用过程中，可以调用 chain.doFilter(ServletRequest,ServletResponse)方法将请求传给下一个过滤器（或目标资源），也可以直接向客户端返回响应信息，或者利用请求转发或重定向将请求转向到其他资源。需要注意的是，这个方法的请求和响应参数的类型是 ServletRequest 和 ServletResponse，也就是说，过滤器的使用并不依赖于具体的协议。

4) 销毁

Web 容器调用 destroy()方法指示过滤器的生命周期结束。在这个方法中，可以释放过滤器使用的资源。

3. 问题：监听器的作用。

回答：在 Web 容器运行过程中，有很多关键点事件，例如 Web 应用被启动、被停止、用户会话开始、用户会话结束、用户请求到达和用户请求结束等，这些关键点为系统运行提供支持，但对用户却是透明的。Servlet API 提供了大量监听器接口来帮助开发者实现对 Web 应用内特定事件进行监听,从而当 Web 应用内这些特定事件发生时,回调监听器内的事件监听方法来实现一些特殊功能。

4. 问题:有哪些常用的监听器。

回答:与 Servlet 上下文相关的监听器,包括 ServletContextListener、ServletContextAttributeListener;与会话相关的监听器,包括 HttpSessionListener、HttpSessionAttributeListener;与请求相关的监听器,包括 ServletRequestListener、ServletRequestAttributeListener。

本章练习

习题

1. 编写一个 Filter 需要_____。
   A. 继承 Filter 类　　　　　　　　B. 实现 Filter 接口
   C. 继承 HttpFilter 类　　　　　　D. 实现 HttpFilter 接口
2. 在一个 Filter 中,处理 Filter 业务的是_____方法。
   A. doFilter(HttpServletRequest request,HttpServletResponse response,FilterChain chain)
   B. doFilter(HttpServletRequest request,HttpServletResponse response)
   C. doFilter(ServletRequest request,ServletResponse response,FilterChain chain)
   D. doFilter(ServletRequest request,ServletResponse response)
3. 在过滤器的生命周期方法中,每当传递请求或响应时 Web 容器会调用过滤器的_____方法。
   A. init　　　　B. service　　　　C. doFilter　　　　D. destroy
4. 在过滤器的声明配置中,可以在 web.xml 文件的_____元素中配置<init-param>元素。
   A. <filter>　　　　　　　　　　B. <filter-mapping>
   C. <filter-name>　　　　　　　D. <filter-class>
5. 在过滤器声明配置时,需要在 web.xml 通过_____元素将过滤器映射到 Web 资源。
   A. <filter>　　　　　　　　　　B. <filter-mapping>
   C. <servlet>　　　　　　　　　D. <servlet-mapping>
6. 过滤条件配置正确的是_____。
   A. <filter-class>/*</filter-class>
   B. <url-pattern>/user/*</url-attern>
   C. <url-pattern>*</url-attern>
   D. <filter-mapping>*</filter-mapping>
7. 简要描述过滤器和监听器的功能。

上机

1. 训练目标:过滤器的理解和应用。

培养能力	理解 Filter 的作用、掌握 Filter 的应用		
掌握程度	★★★★★	难度	中
代码行数	200	实施方式	编码强化
结束条件	独立编写,不出错		
参考训练内容			

实现一个禁止浏览器缓存的过滤器。

要求和提示:

(1) 禁止浏览器缓存所有动态页面;

(2) 有 3 个 HTTP 响应头字段可以禁止浏览器缓存当前页面,它们在 Servlet 中的示例代码如下。

    response.setDateHeader("Expires",-1);
    response.setHeader("Cache-Control","no-cache");
    response.setHeader("Pragma","no-cache");

(3) 并不是所有的浏览器都能完全支持上面的 3 个响应头,因此最好是同时使用上面的 3 个响应头

2. 训练目标:过滤器的理解和应用。

培养能力	理解 Filter 的作用、掌握 Filter 的应用		
掌握程度	★★★★★	难度	难
代码行数	200	实施方式	编码强化
结束条件	独立编写,不出错		
参考训练内容			

设计一个简单的 IP 地址过滤器,根据用户的 IP 地址进行对网站的访问控制。例如:禁止 IP 地址处在 192.168.2 网段的用户对网站的访问

3. 训练目标:监听器的理解和应用。

培养能力	理解 Listener 的作用、掌握 Listener 的应用		
掌握程度	★★★★★	难度	中
代码行数	200	实施方式	编码强化
结束条件	独立编写,不出错		
参考训练内容			

通过监听器记录在线用户的姓名,在页面进行用户姓名的显示,同时实现对某个用户的强制下线功能

第11章 MVC模式

本章任务完成 Q-ITOffer 锐聘网站的简历修改功能和首页的 MVC 模式重构。具体任务分解如下。

- 【任务 11-1】 使用 MVC 模式重构简历修改功能。
- 【任务 11-2】 使用 MVC 模式重构首页。

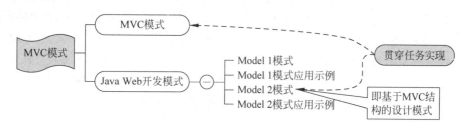

知 识 点	Listen(听)	Know(懂)	Do(做)	Revise(复习)	Master(精通)
MVC 模式含义	★	★		★	★
Model 1 模式含义	★	★			
Model 1 模式的应用	★	★			
Model 2 模式含义	★	★		★	★
Model 2 模式的应用	★	★	★	★	★

11.1 MVC 模式

MVC(Model-View-Controller)模式是一种体系结构,有 3 个组成部分:Model(模型)、View(视图)和 Controller(控制器)。MVC 结构的每个部分具有各自的功能与作用,并以最少的耦合协同工作,从而提高应用的可扩展性和可维护性。

MVC 模式是交互式应用程序最为广泛使用的一种体系结构,该模式能够有效地将界面显示、流程控制和业务处理相分离,改变了传统的将输入、处理和输出功能集中在一个图形用户界面的结构,形成了多层次的软件商业应用架构。

MVC 模式结构如图 11-1 所示。

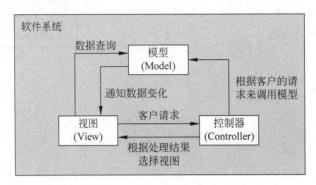

图 11-1 MVC 模式结构图

MVC 模式结构的 3 个组成部分代表了软件结构的 3 个层级:模型层、视图层和控制层。

1. 模型(Model)层

模型层是应用系统的核心层,负责封装数据和业务操作。模型层可以分为数据模型和业务模型。数据模型用来对用户请求的数据和数据库查询的数据进行封装;业务模型用来对业务处理逻辑进行封装。控制器(Controller)将用户请求数据和业务处理逻辑交给相应的模型,视图(View)从模型中获取数据,模型发生改变时通知视图数据的更新。开发人员在后期对项目的业务逻辑维护时,只需要对模型层做更新、变动,而不需要牵扯到视图层,这样一来,即可将网页设计和程序处理完整的分离,又可使日后的维护更具弹性。

2. 视图(View)层

视图层主要指与用户交互的界面,即应用程序的外观。这层主要被当作用户的操作接口,让用户输入数据和显示数据处理后的结果。用户通过视图输入数据,并将数据转交给控制器,控制器根据用户请求调用相应的数据模型和业务模型进行处理,然后根据处理结果选择合适的视图,视图再调用模型对结果数据进行显示,同时当模型更新数据时,视图也随之更新。

3. 控制(Controller)层

控制层主要的工作就是控制整个系统处理的流程,其角色通常是介于视图层和模型层之间,进行数据传递和流程转向。控制层接收用户的请求和数据,然后做出判断将请求和数据交由哪个模型来处理,最后将结果交由视图来显示模型返回的数据。

MVC 最主要的精神之一就是 Model 和 View 的分离,这两者之间的分离可使网页设计人员和程序开发人员能够独立工作、互不影响,从而提高开发效率和维护效率。除此之外,将模型层的数据处理建立成许多的组件,增加了程序的可复用性,增进了系统功能扩充的弹性;将业务流程集中在控制层,增强了程序流程的清晰度。

MVC 并不是新概念,是早在 20 世纪 80 年代为 Smalltalk 语言发明的一种软件设计模式,随着 Web 系统的普及和发展,越来越多的应用系统,尤其是一些大型 Web 应用系统,更需要使用这样的设计思想来对其系统进行设计开发。

11.2 Java Web 开发模式

在 Java Web 应用开发的发展过程中,先后经历了 Model 1 和 Model 2 两种应用结构模式。Model 1 模式是以 JSP 为主的开发模式,Model 2 模式即 Java Web 应用的 MVC 模式;从 Model 1 模式到 Model 2 模式的发展,既是技术发展的必然,也是无数程序开发人员的心血结晶。

11.2.1 Model 1 模式

在早期的 Java Web 开发中,由于在 JSP 网页很容易将业务逻辑代码(如 JavaBean)和流程控制代码(如 Scriptlet)与 HTML 代码相结合快速构建一套小型系统,因此 JSP 很快取代 Servlet 的地位,成为构建 Java Web 系统的主要语言,逐渐形成以 JSP 为主的 Model 1 模式。

Model 1 模式分为两种,一种是完全使用 JSP 来开发,另一种是使用 JSP+JavaBean 的设计。Model 1 完全使用 JSP 开发的模式结构如图 11-2 所示。

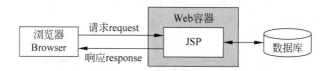

图 11-2　Model 1 JSP 模式

当用户发送一个请求到服务器端,完全由 JSP 来接受处理,并将执行结果响应到客户端。Model 1 完全使用 JSP 这种模式的优点为:
- 开发时间缩短,程序员无须编写额外的 Servlet 及 JavaBean,只需专注开发 JSP;
- 小幅度修改非常容易,因为没有使用到 Servlet 及 JavaBean,修改小幅度的程序代码时,无须重新编译。

只使用 JSP 这种模式也存在许多缺点:
- 程序可读性降低,因为程序代码与网页标签混合在一起,从而增加维护的难度;
- 程序重复利用性降低,因为所有功能均编写在 JSP 中,往往会在不同 JSP 中使用相同功能,当业务逻辑需要修改时,就必须修改所有相关的 JSP,造成较大维护成本。

Model 1 使用 JSP+JavaBean 的模式结构如图 11-3 所示。

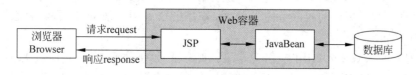

图 11-3　Model 1 JSP+JavaBean 模式

相对于纯粹使用 JSP 开发应用程序,许多有经验的工程师都会将部分可重复利用的组件抽取出来写成 JavaBean;当用户送来一个请求时,通过 JSP 调用 JavaBean 负责相关数据存取、逻辑运算等等的处理,最后将结果回传到 JSP 显示结果。

JSP+JavaBean 这种模式的优点为:
- 程序可读性增高,将复杂的程序代码写在 JavaBean 中,减少和网页标签混合的情况,清晰易读，也更易于维护。
- 可重复利用率提高，由于通过 JavaBean 来封装重要的商业逻辑运算，不同的 JSP 可以调用许多共享性的组件，减少开发重复程序代码的工作，提高开发效率。

JSP+JavaBean 这种模式也存在一些缺点：
- 缺乏流程控制，这是此种模式的最大缺点。缺少了 MVC 中的 Contorller 去控制相关的流程，需要通过 JSP 页面来负责验证请求的参数正确度、确认用户的身份权限和异常发生的处理，甚至还包括显示端的网页编码的设定。

通过上述优缺点总结可以看出，就 Model 1 整体来说，进行小型项目的开发具有非常大的优势，但是这种模式开发的结果会造成将来维护难度加大的问题，非常不利于应用程序的扩展与更新，因此大型系统的开发多采取 Model 2 MVC 架构的开发模式。

11.2.2 Model 1 模式应用示例

图 11-4 所示的是一个采用 Model 1 模式设计的用户登录功能的程序组件关系图，包含两个 JSP 页面：login.jsp（用户登录页面）、loginSuccess.jsp（登录成功页面）；一个 JavaBean：UserBean.java（用户信息封装、数据校验和数据处理功能的 JavaBean）；一个 Java 类：DBUtil.java（模拟数据库操作的工具类）。

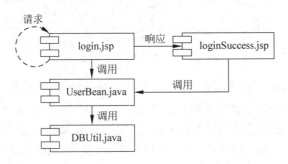

图 11-4 用户登录功能 Model 1 模式程序组件关系

图中各程序组件的功能和相互之间的工作关系如下。
- login.jsp（用户登录及处理页面），此页面用来显示登录表单和登录处理结果。在此页面中，用户通过表单输入登录数据，调用 UserBean 对请求数据进行封装和格式验证；格式验证失败时提示错误信息；格式验证成功时进行数据库查询验证，若验证成功，进行会话处理并跳转到 loginSuccess.jsp 结果页面；若验证失败，提示操作失败信息。同时此页面对用户访问权限也做了处理，若是已登录用户访问此页面，将会直接跳转到 loginSuccess.jsp 结果页面。
- UserBean.java（负责用户信息封装和登录业务处理的 JavaBean），此类为一个 JavaBean，用于对表单信息进行数据封装，同时提供数据格式的服务器端校验功能和数据库处理功能的业务封装。本实例中 UserBean 的各属性名称和表单中的各输入域控件的名称相对应，以便于封装。
- DBUtil.java（数据库操作模拟工具类），该类为模拟访问数据库的工具类，它相当于一个 DAO（数据访问对象），这里用 DBUtil 类中的一个 HashTable 对象来代替数据库。HashTable 对象中的每一个元素为一个 UserBean 对象，表示一条数据库记录。
- loginSuccess.jsp（登录成功后用户信息显示页面），该页面是用户登录成功后进入的页面。页面对已登录成功并且处于会话状态的用户名称进行显示，同时提供用户注销功能。该页面同样设置了一定的访问权限，对于没有成功登录就直接访问此页面的请求，将会被重定向到 login.jsp 页面。

以上各组件的实现代码如下所示。

【代码 11-1】 login.jsp

```jsp
<%@ page language="java" contentType="text/html; charset=UTF-8"
    pageEncoding="UTF-8"
    import="com.qst.chapter11.util.DBUtil,com.qst.chapter11.bean.UserBean"%>
<%@ taglib prefix="c" uri="http://java.sun.com/jsp/jstl/core"%>
<!DOCTYPE html PUBLIC "-//W3C//DTD HTML 4.01 Transitional//EN" "http://www.w3.org/TR/html4/loose.dtd">
<html>
<head>
<meta http-equiv="Content-Type" content="text/html; charset=UTF-8">
<title>用户登录</title>
</head>
<body>
    <!-- 判断用户是否已登录 -->
    <c:if test="${not empty sessionScope.loginuser }">
        <jsp:forward page="loginSuccess.jsp"></jsp:forward>
    </c:if>

    <!-- 定义或获取一个 JavaBean -->
    <jsp:useBean id="loginBean"
        class="com.qst.chapter11.bean.UserBean" scope="page"></jsp:useBean>

    <!-- 是否为表单提交的请求 -->
    <c:if test="${not empty param.submit }">
        <jsp:setProperty property="*" name="loginBean" />
        <!-- 用户名和密码格式是否正确 -->
        <c:if test="${loginBean.validateLogin}">
            <!-- 登录信息数据库验证是否成功 -->
            <c:if test="${loginBean.loginSuccess }">
                <%
                session.setAttribute("loginuser", loginBean);
                response.sendRedirect("loginSuccess.jsp");
                %>
            </c:if>
        </c:if>
    </c:if>
    <h1>用户登录</h1>

    <!-- 表单验证的错误信息提示 -->
    <c:forEach items="${loginBean.errors}" var="errors">
        <font color="red">${errors.value}</font>
    </c:forEach>

    <form action="login.jsp" method="post">
        <p>
            用户名：<input name="userName" type="text" value="">
        </p>
```

```html
        <p>
            密码:<input name="userPass" type="password" value="">
        </p>
        <p>
            <input type="submit" name="submit" value="提交">
        </p>
    </form>
</body>
</html>
```

【代码11-2】UserBean.java

```java
package com.qst.chapter11.bean;

import java.util.HashMap;
import java.util.Map;

import com.qst.chapter11.util.DBUtil;
import com.qst.chapter11.util.DBUtilException;

/**
 * 用户信息封装、业务处理 JavaBean
 *
 * @author QST青软实训
 *
 */
public class UserBean {

    private String userName = "";
    private String userPass = "";
    private String email = "";
    private boolean loginSuccess;
    private Map<String, String> errors = new HashMap<String, String>();

    public UserBean() {

    }
    public UserBean(String userName, String userPass, String email) {
        super();
        this.userName = userName;
        this.userPass = userPass;
        this.email = email;
    }
    /**
     * 登录信息格式验证
     *
     * @return
     */
    public boolean isValidateLogin() {
        boolean flag = true;
        if ("".equals(this.userName.trim())) {
            this.setErrorMsg("userName", "用户名不能为空!");
            flag = false;
        }
```

```java
        if ("".equals(this.userPass.trim())) {
            this.setErrorMsg("userPass", "密码不能为空!");
            flag = false;
        } else if (this.userPass.trim().length() < 6) {
            this.setErrorMsg("userPass", "密码长度不能小于6位!");
            flag = false;
        }
        return flag;
    }
    /**
     * 登录验证,查询是否和数据库信息一致
     * @param user
     */
    public boolean isLoginSuccess()
        DBUtil db = DBUtil.getInstance();
        // 查询数据库是否有此用户名的用户
        UserBean u = db.getUser(this.userName);
        if (u != null) {
            // 若用户名查询存在,判断密码是否正确
            if (u.getUserPass().equals(this.userPass)) {
                return true;
            } else {
                this.setErrorMsg("userPass", "密码错误!");
                return false;
            }
        } else {
            this.setErrorMsg("userName", "用户名错误!");
            return false;
        }
    }
    public void setErrorMsg(String obj, String errorMsg) {
        errors.put(obj, errorMsg);
    }
    public String getUserName() {
        return userName;
    }
    public void setUserName(String userName) {
        this.userName = userName;
    }
    public String getUserPass() {
        return userPass;
    }
    public void setUserPass(String userPass) {
        this.userPass = userPass;
    }
    public String getEmail() {
        return email;
    }
    public void setEmail(String email) {
        this.email = email;
    }
    public Map<String, String> getErrors() {
```

```
        return errors;
    }
}
```

【代码 11-3】 DBUtil.java

```java
package com.qst.chapter11.util;

import java.util.Hashtable;
import java.util.Map;

import com.qst.chapter11.bean.UserBean;
/**
 * 数据库操作工具类
 *
 * @author QST青软实训
 *
 */
public class DBUtil {

    private static DBUtil instance = new DBUtil();
    private Map<String, UserBean> userTable = new Hashtable<String, UserBean>();

    /**
     * 模拟数据库数据
     */
    private DBUtil() {
        UserBean u1 = new UserBean("zhangs", "123456", "zhangs@itshixun.com");
        UserBean u2 = new UserBean("lisi", "123456", "lisi@itshixun.com");
        UserBean u3 = new UserBean("fengjj", "123456", "fengjj@itshixun.com");
        userTable.put("zhangs", u1);
        userTable.put("lisi", u2);
        userTable.put("fengjj", u3);
    }
    public static DBUtil getInstance() {
        return instance;
    }
    /**
     * 根据用户名查询用户对象
     *
     * @param userName
     * @return
     */
    public UserBean getUser(String userName) {
        return userTable.get(userName);
    }
}
```

【代码 11-4】 loginSuccess.jsp

```jsp
<%@ page language="java" contentType="text/html; charset=UTF-8"
    pageEncoding="UTF-8"%>
<%@ taglib prefix="c" uri="http://java.sun.com/jsp/jstl/core"%>
<!DOCTYPE html PUBLIC "-//W3C//DTD HTML 4.01 Transitional//EN" "http://www.w3.org/TR/html4/loose.dtd">
<html>
```

```
<head>
<meta http-equiv = "Content-Type" content = "text/html; charset = UTF-8">
<title>用户信息显示</title>
</head>
<body>
    <!-- 判断用户是否已登录 -->
    <c:if test = "${empty sessionScope.loginuser}">
        <jsp:forward page = "login.jsp"></jsp:forward>
    </c:if>

    <p>欢迎您: ${sessionScope.loginuser.userName}</p>
    <p><a href = "loginSuccess.jsp?action = logout">退出</a></p>

    <!-- 若用户请求退出 -->
    <c:if test = "${param.action == 'logout'}">
        <%
        session.invalidate();
        response.sendRedirect("login.jsp");
        %>
    </c:if>
</body>
</html>
```

11.2.3 Model 2 模式

Java Web 的 Model 2 模式即基于 MVC 结构的设计模式。在 Model 2 模式中,通过 JavaBean、EJB 等组件实现 MVC 的模型层;通过 JSP 实现 MVC 的视图层;通过 Servlet 实现 MVC 的控制层,通过这种设计模式把业务处理、流程控制和显示界面分成不同的组件实现,这些组件可以进行交互和重用来弥补 Model 1 的不足。

Model 2 模式的结构如图 11-5 所示。

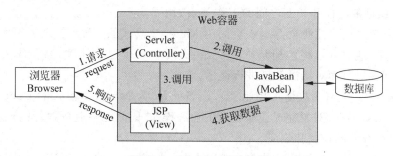

图 11-5 Model 2 模式结构

图 11-5 展示了 Model 2 模式在大多数业务逻辑中的执行过程,具体流程为:
(1) 用户通过浏览器(网址访问或 JSP 页面操作)向 Servlet 发送请求。
(2) Servlet 根据用户请求调用相应的 JavaBean 完成对请求数据、业务操作、结果数据的处理和封装。
(3) Servlet 根据处理结果选择相应的 JSP 页面。
(4) JSP 页面调用 JavaBean 获取页面所需的结果数据。
(5) 包含结果数据的 JSP 页面被响应回客户端浏览器。

Model 2 模式的优点:
- 开发流程更为明确,使用 Model 2 设计模式可以完全切开显示端与商业逻辑端的开发;
- 核心的程序管控,由控制器集中控制每个请求的处理流程,减少在显示层依靠条件判断进行的流程控制代码;
- 维护容易,不论是后端业务逻辑对象或前端的网页呈现,都通过控制中心来掌控,如果商业逻辑变更,可以仅修改 Model 端的程序,而不用去修改相关的 JSP 文件。

Model 2 模式的缺点:
- 学习时间较长;
- 开发时间较长,各组件间的功能分配和资源调用会需要更多的时间在系统设计上。

11.2.4　Model 2 模式应用示例

在 11.2.2 小节实例程序的基础上,采用 Model 2 模式实现用户注册并登录功能,程序包含两个 JSP 页面:register.jsp(用户注册页面)、loginSuccess.jsp(注册成功后跳转页面);一个 Servlet:UserServlet.java(用户请求控制类);一个 JavaBean:UserBean.java(用户信息封装、数据校验和注册数据库操作功能的 JavaBean)和两个 Java 类:DBUtil.java(模拟数据库访问的工具类)、DBUtilException.java(自定义数据库异常类),如图 11-6 所示。

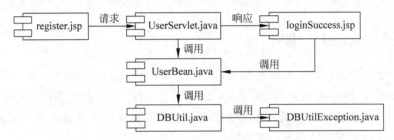

图 11-6　用户注册功能 Model 2 模式程序组件关系

各个程序组件的功能和相互之间的工作关系如下。

- register.jsp(用户注册页面),该页面为 Model 2 模式的 View 层。页面实现一个用户注册表单,通过表单将注册请求提交给 UserServlet 程序处理,当程序处理出现错误时,返回注册页面对错误信息进行提示。
- UserServlet.java(用户请求控制类),该 Servlet 为 Model 2 模式的 Controller 层。该类调用 UserBean 对象完成注册请求的业务操作,同时对各业务执行的流程、异常现象处理进行统一的控制和响应。
- UserBean.java(负责用户信息封装和注册业务处理的 JavaBean),该 JavaBean 为 Model 2 模式的 Model 层,负责封装注册表单信息和注册业务处理功能。UserBean 对象由 UserServlet 控制器调用完成注册用户信息的封装、服务器端数据格式的校验和注册信息的数据库保存等业务操作,并在异常发生时转发回注册页面,注册页面获取 UserBean 对象中的异常信息进行显示。
- DBUtil.java(模拟数据库访问的工具类),该类与 11.2.2 小节登录实例中的 DBUtil 类的代码和作用完全相同。
- DBUtilException.java(自定义数据库异常类),该类是自定义的异常类,用于表示

DBUtil 数据库操作时出现的异常信息。本程序中模拟了一个用户名已被使用的异常。
- loginSuccess.jsp(注册成功页面),该页面与 11.2.2 小节登录实例中的 loginSuccess.jsp 的代码和作用完全相同。

各程序组件功能实现代码如下所示。

【代码 11-5】 register.jsp

```jsp
<%@ page language="java" contentType="text/html; charset=UTF-8"
    pageEncoding="UTF-8"
    import="com.qst.chapter11.util.DBUtil,com.qst.chapter11.bean.UserBean"%>
<%@taglib prefix="c" uri="http://java.sun.com/jsp/jstl/core"%>
<!DOCTYPE html PUBLIC "-//W3C//DTD HTML 4.01 Transitional//EN" "http://www.w3.org/TR/html4/loose.dtd">
<html>
<head>
<meta http-equiv="Content-Type" content="text/html; charset=UTF-8">
<title>用户注册</title>
</head>
<body>
    <!-- 判断用户是否已登录 -->
    <c:if test="${not empty sessionScope.loginuser }">
        <jsp:forward page="loginSuccess.jsp"></jsp:forward>
    </c:if>

    <h1>用户注册</h1>

    <!-- 表单验证的错误信息提示 -->
    <c:forEach items="${requestScope.registerBean.errors}" var="errors">
        <font color="red">${errors.value}</font>
    </c:forEach>

    <form action="UserServlet" method="post">
        <p>
            用户名:<input name="userName" type="text" value=""></p>
        <p>
            密码:<input name="userPass" type="password" value=""></p>
        <p>
            邮箱:<input name="email" type="text" value=""></p>
        <p>
            <input type="submit" name="submit" value="提交"></p>
    </form>
</body>
</html>
```

【代码 11-6】 UserServlet.java

```java
package com.qst.chapter11.servlet;

import java.io.IOException;

import javax.servlet.ServletException;
import javax.servlet.annotation.WebServlet;
import javax.servlet.http.HttpServlet;
```

```java
import javax.servlet.http.HttpServletRequest;
import javax.servlet.http.HttpServletResponse;

import com.qst.chapter11.bean.UserBean;
import com.qst.chapter11.util.DBUtil;
import com.qst.chapter11.util.DBUtilException;
/**
 * 用户操作 Servlet
 *
 * @author QST青软实训
 *
 */
@WebServlet("/UserServlet")
public class UserServlet extends HttpServlet {
    private static final long serialVersionUID = 1L;

    public UserServlet() {
        super();
    }

    protected void doGet(HttpServletRequest request,
            HttpServletResponse response) throws ServletException, IOException {
        this.doPost(request, response);
    }

    protected void doPost(HttpServletRequest request,
            HttpServletResponse response) throws ServletException, IOException {
        request.setCharacterEncoding("UTF-8");
        response.setContentType("text/html;charset=UTF-8");
        // 获取注册请求数据
        String userName = request.getParameter("userName");
        String userPass = request.getParameter("userPass");
        String email = request.getParameter("email");
        UserBean register = new UserBean(userName, userPass, email);

        if (!register.isValidateRegister()) {
            // 表单信息验证失败,将错误信息转发回注册页面
            request.setAttribute("registerBean", register);
            request.getRequestDispatcher("register.jsp").forward(request,
                    response);
            return;
        }
        // 向数据库中添加用户
        try {
            register.setSaveUser(register);
        } catch (DBUtilException e) {
            request.setAttribute("registerBean", register);
            request.getRequestDispatcher("register.jsp").forward(request,
                    response);
            return;
        }
        // 注册成功后,自动登录
        request.getSession().setAttribute("loginuser", register);
        response.sendRedirect("loginSuccess.jsp");
    }
}
```

【代码 11-7】 UserBean.java

```java
package com.qst.chapter11.bean;
import com.qst.chapter11.util.DBUtil;
import com.qst.chapter11.util.DBUtilException;
/**
 * 用户信息封装、业务处理 JavaBean
 *
 * @author QST青软实训
 *
 */
public class UserBean {

    …//省略与 Model 1 模式应用示例中相同部分代码
    /**
     * 注册表单数据格式验证
     *
     * @return
     */
    public boolean isValidateRegister() {
        boolean flag = true;
        if ("".equals(this.userName.trim())) {
            this.setErrorMsg("userName","用户名不能为空!");
            flag = false;
        }
        if ("".equals(this.userPass.trim())) {
            this.setErrorMsg("userPass","密码不能为空!");
            flag = false;
        } else if (this.userPass.trim().length() < 6) {
            this.setErrorMsg("userPass","密码长度不能小于6位!");
            flag = false;
        }
        if ("".equals(this.email.trim())) {
            this.setErrorMsg("email","邮箱地址不能为空!");
            flag = false;
        } else if (!email
                .matches("[a-zA-Z0-9_-]+@[a~zA~Z0~9_-]+(\\.[a~zA~Z0~9_-]+)+")) {
            this.setErrorMsg("email","邮箱地址格式不正确!");
            flag = false;
        }
        return flag;
    }
    /**
     * 用户注册,向数据库保存数据
     * @param register
     * @throws DBUtilException
     */
    public void setSaveUser(UserBean register) throws DBUtilException{
        DBUtil db = DBUtil.getInstance();
        try {
            // 向数据库中添加用户
            db.insert(register);
        } catch (DBUtilException ex) {
            // 对数据库操作抛出的异常进行处理
```

```
                register.setErrorMsg("userName", ex.getMessage());
                throw ex;
            }
        }
    }
}
```

【代码 11-8】 DBUtil.java

```
package com.qst.chapter11.util;
import com.qst.chapter11.bean.UserBean;
/**
 * 数据库操作工具类
 *
 * @author QST青软实训
 *
 */
public class DBUtil {
    …省略与 Model 1 模式应用示例中相同部分代码

    /**
     * 添加用户
     *
     * @param register
     * @throws DBUtilException
     */
    public void insert(UserBean register) throws DBUtilException {
        // 判断此用户名的用户是否已存在
        if (this.getUser(register.getUserName()) != null) {
            // 若用户名已存在,抛出自定义数据库操作异常对象
            throw new DBUtilException("用户名已存在!");
        }
        userTable.put(register.getUserName(), register);
    }
}
```

【代码 11-9】 DBUtilException.java

```
package com.qst.chapter11.util;
/**
 * 数据库操作自定义异常类
 *
 * @author QST青软实训
 *
 */
public class DBUtilException extends Exception {

    private static final long serialVersionUID = 1L;

    public DBUtilException(String msg) {
        super(msg);
    }
}
```

11.3 贯穿任务实现

11.3.1 【任务 11-1】使用 MVC 模式重构简历修改

本任务完成 Q-ITOffer 锐聘网站贯穿项目中的任务 11-1 使用 MVC 模式重构简历修改功能。本任务实现包括以下组件。

- ResumeBasicinfoUpdate.jsp：简历基本信息修改页面，负责获取并显示要修改的简历信息数据、修改的结果以及修改后的简历信息数据，属于 MVC 模式中的 View 层。
- ResumeBasicinfo.java：简历基本信息 JavaBean，负责封装简历基本信息数据以及调用 ResumeDAO 进行简历信息更新，实现代码与任务 7-2 中相同；属于 MVC 模式中的 Model 层。
- ResumeBasicinfoServlet.java：处理简历基本信息请求的 Servlet，在本任务中调用 ResumeBasicinfo 进行更新请求处理，然后进行下一步操作的流程转向，属于 MVC 模式中的 Controller 层。
- ResumeDAO.java：简历信息数据访问对象，本任务中实现简历信息数据更新操作，实现代码与任务 7-2 中相同。
- DBUtil.java：数据库操作工具类，负责数据库连接的获取和释放。

各组件间关系如图 11-7 所示。

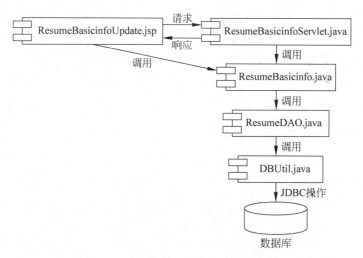

图 11-7 简历修改功能 MVC 模式组件关系图

重构后的简历修改页面实现代码如下。

【任务 11-1】 **ResumeBasicinfoUpdate.jsp**

```
<%@ page language = "java" contentType = "text/html; charset = UTF-8"
    pageEncoding = "UTF-8" %>
<%@ taglib prefix = "c" uri = "http://java.sun.com/jsp/jstl/core" %>
<%@ taglib prefix = "fmt" uri = "http://java.sun.com/jsp/jstl/fmt" %>
<%@ page import = "com.qst.itoffer.bean.ResumeBasicinfo" %>
<html>
```

```html
<head>
<meta http-equiv="Content-Type" content="text/html; charset=UTF-8">
<title>简历基本信息修改 - 锐聘网</title>
<link href="css/base.css" type="text/css" rel="stylesheet" />
<link href="css/resume.css" type="text/css" rel="stylesheet" />
<script src="js/Calendar6.js" type="text/javascript" language="javascript">
</script>
<script type="text/javascript">
    function validate() {
    ...
    }
</script>
</head>
<body>
...
<div style="float: left">基本信息</div></div>
<div class="all_resume" style="text-align: center;" align="center">
<!-- 显示更新结果 -->
<h3><font color="red">${basicinfo.resumeUpdateResult}</font></h3>
<!-- 简历基本信息更新表单 -->
<form action="ResumeBasicinfoServlet?type=update" method="post"
 onsubmit="return validate();">
    <div class="table_style" style="margin-left:150px;">
        <table width="350" border="0" cellpadding="3" cellspacing="1" bgcolor="#EEEEEE">
            <tr>
                <td width="110" align="right" bgcolor="#F8F8F8">姓名：</td>
                <td bgcolor="#F8F8F8" align="left">
                <input type="text" id="realName" name="realName"
                value="${basicinfo.realName }">
                <input type="hidden" name="basicinfoId"
                value="${basicinfo.basicinfoId }">
                <font style="color: red">*</font></td>
            </tr>
        </table>
        <div class="he"></div>
        <table width="350" border="0" cellpadding="3" cellspacing="1"
            bgcolor="#EEEEEE">
            <tr>
                <td width="110" align="right" bgcolor="#F8F8F8">性别：</td>
                <td bgcolor="#F8F8F8" align="left">
                <input type="radio" name="gender" value="男"
                <c:if test="${basicinfo.gender == '男'}">
                checked="checked" </c:if>>男  
                <input type="radio" name="gender" value="女"
                <c:if test="${basicinfo.gender == '女'}">
                checked="checked" </c:if>>女</td>
            </tr>
        </table>
        <table width="350" border="0" cellpadding="3" cellspacing="1"
            bgcolor="#EEEEEE">
            <tr>
                <td width="110" align="right" bgcolor="#F8F8F8">出生日期：</td>
                <td bgcolor="#F8F8F8" align="left">
                <input name="birthday" type="text" id="birthday"
                onclick="SelectDate(this)" readonly="readonly"
```

第11章　MVC模式

```html
                    value='<fmt:formatDate value="${basicinfo.birthday}"/>'/></td>
        </tr>
</table>
<table width="350" border="0" cellpadding="3" cellspacing="1"
    bgcolor="#EEEEEE">
        <tr>
            <td width="110" align="right" bgcolor="#F8F8F8">当前所在地：</td>
            <td bgcolor="#F8F8F8" align="left">
            <input type="text" name="currentLoc"
            value="${basicinfo.currentLoc}"></td>
        </tr>
</table>
<table width="350" border="0" cellpadding="3" cellspacing="1"
    bgcolor="#EEEEEE">
        <tr>
            <td width="110" align="right" bgcolor="#F8F8F8">户口所在地：</td>
            <td bgcolor="#F8F8F8" align="left">
            <input type="text" name="residentLoc"
            value="${basicinfo.residentLoc}"></td>
        </tr>
</table>
<table width="350" border="0" cellpadding="3" cellspacing="1"
    bgcolor="#EEEEEE">
        <tr>
            <td width="110" align="right" bgcolor="#F8F8F8">手机：</td>
            <td bgcolor="#F8F8F8" align="left">
            <input type="text" id="telephone" name="telephone"
            value="${basicinfo.telephone}">
            <font style="color:red">*</font></td>
        </tr>
</table>
<table width="350" border="0" cellpadding="3" cellspacing="1"
    bgcolor="#EEEEEE">
        <tr>
            <td width="110" align="right" bgcolor="#F8F8F8">邮件：</td>
            <td bgcolor="#F8F8F8" align="left">
            <input type="text" id="email" name="email"
            value="${basicinfo.email}">
            <font style="color:red">*</font></td>
        </tr>
</table>
<table width="350" border="0" cellpadding="3" cellspacing="1"
    bgcolor="#EEEEEE">
        <tr>
            <td width="110" align="right" bgcolor="#F8F8F8">求职意向：</td>
            <td bgcolor="#F8F8F8" align="left">
            <input type="text" name="jobIntension"
            value="${basicinfo.jobIntension}"></td>
        </tr>
</table>
<table width="350" border="0" cellpadding="3" cellspacing="1"
    bgcolor="#EEEEEE">
        <tr>
            <td width="110" align="right" bgcolor="#F8F8F8">工作经验：</td>
            <td bgcolor="#F8F8F8" align="left">
```

```html
                    <select name="jobExperience">
                        <option value="0">请选择</option>
                        <option value="刚刚参加工作"
                        <c:if test="${basicinfo.jobExperience == '刚刚参加工作'}">
                        selected="selected"</c:if>>刚刚参加工作</option>
                        <option value="已工作一年"
                        <c:if test="${basicinfo.jobExperience == '已工作一年'}">
                        selected="selected"</c:if>>已工作一年</option>
                        <option value="已工作两年"
                        <c:if test="${basicinfo.jobExperience == '已工作两年'}">
                        selected="selected"</c:if>>已工作两年</option>
                        <option value="已工作三年"
                        <c:if test="${basicinfo.jobExperience == '已工作三年'}">
                        selected="selected"</c:if>>已工作三年</option>
                        <option value="已工作三年以上"
                        <c:if test="${basicinfo.jobExperience == '已工作三年以上'}">
                        selected="selected"</c:if>>已工作三年以上</option>
                    </select></td>
                </tr>
            </table>
            <div align="center">
                <input name="" type="submit" class="save1" value="保存">
                <input name="" type="button"
onclick="javascript:window.location.href='<%=basePath%>ResumeBasicinfoServlet?type=
select';" class="cancel2" value="取消">
            </div>
        </div>
    </form>
    …
</body>
</html>
```

控制器 ResumeBasicinfoServlet 中对简历信息更新请求流程的实现如下。

【任务11-1】 ResumeBasicinfoServlet.java 部分代码

```java
@WebServlet("/ResumeBasicinfoServlet")
public class ResumeBasicinfoServlet extends HttpServlet {
    …
    protected void doPost(HttpServletRequest request,
            HttpServletResponse response) throws ServletException, IOException {
        …
        // 获取请求操作类型
        String type = request.getParameter("type");
        if("update".equals(type)){
            // 封装请求数据
            ResumeBasicinfo basicinfo = this.requestDataObj(request);
            int basicinfoId =
            Integer.parseInt(request.getParameter("basicinfoId"));
            basicinfo.setBasicinfoId(basicinfoId);
            // 更新简历信息
            basicinfo.setResumeUpdate(basicinfo);
            request.setAttribute("basicinfo", basicinfo);
            request.getRequestDispatcher("applicant/resumeBasicinfoUpdate.jsp")
            .forward(request, response);
        }
```

```
    }
    /**
     * 将请求的简历数据封装成一个对象
     * @param request
     * @return
     * @throws ItOfferException
     */
    private ResumeBasicinfo requestDataObj(HttpServletRequest request) {
        ResumeBasicinfo basicinfo = null;
        ...
    }
}
```

11.3.2 【任务 11-2】使用 MVC 模式重构首页

本任务完成 Q-ITOffer 锐聘网站贯穿项目中的任务 11-2 使用 MVC 模式重构首页功能。本任务实现包括以下组件。

- index.jsp：网站首页，使用<jsp:include>元素包含企业信息分页展示请求的处理结果。
- include_companyList.jsp：企业信息分页展示页面，负责调用 CompanyPageBean 进行分页数据的显示，属于 MVC 模式中的 View 层。
- CompanyServlet.java：对企业信息请求处理的 Servlet，负责获取请求的页码，交由 CompanyPageBean 进行该页数据的查询，并对结果进行保存和转发，属于 MVC 模式中的 Controller 层。
- ComanyPageBean：企业信息分页处理 JavaBean，负责封装分页信息和通过 CompanyDAO 查询出的企业信息列表数据，属于 MVC 模式中的 Model 层。
- CompanyDAO.java、Company.java、Job.java、DBUtil.java 与任务 9-1 中功能和代码相同，此处不再赘述。

各组件间关系如图 11-8 所示。

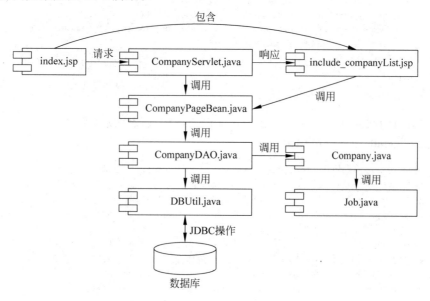

图 11-8 首页 MVC 模式组件关系图

上述组件中,重构后的首页 index.jsp 中的关键代码如下。

【任务 11-2】 index.jsp 部分代码

```html
<body class="tn-page-bg">
    <!-- 网站公共头文件 -->
    <jsp:include page="top.jsp"></jsp:include>
    <!-- 企业列表展示 -->
    <jsp:include page='${"CompanyServlet"}'>
        <jsp:param value="pageList" name="type"/>
        <jsp:param value="${param.pageNo}" name="pageNo"/>
    </jsp:include>
    <!-- 网站公共尾部 -->
    <iframe src="foot.html" width="100%" height="150" scrolling="no"
        frameborder="0"></iframe>
</body>
```

企业信息分页请求控制器 CompanyServlet 的实现代码如下。

【任务 11-2】 CompanyServlet.java

```java
@WebServlet("/CompanyServlet")
public class CompanyServlet extends HttpServlet {
    ...
    protected void doPost(HttpServletRequest request,
            HttpServletResponse response) throws ServletException, IOException {
        // 获取对企业信息处理的请求类型
        String type = request.getParameter("type");
        ...
        if ("pageList".equals(type)) {
            // 企业列表分页显示功能
            String pageNo = request.getParameter("pageNo");
            if (pageNo == null ||"".equals(pageNo))
                pageNo = "1";
            // 企业信息分页展示功能实现 JavaBean
            ComanyPageBean pagination = new ComanyPageBean(2,
                    Integer.parseInt(pageNo));
            request.setAttribute("pagination", pagination);
            request.getRequestDispatcher("include_companyList.jsp").include(
                    request, response);
        }
    }
}
```

控制器转向的结果页面 include_companyList.jsp 的代码实现如下。

【任务 11-2】 include_companyList.jsp

```jsp
<%@ page language="java" contentType="text/html; charset=UTF-8"
    pageEncoding="UTF-8" errorPage="/error.jsp" %>
<%@ taglib prefix="c" uri="http://java.sun.com/jsp/jstl/core" %>
<html>
<head>
<meta http-equiv="Content-Type" content="text/html; charset=UTF-8">
<title>RTO 服务_锐聘官网-大学生求职,大学生就业,IT 企业快速入职 - 锐聘网</title>
<link href="css/base.css" type="text/css" rel="stylesheet"/>
<link href="css/index.css" type="text/css" rel="stylesheet"/>
```

```jsp
</head>
<body class="tn-page-bg">
  <div id="tn-content">
    <!-- 招聘企业展示 -->
    <c:forEach items="${pagination.pageData}" var="company">
      <div class="tn-grid">
        <!-- 企业图片展示 -->
        <div class="it-company-keyimg tn-border-bottom tn-border-gray">
          <a href="CompanyServlet?type=select&id=${company.companyId}">
          <img src="recruit/images/${company.companyPic}" width="990"></a>
        <!-- 招聘职位展示 -->
        <c:forEach items="${company.jobs}" var="job">
          <div class="it-home-present">
          <div class="it-present-btn">
          <a href="JobServlet?type=select&jobid=${job.jobId}">
          <span class="tn-button-text">我要申请</span></a></div>
            <div class="it-present-text" style="padding-left:185px;">
              <p class="it-text-tit">职位</p>
              <a href="CompanyServlet?type=select&id=${company.companyId}">
              <span class="tn-button-text">更多职位</span></a>
              <b>${company.compayName}</b></p></div>
            <div class="it-line01 it-text-top">
              <p class="it-text-tit">薪资</p>
              <p class="it-line01"><b>${job.jobSalary}</b></p></div></div>
            <div class="it-present-text">
              <p class="it-text-tit">到期时间</p>
              <p class="it-line01"><b>${job.jobEnddate}</b></p></div>
            <div class="it-line01 it-text-top">
              <p class="it-text-tit">工作地区</p>
              <p class="it-line01"><b>${job.jobArea}</b></p></div>
          </div></div>
        </c:forEach>
      </div></div></div>
    </c:forEach>
    <!-- 企业信息分页 -->
    <div class="page01">
      <div class="page02"> </div>
      <div class="page03">
      <a href="index.jsp?type=pageList&pageNo=1">首页</a></div>
      <c:if test="${pagination.hasPreviousPage}">
      <div class="page03">
      <a href='index.jsp?type=pageList&pageNo=${pagination.pageNo-1}'>
      上一页</a></div></c:if>
      <c:if test="${pagination.hasNextPage}">
      <div class="page03">
      <a href="index.jsp?type=pageList&pageNo=${pagination.pageNo+1}">
      下一页</a></div></c:if>
      <div class="page03">
      <a href="index.jsp?type=pageList&pageNo=${pagination.totalPages}">
      尾页</a></div>
      <div class="page03">当前是第${pagination.pageNo}页,
      共${pagination.totalPages}页</div>
    </div></div>
</body>
</html>
```

本章总结

小结

- MVC 模式是一种体系结构，MVC 是 Model-View-Controller 的缩写，代表了它的 3 个组成部分：Model(模型)、View(视图)和 Controller(控制器)。
- 模型层是应用系统的核心层，负责封装数据处理和业务操作。
- 视图层主要指与用户交互的界面，即应用程序的外观。
- 控制层主要的工作就是控制整个系统处理的流程。
- Model 1 模式是以 JSP 为主的开发模式，Model 2 模式即 Java Web 应用的 MVC 模式。
- Model 1 模式分为两种：一种是完全使用 JSP 来开发，另一种是使用 JSP+JavaBean 的设计。
- Model 1 模式进行快速及小型项目的应用开发具有非常大的优势，但这种模式开发的结果会造成未来维护难度加大的问题，非常不利于应用程序的扩展与更新。
- Java Web 的 Model 2 模式即基于 MVC 结构的设计模式。
- Model 2 模式中，通过 JavaBean、EJB 等组件实现 MVC 的模型层；通过 JSP 实现 MVC 的视图层；通过 Servlet 实现 MVC 的控制层。
- Model 2 模式把业务处理、流程控制和显示界面分成不同的组件实现，这些组件可以进行交互和重用来弥补 Model 1 的不足。

Q&A

1. 问题：MVC 模式的含义。

    回答：MVC 模式是一种体系结构，MVC 是 Model-View-Controller 的缩写，代表了它的 3 个组成部分：Model(模型)、View(视图)和 Controller(控制器)。模型层是应用系统的核心层，负责封装数据处理和业务操作；视图层主要指与用户交互的界面，即应用程序的外观；控制层主要的工作就是控制整个系统处理的流程。

2. 问题：Model 1 模式和 Model 2 模式的区别。

    回答：Model 1 模式分为两种：一种是完全使用 JSP 来开发，另一种是使用 JSP+JavaBean 的设计。Model 1 模式适合进行快速及小型项目的应用开发，但不利于应用程序的扩展与更新。Model 2 模式是 Java Web 应用下基于 MVC 结构的设计模式，JavaBean、EJB 等组件实现 MVC 的模型层；JSP 实现 MVC 的视图层；Servlet 实现 MVC 的控制层。Model 2 模式把业务处理、流程控制和显示界面分成不同的组件实现，有利于组件间的交互和重用，弥补了 Model 1 的不足。

本章练习

习题

1. 在 JavaWeb 应用中，MVC 设计模式中的 V(视图)通常由_____充当。

A. JSP　　　　　B. Servlet　　　　　C. Action　　　　　D. JavaBean

2. MVC 属于_____。

A. Model 1(JSP+JavaBean)　　　　　B. Model 2(JSP+Servlet+JavaBean)

C. Model 3　　　　　　　　　　　　D. Model 4

3. 在 MVC 设计模式中，JavaBean 的作用是_____。

A. Controller　　　B. Model　　　　C. 业务数据的封装　　D. View

4. JSP 设计的目的在于简化_____的表示。

A. 设计层　　　　　B. 模型层　　　　C. 表示层　　　　　D. 控制层

5. 在 MVC 架构中_____代表企业数据和业务规则，用来控制访问和数据更新。

A. 模型　　　　　　B. 视图　　　　　C. 控制　　　　　　D. 模型和控制

6. 在 MVC 架构中_____把与视图的交互转化成模型执行的动作。

A. 模型　　　　　　B. 视图　　　　　C. 控制　　　　　　D. 模型和控制

7. 下面关于 MVC 的说法不正确的是_____。

A. M 表示 Model 层，是存储数据的地方

B. View 表示视图层，负责向用户显示外观

C. Controller 是控制层，负责控制流程

D. 在 MVC 架构中 JSP 通常做控制层

上机

1. 训练目标：MVC 模式的应用。

培养能力	Model 1 模式的理解和使用		
掌握程度	★★★★★	难度	中
代码行数	200	实施方式	编码强化
结束条件	独立编写，不出错		

参考训练内容

(1) 定义一个 JSP 页面，用来接收用户选择计算哪种图形的面积以及图形面积构成参数；

(2) 构建图形的模型，用 JavaBean 存储图形参数；

(3) 使用 Model 1 模式处理和输出图形面积

2. 训练目标：MVC 模式的应用。

培养能力	Model 2 模式的理解和使用		
掌握程度	★★★★★	难度	难
代码行数	300	实施方式	编码强化
结束条件	独立编写，不出错		

参考训练内容

使用 Model 2 模式对上机题 1 进行改进

第 12 章 Ajax 技术

本章任务完成 Q-ITOffer 锐聘网站的注册邮箱的唯一性验证功能。具体任务如下。
- 【任务 12-1】 使用 Ajax 技术实现注册邮箱的唯一性验证功能。

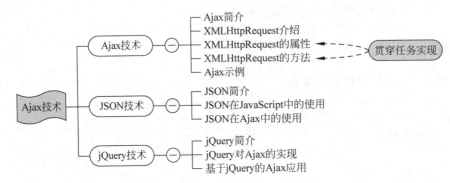

知 识 点	Listen(听)	Know(懂)	Do(做)	Revise(复习)	Master(精通)
Ajax 异步请求	★	★			
XMLHttpRequest 对象属性及方法	★	★	★		
Ajax 应用	★	★	★	★	★
JSON 数据格式	★	★	★	★	★
JSON 在 JavaScript 中的使用	★	★	★		
JSON 在 Ajax 中的使用	★	★	★	★	★
jQuery 对 Ajax 的实现	★	★	★		
基于 jQuery 的 Ajax 应用	★	★	★	★	★

12.1 Ajax 技术

在传统的 Web 应用中，Web 客户端和服务器采用"发送请求—等待—响应新页面或刷新整个当前页面"的交互模式；随着 Web 应用的广泛普及和对用户体验度的追求，这种模式的弊端也逐渐暴露出来。例如当用户注册时，假若数据库中有该用户名，而注册者并不知情，然后等到都填写完毕后单击"注册"按钮，突然程序提示该用户名已经被占用，于是又回到注册界面，发现原来填写的注册信息需要重新再填写一遍。这时用户不禁要问，如果注册时在填完用户名后，不用刷新当前页面，程序自动验证用户名是否存在该有多方便呀。其实自 Web 诞生之日起，就有类似的问题一直困扰着应用开发者们，先后出现了一些解决方案，例如<frameset>和<frame>标签，它们在一定程度上提供了解决之道，但繁多的页面嵌套令人眼花缭乱，随后又发明了<iframe>标签，但同样未能解决问题。

在 2005 年，Google 通过其 Google Suggest 使 Ajax 变得流行起来。Google Suggest 使用 Ajax 创造出动态性极强的 Web 界面：在谷歌的搜索框输入关键字时，JavaScript 会把这些字符发送到服务器，然后服务器会返回一个搜索建议的列表。随后 Google 又推出了典型的富客户端应用 Google Maps。Google Maps 的地图支持鼠标的拖动、放大和缩小，地图随着鼠标的拖动进行新数据的加载，但页面本身无须重新加载。这种整页无刷新下的动态交互性效果，使 Web 应用达到了近似桌面应用的效果，Ajax 技术随之迅速风靡。

12.1.1 Ajax 简介

Ajax(Asynchronous JavaScript And XML，异步 JavaScript 和 XML)是一种对传统 Web 应用模式加以扩展的技术，使得"不刷新页面向服务器发起请求"成为可能。在 Ajax 的帮助下，可以在不重新加载整个网页的情况下，通过异步请求方式对网页的局部进行更新，改善了传统网页(不使用 Ajax)需要更新内容，必须重载整个网页的情况。

在传统的 Web 应用模型下，客户机(浏览器或者本地机器上运行的代码)向服务器发出请求，然后服务器开始处理(接收数据、执行业务逻辑和访问数据库等)，这期间客户机只能等待，如果请求需要大量服务器处理，那么等待的时间可能更长。这种传统 Web 应用程序让人感到笨拙或缓慢的原因是缺乏真正的交互性。传统 Web 应用这种"发送请求—等待—发送请求—等待"的请求方式也被称为同步请求，图 12-1 描述了这种同步请求方式随着时间轴的执行过程。

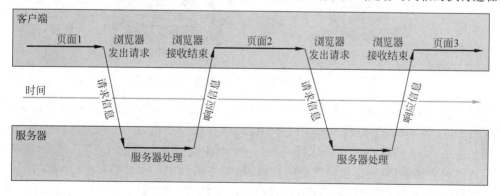

图 12-1 传统 Web 应用同步请求执行时间轴

Ajax 请求是异步的,或者说是非阻塞的。Ajax 应用通过在客户端浏览器和服务器之间引入一个媒介"Ajax Engine"来发送异步请求,客户端可以在响应未到达之前继续当前页面的其他操作,Ajax Engine 则继续监听服务器的响应状态,在服务器完成响应后,获取响应结果更新当前页面内容。这种请求方式消除了传统的"发送请求—等待—发送请求—等待"的特性,极大地提高了用户体验。图 12-2 描述了这种异步请求方式随着时间轴的执行过程。

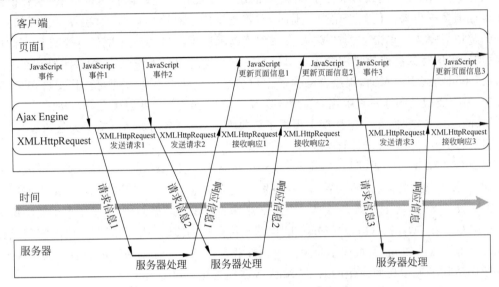

图 12-2　Ajax 应用异步请求执行时间轴

图 12-3 对传统 Web 应用与 Ajax 应用的请求过程进行了比较。

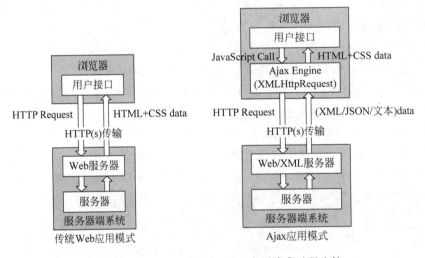

图 12-3　传统 Web 应用与 Ajax 应用请求过程比较

　　由图 12-3 可以看出,Ajax 应用与传统 Web 应用相比较,客户端浏览器通过 JavaScript 事件触发对 Ajax Engine 的调用,Ajax Engine 在 Ajax 应用中担负着一个中间层的任务,负责收集数据并通过 Ajax 的核心——XMLHttpRequest 对象向服务器发送 HTTP 请求,服务器处理完后返回响应结果(可能是各种类型的数据,如字符串、XML 和 JSON 等),Ajax Engine 根据响应文档类型对数据进行解析后再配合 HTML 和 CSS 渲染,将结果显示到客户端页面。

第12章 Ajax技术

基于 Ajax 的应用程序会用到如下关键技术：
- 使用 XHTML(HTML)和 CSS 构建标准化的展示层；
- 使用 DOM 进行动态显示和交互；
- 使用 XML 或 JSON 等进行数据交换和操纵；
- 使用 XMLHttpRequest 来和服务器进行异步通信；
- 使用 JavaScript 将所有元素绑定在一起。

其中 XMLHttpRequest 是 Ajax 技术得以实现的一个重要的 JavaScript 对象。

12.1.2 XMLHttpRequest 介绍

XMLHttpRequest 是浏览器的一种高级特性，最初这种特性在 IE 浏览器上实现，随后几乎所有主要的浏览器都实现了这一特性。XMLHttpRequest 实质上是一个 JavaScript 对象，是 Ajax 的核心，使用这个对象，可以在客户端向服务器发起 HTTP 请求，并且可以访问和处理服务器返回的应答数据。

目前，几乎所有浏览器（如 IE7＋、Firefox、Chrome、Safari 以及 Opera）均支持 XMLHttpRequest 对象，仅有一些老版本的 Internet Explorer（如 IE5 和 IE6）使用 ActiveXObject 对象。两种对象的创建代码如下所示。

【示例】 XMLHttpRequest 对象创建

```
var xhr = new XMLHttpRequest();
```

【示例】 IE5、IE6 中 ActiveXObject 对象的创建

```
var activeObj = new ActiveXObject("Microsoft.XMLHTTP");
```

为了兼顾上述两种情况对 Ajax 的支持，同时也使代码更加严谨，可以如下述代码所示，分别对两种对象进行创建尝试，若均不能正常创建，则向用户提示错误信息。

【示例】 XMLHttpRequest 对象创建

```
var xhr = false;
try {
    // 适用于 IE7＋、Firefox、Chrome、Opera 和 Safari
    xhr = new XMLHttpRequest();
} catch (e) {
    try {
        // 适用于 IE6、IE5
        xhr = new ActiveXObject("Microsoft.XMLHTTP");
    } catch (e1) {
        xhr = false;
    }
}
if (!xhr)
    alert("初始化 XMLHttpRequest 对象失败!");
```

12.1.3 XMLHttpRequest 的属性

XMLHttpRequest 对象的属性如表 12-1 所示。

表 12-1 XMLHttpRequest 对象属性

属 性	描 述
readyState	表示异步请求过程中的各种状态
onreadystatechange	每次状态改变所触发事件的事件处理程序
responseText	从服务器进程返回的数据的字符串形式
responseXML	从服务器进程返回的 XML 文档数据对象
status	从服务器返回的响应状态码,例如 404(未找到)或 200(就绪)
statusText	伴随状态码的字符串信息

当 XMLHttpRequest 对象把一个 HTTP 请求发送到服务器时将经历若干种状态,XMLHttpRequest 对象通过 readyState 属性来描述这些状态,如表 12-2 所示。

表 12-2 readyState 属性

readyState 取值	描 述
0	描述一种"未初始化"状态,此时,已经创建一个 XMLHttpRequest 对象,但还没有初始化
1	描述一种"待发送"状态,此时,代码已经调用了 XMLHttpRequest.open()方法并且 XMLHttpRequest 已经准备好把一个请求发送到服务器
2	描述一种"发送"状态,此时 XMLHttpRequest 对象已经通过 send()方法把一个请求发送到服务器端,但是还没有收到一个响应
3	描述一种"正在接收"状态,此时 AjaxEngine 已经接收到 HTTP 响应头部信息,但是消息体部分还没有完全接收结束
4	描述一种"已加载"状态,此时,响应已经被完全接收

除 readyState 属性外,表 12-1 中的其他属性介绍如下。

- onreadystatechange 属性,onreadystatechange 属性用于存储函数(或函数名),每当 readyState 属性改变时,就会调用该函数,因此该函数正常情况下会被调用 4 次。在该函数中,通常只需在 readyState 值为 4 时做数据的获取和处理工作。
- responseText 属性,responseText 属性包含客户端接收到的 HTTP 响应的文本内容。当 readyState 值为 0、1 或 2 时,responseText 包含一个空字符串;当 readyState 值为 3 (正在接收)时,响应中包含客户端还未完成的响应信息;当 readyState 为 4(已加载)时,该 responseText 包含完整的响应信息。
- responseXML 属性,responseXML 属性用于当接收到完整的 HTTP 响应时 (readyState 为 4)描述 XML 响应。此时,Content-Type 头部指定 MIME(媒体)类型为 text/xml,application/xml 或以 +xml 结尾。如果 Content-Type 头部并不包含这些媒体类型之一,那么 responseXML 的值为 null。无论何时,只要 readyState 值不为 4,那么该 responseXML 的值也为 null。其实,responseXML 属性值是一个文档接口类型的对象,用来描述被分析的文档。如果文档不能被分析(例如,如果文档不是良构的或不支持文档相应的字符编码),那么 responseXML 的值将为 null。
- status 属性,status 属性描述了 HTTP 状态码,类型为 short。需要注意的是,仅当 readyState 值为 3(正在接收中)或 4(已加载)时,这个 status 属性才可用。当 readyState 的值小于 3 时试图存取 status 的值将引发一个异常。常用的 HTTP 状态码有 200（请求成功）、202（请求被接受但处理未完成）、400（错误请求）、404（请求资源未找到）和 500（内部服务器错误）。可根据 status 获取的状态码对响应结果进行有针对性的处理。
- statusText 属性，statusText 属性描述了 HTTP 状态代码文本；并且仅当 readyState 值为 3 或 4 才可用。当 readyState 为其他值时，试图存取 statusText 属性将会引发一个异常。

12.1.4 XMLHttpRequest 的方法

XMLHttpRequest 对象的方法如表 12-3 所示。

表 12-3 XMLHttpRequest 的方法

方　　法	描　　述
abort()	停止当前请求
getAllResponseHeaders()	获取所有 HTTP 头部，以键/值对形式返回
getResponseHeader("header")	返回指定 HTTP 头部的串值
open(method,url)	建立对服务器的调用，method 参数可以是 get、post 或 put，url 参数可以是相对 URL 或绝对 URL。这个方法还包括 3 个可选参数
send(content)	向服务器发送请求
setRequestHeader("header","value")	把指定请求头设为提供的值，再设置任何请求头之前必须先调用 open() 方法

对表 12-3 中的各方法解释如下。

1. void open(method, url, asynch, username, password)

open() 方法会建立对服务器的调用，这是初始化一个请求的纯脚本方法。前两个是必选的参数，后 3 个是可选参数，具体含义如下。
- method：特定的请求方法，如 GET、POST 和 PUT。
- url：所调用资源的 URL。
- asynch：指定是异步调用还是同步调用，默认值为 true，表示请求本质上是异步的，如果值为 false 和处理就会等待，直到服务器返回响应为止，由于异步调用是使用 Ajax 的主要优势，因此此参数应设为 true。
- username：指定一个特定的用户名。
- password：指定密码。

2. void send(content)

send() 方法用于向服务器发出请求。如果请求声明为异步的，这个方法就会立即返回，否则它会等待直到接收到响应为止，可选参数可以是 DOM 对象的实例、输入流或者字符串，传入这个方法的内容会作为请求体的一部分发送。

3. void setRequestHeader(header, value)

setRequestHeader() 方法用于为 HTTP 请求中一个给定的请求头设置值。此方法必须在调用 open()之后才能调用。方法中各参数的含义如下。
- header：要设置的请求名称；
- value：要设置的值。

4. void abort()

该方法用于停止请求。

5. string getAllResponseHeaders()

这个方法的核心功能返回一个字符串，包含 HTTP 请求的所有响应头部，头部包括 Content-Length、Date 和 URI 等。

6. string getResponseHeader(header)

这个方法与 getAllResponseHeader()对应，用于获得特定响应头部值，并把这个值作为字符串返回。

12.1.5 Ajax 示例

一个 Ajax 应用示例的实现通常需要经过如下几个步骤：
（1）在页面中定义 Ajax 请求的触发事件；
（2）创建 XMLHttpRequest 对象；
（3）确定请求地址和请求参数；
（4）调用 XMLHttpRequest 对象的 open()方法建立对服务器的调用；
（5）通过 XMLHttpRequest 对象的 onreadystatechange 属性指定响应事件处理函数；
（6）在函数中根据响应状态进行数据获取和数据处理工作；
（7）调用 XMLHttpRequest 对象的 send()方法向服务器发出请求。

下述实例演示一个在用户输入完区号时，触发 Ajax 异步请求，从服务器获取区号所对应的省市信息，并对页面中相应的省市文本域进行更新填充。最终运行效果如图 12-4 所示，页面 Ajax 请求实现如代码 12-1 所示，服务器数据查询实现如代码 12-2 所示。

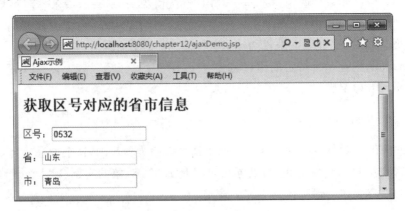

图 12-4 示例运行效果图

【代码 12-1】 ajaxDemo.jsp

```jsp
<%@ page language="java" contentType="text/html; charset=UTF-8"
    pageEncoding="UTF-8"%>
<!DOCTYPE html PUBLIC "-//W3C//DTD HTML 4.01 Transitional//EN" "http://www.w3.org/TR/html4/loose.dtd">
<html>
<head>
<meta http-equiv="Content-Type" content="text/html; charset=UTF-8">
<title>Ajax 示例</title>
</head>
<script type="text/javascript">
    // 定义一个全局的 XMLHttpRequest 对象
    var xhr = false;
    // 创建 XMLHttpRequest 对象
    function createXHR() {
        try {
            // 适用于 IE7+、Firefox、Chrome、Opera 和 Safari
            xhr = new XMLHttpRequest();
        } catch (e) {
            try {
                // 适用于 IE6、IE5
                xhr = new ActiveXObject("Microsoft.XMLHTTP");
            } catch (e1) {
                xhr = false;
            }
        }
        if (!xhr)
            alert("初始化 XMLHttpRequest 对象失败!");
    }
    // 进行 Ajax 请求和响应结果处理
    function ajaxProcess(obj) {
        // 创建 XMLHttpRequest 对象
        createXHR();
        // 获取请求数据
        var zipcode = obj.value;
        // 设定请求地址
        var url = "AjaxServlet?zipcode=" + zipcode;
        // 建立对服务器的调用
        xhr.open("GET", url, true);
        // 指定响应事件处理函数
        xhr.onreadystatechange = function() {
            // 当 readyState 等于 4 且状态为 200 时,表示响应已就绪
            if (xhr.readyState == 4 && xhr.status == 200) {
                // 对响应结果进行处理
                var responseData = xhr.responseText.split(",");
                // 将响应数据更新到页面控件中显示
                document.getElementById("province").value = responseData[0];
                document.getElementById("city").value = responseData[1];
            }
        };
```

```
            //向服务器发出请求
            xhr.send(null);
        }
    </script>
    <body>
        <h2>获取区号对应的省市信息</h2>
        <p>
            区号:<input name = "zipcode" id = "zipcode" type = "text"
                onblur = "ajaxProcess(this)">
        </p>
        <p>
            省:<input name = "province" id = "province" type = "text">
        </p>
        <p>
            市:<input name = "city" id = "city" type = "text">
        </p>
    </body>
</html>
```

【代码 12-2】 AjaxServlet.java

```
/**
 * Ajax 请求处理
 */
@WebServlet("/AjaxServlet")
public class AjaxServlet extends HttpServlet {
    private static final long serialVersionUID = 1L;

    public AjaxServlet() {
        super();
    }

    protected void doGet(HttpServletRequest request, HttpServletResponse response) throws ServletException, IOException {
        //使用 Map 模拟一个包含区号、省市的数据库
        Map<String,String> datas = new HashMap<String,String>();
        datas.put("0532","山东,青岛");
        datas.put("0351","山西,太原");
        datas.put("0474","内蒙古,乌兰察布");
        //设置请求和响应内容编码
        request.setCharacterEncoding("UTF-8");
        response.setContentType("text/html;charset=UTF-8");
        //获取 Ajax 请求数据
        String zipcode = request.getParameter("zipcode");
        //根据区号从模拟数据库中查询省市信息
        String data = datas.get(zipcode);
        if(data == null){
            data = "Error,Error";
        }
        //将请求结果数据响应输出
        response.getWriter().print(data);
    }
```

```
    protected void doPost(HttpServletRequest request, HttpServletResponse response) throws
ServletException, IOException {

    }
}
```

12.2 JSON 技术

12.2.1 JSON 简介

JSON(JavaScript Object Notation)是基于 JavaScript 的一种轻量级的数据交换格式,易于阅读和编写,同时也易于机器解析和生成。JSON 采用完全独立于语言的文本格式,但是也使用了类似于 C 语言家族的习惯(包括 C、C++、C♯、Java 和 JavaScript 等)。JSON 的这些特性使其成为理想的数据交换语言。

JSON 有两种结构。

- "名/值"对的集合(A collection of name/value pairs):在不同的语言中,它被理解为对象、结构和关联数组等;
- 值的有序列表(An ordered list of values):在大部分语言中,它被理解为数组。

这两种结构都是常见的数据结构,事实上大部分现代计算机语言都以某种形式支持它们。这使得一种数据格式在同样基于这些结构的编程语言之间交换成为可能。

对这两种结构在编程语言中所体现的元素说明如下。

1. 对象

对象是一个无序的"名/值"对集合。一个对象以"{"开始,"}"结束。每个"名称"后跟一个":"号,"名/值"对之间使用","分隔。其结构如图 12-5 所示。

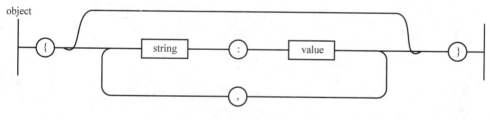

图 12-5 对象的结构形式

【示例】 一个用户对象

```
{
"firstName":"Jenny",
"lastName":"Feng",
"email":"fengjj@itshixun.com"
}
```

2. 数组

数组是值(value)的有序集合。一个数组以"["开始,"]"结束。值之间使用","分隔。其结构如图 12-6 所示。

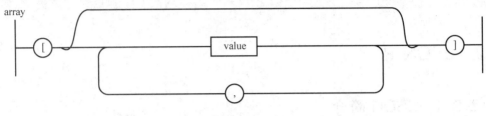

图 12-6　数组的结构形式

【示例】　一个用户对象数组

```
[
{"firstName":"Jenny","lastName":"Feng","email":"fengjj@itshixun.com"},
{"firstName":"Jone","lastName":"Liu","email":"jone@itshixun.com"},
{"firstName":"Lucy","lastName":"Wang","email":"lucy@itshixun.com"}
]
```

从上述编程语言元素的结构描述来看,JSON 数据结构清晰,可读性强,可以很好地对一些复杂数据结构进行描述。

在 JSON 出现之前,XML 一直是应用程序间进行数据交互的首选格式。下述两个示例对这两种数据格式做了一个简单的对比。例如描述一个名称为"users"的数组对象,分别采用 JSON 和 XML 的表现形式如下。

【示例】　**JSON 格式的名称为 users 的数组对象**

```
{ "users": [
{"firstName":"Jenny","lastName":"Feng","email":"fengjj@itshixun.com"},
{"firstName":"Jone","lastName":"Liu","email":"jone@itshixun.com"},
{"firstName":"Lucy","lastName":"Wang","email":"lucy@itshixun.com"}
] }
```

【示例】　**XML 格式的名称为 users 的数组对象**

```
<users>
  <user>
    <firstName>Jenny</firstName>
    <lastName>Feng</lastName>
    <email>fengjj@itshixun.com</email>
  </user>
  <user>
    <firstName>Jone</firstName>
    <lastName>Liu</lastName>
    <email>jone@itshixun.com</email>
  </user>
  <user>
    <firstName>Luncy</firstName>
    <lastName>Wang</lastName>
```

```
        <email>lucy@ithixun.com</email>
    </user>
</users>
```

JSON 格式和 XML 格式比较如下。
- 可读性：JSON 和 XML 的可读性可谓不相上下，XML 略占上风。
- 可扩展性：XML 天生有很好的扩展性，JSON 当然也有，没有什么是 XML 能扩展，JSON 不能的。
- 编码难度：XML 有丰富的编码工具，例如 Dom4j、JDom 等，JSON 也有 json.org 提供的工具，但是 JSON 的编码明显比 XML 容易许多，即使不借助工具也能写出 JSON 的代码，相比之下要写好 XML 就不太容易了。
- 解码难度：XML 的解析得考虑子结点父结点关系，让人头昏眼花，而 JSON 的解析难度几乎为零。
- 流行度：目前在 Ajax 领域，JSON 凭借自身的优势其流行度已远远超过 XML。

12.2.2 JSON 在 JavaScript 中的使用

JSON 是 JavaScript 的原生格式，这意味着在 JavaScript 中处理 JSON 数据不需要任何特殊的 API 或工具包。

在 JavaScript 中，可将一个 JSON 数据赋值给一个 JavaScript 变量。如下述示例所示。

【示例】 将 JSON 数据赋值给变量

```
var usersArray =
{ "users": [
{"firstName":"Jenny","lastName":"Feng","email":"fengjj@itshixun.com"},
{"firstName":"Jone","lastName":"Liu","email":"jone@itshixun.com"},
{"firstName":"Lucy","lastName":"Wang","email":"lucy@itshixun.com"}
] };
```

上述示例将创建一个 JavaScript 对象 usersArray。

在 JavaScript 中，可使用 JavaScript 对象的方式访问 JSON 数据。例如，获取上述示例中第 1 个用户的 firstName 信息。

【示例】 获取 JSON 数据中对象信息

```
usersArray.users[0].firstName
```

正如可以用点号和括号访问数据，也可以按照同样的方式对 JSON 数据进行修改。例如修改第 1 个示例中第 1 个用户的 email 信息。

【示例】 对 JSON 数据进行修改

```
usersArray.users[0].email = "jenny@itshixun.com";
```

JavaScript 可以使用 eval() 函数将 JSON 文本转化为 JavaScript 对象。例如，对 Ajax 请求响应结果(假设响应数据格式为 JSON)的转换。

【示例】 将 JSON 文本转换为 JavaScript 对象

```
//定义 JSON 文本变量
var text = "{\"province\" : \"江苏\", \"city\" : \"如皋\"}";
//将 JSON 文本转换为 JavaScript 对象
var jsonObj = eval("(" + text + ")");
//获取对象属性值
alert(jsonObj.city);
```

需要注意的是,在 eval()函数中使用额外的圆括号,可使 eval()函数将参数值无条件地视为表达式进行解析。

12.2.3 JSON 在 Ajax 中的使用

在 Ajax 应用中,XMLHttpRequest 对象可以通过 responseText 属性获取字符串格式的响应数据,或通过 responseXML 属性获取 XML 格式的响应数据。由于 XML 格式的数据比需要自定义规则的字符串格式的数据有着明显的优势,因此在早期的 Ajax 应用中,复杂结构的对象数据普遍会采用 XML 数据格式。随着 JSON 的出现和发展,越来越多的 Ajax 应用和 Ajax 框架开始支持 JSON 的使用。

以 12.1.5 小节中的通过区号获取省市信息功能为例,先简单介绍介绍一下 JSON 在 Ajax 中的使用。服务器端数据处理实现如代码 12-3 所示,客户端进行 Ajax 请求及数据获取实现如代码 12-4 所示。

【代码 12-3】 AjaxJSONServlet.java

```java
/**
 * Ajax 请求处理,响应 JSON 格式结果
 */
@WebServlet("/AjaxJSONServlet")
public class AjaxJSONServlet extends HttpServlet {
    private static final long serialVersionUID = 1L;

    public AjaxJSONServlet() {
        super();
    }

    protected void doGet(HttpServletRequest request, HttpServletResponse response) throws ServletException, IOException {
        // 使用 Map 模拟一个包含区号、省市的数据库,value 值改写为 JSON 对象格式
        Map<String,String> datas = new HashMap<String,String>();
        datas.put("0532", "{\"province\":\"山东\",\"city\":\"青岛\"}");
        datas.put("0351", "{\"province\":\"山西\",\"city\":\"太原\"}");
        datas.put("0474", "{\"province\":\"内蒙古\",\"city\":\"乌兰察布\"}");
        // 设置请求和响应内容编码
        request.setCharacterEncoding("UTF-8");
        response.setContentType("text/html;charset=UTF-8");
        // 获取 Ajax 请求数据
        String zipcode = request.getParameter("zipcode");
        // 根据区号从模拟数据库中查询省市信息
        String data = datas.get(zipcode);
        if(data == null){
            data = "{\"province\":\"Error\",\"city\":\"Error\"}";
        }
```

```
        // 将请求结果数据响应输出
        response.getWriter().print(data);
    }

    protected void doPost(HttpServletRequest request, HttpServletResponse response) throws
ServletException, IOException {
    }

}
```

【代码 12-4】 jsonDemo.jsp 中 Ajax 实现部分

```
<script type="text/javascript">
    // 定义一个全局的 XMLHttpRequest 对象
    var xhr = false;
    // 创建 XMLHttpRequest 对象
    function createXHR() {
        try {
            // 适用于 IE7+、Firefox、Chrome、Opera 和 Safari
            xhr = new XMLHttpRequest();
        } catch (e) {
            try {
                // 适用于 IE6、IE5
                xhr = new ActiveXObject("Microsoft.XMLHTTP");
            } catch (e1) {
                xhr = false;
            }
        }
        if (!xhr)
            alert("初始化 XMLHttpRequest 对象失败!");
    }
    // 进行 Ajax 请求和响应结果处理
    function ajaxProcess(obj) {
        // 创建 XMLHttpRequest 对象
        createXHR();
        // 获取请求数据
        var zipcode = obj.value;
        // 设定请求地址
        var url = "AjaxJSONServlet?zipcode=" + zipcode;
        // 建立对服务器的调用
        xhr.open("GET", url, true);
        // 指定响应事件处理函数
        xhr.onreadystatechange = function() {
            // 当 readyState 等于 4 且状态为 200 时,表示响应已就绪
            if (xhr.readyState == 4 && xhr.status == 200) {
                // 将响应的 JSON 格式数据转换为 JavaScript 对象
                var responseObj = eval("(" + xhr.responseText + ")");
                // 将响应数据更新到页面控件中显示
                document.getElementById("province").value = responseObj.province;
                document.getElementById("city").value = responseObj.city;
            }
        };
        // 向服务器发出请求
        xhr.send(null);
    }
</script>
```

通过上述实例可以看出,将服务器响应数据包装为 JSON 格式后,数据的表现形式更符合面向对象思想,客户端 JavaScript 对数据的解析更加方便。但是上述实例也有一个很大的弊端:响应数据向 JSON 格式转换的拼写过程非常烦琐且易出错。若服务器需要响应一个结构更为复杂、数据量更为庞大的数据对象(例如,从数据库中查询出的一个 List 集合对象数据),那么转换过程将更加费时。因此,在实际开发中,Java 对象和 JSON 数据之间的互相转换通常使用第三方插件来协助完成,例如:JSON-Lib、Jackson、Gson 和 FastJson 等。这些插件不仅适用于 JSON 格式数据,同样也适用于 XML 格式数据。插件的应用可以大大地提高开发效率,同时也降低了数据转换过程的出错率。

以 Jackson 为例,从 Jackson 官网 http://jackson.codehaus.org/下载最新版本的 Jackson 插件:jackson-databind-2.5.0.jar、jackson-core-2.5.0.jar 和 jackson-annotation-2.5.0.jar。Jackson 可以轻松地将 Java 对象转换成 JSON 对象和 XML 文档,同样也可以将 JSON、XML 转换成 Java 对象。Jackson 在性能、论坛活跃度和版本更新方面也都有很好表现。

使用 Jackson 插件后,上述根据区号查询省市信息的示例代码改进如下。

【代码 12-5】 **AjaxJacksonServlet.java**

```java
package com.qst.chapter12.servlet;

import java.io.IOException;
import java.util.HashMap;
import java.util.Map;

import javax.servlet.ServletException;
import javax.servlet.annotation.WebServlet;
import javax.servlet.http.HttpServlet;
import javax.servlet.http.HttpServletRequest;
import javax.servlet.http.HttpServletResponse;

import com.fasterxml.jackson.databind.ObjectMapper;
import com.qst.chapter12.javabean.AreaBean;

/**
 * 使用 Jackson 插件实现对象向 JSON 的转换
 */
@WebServlet("/AjaxJacksonServlet")
public class AjaxJacksonServlet extends HttpServlet {
    private static final long serialVersionUID = 1L;

    public AjaxJacksonServlet() {
        super();
    }

    protected void doGet(HttpServletRequest request, HttpServletResponse response) throws ServletException, IOException {
        //定义 3 个区域信息对象,模拟 3 条表记录
        AreaBean area1 = new AreaBean("0532", "山东", "青岛");
        AreaBean area2 = new AreaBean("0351", "山西", "太原");
        AreaBean area3 = new AreaBean("0474", "内蒙古", "乌兰察布");
        // 使用 Map 模拟一个包含区域信息的数据库
        Map<String,AreaBean> datas = new HashMap<String,AreaBean>();
        datas.put(area1.getZipcode(), area1);
```

```java
        datas.put(area2.getZipcode(), area2);
        datas.put(area3.getZipcode(), area3);
        // 设置请求和响应内容编码
        request.setCharacterEncoding("UTF-8");
        response.setContentType("text/html;charset=UTF-8");
        // 获取 Ajax 请求数据
        String zipcode = request.getParameter("zipcode");
        // 根据区号从模拟数据库中查询省市信息
        AreaBean data = datas.get(zipcode);
        if(data == null){
            data = new AreaBean("", "未知", "未知");
        }
        // 创建 Jackson 插件的 ObjectMapper 对象
        ObjectMapper mapper = new ObjectMapper();
        // 将一个 Java 对象转换成 JSON
        mapper.writeValue(response.getWriter(), data);
    }

    protected void doPost(HttpServletRequest request, HttpServletResponse response) throws ServletException, IOException {
    }

}
```

【代码 12-6】 AreaBean.java

```java
/**
 * 区域信息 JavaBean
 * @author QST
 *
 */
public class AreaBean {

    private String zipcode;

    private String province;

    private String city;

    public AreaBean(){

    }

    public AreaBean(String zipcode, String province, String city) {
        super();
        this.zipcode = zipcode;
        this.province = province;
        this.city = city;
    }

    public String getZipcode() {
        return zipcode;
    }
```

```java
    public void setZipcode(String zipcode) {
        this.zipcode = zipcode;
    }

    public String getProvince() {
        return province;
    }

    public void setProvince(String province) {
        this.province = province;
    }

    public String getCity() {
        return city;
    }

    public void setCity(String city) {
        this.city = city;
    }
}
```

【代码 12-7】 jsonJacksonDemo.jsp 中 Ajax 实现部分

```javascript
<script type="text/javascript">
    // 定义一个全局的 XMLHttpRequest 对象
    var xhr = false;
    // 创建 XMLHttpRequest 对象
    function createXHR() {
        try {
            // 适用于 IE7+、Firefox、Chrome、Opera 和 Safari
            xhr = new XMLHttpRequest();
        } catch (e) {
            try {
                // 适用于 IE6 和 IE5
                xhr = new ActiveXObject("Microsoft.XMLHTTP");
            } catch (e1) {
                xhr = false;
            }
        }
        if (!xhr)
            alert("初始化 XMLHttpRequest 对象失败!");
    }
    // 进行 Ajax 请求和响应结果处理
    function ajaxProcess(obj) {
        // 创建 XMLHttpRequest 对象
        createXHR();
        // 获取请求数据
        var zipcode = obj.value;
        // 设定请求地址
        var url = "AjaxJacksonServlet?zipcode=" + zipcode;
        // 建立对服务器的调用
        xhr.open("GET", url, true);
        // 指定响应事件处理函数
```

```
            xhr.onreadystatechange = function() {
                // 当 readyState 等于 4 且状态为 200 时,表示响应已就绪
                if (xhr.readyState == 4 && xhr.status == 200) {
                    // 将响应的 JSON 格式数据转换为 JavaScript 对象
                    var responseObj = eval("(" + xhr.responseText +")");
                    // 将响应数据更新到页面控件中显示
                    document.getElementById("province").value =
                                                    responseObj.province;
                    document.getElementById("city").value = responseObj.city;
                    var responseObj = eval("(" + xhr.responseText +")");
                }
            };
            // 向服务器发出请求
            xhr.send(null);
        }
    </script>
```

12.3 jQuery 技术

12.3.1 jQuery 简介

jQuery 是一个免费、开源、兼容多浏览器的 JavaScript 库,其核心理念是:write less, do more(写得更少,做得更多)。jQuery 在 2006 年 1 月由美国人 John Resig 在纽约的 barcamp 发布,吸引了来自世界各地的众多 JavaScript 高手加入,由 Dave Methvin 率领团队进行开发。如今,jQuery 已经成为最流行的 JavaScript 库,在世界前 10000 个访问最多的网站中,有超过 55% 在使用 jQuery。

jQuery 的语法设计可以使开发者操作更加便捷,例如操作文档对象、选择 DOM 元素、制作动画效果、事件处理、使用 Ajax 以及其他功能。除此以外,jQuery 提供 API 让开发者编写插件。其模块化的使用方式使开发者可以很轻松地开发出功能强大的静态或动态网页。

这里仅对 jQuery 的核心功能做一个简单的介绍。

1. DOM 的遍历和操作

下述示例从页面中选择一个 class 名称为 continue 的<button>元素,并将其提示信息设为 Next Step…。

【示例】

```
$( "button.continue" ).html( "Next Step…" )
```

2. 事件处理

下述示例从页面中选择一个 id 值为 banner-message 的隐藏对象,在 id 值为 button-container 的按钮被单击时,使其变为可见的。

【示例】

```
var hiddenBox = $( "#banner-message" );
$( "#button-container" ).on( "click", function( event ) {
    hiddenBox.show();
});
```

3. 对 Ajax 的实现

下述示例向服务器端发送 Ajax 异步请求,请求地址为/api/getWeather;请求参数为 zipcode=97201;在响应成功时,用响应数据更新 id 值为 weather-temp 元素的内容。

【示例】

```
$.ajax({
  url: "/api/getWeather",
  data: {
    zipcode: 97201
  },
  success: function( data ) {
    $( "#weather-temp" ).html( "<strong>" + data + "</strong> degrees" );
  }
});
```

12.3.2 jQuery 对 Ajax 的实现

jQuery 提供多个与 Ajax 有关的方法。通过 jQuery Ajax 方法,能够使用 HTTP GET 或 HTTP POST 请求从远程服务器上请求文本、HTML、XML 或 JSON 数据,同时能够把这些外部数据载入网页的被选元素中。

下面将分别对 jQuery 提供的 Ajax 实现方法进行介绍。

1. ajax()方法

jQuery 底层 Ajax 实现(简单易用的高层实现可参见 $.get()、$.post()等方法)。$.ajax()方法返回其创建的 XMLHttpRequest 对象。大多数情况下无须直接操作该对象,但特殊情况下可用于手动终止请求。

$.ajax()只有一个参数:参数 key/value 对象。包含各配置及回调函数信息。其语法格式如下。

【语法】

```
$.ajax(options)
```

其中:
- options:表示 Ajax 的请求设置,所有选项都是可选的;
- 方法返回 XMLHttpRequest 对象。

其具体的参数及含义如表 12-4 所示。

第 12 章　Ajax 技术

表 12-4　ajax() 方法参数及含义

属　　性	描　　述
async（Boolean）	默认 true。默认设置下,所有请求均为异步请求。如果需要发送同步请求,请将此选项设置为 false。注意,同步请求将锁住浏览器,用户其他操作必须等待请求完成才可以执行
beforeSend（Function）	发送请求前可修改 XMLHttpRequest 对象的函数,如添加自定义 HTTP 头。XMLHttpRequest 对象是唯一的参数
cache（Boolean）	默认 true,dataType 为 script 时默认为 false。jQuery 1.2 新功能,设置为 false 将不会从浏览器缓存中加载请求信息
complete（Function）	请求完成后回调函数（请求成功或失败时均调用）。参数：XMLHttpRequest 对象和一个描述成功请求类型的字符串
contentType（String）	默认 "application/x-www-form-urlencoded",发送信息至服务器时内容编码类型。默认值适合大多数应用场合
data（Object, String）	发送到服务器的数据。将自动转换为请求字符串格式。GET 请求中将附加在 URL 后。查看 processData 选项说明以禁止此自动转换。必须为 Key/Value 格式。如果为数组,jQuery 将自动为不同值对应同一个名称。如{foo:["bar1","bar2"]}转换为'&foo=bar1&foo=bar2'
dataFilter（Function）	给 Ajax 返回的原始数据的进行预处理的函数。提供 data 和 type 两个参数：data 是 Ajax 返回的原始数据,type 是调用 jQuery.ajax 时提供的 dataType 参数。函数返回的值将由 jQuery 进一步处理
dataType（String）	预期服务器返回的数据类型。如果不指定,jQuery 将自动根据 HTTP 包 MIME 信息返回 responseXML 或 responseText,并作为回调函数参数传递,可用值如下。 "xml"：返回 XML 文档,可用 jQuery 处理。 "html"：返回纯文本 HTML 信息；包含 script 元素。 "script"：返回纯文本 JavaScript 代码。不会自动缓存结果。除非设置了"cache"参数。 "json"：返回 JSON 数据。 "jsonp"：JSONP 格式。使用 JSONP 形式调用函数时,如"myurl?callback=?",jQuery 将自动替换 ? 为正确的函数名,以执行回调函数。 "text"：返回纯文本字符串
error（Function）	默认自动判断 xml 或 html 请求失败时调用事件。参数：XMLHttpRequest 对象、错误信息和捕获的错误对象（可选）
global（Boolean）	默认 true。是否触发全局 Ajax 事件。设置为 false 将不会触发全局 Ajax 事件,如 ajaxStart 或 ajaxStop 可用于控制不同的 Ajax 事件
ifModified（Boolean）	默认 false。仅在服务器数据改变时获取新数据。使用 HTTP 包 Last-Modified 头信息判断
jsonp（String）	在一个 jsonp 请求中重写回调函数的名字。这个值用来替代在"callback=?"这种 GET 或 POST 请求中 URL 参数里的"callback"部分,例如{jsonp:'onJsonPLoad'}会导致将"onJsonPLoad=?"传给服务器
password（String）	用于响应 HTTP 访问认证请求的密码
processData（Boolean）	默认 true。默认情况下,发送的数据将被转换为对象（技术上讲并非字符串）以配合默认内容类型 "application/x-www-form-urlencoded"。如果要发送 DOM 树信息或其他不希望转换的信息,请设置为 false
scriptCharset（String）	只有当请求时 dataType 为"jsonp"或"script",并且 type 是"GET"才会用于强制修改 charset。通常在本地和远程的内容编码不同时使用
success（Function）	请求成功后回调函数。参数：服务器返回数据,数据格式

续表

属性	描述
timeout（Number）	设置请求超时时间(毫秒)。此设置将覆盖全局设置
type（String）	默认"GET"，请求方式（"POST" 或 "GET"），默认为 "GET"。注意,其他 HTTP 请求方法,如 PUT 和 DELETE 也可以使用,但仅部分浏览器支持
url（String）	默认当前页地址,发送请求的地址
username（String）	用于响应 HTTP 访问认证请求的用户名

【示例】

```
$.ajax({
    url:'/ExampleServlet',
    type:'post',
    dataType:'json',
    success:function(data){
        alert('成功!');
        alert(data);
    },
    error:function(){
        alert('内部错误!');
    }
});
```

【示例】

```
$.ajax({
    async : false,
    type: "POST",
    url: "example.jsp",
    data: "name = John&location = Boston"
}).success(function(msg){
    alert("Data Saved: " + msg);
}).error(function(xmlHttpRequest, statusText, errorThrown) {
    alert(
        "Your form submission failed.\n\n"
        + "XML Http Request: " + JSON.stringify(xmlHttpRequest)
        + ",\nStatus Text: " + statusText
        + ",\nError Thrown: " + errorThrown);
});
```

第 2 个示例中发送 name＝John 和 location＝Boston 两个数据给服务端的 example.jsp，请求成功后会提示用户。async 默认的设置值为 true,这种情况为异步方式,表示当 Ajax 发送请求后,在等待 Server 端返回的这个过程中,前台会继续执行 Ajax 块后面的脚本,直到 Server 端返回正确的结果才会去执行 success。这时执行的是两个线程：Ajax 块发出请求后的一个线程和 Ajax 块后面的脚本所执行的另一个线程。

2. load()方法

load()方法是 jQuery 中最为简单和常用的 Ajax 方法。load()方法从服务器加载数据,并把返回的数据放入被选元素中。

【语法】

```
$(selector).load(url,data,callback);
```

其中：
- url 为必需参数，指定需要加载的 URL；
- data 为可选参数，规定与请求一同发送的查询字符串键/值对集合；
- callback 为可选参数，请求成功完成时的回调函数。

【示例】

```
<div id="info"></div>
$("#info").load("infoList.jsp", {limit: 25}, function(){
  alert("25 条信息装载完成!");
});
```

3. get()和 post()方法

jQuery get()和 post()方法用于通过 HTTP GET 或 POST 请求从服务器请求数据。GET 基本上用于从服务器获得(取回)数据，get()方法可能返回缓存数据；POST 也可用于从服务器获取数据。不过，post()方法不会缓存数据，并且常用于连同请求一起发送数据。

get()和 post()方法中的回调函数仅在请求成功时可调用。如果需要在出错时执行函数，需要使用$.ajax()。

【语法】 get()方法

```
$.get(url,data,callback);
```

其中：
- url 为必需参数，规定希望请求的 URL；
- data 为可选参数，规定连同请求发送的数据；
- callback 为可选参数，请求成功完成时的回调函数。

【语法】 post()方法

```
$.post(url,data,callback);
```

- url 为必需参数，规定希望请求的 URL；
- data 为可选参数，规定连同请求发送的数据；
- callback 为可选参数，请求成功完成时的回调函数。

【示例】 get()方法示例

```
$.get("test.jsp", { name: "John", time: "2pm" },
  function(data){
    alert("Data Loaded: " + data);
  });
```

【示例】 post()方法示例

```
$.post("test.jsp", { name: "John", time: "2pm" },
  function(data){
    alert("Data Loaded: " + data);
  });
```

4. getJSON()方法

通过 HTTP GET 请求载入 JSON 数据,并尝试将其转为对应的 JavaScript 对象。

【语法】

```
$.getJSON(url,data,callback);
```

【示例】

```javascript
// 从 test.jsp 载入 JSON 数据,附加参数,显示 JSON 数据中一个 name 字段数据
$.getJSON("test.jsp", { name: "John", time: "2pm" }, function(json){
  alert("JSON Data: " + json.users[3].name);
});
```

12.3.3 基于 jQuery 的 Ajax 应用

jQuery 在 Web 应用中的使用非常方便,可以分为如下两个步骤:

(1) 下载 jQuery 插件的 JavaScrip 库,导入 Web 项目;

(2) 在网页中引入 jQuery 的 JavaScript 库。

以上述根据区号进行省市查询为例,jQuery 对其实现方式如下。

首先从 jQuery 官方网站 http://jquery.com/download/下载最新版本 jQuery 插件:jquery-2.1.3.min.js,将其复制到项目开发目录的 WebContent/js 目录下。然后通过＜script type="text/javascript" src="js/jquery-2.1.3.min.js"＞＜/script＞代码将 jquery-2.1.3.min.js 引入当前页面中。功能实现代码如下所示。

【代码 12-8】 jqueryAjaxDemo.jsp

```html
<!DOCTYPE html PUBLIC "-//W3C//DTD HTML 4.01 Transitional//EN"
    "http://www.w3.org/TR/html4/loose.dtd">
<html>
<head>
<meta http-equiv="Content-Type" content="text/html; charset=UTF-8">
<title>基于 jQuery 的 Ajax 应用</title>
<script type="text/javascript" src="js/jquery-2.1.3.min.js"></script>
<script type="text/javascript">
//进行 Ajax 请求和响应结果处理
function ajaxProcess(obj) {
    // 获取请求数据
    var zipcode = obj.value;

    $.getJSON("AjaxJacksonServlet", { "zipcode": zipcode }, function(json){
        // 将响应数据更新到页面控件中显示
        document.getElementById("province").value = json.province;
        document.getElementById("city").value = json.city;
    });

    /* get()方法实现方式
    $.get("AjaxJacksonServlet", { "zipcode": zipcode },function(data){
        // 将响应的 JSON 格式数据转换为 JavaScript 对象
        var responseObj = eval("(" + data + ")");
```

```
            // 将响应数据更新到页面控件中显示
            document.getElementById("province").value = responseObj.province;
            document.getElementById("city").value = responseObj.city;
        }); */
    }
</script>
</head>
<body>
    <h2>获取区号对应的省市信息</h2>
    <p>
        区号：<input name="zipcode" id="zipcode" type="text"
            onblur="ajaxProcess(this)">
    </p>
    <p>
        省：<input name="province" id="province" type="text">
    </p>
    <p>
        市：<input name="city" id="city" type="text">
    </p>
</body>
</html>
```

在上述实例中，分别使用 getJSON() 和 get() 方法进行了 Ajax 的请求和响应结果的处理。通过对比可以看出，当响应结果为 JSON 格式数据时，使用 getJSON() 方法可以省略掉 JSON 文本向 JavaScript 对象的转换过程，使开发更加便捷。

12.4 贯穿任务实现

【任务 12-1】注册邮箱的唯一性验证

本任务使用 Ajax 技术实现 Q-ITOffer 锐聘网站贯穿项目中的任务 12-1 注册邮箱的唯一性验证功能。任务完成效果如图 12-7 所示。

图 12-7 注册页面

本任务实现包括以下组件。

● register.jsp：注册页面，本任务使用 Ajax 技术，通过异步请求实现注册邮箱唯一性的验证，提高用户注册的体验度。

● ApplicantRegisgterServlet.java：对求职者注册请求处理的 Servlet，本任务中增加处理 Ajax 异步请求的邮箱唯一性验证功能。

其中，注册页面 register.jsp 中对 Ajax 的请求和结果获取部分的代码实现如下。

【任务 12-1】 register.jsp 部分代码

```jsp
<%@ page language="java" contentType="text/html; charset=UTF-8"
    pageEncoding="UTF-8" errorPage="/error.jsp" %>
<html>
<head>
<meta http-equiv="Content-Type" content="text/html; charset=UTF-8">
<title>注册 - 锐聘网</title>
<script type="text/javascript">
    var xhr = false;
    function createXHR() {
        try {
            xhr = new XMLHttpRequest();
        } catch (e) {
            try {
                xhr = new ActiveXObject("Microsoft.XMLHTTP");
            } catch (e1) {
                xhr = false;
            }
        }
        if (!xhr)
            alert("初始化 XMLHttpRequest 对象失败!");
    }
    function ajaxValidate(emailObj){
        createXHR();
        var url = "ApplicantRegisterServlet";
        var content = "type=emailAjaxValidate&email=" + emailObj.value;
        xhr.open("POST", url, true);
        xhr.onreadystatechange = function() {
            if (xhr.readyState == 4 & xhr.status == 200) {
                document.getElementById("emailValidate").innerHTML =
                    xhr.responseText;
            }
        };
        xhr.setRequestHeader("Content-Length",content.length);
        xhr.setRequestHeader("CONTENT-TYPE",
        "application/x-www-form-urlencoded");
        xhr.send(content);
    }
</script>
</head>
<body>
...
<div class="span1">
    <label class="tn-form-label">邮箱：</label>
    <input class="tn-textbox" type="text" name="email"
```

```
                        id = "email" onblur = "ajaxValidate(this)">
            <label style = "color: red" id = "emailValidate"></label>
</div>
...
</body>
</html>
```

注册请求处理的 ApplicantRegisgterServlet 中增加的对 Ajax 请求处理部分代码如下。

【任务 12-1】 ApplicantRegisterServlet.java 部分代码

```java
@WebServlet("/ApplicantRegisterServlet")
public class ApplicantRegisterServlet extends HttpServlet {
    ...
    protected void doPost(HttpServletRequest request,
            HttpServletResponse response) throws ServletException, IOException {
        // 设置请求和响应编码
        request.setCharacterEncoding("UTF-8");
        response.setContentType("text/html;charset=UTF-8");
        PrintWriter out = response.getWriter();
        // 获取请求参数
        String type = request.getParameter("type");
        String email = request.getParameter("email");
        // 判断是否是使用 Ajax 请求进行 email 唯一性验证
        if("emailAjaxValidate".equals(type)){
            ApplicantDAO dao = new ApplicantDAO();
            boolean flag = dao.isExistEmail(email);
            if(flag)
                out.print("邮箱已被注册!");
            else
                out.print("邮箱可以使用!");
        }else{
            ...
        }
}
```

本章总结

小结

- Ajax(Asynchronous JavaScript And XML，异步 JavaScript 和 XML)是一种对传统 Web 应用模式加以扩展的技术，通过异步请求方式对网页的局部进行更新，改善了传统网页(不使用 Ajax)需要更新内容，必须重载整个网页的情况。
- XMLHttpRequest 实质上是一个 JavaScript 对象，是 Ajax 的核心，使用这个对象，可以在客户端向服务器发起 HTTP 请求，并且可以访问和处理服务器发回的应答数据。
- JSON(JavaScript Object Notation)是基于 JavaScript 的一种轻量级的数据交换格式，采用完全独立于语言的文本格式，使用了类似于 C 语言家族的习惯，这些特性使 JSON 成为理想的数据交换语言。
- JSON 有两种结构："名/值"对的集合(在不同的语言中，它被理解为对象、结构和关联数组等);值的有序列表(在大部分语言中,它被理解为数组)。
- JSON 是 JavaScript 的原生格式,在 JavaScript 中可将一个 JSON 数据赋值给一个 JavaScript 变量,可使用 JavaScript 对象的方式访问 JSON 数据,可将 JSON 文本转化为 JavaScript 对象。
- jQuery 是一个免费、开源、兼容多浏览器的 JavaScript 库,其核心理念是:write less,do more(写得更少,做得更多)。
- jQuery 的语法设计可以使开发者操作更加便捷,例如操作文档对象、选择 DOM 元素、制作动画效果、事件处理、使用 Ajax 以及其他功能。
- jQuery 提供多个与 Ajax 有关的方法。通过 jQuery 的 Ajax 方法,能够使用 HTTP GET 或 HTTP POST 请求从远程服务器上请求文本、HTML、XML 或 JSON 数据,同时能够把这些外部数据直接载入网页的被选元素中。

Q&A

1. 问题:Ajax 异步请求与传统同步请求方式有何区别。

回答:传统 Web 应用采用"发送请求—等待—发送请求—等待"的同步请求方式。Ajax 请求是异步的,或者说是非阻塞的。Ajax 应用通过在客户端浏览器和服务器之间引入一个媒介 Ajax Engine 来发送异步请求,客户端可以在响应未到达之前继续当前页面的其他操作,由 Ajax Engine 继续监听服务器的响应状态,在服务器完成响应后,获取响应结果更新当前页面内容。

2. 问题:什么是 JSON,有何实用价值。

回答:JSON(JavaScript Object Notation)是基于 JavaScript 的一种轻量级的数据交换格式,简单易用。JSON 有两种结构:"名/值"对的集合(在不同的语言中,它被理解为对象、结构或关联数组等);值的有序列表(在大部分语言中,它被理解为数组)。在 JavaScript 中可以很容易地对 JSON 数据进行操作,在 Ajax 应用中,JSON 也是客户端和服务器所交换数据的首选格式。同时,JSON 的市场应用也非常活跃,涌现出了大批优秀的插件对各种高级语言使用 JSON 进行支持。

3. 问题:jQuery 框架提供了哪些方法对 Ajax 进行支持。

回答:主要包括 ajax()、load()、get() 和 post() 和 getJSON() 等。其中:ajax() 方法是 jQuery 底层 Ajax 的实现;load() 方法用于从服务器加载数据,并把返回的数据放入被选元素中;get() 和 post() 方法用于通过 HTTP GET 或 POST 请求从服务器请求数据;getJSON() 方法通过 HTTP GET 请求载入 JSON 数据。

本章练习

习题

1. 以下_____技术不是 Ajax 技术体系的组成部分。
   A. XMLHttpRequest　　　　　　　　B. DHTML
   C. CSS　　　　　　　　　　　　　　D. DOM

2. XMLHttpRequest 对象有_____个返回状态值。
   A. 3　　　　B. 4　　　　C. 5　　　　D. 6
3. 在对象 XMLHttpRequet 的属性 streadState 值为_____表示异步访问服务器通信已经完成。
   A. 1　　　　B. 2　　　　C. 3　　　　D. 4
4. Ajax 术语是由_____公司或组织最先提出的。
   A. Google　　　　　　　　B. IBM
   C. Adaptive Path　　　　　D. Dojo Foundation
5. 以下 Web 应用不属于 Ajax 应用的是_____。
   A. Hotmail　　B. Gmaps　　C. Flickr　　D. Windows Live

上机

1. 训练目标：Ajax 技术的理解和使用。

培养能力	Ajax 技术的应用能力		
掌握程度	★★★★★	难度	中
代码行数	100	实施方式	编码强化
结束条件	独立编写，不出错		
参考训练内容			
使用 Ajax 技术实现对一个注册表单用户名唯一性的验证			

2. 训练目标：Ajax 和 JSON 技术的理解和使用。

培养能力	JSON 技术的应用能力		
掌握程度	★★★★★	难度	中
代码行数	150	实施方式	编码强化
结束条件	独立编写，不出错		
参考训练内容			
使用 Ajax 和 JSON 技术实现向一个 Servlet 请求一个对象集合类，并对集合类信息进行遍历显示在 JSP 页面上			

附录 A JDK的安装配置

A.1 下载 JDK

进入 Oracle 官方网站可以下载最新版本的 JDK。

Oracle 官方网站 http://www.oracle.com
JDK8 的下载地址 http://www.oracle.com/technetwork/java/javase/downloads/jdk8-downloads-2133151.html

JDK8 的下载页面，如图 A.1 所示。

图 A.1 JDK8 下载页面

下载 JDK8 的 Windows X86 版本，即 jdk-8u5-windows-i588.exe 文件，如图 A.2 所示。

注意

由于不同版本的下载地址会经常发生变化，最有效的方法是访问官方网站，通过导航找到下载页面。

Java SE Development Kit 8u5

You must accept the Oracle Binary Code License Agreement for Java SE to download this software.

Accept License Agreement　Decline License Agreement

Product / File Description	File Size	Download
Linux x86	133.58 MB	jdk-8u5-linux-i586.rpm
Linux x86	152.5 MB	jdk-8u5-linux-i586.tar.gz
Linux x64	133.87 MB	jdk-8u5-linux-x64.rpm
Linux x64	151.64 MB	jdk-8u5-linux-x64.tar.gz
Mac OS X x64	207.79 MB	jdk-8u5-macosx-x64.dmg
Solaris SPARC 64-bit (SVR4 package)	135.68 MB	jdk-8u5-solaris-sparcv9.tar.Z
Solaris SPARC 64-bit	95.54 MB	jdk-8u5-solaris-sparcv9.tar.gz
Solaris x64 (SVR4 package)	135.9 MB	jdk-8u5-solaris-x64.tar.Z
Solaris x64	93.19 MB	jdk-8u5-solaris-x64.tar.gz
Windows x86	151.71 MB	jdk-8u5-windows-i586.exe
Windows x64	155.18 MB	jdk-8u5-windows-x64.exe

Java SE Development Kit 8u5 Demos and Samples Downloads

Java SE Development Kit 8u5 Demos and Samples Downloads are released under the Oracle BSD License.

Product / File Description	File Size	Download
Linux x86	52.66 MB	jdk-8u5-linux-i586-demos.rpm
Linux x86	52.65 MB	jdk-8u5-linux-i586-demos.tar.gz
Linux x64	52.72 MB	jdk-8u5-linux-x64-demos.rpm
Linux x64	52.7 MB	jdk-8u5-linux-x64-demos.tar.gz
Mac OS X	53.42 MB	jdk-8u5-macosx-x86_64-demos.zip
Solaris SPARC 64-bit	12.15 MB	jdk-8u5-solaris-sparcv9-demos.tar.Z
Solaris SPARC 64-bit	8.29 MB	jdk-8u5-solaris-sparcv9-demos.tar.gz
Solaris x64	12.2 MB	jdk-8u5-solaris-x64-demos.tar.Z
Solaris x64	8.24 MB	jdk-8u5-solaris-x64-demos.tar.gz
Windows x86	54.45 MB	jdk-8u5-windows-i586-demos.zip
Windows x64	54.55 MB	jdk-8u5-windows-x64-demos.zip

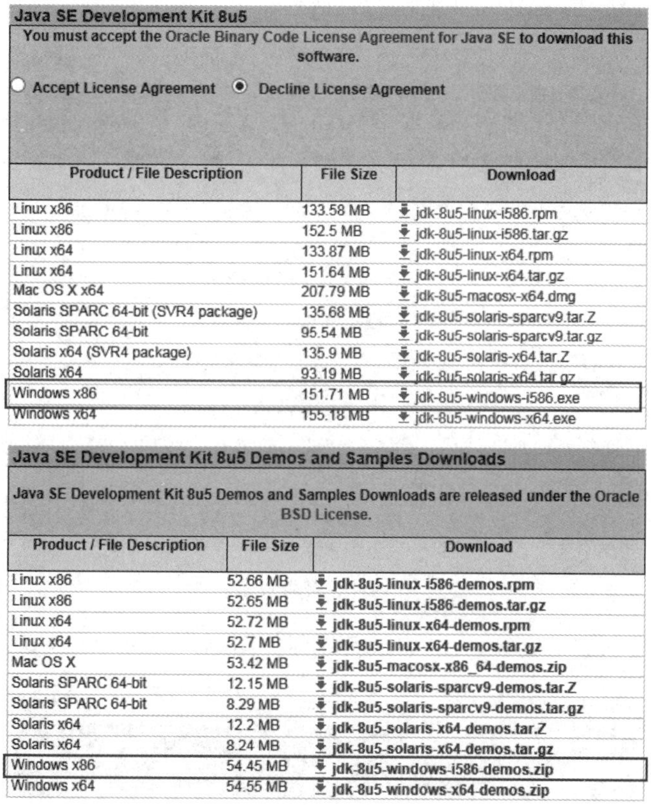

图 A.2　下载 Windows X86 版本

A.2　安装 JDK

运行 JDK 的安装文件，如图 A.3 所示。

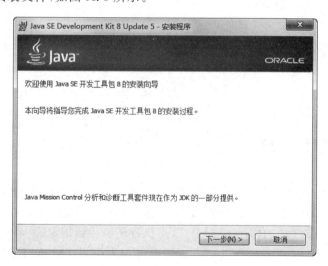

图 A.3　JDK 安装向导

单击"下一步"按钮,出现图 A.4 所示的对话框。

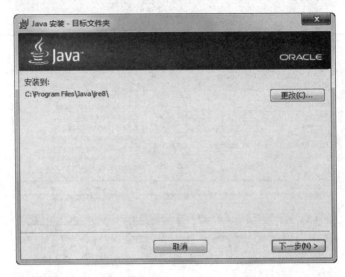

图 A.4　安装目录

单击"下一步"按钮进行安装,安装完成后界面如图 A.5 所示。

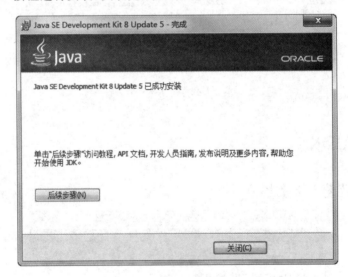

图 A.5　JDK 安装成功

A.3　配置环境变量

配置环境变量主要是在操作系统的系统属性中配置 PATH 和 CLASSPATH 两个变量:
- 配置 PATH 的作用,为了让操作系统找到指定的工具程序;
- 配置 CLASSPATH 的作用,就是让 Java 执行环境找到指定的 Java 程序。

在配置 PATH 和 CLASSPATH 两个环境变量前先配置 JAVA_HOME(JDK 安装根目录),以便使用和维护。

```
JAVA_HOME = C:\Program Files\Java\jdk1.8.0_05
PATH = %JAVA_HOME%\bin
CLASSPATH = .;%JAVA_HOME%\lib\dt.jar;%JAVA_HOME%\lib\tools.jar
```

右键单击"我的电脑→属性",如图 A.6 所示。

出现图 A.7 所示窗口。

图 A.6 属性

图 A.7 高级系统设置

选择左侧的"高级系统设置"选项,弹出图 A.8 所示对话框。

单击"环境变量"按钮,出现图 A.9 所示的"环境变量"对话框。

图 A.8 环境变量

图 A.9 系统变量

在系统变量中单击"新建"按钮,建立 JAVA_HOME 变量,输入 JDK 的安装根目录,如图 A.10 所示。

单击"确定"后,再继续新建 CLASSPATH 变量,并设置值为".;%JAVA_HOME%/lib/dt.jar;%JAVA_HOME%/lib/tools.jar"(Java 类、包的路径),如图 A.11 所示。

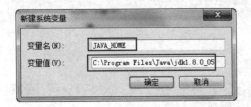

图 A.10　JAVA_HOME 设置

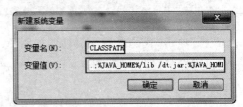

图 A.11　CLASSPATH 设置

单击"确定"后,选中系统变量 Path,将 JDK 的 bin 路径设置进去,如图 A.12 所示。

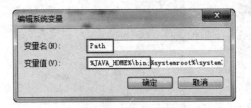

图 A.12　Path 设置

Path 环境变量中通常已经存在一些值,可以使用";"跟前面的路径隔开,再把路径"%JAVA_HOME%/bin"附加上。

附录 B Eclipse的安装配置

B.1 下载 Eclipse

进入 Eclipse 官方网站可以下载最新版本的 Eclipse 安装文件。

Eclipse 官方网站 http://www.eclipse.org
Eclipse 下载地址 http://www.eclipse.org/downloads/download.php?file=/technology/epp/downloads/release/luna/R/eclipse-jee-luna-R-win32.zip

Eclipse 下载页面如图 B.1 所示。

图 B.1 Eclipse 下载页面

B.2 安装 Eclipse

将下载的 Eclipse 安装文件 eclipse-jee-luna-R-win32.zip，直接解压即可使用，解压后的目录如图 B.2 所示。

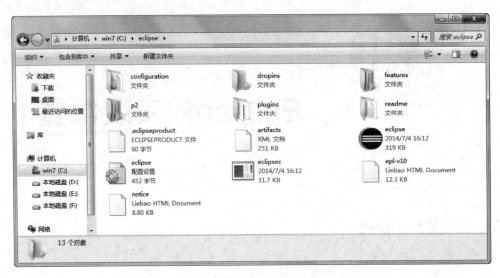

图 B.2　Eclipse 解压后的目录

B.3　选择 Eclipse 工作区

单击 eclipse.exe 启动开发环境,第 1 次运行 Eclipse,启动向导会让选择 Workspace(工作区),如图 B.3 所示。

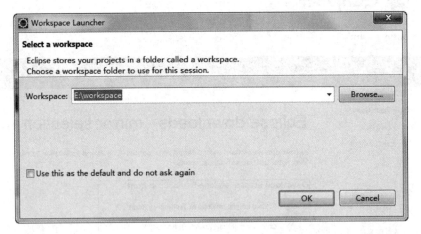

图 B.3　工作区目录设置

在 Workspace 中输入某个路径,例如 E:\workspace,这表示接下来的代码和项目设置都将保存到该工作目录下。

上述步骤做完后,单击 OK 按钮进行启动。

B.4　Eclipse 启动

Eclipse 启动时会显示图 B.4 所示界面。

附录 B　Eclipse的安装配置

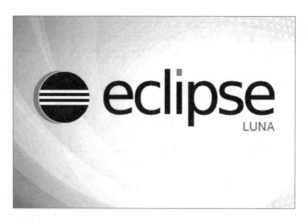

图 B.4　Eclipse启动画面

启动成功后,如果是第1次运行 Eclipse,则会显示图 B.5 欢迎页面。

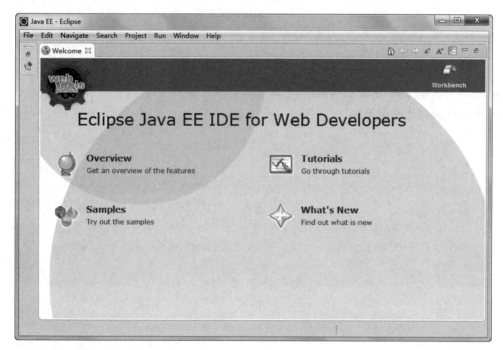

图 B.5　Eclipse 欢迎页面

单击 Welcome 标签页上的关闭按钮关闭欢迎页面,将显示开发环境布局界面,如图 B.6 所示。

开发环境分为如下几个部分。

- 顶部为菜单栏、工具栏;
- 右上角为 IDE 的透视图,用于切换 Eclipse 不同的视图外观。通常根据开发项目的需要切换不同的视图,如普通的 Java 项目则选择 ![Java] ,而 Java Web 项目则选择 ![Java EE] 。还有许多其他透视图可以单击 ![图标] 显示;
- 左侧为项目资源导航,主要有包资源管理器;
- 右侧为程序文件分析工具,主要有大纲、任务列表;

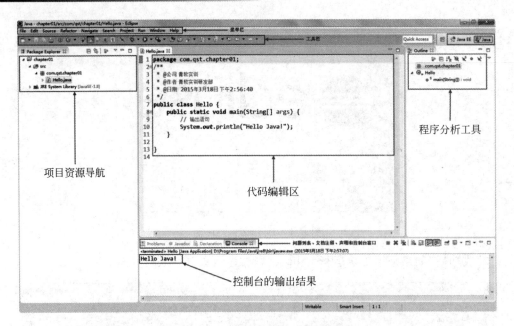

图 B.6　Eclipse 开发环境布局

- 底部为显示区域，主要有编译问题列表、运行结果输出等；
- 中间区域为代码编辑区。

附录 C HTTP响应状态码及其含义

状态码	含 义
100	客户端应当继续发送请求。这个临时响应是用来通知客户端它的部分请求已经被服务器接收,且仍未被拒绝。客户端应当继续发送请求的剩余部分,或者如果请求已经完成,忽略这个响应。服务器必须在请求完成后向客户端发送一个最终响应
101	服务器已经理解了客户端的请求,并将通过Upgrade消息头通知客户端采用不同的协议来完成这个请求。在发送完这个响应最后的空行后,服务器将会切换到在Upgrade消息头中定义的那些协议。 只有在切换新的协议更有好处的时候才应该采取类似措施。例如,切换到新的HTTP版本比旧版本更有优势,或者切换到一个实时且同步的协议以传送利用此类特性的资源
102	由WebDAV(RFC 2518)扩展的状态码,代表处理将被继续执行
200	请求已成功,请求所希望的响应头或数据体将随此响应返回
201	请求已经被实现,而且有一个新的资源已经依据请求的需要而建立,且其URI已经随Location头信息返回。假如需要的资源无法及时建立的话,应当返回'202 Accepted'
202	服务器已接受请求,但尚未处理。正如它可能被拒绝一样,最终该请求可能会也可能不会被执行。在异步操作的场合下,没有比发送这个状态码更方便的做法了。 返回202状态码的响应的目的是允许服务器接受其他过程的请求(例如某个每天只执行一次的基于批处理的操作),而不必让客户端一直保持与服务器的连接直到批处理操作全部完成。在接受请求处理并返回202状态码的响应应当在返回的实体中包含一些指示处理当前状态的信息以及指向处理状态监视器或状态预测的指针,以便用户能够估计操作是否已经完成
203	服务器已成功处理了请求,但返回的实体头部元信息不是在原始服务器上有效的确定集合,而是来自本地或者第三方的复制。当前的信息可能是原始版本的子集或者超集。例如,包含资源的元数据可能导致原始服务器知道元信息的超级。使用此状态码不是必须的,而且只有在响应不使用此状态码便会返回200 OK的情况下才是合适的
204	服务器成功处理了请求,但不需要返回任何实体内容,并且希望返回更新了的元信息。响应可能通过实体头部的形式,返回新的或更新后的元信息。如果存在这些头部信息,则应当与所请求的变量相呼应。 如果客户端是浏览器的话,那么用户浏览器应保留发送了该请求的页面,而不产生任何文档视图上的变化,即使按照规范新的或更新后的元信息应当被应用到用户浏览器活动视图中的文档。 由于204响应被禁止包含任何消息体,因此它始终以消息头后的第1个空行结尾

续表

状态码	含 义
205	服务器成功处理了请求,且没有返回任何内容。但是与 204 响应不同,返回此状态码的响应要求请求者重置文档视图。该响应主要是被用于接受用户输入后,立即重置表单,以便用户能够轻松地开始另一次输入。 与 204 响应一样,该响应也被禁止包含任何消息体,且以消息头后的第 1 个空行结束
206	服务器已经成功处理了部分 GET 请求。类似于 FlashGet 或者迅雷这类的 HTTP 下载工具都是使用此类响应实现断点续传或者将一个大文档分解为多个下载段同时下载。 该请求必须包含 Range 头信息来指示客户端希望得到的内容范围,并且可能包含 If-Range 来作为请求条件。 响应必须包含如下的头部域。 Content-Range 用以指示本次响应中返回的内容的范围;如果是 Content-Type 为 multipart/byteranges 的多段下载,则每一 multipart 段中都应包含 Content-Range 域用以指示本段的内容范围。假如响应中包含 Content-Length,那么它的数值必须匹配它返回的内容范围的真实字节数。 Date ETag 和/或 Content-Location,假如同样的请求本应该返回 200 响应。 Expires、Cache-Control 和/或 Vary,假如其值可能与之前相同变量的其他响应对应的值不同的话。假如本响应请求使用了 If-Range 强缓存验证,那么本次响应不应该包含其他实体头;假如本响应的请求使用了 If-Range 弱缓存验证,那么本次响应禁止包含其他实体头;这避免了缓存的实体内容和更新了的实体头信息之间的不一致。否则,本响应就应当包含所有本应该返回 200 响应中应当返回的所有实体头部域。 假如 ETag 或 Last-Modified 头部不能精确匹配的话,则客户端缓存应禁止将 206 响应返回的内容与之前任何缓存过的内容组合在一起。 任何不支持 Range 以及 Content-Range 头的缓存都禁止缓存 206 响应返回的内容
207	由 WebDAV(RFC 2518)扩展的状态码,代表之后的消息体将是一个 XML 消息,并且可能依照之前子请求数量的不同,包含一系列独立的响应代码
300	被请求的资源有一系列可供选择的回馈信息,每个都有自己特定的地址和浏览器驱动的商议信息。用户或浏览器能够自行选择一个首选的地址进行重定向。 除非这是一个 HEAD 请求,否则该响应应当包括一个资源特性及地址的列表的实体,以便用户或浏览器从中选择最合适的重定向地址。这个实体的格式由 Content-Type 定义的格式所决定。浏览器可能根据响应的格式以及浏览器自身能力,自动做出最合适的选择。当然,RFC 2616 规范并没有规定这样的自动选择该如何进行。 如果服务器本身已经有了首选的回馈选择,那么在 Location 中应当指明这个回馈的 URI;浏览器可能会将这个 Location 值作为自动重定向的地址。此外,除非额外指定,否则这个响应也是可缓存的
301	被请求的资源已永久移动到新位置,并且将来任何对此资源的引用都应该使用本响应返回的若干个 URI 之一。如果可能,拥有链接编辑功能的客户端应当自动把请求的地址修改为从服务器反馈回来的地址。除非额外指定,否则这个响应也是可缓存的。 新的永久性的 URI 应当在响应的 Location 域中返回。除非这是一个 HEAD 请求,否则响应的实体中应当包含指向新的 URI 的超链接及简短说明。 如果这不是一个 GET 或者 HEAD 请求,因此浏览器禁止自动进行重定向,除非得到用户的确认,因为请求的条件可能因此发生变化。 注意,对于某些使用 HTTP/1.0 协议的浏览器,当它们发送的 POST 请求得到了一个 301 响应的话,接下来的重定向请求将会变成 GET 方式

状态码	含义
302	请求的资源现在临时从不同的 URI 响应请求。由于这样的重定向是临时的,客户端应当继续向原有地址发送以后的请求。只有在 Cache-Control 或 Expires 中进行了指定的情况下,这个响应才是可缓存的。 新的临时性的 URI 应当在响应的 Location 域中返回。除非这是一个 HEAD 请求,否则响应的实体中应当包含指向新的 URI 的超链接及简短说明。 如果这不是一个 GET 或者 HEAD 请求,那么浏览器禁止自动进行重定向,除非得到用户的确认,因为请求的条件可能因此发生变化。 注意,虽然 RFC 1945 和 RFC 2068 规范不允许客户端在重定向时改变请求的方法,但是很多现存的浏览器将 302 响应视作为 303 响应,并且使用 GET 方式访问在 Location 中规定的 URI,而无视原先请求的方法。状态码 303 和 307 被添加了进来,用以明确服务器期待客户端进行何种反应
303	对应当前请求的响应可以在另一个 URI 上被找到,而且客户端应当采用 GET 的方式访问那个资源。这个方法的存在主要是为了允许由脚本激活的 POST 请求输出重定向到一个新的资源。这个新的 URI 不是原始资源的替代引用。同时,303 响应禁止被缓存。当然,第 2 个请求(重定向)可能被缓存。 新的 URI 应当在响应的 Location 域中返回。除非这是一个 HEAD 请求,否则响应的实体中应当包含指向新的 URI 的超链接及简短说明。 注意,许多 HTTP/1.1 版以前的浏览器不能正确理解 303 状态。如果需要考虑与这些浏览器之间的互动,302 状态码应该可以胜任,因为大多数的浏览器处理 302 响应时的方式恰恰就是上述规范要求客户端处理 303 响应时应当做的
304	如果客户端发送了一个带条件的 GET 请求且该请求已被允许,而文档的内容(自上次访问以来或者根据请求的条件)并没有改变,则服务器应当返回这个状态码。304 响应禁止包含消息体,因此始终以消息头后的第 1 个空行结尾。 该响应必须包含以下的头信息。 Date,除非这个服务器没有时钟。假如没有时钟的服务器也遵守这些规则,那么代理服务器以及客户端可以自行将 Date 字段添加到接收到的响应头中去(正如 RFC 2068 中规定的一样),缓存机制将会正常工作。 ETag 和/或 Content-Location,假如同样的请求本应返回 200 响应。 Expires、Cache-Control 和/或 Vary,假如其值可能与之前相同变量的其他响应对应的值不同的话。假如本响应请求使用了强缓存验证,那么本次响应不应该包含其他实体头;否则(例如,某个带条件的 GET 请求使用了弱缓存验证),本次响应禁止包含其他实体头;这避免了缓存了的实体内容和更新了的实体头信息之间的不一致。 假如某个 304 响应指明了当前某个实体没有缓存,那么缓存系统必须忽视这个响应,并且重复发送不包含限制条件的请求。 假如接收到一个要求更新某个缓存条目的 304 响应,那么缓存系统必须更新整个条目以反映所有在响应中被更新的字段的值
305	被请求的资源必须通过指定的代理才能被访问。Location 域中将给出指定的代理所在的 URI 信息,接收者需要重复发送一个单独的请求,通过这个代理才能访问相应资源。只有原始服务器才能建立 305 响应。 注意,RFC 2068 中没有明确 305 响应是为了重定向一个单独的请求,而且只能被原始服务器建立。忽视这些限制可能导致严重的安全后果
306	在最新版的规范中,306 状态码已经不再被使用

续表

状态码	含义
307	请求的资源现在临时从不同的 URI 响应请求。由于这样的重定向是临时的,客户端应当继续向原有地址发送以后的请求。只有在 Cache-Control 或 Expires 中进行了指定的情况下,这个响应才是可缓存的。 新的临时性的 URI 应当在响应的 Location 域中返回。除非这是一个 HEAD 请求,否则响应的实体中应当包含指向新的 URI 的超链接及简短说明。因为部分浏览器不能识别 307 响应,因此需要添加上述必要信息以便用户能够理解并向新的 URI 发出访问请求。如果这不是一个 GET 或者 HEAD 请求,那么浏览器禁止自动进行重定向,除非得到用户的确认,因为请求的条件可能因此发生变化
400	1. 语义有误,当前请求无法被服务器理解。除非进行修改,否则客户端不应该重复提交这个请求。 2. 请求参数有误
401	当前请求需要用户验证。该响应必须包含一个适用于被请求资源的 WWW-Authenticate 信息头用以询问用户信息。客户端可以重复提交一个包含恰当的 Authorization 头信息的请求。如果当前请求已经包含了 Authorization 证书,那么 401 响应代表着服务器验证已经拒绝了那些证书。如果 401 响应包含了与前一个响应相同的身份验证询问,且浏览器已经至少尝试了一次验证,那么浏览器应当向用户展示响应中包含的实体信息,因为这个实体信息中可能包含了相关诊断信息。参见 RFC 2617
402	该状态码是为了将来可能的需求而预留的
403	服务器已经理解请求,但是拒绝执行它。与 401 响应不同的是,身份验证并不能提供任何帮助,而且这个请求也不应该被重复提交。如果这不是一个 HEAD 请求,而且服务器希望能够讲清楚为何请求不能被执行,那么就应该在实体内描述拒绝的原因。当然,服务器也可以返回一个 404 响应,假如它不希望让客户端获得任何信息
404	请求失败,请求所希望得到的资源未被在服务器上发现。没有信息能够告诉用户这个状况到底是暂时的还是永久的。假如服务器知道情况的话,应当使用 410 状态码来告知旧资源因为某些内部的配置机制问题,已经永久的不可用,而且没有任何可以跳转的地址。404 这个状态码被广泛应用于当服务器不想揭示到底为何请求被拒绝或者没有其他适合的响应可用的情况下
405	请求行中指定的请求方法不能被用于请求相应的资源。该响应必须返回一个 Allow 头信息用以表示出当前资源能够接受的请求方法的列表。 鉴于 PUT、DELETE 方法会对服务器上的资源进行写操作,因而绝大部分的网页服务器都不支持或者在默认配置下不允许上述请求方法,对于此类请求均会返回 405 错误
406	请求的资源的内容特性无法满足请求头中的条件,因而无法生成响应实体。 除非这是一个 HEAD 请求,否则该响应就应当返回一个包含可以让用户或者浏览器从中选择最合适的实体特性以及地址列表的实体。实体的格式由 Content-Type 头中定义的媒体类型决定。浏览器可以根据格式及自身能力自行做出最佳选择。但是,规范中并没有定义任何做出此类自动选择的标准
407	与 401 响应类似,只不过客户端必须在代理服务器上进行身份验证。代理服务器必须返回一个 Proxy-Authenticate 用以进行身份询问。客户端可以返回一个 Proxy-Authorization 信息头用以验证。参见 RFC 2617
408	请求超时。客户端没有在服务器预备等待的时间内完成一个请求的发送。客户端可以随时再次提交这一请求而无须进行任何更改

附录 C　HTTP响应状态码及其含义

续表

状态码	含义
409	由于和被请求的资源的当前状态之间存在冲突,请求无法完成。这个代码只允许用在这样的情况下才能被使用:用户被认为能够解决冲突,并且会重新提交新的请求。该响应应当包含足够的信息以便用户发现冲突的源头。 冲突通常发生于对 PUT 请求的处理中。例如,在采用版本检查的环境下,某次 PUT 提交的对特定资源的修改请求所附带的版本信息与之前的某个(第三方)请求向冲突,那么此时服务器就应该返回一个 409 错误,告知用户请求无法完成。此时,响应实体中很可能会包含两个冲突版本之间的差异比较,以便用户重新提交归并以后的新版本
410	被请求的资源在服务器上已经不再可用,而且没有任何已知的转发地址。这样的状况应当被认为是永久性的。如果可能,拥有链接编辑功能的客户端应当在获得用户许可后删除所有指向这个地址的引用。如果服务器不知道或者无法确定这个状况是否是永久的,那么就应该使用 404 状态码。除非额外说明,否则这个响应是可缓存的。 410 响应的目的主要是帮助网站管理员维护网站,通知用户该资源已经不再可用,并且服务器拥有者希望所有指向这个资源的远端连接也被删除。这类事件在限时、增值服务中很普遍。同样,410 响应也被用于通知客户端在当前服务器站点上,原本属于某个个人的资源已经不再可用。当然,是否需要把所有永久不可用的资源标记为 '410 Gone',以及是否需要保持此标记多长时间,完全取决于服务器拥有者
411	服务器拒绝在没有定义 Content-Length 头的情况下接受请求。在添加了表明请求消息体长度的有效 Content-Length 头之后,客户端可以再次提交该请求
412	服务器在验证在请求的头字段中给出先决条件时,没能满足其中的一个或多个。这个状态码允许客户端在获取资源时在请求的元信息(请求头字段数据)中设置先决条件,以此避免该请求方法被应用到其希望的内容以外的资源上
413	服务器拒绝处理当前请求,因为该请求提交的实体数据大小超过了服务器愿意或者能够处理的范围。此种情况下,服务器可以关闭连接以免客户端继续发送此请求。 如果这个状况是临时的,服务器应当返回一个 Retry-After 的响应头,以告知客户端可以在多少时间以后重新尝试
414	请求的 URI 长度超过了服务器能够解释的长度,因此服务器拒绝对该请求提供服务。这比较少见,通常的情况如下。 本应使用 POST 方法的表单提交变成了 GET 方法,导致查询字符串(Query String)过长。 重定向 URI "黑洞",例如每次重定向把旧的 URI 作为新的 URI 的一部分,导致在若干次重定向后 URI 超长。 客户端正在尝试利用某些服务器中存在的安全漏洞攻击服务器。这类服务器使用固定长度的缓冲读取或操作请求的 URI,当 GET 后的参数超过某个数值后,可能会产生缓冲区溢出,导致任意代码被执行。没有此类漏洞的服务器,应当返回 414 状态码
415	对于当前请求的方法和所请求的资源,请求中提交的实体并不是服务器中所支持的格式,因此请求被拒绝
416	如果请求中包含了 Range 请求头,并且 Range 中指定的任何数据范围都与当前资源的可用范围不重合,同时请求中又没有定义 If-Range 请求头,那么服务器就应当返回 416 状态码。 假如 Range 使用的是字节范围,那么这种情况就是指请求指定的所有数据范围的首字节位置都超过了当前资源的长度。服务器也应当在返回 416 状态码的同时,包含一个 Content-Range 实体头,用以指明当前资源的长度。这个响应也被禁止使用 multipart/byteranges 作为其 Content-Type
417	在请求头 Expect 中指定的预期内容无法被服务器满足,或者这个服务器是一个代理服务器,它有明显地证据证明在当前路由的下一个结点上,Expect 的内容无法被满足

续表

状态码	含义
421	从当前客户端所在的 IP 地址到服务器的连接数超过了服务器许可的最大范围。通常,这里的 IP 地址指的是从服务器上看到的客户端地址(例如用户的网关或者代理服务器地址)。在这种情况下,连接数的计算可能涉及不止一个终端用户
422	请求格式正确,但是由于含有语义错误,无法响应(RFC 4918 WebDAV)
423	当前资源被锁定(RFC 4918 WebDAV)
424	由于之前的某个请求发生的错误,导致当前请求失败,例如 PROPPATCH(RFC 4918 WebDAV)
425	在 WebDav Advanced Collections 草案中定义,但是未出现在《WebDAV 顺序集协议》(RFC 3658)中
426	客户端应当切换到 TLS/1.0(RFC 2817)
449	由微软扩展,代表请求应当在执行完适当的操作后进行重试
500	服务器遇到了一个未曾预料的状况,导致了它无法完成对请求的处理。一般来说,这个问题都会在服务器的程序码出错时出现
501	服务器不支持当前请求所需要的某个功能。当服务器无法识别请求的方法,并且无法支持其对任何资源的请求
502	作为网关或者代理工作的服务器尝试执行请求时,从上游服务器接收到无效的响应
503	由于临时的服务器维护或者过载,服务器当前无法处理请求。这个状况是临时的,并且将在一段时间以后恢复。如果能够预计延迟时间,那么响应中可以包含一个 Retry-After 头用以标明这个延迟时间。如果没有给出这个 Retry-After 信息,那么客户端应当以处理 500 响应的方式处理它。 注意,503 状态码的存在并不意味着服务器在过载的时候必须使用它。某些服务器只不过是希望拒绝客户端的连接
504	作为网关或者代理工作的服务器尝试执行请求时,未能及时从上游服务器(URI 标识出的服务器,例如 HTTP、FTP 和 LDAP)或者辅助服务器(例如 DNS)收到响应。 注意,某些代理服务器在 DNS 查询超时时会返回 400 或者 500 错误
505	服务器不支持,或者拒绝支持在请求中使用的 HTTP 版本。这暗示着服务器不能或不愿使用与客户端相同的版本。响应中应当包含一个描述了为何版本不被支持以及服务器支持哪些协议的实体
506	由《透明内容协商协议》(RFC 2295)扩展,代表服务器存在内部配置错误:被请求的协商变元资源被配置为在透明内容协商中使用自己,因此在一个协商处理中不是一个合适的重点
507	服务器无法存储完成请求所必须的内容。这个状况被认为是临时的
509	服务器达到带宽限制。这不是一个官方的状态码,但是仍被广泛使用
510	获取资源所需要的策略并没有被满足

图书资源支持

感谢您一直以来对清华版图书的支持和爱护。为了配合本书的使用,本书提供配套的资源,有需求的读者请扫描下方的"书圈"微信公众号二维码,在图书专区下载,也可以拨打电话或发送电子邮件咨询。

如果您在使用本书的过程中遇到了什么问题,或者有相关图书出版计划,也请您发邮件告诉我们,以便我们更好地为您服务。

我们的联系方式:

地　　址:北京海淀区双清路学研大厦 A 座 707

邮　　编:100084

电　　话:010-62770175-4604

资源下载:http://www.tup.com.cn

电子邮件:weijj@tup.tsinghua.edu.cn

QQ:883604(请写明您的单位和姓名)

用微信扫一扫右边的二维码,即可关注清华大学出版社公众号"书圈"。

资源下载、样书申请

书圈